U0856401

现代物理基础丛书　85

介观电路的量子理论与量子计算

梁宝龙　王继锁　著

科 学 出 版 社

北　京

内 容 简 介

本书首先简要介绍了介观电路量子化中所用到的量子力学基础、两体系统纠缠态以及开放系统的密度算符主方程表示；然后重点介绍了一些典型介观电路的量子化方法、Wigner 算符理论、广义 Hellmann-Feynman 定理和不变本征算符法在介观电路量子化中的应用以及含约瑟夫森结介观电路的量子化与量子计算等；鉴于量子态在介观电路研究中的重要性，最后简要介绍了光场的非经典效应及常见非经典态.

本书内容丰富，层次分明，数学推导简洁，可供物理学、计算机科学等相关专业本科高年级学生、研究生及相关科研人员学习参考.

图书在版编目（CIP）数据

介观电路的量子理论与量子计算/梁宝龙，王继锁著. —北京：科学出版社，2018. 6

(现代物理基础丛书)

ISBN 978-7-03-057430-5

Ⅰ. ①介… Ⅱ. ①梁… ②王… Ⅲ. ①介观物理-电路-量子论 Ⅳ. ①TM13

中国版本图书馆 CIP 数据核字 (2018) 第 101941 号

责任编辑：周 涵 / 责任校对：彭珍珍

责任印制：张 伟 / 封面设计：陈 敬

科学出版社出版

北京东黄城根北街 16 号

邮政编码：100717

http://www.sciencep.com

北京凌奇印刷有限责任公司印刷

科学出版社发行 各地新华书店经销

*

2018 年 6 月第 一 版 开本：720 × 1000 B5

2018 年10月第二次印刷 印张：14 3/4

字数：298 000

POD定价： 98.00元

（如有印装质量问题，我社负责调换）

前　言

量子计算机基于量子力学原理进行计算, 具有量子并行计算的优势, 其强大的功能远远超越现有经典计算机. 由于具有易于集成可实现大规模化的优点, 固态量子计算已逐渐成为量子信息与凝聚态物理学中的前沿研究领域. 而基于约瑟夫森结 (Josephson junction) 的超导器件由于呈现宏观量子效应, 其好的量子相干性非常适合制备量子比特, 因此, 利用此类超导器件来实现固态量子计算被认为是具有较大潜力的方案. 而在基于约瑟夫森结的介观电路中不可避免地包含电容、电感等基本电路元件, 所以, 对由这些电路元件所构成的基本介观电路展开理论研究, 可以为进一步研究更为复杂的介观电路打下良好基础, 并为这一领域的实验研究提供理论参考.

本书选取包含电容、电感和电阻等电路元件在内的基本介观电路以及基于约瑟夫森结的电荷量子比特、磁通量子比特和相位量子比特为研究对象, 给出了这些体系的量子化方案, 分析了存在于这些体系中的量子纠缠现象和退相干机制.

本书第 1 章简要概述了介观物理这一研究领域的发展历史、介观体系的几个重要特征以及约瑟夫森结的动力学机制. 第 2 章介绍了从事介观电路理论研究所用到的量子力学基础知识. 第 3 章系统介绍了两体系统纠缠态的定义、分类、纠缠判据以及量子纠缠的应用. 第 4 章简要介绍了开放介观电路体系的密度算符表述以及密度算符主方程. 第 5 章基于正则量子化方法, 借助热纠缠态表象和 Wigner 算符理论, 重点讨论了介观 LC 电路的量子化及量子效应. 第 6 章以含有耦合的介观双 LC 电路为例, 详细论述了如何应用广义 Hellmann-Feynman 定理分析介观电路的热效应以及如何应用不变本征算符法讨论介观电路所涉及的能级跃迁问题. 第 7 章是本书的重点, 首先, 简要介绍了由约瑟夫森结实现的三类超导量子比特: 电荷量子比特、磁通量子比特以及相位量子比特; 其次, 提出了包含约瑟夫森结介观电路的库珀对数–相差量子化方案; 再次, 分析了存在耦合的两电荷量子比特体系中的量子纠缠现象; 最后, 讨论了受外界环境影响的磁通量子比特的退相干. 第 8 章, 鉴于量子态对于介观电路研究的重要性, 简要介绍了光场的非经典效应及常见非经典态.

本书内容丰富, 层次分明, 方法新颖、系统, 数学推导简洁. 希望本书能为相关专业高年级本科生、研究生及科研人员提供相关内容的学习参考. 通过对本书的系统学习能够了解从事介观电路理论研究所需基础知识和基本分析方法.

我的硕士导师、曲阜师范大学博士生导师王继锁教授为本书的修改和完善倾注了大量心血. 在本书的写作过程中, 中国科学技术大学范洪义教授给予了很多无私的帮助和有益的指导, 聊城大学孟祥国副教授提出了许多有价值的建议. 科学出版社的各位编辑为本书的出版做了很多工作. 此外, 本书的研究工作得到了国家自然科学基金项目 (批准号:11147009,11244005,10574060) 和山东省自然科学基金项目 (编号:ZR2012AM004,ZR2016AM03,Y2008A23,Y2002A05) 及聊城大学研究项目 (编号: LDSY2014027) 的资助. 同时, 还得到了山东省光通信科学与技术重点实验室的大力支持. 在此一并表示诚挚的感谢. 最后, 还要感谢我的妻子和女儿, 没有她们的理解和支持, 很难想象能够顺利完成如此繁重的工作.

由于作者水平有限, 书中难免存在不足之处, 热忱欢迎广大读者批评指正.

梁宝龙

2018 年 2 月于聊城大学

目　录

第1章 绪　　论

1.1 介观物理知识简介

随着社会生产力不断发展和科学技术水平的不断提高, 人类对物质系统的认识也是逐渐深入、无限发展的, 由起初人们只能用肉眼看到的系统, 逐步发展到两个不同层次的领域 —— 宏观领域和微观领域. 宏观领域是指以人们肉眼所能看到的物质系统作为该领域所认识的物质系统在大小上的下限, 向上没有上限, 其尺度范围通常是从微米数量级到宇宙天体. 对于宏观物质系统的研究, 通常借助于统计力学的方法来考察大量粒子的平均性质. 而微观领域指的是以分子和原子作为该领域所能认识的物质系统在大小上的上限, 向下可以到无限可分的基本粒子, 其尺度范围约为原子线度 (10^{-10}m) 数量级. 对于微观粒子, 原则上可以对薛定谔方程进行严格的或近似的求解. 然而, 近十几年来人们研究发现, 介于宏观下限和微观上限这个过渡区间还存在一个比微米更小, 但又比原子、分子更大的物质世界, 它们表现出一些既不同于宏观世界而又区别于微观世界的较特殊的物理现象和性质, 这便是所谓的介观物质系统 [1]. “介观”(mesoscopic) 一词最早出现于 van Kampen 1976 年关于随机过程的文章中 [2]. 衡量一个系统是否是介观系统 (mesoscopic system) 的标准称为介观尺度, 通常文献中指的是相当于或小于粒子的相位相干长度 L_φ 的小尺度 [3]. 处于介观尺度的材料, 尽管含有大量粒子, 但是粒子的数量又没有多到可以忽略统计涨落的程度. 这种统计涨落被称为介观涨落, 是介观系统的一个重要特征. 介观系统的另一个重要特征是其物理可观测性中明显地呈现出量子相位相干的效应, 这使得它与微观体系一样, 所遵从的物理规律依然是以量子力学为基础的. 规律与尺度特征的结合, 使得介观系统的物理属性表现出既不属于原子尺度也不是宏观大系统的行为, 而是有着独特和新奇的性质.

亚微米加工技术和分子束外延生长技术的发展为人们开辟了一个新的天地 —— 介观物理学 [4], 它以介观体系独有的物理属性为研究对象, 现已成为当代物理学中一个十分活跃的前沿领域. 习惯上, 人们通常把纳米尺度下的电路称为介观电路, 它是介观物理的一个重要分支. 近几十年来, 这一分支引起了人们的极大关注 [5−12]. 这主要缘于几个方面: 其一, 介观电路呈现出量子力学特征. 从基础研究的角度来看, 为物理学工作者提供了新的研究领域. 其二, 介观电路接近宏观尺度, 可以在实验室里制作这种尺度的器件并进行常规的物理测量. 从应用前景来看, 为将来实现大规模产业化提供了可能性. 其三, 从当前电子产业的发展趋势来看, 集成电路高度集成化的发展趋势要求电路和微电子器件的尺寸不断缩小, 当器件的尺寸缩小到逼近量子特征长度 $\zeta = h/\sqrt{2mE}$ (即器件中电子的德布罗意波长, 式中 h 为普朗克常量, m 为电子质量, E 为电子动能) 时, 量子效应将变得非常显著, 以至于不能再像大尺度范围下那样可以忽视. 正是在这种微加工技术迅猛发展而传统的电子器件已日益接近其工作原理的物理极限的情形下, 基于量子力学原理的量子计算与量子信息科学应运而生. 对介观电路开展理论和实验研究将对量子计算和量子信息这一新兴科学领域的理论研究和实际开发起到积极的推动作用.

下面简要介绍一下介观体系的几个重要特征以及与之相关的一些新奇的物理现象.

1.1.1 两种散射和弱局域电性

微观粒子具有波粒二象性, 在量子力学中, 其运动状态由波函数来描写, 此类波函数同经典的波函数一样, 满足态叠加原理. 因而, 微观粒子有类似于波的一些行为: 如干涉、衍射等. 但为什么针对通常的宏观系统的物理测量中, 与相位相关的相位特征没有被观测到呢? 这是因为通常的宏观系统由大量的微观粒子所组成, 系统的空间尺度远大于粒子的德布罗意波长, 这些粒子的波函数之间缺乏足够的相干性, 所得测量结果是相位信息在所有关联性较差的粒子波函数之间的平均值, 故无法有效观测.

当量子理论应用到固体中后, 发展成了固体量子论. 固体量子理论的一个历史性的成功就是正确地指出晶体的电阻是由晶体中无规则分布的杂质所引起的. 这些杂质可以是晶体中的掺杂和缺陷、固体中的晶格振动 (称为声子). 虽然, 对每一个电子的散射是对波的散射, 但是由于杂质的分布是无规则的, 散射波之间不具有相位相关性, 从而可以把电子当成有一定动量和位置的经典粒子来处理, 描写晶体的电阻一般是用相空间中的玻尔兹曼方程.

在电子的输运过程中, 对于具有时间反演性的散射势而言, 尽管各次散射是无规则的, 但是在波矢空间中, 散射途径与散射振幅却总是相干的. 两个相干波函数叠加后的波函数的模方并不等于各自的模的平方和, 如果二者相等, 就意味着相干性的消失. 这时, 如果不考虑电子散射的相位相干性, 就会导致与实验不相符的结果. 研究导体中载流子波函数相位相干性, 特别是涉及一对时间反演对称的无规行走的闭合路径的干涉对输运过程的影响, 常称为弱局域化的研究 [4].

弱局域化的研究, 特别是对弱局域化电性的研究, 使人们认识到弹性散射与非弹性散射的本质区别. 如果载流子被弹性散射, 如杂质散射, 尽管散射过程很复杂, 但是入射波和散射波的相位仍旧具有确切的关联性, 从而保存了原来的相位记忆, 或者说弹性散射不破坏波函数的相干性. 非弹性散射则不同, 载流子在散射前后能量发生改变, 由于能量是和相位相联系的, 这必然造成载流子波函数相位的无规则变化, 从而破坏了波函数的相干性. 也就是说, 一旦发生非弹性散射, 载流子波函数先前的相位相干性便会被破坏. 于是, 可以用载流子在连续两次散射之间所通过的自由路径的平均值定义一个有物理意义的尺度, 称为相位相干长度. 在文献上, 把尺度相当于或小于相位相干长度的小尺寸体系称为介观体系.

1.1.2 普适电导涨落

实验发现, 对于小的金属样品, 在低温下, 作为磁场函数的电导呈现非周期性的涨落. 而在金属性介观样品中所观察到的电导涨落具有如下特征:

(1) 电导涨落与时间无关, 呈现非周期性.

(2) 电导涨落是样品特有的, 每一特定的样品有自身特有的涨落图样, 对于给定的样品, 在保持宏观条件不变的情况下, 其涨落图样是可以重现的. 因而, 样品的涨落图样被称为样品的指纹.

(3) 电导涨落与样品的材料、尺寸、无序程度、电导平均值的大小无关. 理论研究表明, 电导涨落的大小与样品形状及空间维数只有微弱的依赖关系.

正是由于电导涨落的这种普适性, 所以才称之为普适电导涨落.

1.1.3 量子点的物理特征

纳米结构是指在三维空间的一维或多维处在纳米尺度的系统. 而就半导体范畴而言, 如果电子 (或空穴) 在空间上被限制在很细的一维线状区域内运动, 则该区域的横向尺度处在纳米尺度, 电子 (或空穴) 的行为表现出一维特征, 此类纳米结构称为量子线 (quantum wire). 其导电性质受到量子效应的影响, 传导电子 (或空穴) 在切向上受到量子束缚, 切向能量呈现量子化: E_0 (“基态” 能量)、E_1 (“激发态” 能量), ……, 这会导致量子线的电阻不能用传统的公式获得, 而必须通过对横向能量的精确计算来获得, 而且必然是量子化的. 如果在空间的三个维度方向上都限制电子 (或空穴) 的运动, 使之产生更强的量子约束效应 (quantum confinement effect), 能量在三个方向上都是量子化的, 此类结构被称为量子点 (quantum dot). 对量子点的研究成为当今量子计算和量子信息科学研究领域的热点问题之一. 下面重点介绍一下量子点. 它主要具有以下几个特征:

(1) 量子约束效应. 量子点不是一个点, 而是尺寸大小为纳米量级的一个三维点状物, 其三个维度的尺寸都在 100nm 以下, 传导电子 (或空穴) 就被限制在这个点状物内. 量子点的物理行为像一个原子 [13], 例如, 电子在量子点中的能态具有类原子的分立能级特点, 电子的填充规律也服从洪德定则 [14]. 因此, 有时称量子点为“人造原子”、“超晶格”、“超原子” 或 “量子点原子”.

(2) 隧穿电容结构中的库仑阻塞现象 [1]. 量子点中, 由于电子被束缚在相对较小的区域内, 电子与电子之间的库仑相互作用比较强. 若电子要隧穿量子点, 首先要克服量子点中已有的其他电子的排斥作用. 这里, 可对量子点的电容作大体估计. 根据量子点的尺寸, 可以认为量子点的粒径为 $R = 10^{-7}\mathrm{m}$ 的量级, 由孤立导体球的电容公式 $C = 4\pi\varepsilon_0\varepsilon_\mathrm{r}R$ 可以估计量子点的隧穿电容大约为 $10^{-18}\mathrm{F}$ 的量级. 当量子点中填充的电荷改变一个电子电量 e 时, 电势能的变化量 e^2/C 可能会达到几十个 meV, 相对于它的量子化能量和热运动能量 $k_\mathrm{B}T$(k_B 为玻尔兹曼常量, T 为绝对温度) 来说已不可忽略. 在外电压下, 当一个电子由负极隧穿到量子点中, 就会引起电势改变 $e/(2C)$, 这个电势阻止了第二个电子从负极隧穿到量子点中去, 于是就出现了库仑阻塞现象.

(3) 宏观量子隧道效应. 前面已提到量子点在其三个维度的尺寸都在 100nm 以下, 100nm 被认为是微电子技术发展的极限, 电子在纳米尺度空间中运动, 物理线度与电子平均自由程相当. 在这种情况下, 载流子的运动不再遵循经典粒子所遵循的玻尔兹曼方程, 而是表现出明显的波动性, 完全遵从量子力学波动方程, 表现出量子隧道效应. 在隧穿问题的研究中, 人们最感兴趣的是双势垒共振隧穿效应. 比如, 在正常金属/超导结中插入量子点, 电子在通过系统的输运过程中就展现出共振隧穿现象. 共振隧穿可分为两类: 相干隧穿 (coherent tunneling) 和顺序隧穿 (sequential tunneling). 相干隧穿指的是载流子在整个隧穿过程中相位始终保持相干; 而顺序隧穿指的则是双势垒结构的隧穿是两个依次进行的隧穿过程, 二者之间无相位关联.

1.2　约瑟夫森结动力学和电路

1.2.1　约瑟夫森结

1962 年, 剑桥大学的学生约瑟夫森 (Brian D. Josephson) 在分析两个超导体间的接合处会发生什么现象时注意到 [15]: 以一薄层绝缘材料连接两个超导体, 如图 1.2.1 所示, 这种结构后来被称为约瑟夫森结. 若绝缘层较厚, 则电子无法穿过它, 但是, 若绝缘层足够薄, 则电子有相当大的概率穿过绝缘层. 约瑟夫森分析了这种情况, 从理论上预言了存在于此结构中的一些奇妙的现象.

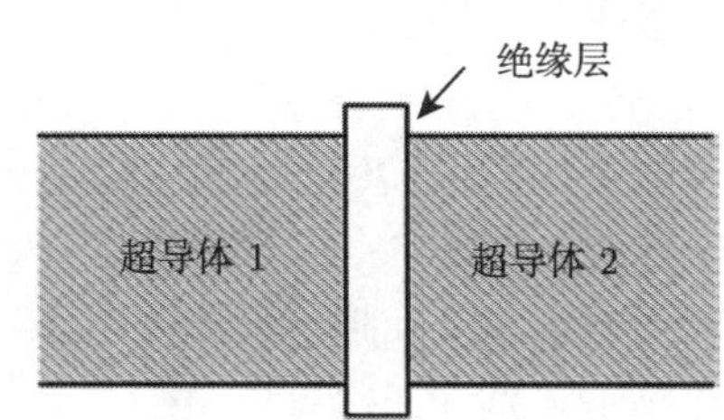

图 1.2.1　两超导体由一薄绝缘层连接结构

(1) 当约瑟夫森结两端电压 V 为零时, 其中仍旧存在微弱的超导电流 I_{S}, 该电流不是电压 V 的函数, 而是结两端超导态波函数相位差 φ 的函数, 即

$$I_{\mathrm{S}}=I_{\mathrm{c}}\sin\varphi, \tag{1.2.1}$$

式中, $I_{\mathrm{c}}=\dfrac{2eE_{\mathrm{J}}}{\hbar}$ 为约瑟夫森结临界电流; E_{J} 为约瑟夫森结耦合能. 式 (1.2.1) 通常被称为约瑟夫森第一方程, 也称电流方程.

(2) 而约瑟夫森结两极板超导波函数间相差 φ 却与 V 相联系, 二者之间满足下面关系:

$$\dot{\varphi}=\frac{2\pi}{\varPhi_0}V, \tag{1.2.2}$$

式中, $\varPhi_0=\dfrac{h}{2e}\approx 2.0678\times10^{-15}\mathrm{Wb}$ 为磁通量子. 由式 (1.2.2) 可见, 当 $V\neq 0$ 时, 超导电流为交变的, 其角频率 $\omega=\dot{\varphi}$ 与电压相关. 式 (1.2.2) 通常被称为约瑟夫森第二方程, 也称电压方程.

由超导知识可知, 低温下的超导电流的载体是两个动量方向相反、自旋指向相反的相互关联的电子对 —— 库珀对 (Cooper-pair). 费恩曼给出了解释约瑟夫森结微观机制的一个简洁易懂、形式优美的陈述 [16]. 他认为其基础是:“电子的行为, 以这种或那种的方式, 是成对地表现的, 我们可以把这些 ‘对’ 想象为粒子, 于是就可以谈及 ‘对’ 的波函数.” 他又说:“一个束缚对行为宛如一个玻色粒子”“既然电子对是玻色子, 当它们中有许多处在一个给定的态时, 其他对就会有很大的机会也趋于这个态. 于是几乎所有的对会精确地 ‘锁’ 在同一个最低能量的态上 ······”“我们可以预期所有的对在同一个态上运动”. 理解费恩曼以上叙述的意思, 可以体会到, 库珀对聚集成为一个 “凝聚体”, 其行为宛如玻色凝聚, 所以可把库珀对看成玻色子, 并可以采用波函数来描述.

1.2.2 约瑟夫森结电流的成分

一般情况下, 流过约瑟夫森结的电流包括 [17]: 超导电流 (superconducting current)I_{S}、正常电流 (normal current)I_{N}、位移电流 (displacement current)I_{D} 和涨落电流 (fluctuation current)I_{F}, 即, $I=I_{\mathrm{S}}+I_{\mathrm{N}}+I_{\mathrm{D}}+I_{\mathrm{F}}$. 只有在一些特定情形下, 电流 I 才近似地等于 I_{S}.

1. 正常电流 I_{N}

有限温度下, 约瑟夫森结中的载流子存在热运动, 其中的一些 “凝聚体”—— 库珀对被打破, 形成一些正常电子, 在约瑟夫森结中就形成库珀对与正常电子共存的状态. 这种状态的存在使得超导体中正常电子 (normal electrons) 与一般常导金属中电子的属性有所差别, 这种电子通常被称为准粒子 (quasiparticle). 处于超导态

的约瑟夫森结两极板间电压 $V=0$, 准粒子无法定向移动而形成正常电流 I_{N}. 但如果约瑟夫森相 φ 随时间发生变化, V 不再等于零, 正常电流便出现了. 这种状态被称为约瑟夫森结的电阻态 (resistive state, 简称 R 态). 处于 R 态下的正常电流 I_{N} 具有两个特点: 第一, 当温度 T 小于但接近超导临界温度 T_{c} 时, 库珀对的结合能 $2\varDelta$ (能隙, energy gap) 变得比热运动能量 $k_{\mathrm{B}}T$ 小得多, 正常电子的密度接近它在 $T>T_{\mathrm{c}}$ 的正常态的数值. 这种情况下, I_{N}-V 关系近似满足通常的欧姆定律 (Ohm's law):

$$I_{\mathrm{N}}=G_{\mathrm{N}}V, \tag{1.2.3}$$

式中, $G_{\mathrm{N}}=R_{\mathrm{N}}^{-1}$ 为约瑟夫森结的电导. 第二, 若约瑟夫森结两极板间的电压远高于间隙电压值

$$V_{\mathrm{g}}\equiv[\varDelta_1(T)+\varDelta_2(T)]/e, \tag{1.2.4}$$

约瑟夫森结一极板上的一个库珀对将被打破, 形成两个准粒子, 准粒子会通过弱连接区隧穿到另一极板上, 特别是当 $|V|>V_{\mathrm{g}}$ 时, 这一过程变得尤为显著, 在几乎任何温度下, I_{N}-V 关系都近似满足式 (1.2.3). 于是, 可定义约瑟夫森结的特征电压为

$$V_{\mathrm{c}}\equiv I_{\mathrm{c}}R_{\mathrm{N}}=I_{\mathrm{c}}/G_{\mathrm{N}}. \tag{1.2.5}$$

根据约瑟夫森效应的微观理论, V_{c} 的最大值具有 $3k_{\mathrm{B}}T_{\mathrm{c}}/e$ 的数量级. 由式 (1.2.5) 还可定义约瑟夫森结特征频率为

$$\omega_{\mathrm{c}}\equiv(2e/\hbar)V_{\mathrm{c}}=(2\pi/\varPhi_0)V_{\mathrm{c}},\quad f_{\mathrm{c}}=\varPhi_0^{-1}V_{\mathrm{c}}. \tag{1.2.6}$$

2. **位移电流 I_{D}**

若加在约瑟夫森结上的电压是交变的, 即 $\dot{V}\neq0$, 则在包含约瑟夫森结的电路中将会存在位移电流 I_{D}. 对于实际约瑟夫森结, I_{D} 通常由下式

$$I_{\mathrm{D}}=C\dot{V} \tag{1.2.7}$$

给出, 式中 C 为约瑟夫森结电容, 由约瑟夫森结的类型和尺寸决定. 对于频率为 ω 的某个过程, 借助 (1.2.1)、(1.2.3) 和 (1.2.7) 三式可以分别对超导电流 I_{S}、正常电流 I_{N} 和位移电流 I_{D} 作一个估算, 如下:

$$I_{\mathrm{S}}\leqslant V/(\omega L_{\mathrm{c}}),\quad I_{\mathrm{N}}\leqslant VG_{\mathrm{N}},\quad I_{\mathrm{D}}\approx\omega CV. \tag{1.2.8}$$

对于约瑟夫森结, 可定义如下的等离子体频率 (plasma frequency):

$$\omega_{\mathrm{p}}\equiv(L_{\mathrm{c}}C)^{-1/2}=[2eI_{\mathrm{c}}/(\hbar C)]^{1/2}. \tag{1.2.9}$$

若

$$\omega \leqslant \omega_{\mathrm{p}}, \tag{1.2.10}$$

位移电流 I_{D} 较超导电流 I_{S} 小, 而若

$$\omega \leqslant \tau_{\mathrm{N}}^{-1}, \tag{1.2.11}$$

I_{D} 则较正常电流 I_{N} 小, τ_{N} 为结 RC 常数:

$$\tau_{\mathrm{N}} \equiv R_{\mathrm{N}}C = \omega_{\mathrm{c}}/\omega_{\mathrm{p}}^2, \quad R_{\mathrm{N}} = \omega_{\mathrm{c}}L_{\mathrm{c}}. \tag{1.2.12}$$

基于 (1.2.10) 和 (1.2.11) 两式考虑, 为了表征在所有的频率增大到 ω_{c} 时电容的影响, McCumber[18] 和 Stewart[19] 引入了一无量纲电容常量

$$\beta \equiv (\omega_{\mathrm{c}}/\omega_{\mathrm{p}})^2 = \omega_{\mathrm{p}}\tau_{\mathrm{N}} = \omega_{\mathrm{c}}R_{\mathrm{N}}C = (2e/\hbar)I_{\mathrm{c}}R_{\mathrm{N}}^2C. \tag{1.2.13}$$

$\beta \ll 1$ 的约瑟夫森结通常被认为小电容或者强阻尼, 而 $\beta \gg 1$ 的约瑟夫森结则被认为大电容或者弱阻尼.

3. *涨落电流* I_{F}

在许多实际问题中, 把 "噪声" (noise) 的影响考虑在内是非常有必要的. 大多数情况下, 对这类问题的研究通常借助朗之万方法, 也就是说, 在系统的主方程中加入描述噪声源的外部随机 "力". 对约瑟夫森结而言, 描述噪声源的随机 "力" 恰好是某种涨落电流 I_{F}. 在约瑟夫森结的电流成分中, I_{S} 和 I_{D} 具有无功性, 二者对涨落无贡献. 而 I_{N} 具有耗散性, 它至少会产生两种类型的经典涨落: 热噪声 (thermal noise) 和散粒噪声 (shot noise). 热涨落的相对强度可以由下面的无量纲参量来表征:

$$\gamma \equiv \kappa_{\mathrm{B}}T/E_{\mathrm{c}} = I_{\mathrm{T}}/I_{\mathrm{c}}, \tag{1.2.14}$$

式中, $I_{\mathrm{T}} \equiv (2e/\hbar)\kappa_{\mathrm{B}}T$, $I_{\mathrm{T}}[\mu\mathrm{A}] \approx 0.042T[\mathrm{K}]$. 如果约瑟夫森结的临界电流 I_{c} 比 I_{T} 大得多, 也就是 γ 较小, 热涨落的影响在某种意义上可以被忽略. 如果加在约瑟夫森结两极板间的电压较大, 以致 $eV > k_{\mathrm{B}}T$, 散粒噪声将表现得较为明显.

除了以上两种噪声外, 低频下, $1/f$ 噪声 ("过量噪声" (excess noise), 或者 "闪变效应" (flicker effect)) 也将起到重要作用. 在约瑟夫森结中, $1/f$ 噪声的上边界相当低, 同其他两种类型的噪声的影响相比可以忽略. 但是, 在一些实际的器件中, 有用的输出信号往往是由低频下的约瑟夫森结制备的, 这一信号却受到低频 $1/f$ 噪声的严重干扰, 这迫使人们必须采取相应的措施来降低这种干扰, 比如, 误差调制.

综上可知, 流过约瑟夫森结的净电流可由下式给出:

$$I = I_{\mathrm{S}}(\varphi) + I_{\mathrm{N}}(V) + I_{\mathrm{D}}(\dot{V}) + I_{\mathrm{F}}(t). \tag{1.2.15}$$

1.2.3 描述约瑟夫森结的几个常见概念

在涉及约瑟夫森结的一些文献中常常会遇到一些概念, 下面给出这些常见概念 [17], 希望能给初学者提供一定程度的帮助.

1. 超导态

若穿过约瑟夫森结的是直流电流, 由式 (1.2.1) 可知, 约瑟夫森结两极板间相位差取常数

$$\varphi = \varphi_n = \arcsin(I_{\mathrm{S}}/I_{\mathrm{c}}) + 2\pi n, \tag{1.2.16}$$

式中, $|I_{\mathrm{S}}| \leqslant I_{\mathrm{c}}$, n 为整数. 再由式 (1.2.2) 可知, 在直流电流不是很大的情况下, 虽然有电流流过约瑟夫森结, 但约瑟夫森结两极板间却不存在电压降, 这种状态被称为超导态 (superconducting state, 简称 S 态).

2. 约瑟夫森结储能

由于零压降, 处于 S 态的约瑟夫森结内部无能量耗散, 能量会储存在约瑟夫森结中. 那么, 这种储能的数学表达式是什么样的呢? 显然, 这种能量储存状态的建立需要一个动态的过程. 于是, 可以设想约瑟夫森结相位差由 φ_1 变到 φ_2 这样一个过程. 在此过程中, 促使约瑟夫森结两极板间相位差发生变化的外界对库珀对做功

$$W_{\mathrm{S}} = \int_{t_1}^{t_2} I_{\mathrm{S}} V \mathrm{d}t, \tag{1.2.17}$$

将 (1.2.1) 和 (1.2.2) 两式代入式 (1.2.17) 可得

$$W_{\mathrm{S}} = \frac{\hbar I_{\mathrm{c}}}{2e} \int_{\varphi_1}^{\varphi_2} \sin\varphi \mathrm{d}\varphi = \frac{\hbar I_{\mathrm{c}}}{2e}(\cos\varphi_1 - \cos\varphi_2). \tag{1.2.18}$$

由此, 可以引入库珀对的势能

$$U_{\mathrm{S}}(\varphi) = E_{\mathrm{J0}}(1 - \cos\varphi) + \mathrm{const}, \tag{1.2.19}$$

式中, $E_{\mathrm{J0}} = \dfrac{\hbar I_{\mathrm{c}}}{2e}$ 为约瑟夫森结耦合能, 则有 $W_{\mathrm{S}} = U_{\mathrm{S}}(\varphi_2) - U_{\mathrm{S}}(\varphi_1)$.

3. 非线性电感

约瑟夫森结能够储能且能量在其内部守恒这一特点, 表明约瑟夫森结具有非线性响应, 是一个储能两端子器件. 所以, 在弱电流信号下, 可把约瑟夫森结等效为一个非线性电感 (nonlinear inductance) L_{S}:

$$L_{\mathrm{S}}^{-1} = L_{\mathrm{c}}^{-1} \cos\varphi, \tag{1.2.20}$$

式中, $L_{\mathrm{c}} = \hbar/(2eI_{\mathrm{c}})$; L_{S} 的取值依赖于约瑟夫森结中的具体过程. 这种等效电感具有非同寻常的特点, 在 $\pi/2 + 2\pi n < \varphi < 3\pi/2 + 2\pi n$ 范围内, 能取负值.

4. **约瑟夫森振荡** (Josephson oscillations)

尽管约瑟夫森结可等效为一个电感, 但这种电感与通常的非线性电感在行为上有很大的区别, 这主要表现在, 当加在约瑟夫森结两端的直流电压 $\overline{V}$ 不为零时, 由式 (1.2.2) 可得

$$\varphi = \omega_{\mathrm{J}} t + \mathrm{const}, \tag{1.2.21}$$

由式 (1.2.21) 可见, 约瑟夫森结两端的相位差 φ 随时间 t 呈线性增加, 超导电流的振荡频率为

$$\omega_{\mathrm{J}} = \frac{2\pi}{\Phi_0}\overline{V}, \tag{1.2.22}$$

ω_{J} 与 $\overline{V}$ 成正比. 而对通常的电感, 当其上加直流电压时, 电流却是逐渐增加的. 这一现象便是著名的约瑟夫森振荡 [20].

1.2.4 约瑟夫森结等效模型

在分析有关约瑟夫森结的动力学问题时, 常常要用到一些等效模型, 下面对这些等效模型作一个简单介绍.

1. **RSJ 等效模型**

RSJ(resistively shunted junction) 等效模型 [18,19] (图 1.2.2) 是由 McCumber 和 Stewart 提出的. 在这种等效模型下, 约瑟夫森方程分别为

$$I = I_{\mathrm{c}} \sin\varphi + V/R_{\mathrm{N}} + \dot{V}C + I_{\mathrm{F}}(t), \quad \dot{\varphi} = \frac{2e}{\hbar}V, \tag{1.2.23}$$

利用 (1.2.6) 和 (1.2.9) 两式, 上式可写为如下简洁的形式:

$$\omega_{\mathrm{p}}^{-2}\ddot{\varphi} + \omega_{\mathrm{c}}^{-1}\dot{\varphi} + \sin\varphi + i_{\mathrm{F}}(t) = i, \quad i \equiv I/I_{\mathrm{c}}. \tag{1.2.24}$$

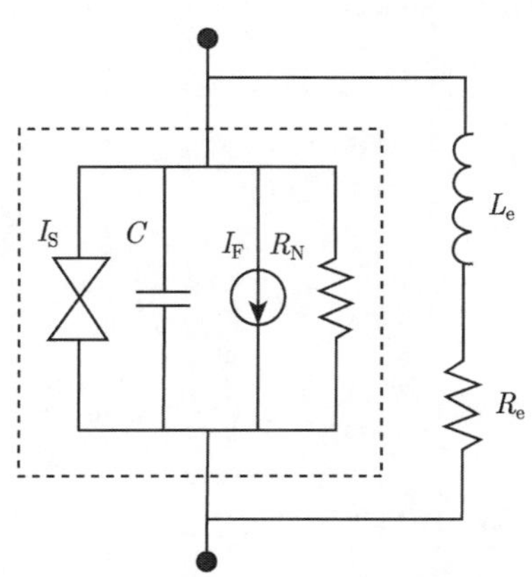

图 1.2.2 约瑟夫森结 RSJ 等效模型电路

RSJ 等效模型适用于外部被小电阻和弱电感并联的任意类型的约瑟夫森结, 即

$$R_e \ll R_N, \quad \omega L_e \ll R_e. \tag{1.2.25}$$

2. RSJN 等效模型

RSJ 等效模型与真实约瑟夫森结之间存在一定的差异, 为了解决这一问题, 文献 [21] 提出 RSJN(nonlinear-resistively shunted junction) 模型. 这一模型有别于 RSJ 模型的特点是 $I_N(V)$ 取非线性形式. 在实际问题中, I_N 通常采取如下的分段线性近似函数:

$$I_N(G) = V \times \begin{cases} G_L, & |V| < V_g, \\ G_N, & |V| > V_g, \end{cases} \tag{1.2.26}$$

式中, G_L 为泄漏电导 (leakage conductance); G_N 为正常电导 (normal conductance). 关于 I_N 与 V 之间的关系, 还有一种稍微复杂一些的表达式:

$$I_N(V) = VG_N \frac{(V/V_g)^n}{1+(V/V_g)^n}, \quad n \gg 1. \tag{1.2.27}$$

对于低阻尼 ($\beta \gg 1$) 的约瑟夫森结, 这一等效模型能够给出较好的描述, 而对于高阻尼的约瑟夫森结却不适用.

3. TJM 等效模型

在 TJM(tunnel-junction-microscopic) 等效模型的框架下, 超流和正常电流公式的时域 (time-domain) 形式如下:

$$I_S(t) = \int_{-\infty}^{t} \mathrm{d}t' I_p(t-t') \sin\left\{\frac{1}{2}\left|\varphi(t)+\varphi(t')\right|\right\}, \tag{1.2.28}$$

$$I_N(t) = \int_{-\infty}^{t} \mathrm{d}t' I_q(t-t') \sin\left\{\frac{1}{2}\left|\varphi(t)-\varphi(t')\right|\right\}. \tag{1.2.29}$$

式中, 积分核 $I_p(\tau)$、$I_q(\tau)$ 与 $I_p(\omega)$、$I_q(\omega)$ 满足傅里叶变换. 尤其, 当 $T \ll T_c$、$\Delta_1 = \Delta_2 = \Delta$ 和 $\delta = 0$ 时, $I_p(\tau)$ 和 $I_q(\tau)$ 可表示为下面的形式 [22]:

$$I_p(\tau) = \frac{2\pi\Delta^2(0)}{e\hbar R_N} J_0(\tau/\tau_g) Y_0(\tau/\tau_g), \tag{1.2.30}$$

$$I_q(\tau) = \frac{2\pi\Delta^2(0)}{e\hbar R_N} J_1(\tau/\tau_g) Y_1(\tau/\tau_g) - \frac{\hbar}{eR_N}\delta'(\tau), \tag{1.2.31}$$

式中, $\tau_g \equiv 2\omega_g^{-1} = \dfrac{\hbar}{\Delta(0)}$; J_0、J_1 和 Y_0、Y_1 分别为第一种和第二种 Bessel 函数.

尽管 TJM 模型能给出约瑟夫森结属性的近乎精确的描述, 但同 RSJ 和 RSJN 模型相比, 这一模型计算起来较复杂, 所以, 只能用于解决很有限的约瑟夫森结的动力学问题.

参考文献

[1] 凌瑞良, 冯金福. 熵、量子与介观量子现象. 北京: 科学出版社, 2008.

[2] van Kampen N G. The expansion of the master equation. Adv. Chem. Phys., 1976, 34: 245.

[3] van Kampen N G. Stochastic Processes in Physics and Chemistry. Amsterdam: North-Holland, 1981.

[4] 阎守胜, 甘子钊. 介观物理. 北京: 北京大学出版社, 2000.

[5] Vourdas A. Mesoscopic Josephson junction in the presence of nonclassical electromagnetic fields. Phys. Rev. B, 1994, 49(17): 12040-12046.

[6] Wang J S, Sun C Y. Quantum effects of mesoscopic *RLC* circuit in squeezed vacuum state. Int. J. Theor. Phys., 1998, 37(4): 1213-1216.

[7] Fan H Y, Pan X Y. Quantization and squeezed state of two *LC* circuit with mutual-inductance. Chin. Phys. Lett., 1998, 15(9): 625-627.

[8] Wang J S, Liu T K, Zhan M S. Coulomb blockade and quantum fluctuations of mesoscopic inductance coupling circuit. Phys. Lett. A, 2000, 276: 155-161.

[9] Ji Y H, Luo H M, Ouyang C Y, et al. Shapiro effect in mesoscopic *LC* circuit. Chin. Phys., 2002, 11(7): 0720-5.

[10] You J Q, Tsai J S, Nori F. Scalable quantum computing with Josephson charge qubits. Phys. Rev. Lett., 2002, 89(19): 197902-197904.

[11] Zhang S, Liu Y H. Quantum fluctuation of a mesoscopic inductance-resistance coupled circuit with power source. Phys. Lett. A, 2004, 322: 356-362.

[12] Chen B, Shen X J, Li Y Q, et al. Dynamic theory for the mesoscopic electric circuit. Phys. Lett. A, 2005, 335: 103-109.

[13] Ashoori R C. Electrons in artificial atoms. Nature, 1996, 379: 413.

[14] Bethune D S, Klang C H, de Vries M S, et al. Cobalt-catalysed growth of carbon nanotubes with single-atomic-layer walls. Nature, 1993, 363: 605.

[15] Josephson B D. Possible new effects in superconductive tunneling. Phys. Lett., 1962, 1: 251.

[16] Feynman R P, Leighton R B, Sands M. The Feynman Lectures on Physics(Vol.3). New Jersey: Addison-Wesley, 1965.

[17] Likharev K K. Dynamics of Josephson Junctions and Circuits. Amsterdam: Gordon and Breach Science Publishers, 1986.

[18] McCumber D E. Effect of ac impedance on dc voltage-current characteristics of superconductor weak-link junctions. J. Appl. Phys., 1968, 39: 3113.
[19] Stewart W C. Current-voltage characteristic of Josephson junctions. Appl. Phys. Lett., 1968, 12: 277.
[20] Giaever I. Energy gap in superconductors measured by electron tunneling. Phys. Rev. Lett., 1960, 5: 147.
[21] Scott W C. Hysteresis in the dc switching characteristics of Josephson junctions. Appl. Phys. Lett., 1970, 17: 166.
[22] Harris R E. Intrinsic response time of a Josephson tunnel junction. Phys. Rev. B, 1976, 13: 3818.

第 2 章　量子力学基础知识

2.1　量子力学描述的三种绘景

在经典力学中, 为了描述一个物体的运动, 首先要选择合适的参照系, 在选定参照系以后, 为了标度物体在参照系中的空间位置, 还要建立坐标系 (直角坐标系、极坐标系、球坐标系等). 而在量子力学中, 为了描述一个微观粒子的运动, 首先要选取合适的绘景 (picture)(类似于经典力学中的 “参照系”), 然后, 再选取合适的完备基矢组 (任何可观测量的本征矢集合, 类似于经典力学中的 “坐标系”), 即选择表象 (representation), 将态矢在基矢组上投影. 量子力学的绘景主要分为以下三类 [1,2].

在量子力学中, 为了描述微观粒子的运动, 而选择固定的基矢组 (类似于经典力学中的固定坐标系), 态矢 $|\psi_s(t)\rangle$ 却随时间发生变化的描述方式, 称为薛定谔绘景 (Schrödinger picture, 简称 S 绘景). 在任意时刻, 任何态矢都可以用一组固定不动的基矢的线性叠加来表示. 在这一绘景中, 算符遵从的基本对易关系是 $[\hat{q}_\alpha, \hat{p}_\beta] = \mathrm{i}\hbar\delta_{\alpha\beta}$ 和 $[\hat{q}_\alpha, \hat{q}_\alpha] = [\hat{p}_\alpha, \hat{p}_\alpha] = 0$. 作为时间函数的态矢 $|\psi_s(t)\rangle$ 用以描述系统的动力学行为, 它的时间演化遵从薛定谔方程. 如果系统在 t_0 时刻处于态 $|\psi(0)\rangle$, 则 t 时刻系统的态矢为 $|\psi_s(t)\rangle = \hat{U}(t, t_0)\,|\psi(t_0)\rangle$, 式中

$$\hat{U}(t, t_0) = \exp\left[-\frac{\mathrm{i}\mathscr{H}(t-t_0)}{\hbar}\right] \tag{2.1.1}$$

为幺正的时间演化算符, 其中 $\hat{\mathscr{H}}(t-t_0)$ 为系统的能量算符. 显然, $\hat{U}(t,\ t_0)$ 满足下式:

$$\mathrm{i}\hbar\frac{\partial \hat{U}(t, t_0)}{\partial t} = \hat{\mathscr{H}}(t-t_0)\hat{U}(t, t_0). \tag{2.1.2}$$

在 S 绘景中, 是将基矢组看成固定的矢量组而将态矢看成是随时间变化的矢量. 有时, 为了研究问题的方便, 选用固定的态矢和运动的基矢组的方式来描述同一系统. 这种描述方式称为海森伯绘景 (Heisenberg picture, 简称 H 绘景). S 绘景与 H 绘景描述同一系统在物理上是等效的, 在 S 绘景中算符是静止的 (与时间无关), 而在 H 绘景中必然是运动的 (与时间有关).

两种绘景中的态矢的关系是

$$|\psi_{\mathrm{S}}(t)\rangle = \hat{U}(t, t_0)\,|\psi_{\mathrm{H}}(t)\rangle\,, \tag{2.1.3}$$

式中, 下标 S 和 H 分别代表相应绘景.

两种绘景中的算符 $\hat{A}(t)$ 的变换关系为

$$\hat{A}_{\rm H}(t)=\hat{U}^{+}(t,t_0)\hat{A}_{\rm S}\hat{U}(t,t_0), \tag{2.1.4}$$

由上式可以看出, S 绘景中静止的算符在 H 绘景中通常是与时间有关的. 对于一个保守系统, 即算符 $\hat{A}_{\rm S}$ 不显含时间 t. 由幺正变换式 (2.1.4) 可知, 两个绘景中的能量算符 $\hat{\mathscr{H}}$ 相同. H 绘景中算符 $\hat{A}_{\rm H}$ 在 t 时刻的平均值为

$$\begin{aligned}\left\langle \hat{A}_{\rm H}\right\rangle &= \langle\psi_{\rm H}(t_0)|\,\hat{A}_{\rm H}(t)\,|\psi_{\rm H}(t_0)\rangle\\ &=\langle\psi_{\rm H}(t_0)|\,\hat{U}^{-1}\hat{U}\hat{A}_{\rm H}(t)\hat{U}^{-1}\hat{U}\,|\psi_{\rm H}(t_0)\rangle\\ &=\langle\psi_{\rm S}(t)|\,\hat{A}_{\rm S}(t)\,|\psi_{\rm S}(t)\rangle\,.\end{aligned} \tag{2.1.5}$$

可见, 算符 $\hat{A}$ 在两种绘景中的平均值相等. 将式 (2.1.4) 两边对时间 t 求导数, 并利用式 (2.1.2) 以及幺正关系 $\hat{U}^{+}\hat{U}=\hat{U}\hat{U}^{+}=1$ 可得

$$\begin{aligned}{\rm i}\hbar\frac{{\rm d}\hat{A}_{\rm H}}{{\rm d}t}&={\rm i}\hbar\hat{U}^{+}\hat{A}_{\rm S}\frac{\partial\hat{U}}{\partial t}+{\rm i}\hbar\frac{\partial\hat{U}^{+}}{\partial t}\hat{A}_{\rm S}\hat{U}+{\rm i}\hbar\hat{U}^{+}\frac{\partial A_{\rm S}}{\partial t}\hat{U}\\ &=\hat{U}^{+}A_{\rm S}\hat{\mathscr{H}}\ \hat{U}-\hat{U}^{+}\hat{\mathscr{H}}A_{\rm S}\hat{U}+{\rm i}\hbar\hat{U}^{+}\frac{\partial A_{\rm S}}{\partial t}\hat{U}\\ &=\hat{U}^{+}\hat{A}_{\rm S}\hat{U}\hat{U}^{+}\hat{\mathscr{H}}\ \hat{U}-\hat{U}^{+}\hat{\mathscr{H}}\ \hat{U}\hat{U}^{+}\hat{A}_{\rm S}\hat{U}+{\rm i}\hbar\hat{U}^{+}\frac{\partial\hat{A}_{\rm S}}{\partial t}\hat{U}\\ &\equiv[\hat{A}_{\rm H},\hat{\mathscr{H}}_{\rm H}]+{\rm i}\hbar\hat{U}^{+}\frac{\partial\hat{A}_{\rm S}}{\partial t}\hat{U},\end{aligned} \tag{2.1.6}$$

式 (2.1.6) 即为力学量算符 $\hat{A}_{\rm H}$ 随时间演化所满足的海森伯运动方程. 若 $\hat{A}_{\rm S}$ 不显含时间 t, 即系统是保守系, 则式 (2.1.6) 可简化为

$$\frac{{\rm d}\hat{A}_{\rm H}}{{\rm d}t}=\frac{1}{{\rm i}\hbar}[\hat{A}_{\rm H},\ \hat{\mathscr{H}}_{\rm H}]. \tag{2.1.7}$$

绘景的选取不应该影响物理规律, 也就是说, 两种绘景在物理上具有等效性, 所以算符对易关系在两种绘景中应具有相同的形式. 比如, 假设 $\hat{A}_{\rm S}$、$\hat{B}_{\rm S}$ 和 $\hat{C}_{\rm S}$ 为 S 绘景中的三个力学量算符, 满足下面的对易关系:

$$[\hat{A}_{\rm S},\hat{B}_{\rm S}]={\rm i}\hat{C}_{\rm S}. \tag{2.1.8}$$

将式 (2.1.8) 两边左乘以 $\hat{U}^{+}$ 右乘以 $\hat{U}$ 可得

$$\hat{U}^{+}\hat{A}_{\rm S}\hat{B}_{\rm S}\hat{U}-\hat{U}^{+}\hat{B}_{\rm S}\hat{A}_{\rm S}\hat{U}={\rm i}\hat{U}^{+}\hat{C}_{\rm S}\hat{U}. \tag{2.1.9}$$

将 $\hat{U}\hat{U}^+ = 1$ 插入 $\hat{A}_S$ 和 $\hat{B}_S$ 之间: $(\hat{U}^+\hat{A}_S\hat{U})(\hat{U}^+\hat{B}_S\hat{U}) - (\hat{U}^+\hat{B}_S\hat{U})(\hat{U}^+\hat{A}_S\hat{U}) = \mathrm{i}\hat{U}^+C_S\hat{U}$, 即

$$[\hat{A}_H(t), \hat{B}_H(t)] = \mathrm{i}\hat{C}_H(t). \tag{2.1.10}$$

可见, 式 (2.1.10) 和式 (2.1.8) 具有相同的形式. 所以, H 绘景和 S 绘景在物理上是等效的.

除了以上两种绘景以外, 还有另外一种绘景. 在系统的哈密顿算符可以写成下面两部分之和时非常有用:

$$\hat{\mathscr{H}}_S = \hat{\mathscr{H}}_0^S + \hat{\mathscr{V}}_S, \tag{2.1.11}$$

式中, $\mathscr{H}_0^S$ 不显含时间 t, 它对应的本征态矢可以由

$$\mathrm{i}\hbar\frac{\partial}{\partial t}|\psi_0\rangle = \hat{\mathscr{H}}_0^S|\psi_0\rangle \tag{2.1.12}$$

求解. $\hat{\mathscr{V}}_S$ 为系统哈密顿算符的相互作用部分, 通常显含时间 t. 这种绘景被称为相互作用绘景 (interaction picture, 简称 I 绘景). S 绘景与 I 绘景中态矢的变换关系为

$$|\psi_S(t)\rangle = \hat{U}_0(t,t_0)|\psi_I(t)\rangle, \tag{2.1.13}$$

式中

$$\hat{U}_0(t,t_0) = \exp\left[-\frac{\mathrm{i}}{\hbar}\hat{\mathscr{H}}_0^S(t-t_0)\right], \tag{2.1.14}$$

且满足

$$\mathrm{i}\hbar\frac{\partial\hat{U}_0}{\partial t} = \hat{\mathscr{H}}_0^S\hat{U}_0. \tag{2.1.15}$$

由式 (2.1.13) 可以看出, 在 $t = t_0$ 时刻, $|\psi_S(t_0)\rangle = |\psi_I(t_0)\rangle$, 可见, S 绘景与 I 绘景在 $t = t_0$ 时刻是重合的. I 绘景和 S 绘景中算符的变换关系为

$$\hat{A}_I(t) = \hat{U}_0^+\hat{A}_S\hat{U}_0. \tag{2.1.16}$$

将式 (2.1.16) 两边对 t 求导, 并利用式 (2.1.15) 可得

$$\begin{aligned}
\mathrm{i}\hbar\frac{\mathrm{d}\hat{A}_I}{\mathrm{d}t} &= \mathrm{i}\hbar\hat{U}_0^+\hat{A}_S\frac{\partial\hat{U}_0}{\partial t} + \mathrm{i}\hbar\frac{\partial\hat{U}_0^+}{\partial t}\hat{A}_S\hat{U}_0 + \mathrm{i}\hbar\hat{U}_0^+\frac{\partial A_S}{\partial t}\hat{U}_0 \\
&= \hat{U}_0^+\hat{A}_S\hat{\mathscr{H}}_0^S\hat{U}_0 - \hat{U}_0^+\hat{\mathscr{H}}_0^S\hat{A}_S\hat{U}_0 + \mathrm{i}\hbar\hat{U}_0^+\frac{\partial\hat{A}_S}{\partial t}\hat{U}_0 \\
&= \hat{U}_0^+\hat{A}_S\hat{U}_0\hat{U}_0^+\hat{\mathscr{H}}_0^S\hat{U}_0 - \hat{U}_0^+\hat{\mathscr{H}}_0^S\hat{U}_0\hat{U}_0^+\hat{A}_S\hat{U}_0 + \mathrm{i}\hbar\hat{U}_0^+\frac{\partial\hat{A}_S}{\partial t}\hat{U}_0 \\
&\equiv [\hat{A}_I, \hat{\mathscr{H}}_0^S] + \mathrm{i}\hbar\hat{U}_0^+\frac{\partial\hat{A}_S}{\partial t}\hat{U}_0,
\end{aligned} \tag{2.1.17}$$

因 $\mathscr{H}_0^{\mathrm{S}}$ 与时间无关, $\hat{\mathscr{H}}_0^{\mathrm{S}}=\hat{\mathscr{H}}_{\mathrm{I}}^{\mathrm{S}}$, 所以式 (2.1.17) 变为

$$\mathrm{i}\hbar\frac{\mathrm{d}\hat{A}_{\mathrm{I}}}{\mathrm{d}t}=[\hat{A}_{\mathrm{I}},\hat{\mathscr{H}}_0^{\mathrm{I}}]+\mathrm{i}\hbar\hat{U}_0^{+}\frac{\partial\hat{A}_{\mathrm{S}}}{\partial t}\hat{U}_0, \tag{2.1.18}$$

式 (2.1.18) 便是力学量算符 $\hat{A}_{\mathrm{I}}$ 在相互作用绘景中的运动方程. 如果哈密顿算符 $\hat{\mathscr{H}}_{\mathrm{S}}$ 中的相互作用部分 $\hat{\mathscr{V}}_{\mathrm{S}}=0$, 则式 (2.1.18) 就自然地过渡为海森伯运动方程. 若 $\hat{A}_{\mathrm{S}}$ 不显含时间 t, 即系统是保守系统, 则式 (2.1.18) 简化为

$$\mathrm{i}\hbar\frac{\mathrm{d}\hat{A}_{\mathrm{I}}}{\mathrm{d}t}=[\hat{A}_{\mathrm{I}},\hat{H}_0^{\mathrm{I}}]. \tag{2.1.19}$$

2.2　正则量子化

由于介观电路呈现量子效应, 所以对介观电路展开研究的关键是将其量子化, 也就是寻找体系的能量算符, 完成由经典力学向量子力学的过渡. 狄拉克 (Dirac) 认为 [3], 由经典力学向量子力学过渡的关键是寻找量子化条件或称为对易关系, 一个比较好的方法便是经典类比法. 经典类比法在量子力学的发展中具有重要的意义, 这是因为经典力学在某些条件下提供力学系统的正确描述, 这些条件便是, 组成系统的粒子具有足够大的质量, 使得伴随观察而来的干扰可以忽略. 从这个意义上来讲, 经典力学必定是量子力学的一个极限情况. 在经典力学中可以找到一些重要概念, 它们是与量子力学中的某些重要概念相当的; 并且, 根据对经典力学与量子力学之间的类比的普遍性质的了解, 可能得到量子力学中的一些规则与定理, 特别希望得到一些量子化条件, 它们表现为所有力学变量都对易的经典规则的简单推广. 所以, 对微观体系实施量子化时, 一个关键问题是量子化条件的寻找, 狄拉克提出了正则量子化方法 [3], 这一方法非常有效, 被广大科研工作者普遍采用. 在本书中涉及介观体系的量子化时, 采用的主要是正则量子化方法.

2.2.1　拉格朗日方程和哈密顿正则方程

处理宏观系统运动规律的经典力学, 是以牛顿定律为基础的. 在用牛顿定律处理力学系统的运动问题时, 通常需要求解大量的微分方程组. 如果力学系统中再存在着一些限制各子系统自由运动的条件, 即约束, 会使问题变得更为复杂. 为了解决这一问题, 拉格朗日于 1788 年著书《分析力学》, 完全用数学分析的方法来解决所有的力学问题, 后来, 逐步发展成为一系列处理力学问题的新方法 —— 分析力学 [4,5].

拉格朗日建立了描述宏观力学系统运动问题的拉格朗日方程组, 它类似于牛顿运动方程, 也是一个二阶常微分方程组, 包含有 s 个独立变量. 多变量二阶常微分方程组求解起来比较困难. 1834 年, 哈密顿指出: 如果用坐标和动量作为独立变量,

虽然方程式的数目增加了一倍, 即由 s 个变为 $2s$ 个, 但微分方程式却都由二阶降为一阶. 这组方程叫做哈密顿正则方程. 与拉格朗日方程相比, 哈密顿正则方程在理论上有着更重要的意义, 在理论物理各分支中得到广泛的应用.

对于由 n 个质点所构成的力学系统, 若存在 k 个限制质点空间位置的几何约束

$$f_\alpha(x,y,z,t)=0 \quad (\alpha=1,2,\cdots,k). \tag{2.2.1}$$

那么独立坐标就减少为 $3n-k$ 个, 式中 t 为时间. 既然只有 $3n-k$ 个坐标是独立的, 如果令 $3n-k=s$, 则在式 (2.2.1) 的约束下, $3n$ 个非独立的坐标可用 s 个独立参量 $q_1, q_2, \cdots, q_s$ 及 t 表示出, 即

$$\left.\begin{aligned} x_i&=x_i(q_1,q_2,\cdots,q_s,t)\\ y_i&=y_i(q_1,q_2,\cdots,q_s,t)\\ z_i&=z_i(q_1,q_2,\cdots,q_s,t)\end{aligned}\right\} \quad (i=1,2,\cdots,n,\ s<3n), \tag{2.2.2}$$

也就是

$$\boldsymbol{r}_i=\boldsymbol{r}_i(q_1,q_2,\cdots,q_s,t), \quad (i=1,2,\cdots,n,\ s<3n), \tag{2.2.3}$$

式中, 参量 $q_1,q_2,\cdots,q_s$ 称为拉格朗日广义坐标, 它不一定是长度, 可以是角度或其他物理量, 比如电荷量、面积、体积、电极化强度、磁化强度等物理量, 到底选何物理量作为广义坐标, 取决于研究问题的需要. 在选定广义坐标后, 相应地, $\dot{q}_1,\dot{q}_2,\cdots,\dot{q}_s$ 被称为广义速度.

在分析力学中, 基本形式的拉格朗日方程为

$$\frac{\mathrm{d}}{\mathrm{d}t}\left(\frac{\partial \mathscr{T}}{\partial \dot{q}_\alpha}\right)-\frac{\partial \mathscr{T}}{\partial q_\alpha}=Q_\alpha \quad (\alpha=1,2,\cdots,s), \tag{2.2.4}$$

式中, $\mathscr{T}=\dfrac{1}{2}\displaystyle\sum_{i=1}^{n}m_i(\dot{\boldsymbol{r}}\cdot\dot{\boldsymbol{r}})$ 为体系的动能, 广义动量 $p_\alpha=\dfrac{\partial \mathscr{T}}{\partial \dot{q}_\alpha}$; 等式左边第一项由动量对时间求一阶导数为 “力”, 第二项由动能对广义坐标求一阶导数亦为 “力”, 所以 Q_α 为广义力. 这一方程组的优点: 只要知道了某一力学体系用广义坐标 $q_1,q_2,\cdots,q_s$ 表示的动能 $\mathscr{T}$ 及作用在该力学体系上的广义力 $Q_1,Q_2,\cdots,Q_s$ (亦为 q_α 及 t 的函数), 就可写出该力学体系的动力学方程. 缺点: 它仍旧为二阶常微分方程组, 求解起来有一定难度.

下面给出保守力系中拉格朗日方程的形式. 在保守力系中, 势能 $\mathscr{V}$ 仅是坐标 x_i、y_i 和 z_i 的函数, 且满足

$$\left.\begin{aligned} &F_i=-\nabla_i\mathscr{V}\\ &F_{ix}=-\frac{\partial \mathscr{V}}{\partial x_i},F_{iy}=-\frac{\partial \mathscr{V}}{\partial y_i},F_{iz}=-\frac{\partial \mathscr{V}}{\partial z_i}\end{aligned}\right\} \quad (i=1,2,\cdots,n). \tag{2.2.5}$$

考虑 (2.2.2) 和 (2.2.5) 两式, 可得保守力场中的广义力

$$
\begin{aligned}
Q_\alpha &= \sum_{i=1}^{n} \boldsymbol{F}_i \cdot \frac{\partial \boldsymbol{r}_i}{\partial q_\alpha} = \sum_{i=1}^{n} \left(F_{ix} \frac{\partial x_i}{\partial q_\alpha} + F_{iy} \frac{\partial y_i}{\partial q_\alpha} + F_{iz} \frac{\partial z_i}{\partial q_\alpha} \right) \\
&= \sum_{i=1}^{n} \left(-\frac{\partial \mathscr{V}}{\partial x_i} \frac{\partial x_i}{\partial q_\alpha} - \frac{\partial \mathscr{V}}{\partial y_i} \frac{\partial y_i}{\partial q_\alpha} - \frac{\partial \mathscr{V}}{\partial z_i} \frac{\partial z_i}{\partial q_\alpha} \right) \\
&= -\frac{\partial \mathscr{V}}{\partial q_\alpha}.
\end{aligned} \tag{2.2.6}
$$

由 (2.2.4) 和 (2.2.6) 两式可得

$$
\frac{\mathrm{d}}{\mathrm{d}t} \left(\frac{\partial \mathscr{T}}{\partial \dot{q}_\alpha} \right) - \frac{\partial \mathscr{T}}{\partial q_\alpha} = -\frac{\partial \mathscr{V}}{\partial q_\alpha}. \tag{2.2.7}
$$

因势能 $\mathscr{V}$ 一般不是广义速度 $\dot{q}_\alpha$ 的函数, 引入新函数

$$
\mathscr{L} = \mathscr{T} - \mathscr{V}, \tag{2.2.8}
$$

则有

$$
\frac{\partial \mathscr{L}}{\partial \dot{q}_\alpha} = \frac{\partial \mathscr{T}}{\partial \dot{q}_\alpha}, \quad \frac{\partial \mathscr{L}}{\partial q_\alpha} = \frac{\partial \mathscr{T}}{\partial q_\alpha} - \frac{\partial \mathscr{V}}{\partial q_\alpha}. \tag{2.2.9}
$$

于是, 基本形式的拉格朗日方程 (2.2.4) 变为

$$
\frac{\mathrm{d}}{\mathrm{d}t} \left(\frac{\partial \mathscr{L}}{\partial \dot{q}_\alpha} \right) - \frac{\partial \mathscr{L}}{\partial q_\alpha} = 0 \quad (\alpha = 1, 2, \cdots, s), \tag{2.2.10}
$$

此即为保守力系的拉格朗日方程, 因为用得较多, 有时亦直接称之为拉格朗日方程或拉氏方程. 式中 $\mathscr{L}$ 叫作拉格朗日函数, 简称拉氏函数. 拉氏函数是力学体系的一个特征函数, 表征其约束、运动状态、相互作用等性质.

由于拉氏方程仍旧为二阶常微分方程组, 如果把 $\mathscr{L}$ 中的广义速度 $\dot{q}_\alpha$ 等换作广义动量 p_α 等可使方程组降阶, 即由二阶变为一阶, 而且还可具有其他一些优点. 变换过程如下:

若在式 (2.2.10) 中, 令

$$
p_\alpha = \frac{\partial \mathscr{L}}{\partial \dot{q}_\alpha} = \frac{\partial \mathscr{T}}{\partial \dot{q}_\alpha} \quad (\alpha = 1, 2, \cdots, s) \tag{2.2.11}
$$

作为独立变量, 则由拉氏方程, 可得

$$
\dot{p}_\alpha = \frac{\partial \mathscr{L}}{\partial q_\alpha} \quad (\alpha = 1, 2, \cdots, s). \tag{2.2.12}
$$

从式 (2.2.11) 中解出 $\dot{q}_\alpha$, $\dot{q}_\alpha$ 是 p_β、$q_\beta(\beta = 1, 2, \cdots, s)$ 及 t 的函数, 即

$$
\dot{q}_\alpha = \dot{q}_\alpha(p_1, p_2, \cdots, p_s; q_1, q_2, \cdots, q_s; t). \tag{2.2.13}
$$

把式 (2.2.13) 代入拉氏函数 $\mathscr{L}$ 中, 则 $\mathscr{L}$ 也将变为 p_β、$q_\beta(\beta=1,2,\cdots,s)$ 及 t 的函数, 即

$$\mathscr{L}=\bar{\mathscr{L}}(p_1,p_2,\cdots,p_s;q_1,q_2,\cdots,q_s;t). \tag{2.2.14}$$

实际上, (2.2.12) 和 (2.2.13) 两式为拉氏方程 (2.2.10) 的另外一种表达方式, 它们是 $2s$ 个一阶微分方程组, 这些方程在形式上不对称, 计算起来也不方便. 当独立变量发生改变时, 函数形式也要相应地发生改变才好计算. 这种由一组独立变量变为另一组独立变量的变换, 在数学上称为勒让德变换.

若通过勒让德变换, 使拉氏函数 $\mathscr{L}$ 中的一种独立变量由 $\dot{q}_\alpha(\alpha=1,2,\cdots,s)$ 变为 $p_\alpha(\alpha=1,2,\cdots,s)$, 则应引入新函数 $\mathscr{H}$, 它满足下面关系式:

$$\mathscr{H}(p,q,t)=-\mathscr{L}+\sum_{\alpha=1}^{s}p_\alpha\dot{q}_\alpha, \tag{2.2.15}$$

该式所定义的函数 $\mathscr{H}$ 称为哈密顿函数, 它是 $2s+1$ 个变量即 p_α、$q_\alpha(\alpha=1,2,\cdots,s)$ 及 t 的函数. 实际上, $\mathscr{H}$ 代表广义能量, 如果限制体系位置的约束不是时间 t 的函数, 即在稳定约束下, $\mathscr{H}$ 是体系动能和势能之和. 其微分形式为

$$\mathrm{d}\mathscr{H}=-\mathrm{d}\mathscr{L}+\sum_{\alpha=1}^{s}(p_\alpha\mathrm{d}\dot{q}_\alpha+\dot{q}_\alpha\mathrm{d}p_\alpha). \tag{2.2.16}$$

因拉氏函数 $\mathscr{L}$ 为 q_α、$\dot{q}_\alpha$ 及 t 的函数, 其全微分为

$$\begin{aligned}\mathrm{d}\mathscr{L}&=\sum_{\alpha=1}^{s}\left(\frac{\partial\mathscr{L}}{\partial q_\alpha}\mathrm{d}q_\alpha+\frac{\partial\mathscr{L}}{\partial\dot{q}_\alpha}\mathrm{d}\dot{q}_\alpha\right)+\frac{\partial\mathscr{L}}{\partial t}\mathrm{d}t\\&=\sum_{\alpha=1}^{s}(\dot{p}_\alpha\mathrm{d}q_\alpha+p_\alpha\mathrm{d}\dot{q}_\alpha)+\frac{\partial\mathscr{L}}{\partial t}\mathrm{d}t.\end{aligned} \tag{2.2.17}$$

把式 (2.2.17) 代入式 (2.2.16) 中可得

$$\mathrm{d}\mathscr{H}=\sum_{\alpha=1}^{s}(-\dot{p}_\alpha\mathrm{d}q_\alpha+\dot{q}_\alpha\mathrm{d}p_\alpha)-\frac{\partial\mathscr{L}}{\partial t}\mathrm{d}t. \tag{2.2.18}$$

因 $\mathscr{H}$ 为 p、q 和 t 的函数, 其全微分为

$$\mathrm{d}\mathscr{H}=\sum_{\alpha=1}^{s}\left(\frac{\partial\mathscr{H}}{\partial q_\alpha}\mathrm{d}q_\alpha+\frac{\partial\mathscr{H}}{\partial p_\alpha}\mathrm{d}p_\alpha\right)+\frac{\partial\mathscr{H}}{\partial t}\mathrm{d}t. \tag{2.2.19}$$

比较 (2.2.18) 和 (2.2.19) 两式, 并考虑到 $\mathrm{d}q_\alpha$、$\mathrm{d}p_\alpha$ 及 $\mathrm{d}t$ 都是独立的, 可得

$$\frac{\partial\mathscr{H}}{\partial t}=-\frac{\partial\mathscr{L}}{\partial t}, \tag{2.2.20}$$

$$\dot{q}_\alpha = \frac{\partial \mathscr{H}}{\partial p_\alpha}, \quad \dot{p}_\alpha = -\frac{\partial \mathscr{H}}{\partial q_\alpha} \quad (\alpha = 1, 2, \cdots, s). \tag{2.2.21}$$

方程 (2.2.21) 通常叫作哈密顿正则方程, 它是包含有 $2s$ 个一阶常微分方程的方程组, 它们的形式简单而对称, 故简称为正则方程. 在理论物理学中, 以 p、q 作为独立变量比用 q 及 $\dot{q}$ 作为独立变量要广泛和方便得多, 这些在统计物理及量子力学中常用到. 由经典物理学过渡到量子力学, 正则方程也常被认为是最方便的形式. 把 p_α、$q_\alpha(\alpha = 1,\ 2,\ \cdots, s)$ 称为正则变量, 它们对应由广义坐标和广义动量所组成的 $2s$ 维相空间中的一个相点.

2.2.2 经典泊松括号与量子泊松括号

在经典力学中, 可观察量及一般的力学变量满足乘法交换律, 即若用 A 和 B 表示任意两个可观察量或力学量, 则二者满足 $AB - BA = 0$. 而在量子力学中, $AB - BA$ 的值却是未知的, 这就促使人们去寻找一些代替乘法交换律的方程, 通过这些方程来确定 $AB - BA$ 的值. 这些方程就称为量子化条件或对易关系. 所以, 对一个微观体系实施量子化的关键是确定这些方程的值. 狄拉克给出了一种寻找量子化条件的相当普遍的方法 —— 经典类比法,[3] 这一方法适用于很多力学系统, 不能适用的个别问题另当别论. 这里, 我们把精力主要放在介绍经典类比法上, 对于不能适用这一方法的个别问题不再涉及.

前面已经指出, 由描述宏观体系运动规律的经典物理学向描述微观体系运动规律的量子力学过渡时, 哈密顿正则方程被认为是最方便的形式. 因而, 寻找正则方程的求解方法便成了能否有效利用正则方程解决实际问题的关键. 泊松定理是求解正则方程的方法之一. 在泊松定理中, 有一个重要概念: 泊松括号 [5,6], 这一符号在量子力学中经常用到. 下面就给出泊松括号的经典形式与量子形式.

1. 经典泊松括号

假设任意两个力学量 u 和 v 是一组正则坐标 q_α 和正则动量 p_α 的函数, 则 u 和 v 的泊松括号定义为

$$\{u, v\} = \sum_{\alpha=1}^{s} \left(\frac{\partial u}{\partial q_\alpha} \frac{\partial v}{\partial p_\alpha} - \frac{\partial u}{\partial p_\alpha} \frac{\partial v}{\partial q_\alpha} \right). \tag{2.2.22}$$

需要说明的是, 在涉及经典泊松括号的分析力学教材中, 大都采用 “[ ]” 标记泊松括号, 这里采用 “{ }” 主要是便于与后面要引入的量子力学中的对易号 “[ ]” 相区别.

由泊松括号的定义式可得到它的几个主要性质:

(1) $\{u, c\} = 0$, 式中 c 为数; (2.2.23)

(2) $\{u, v\} = -\{v, u\}$; (2.2.24)

(3) 若 $v=\sum_{i=1}^{n}v_i$, 则 $\{u,v\}=\sum_{i=1}^{n}\{u,v_i\}$; (2.2.25)

(4) $\frac{\partial}{\partial t}\{u,v\}=\left\{\frac{\partial u}{\partial t},v\right\}+\left\{u,\frac{\partial v}{\partial t}\right\}$; (2.2.26)

(5)
$$\begin{aligned}\{u_1u_2,v\}&=\sum_{\alpha=1}^{s}\left(\frac{\partial u_1u_2}{\partial q_\alpha}\frac{\partial v}{\partial p_\alpha}-\frac{\partial u_1u_2}{\partial p_\alpha}\frac{\partial v}{\partial q_\alpha}\right)\\&=\sum_{\alpha=1}^{s}\left[\left(\frac{\partial u_1}{\partial q_\alpha}u_2+u_1\frac{\partial u_2}{\partial q_\alpha}\right)\frac{\partial v}{\partial p_\alpha}-\left(\frac{\partial u_1}{\partial p_\alpha}u_2+u_1\frac{\partial u_2}{\partial p_\alpha}\right)\frac{\partial v}{\partial q_\alpha}\right]\\&=\sum_{\alpha=1}^{s}\left[\left(\frac{\partial u_1}{\partial q_\alpha}\frac{\partial v}{\partial p_\alpha}-\frac{\partial u_1}{\partial p_\alpha}\frac{\partial v}{\partial q_\alpha}\right)u_2+u_1\left(\frac{\partial u_2}{\partial q_\alpha}\frac{\partial v}{\partial p_\alpha}-\frac{\partial u_2}{\partial p_\alpha}\frac{\partial v}{\partial q_\alpha}\right)\right]\\&=\{u_1,v\}u_2+u_1\{u_2,v\}.\end{aligned}\tag{2.2.27}$$

同理,

$$\{u,v_1v_2\}=\{u,v_1\}v_2+v_1\{u,v_2\}.\tag{2.2.28}$$

(6) $\{q_\alpha,p_\beta\}=\delta_{\alpha\beta}=\begin{cases}1, & 若\ \alpha=\beta\\ 0, & 若\ \alpha\neq\beta\end{cases}.$ (2.2.29)

2. 量子泊松括号

根据经典类比法, 量子泊松括号 [3] 在形式上应该与经典泊松括号类似. 于是, 可以假定量子泊松括号满足式 (2.2.23)~式 (2.2.29) 所给出的泊松括号的性质. 现在令 u_1、u_2 和 v_1、v_2 为 q_α 和 p_α 的任意四个函数. 下面就借助以上四个函数来给出量子泊松括号的定义. 对于泊松括号 $\{u_1u_2,\ v_1v_2\}$, 为了推导出与其相应的量子泊松括号, 必须对式 (2.2.28) 作这样的要求: 在第一个等式中 u_1 和 u_2 的次序始终不变, 在第二个等式中 v_1 和 v_2 的次序始终不变. 现在, 利用式 (2.2.27) 和式 (2.2.28) 两个等式对 $\{u_1u_2,\ v_1v_2\}$ 作变换, 如下:

$$\begin{aligned}\{u_1u_2,v_1v_2\}&=u_1\{u_2,v_1v_2\}+\{u_1,v_1v_2\}u_2\\&=u_1v_1\{u_2,v_2\}+u_1\{u_2,v_1\}v_2+v_1\{u_1,v_2\}u_2+\{u_1,v_1\}v_2u_2,\end{aligned}\tag{2.2.30}$$

以及

$$\begin{aligned}\{u_1u_2,v_1v_2\}&=v_1\{u_1u_2,v_2\}+\{u_1u_2,v_1\}v_2\\&=v_1u_1\{u_2,v_2\}+v_1\{u_1,v_2\}u_2+u_1\{u_2,v_1\}v_2+\{u_1,v_1\}u_2v_2.\end{aligned}\tag{2.2.31}$$

由 (2.2.30) 和 (2.2.31) 两式相等可得

$$\{u_1,v_1\}(u_2v_2-v_2u_2)=(u_1v_1-v_1u_1)\{u_2,v_2\},\tag{2.2.32}$$

这一关系式对 u_1、v_1 永远成立, 而与 u_2、v_2 完全无关; 反过来, 它对 u_2、v_2 永远成立, 而与 u_1、v_1 完全无关, 则必然有

$$u_1v_1 - v_1u_1 = \mathrm{i}\hbar\{u_1, v_1\}, \tag{2.2.33}$$

$$u_2v_2 - v_2u_2 = \mathrm{i}\hbar\{u_2, v_2\}, \tag{2.2.34}$$

式中引入的 $\hbar$ 与 u_1、v_1、u_2 和 v_2 皆无关, 且与 $u_1v_1 - v_1u_1$ 以及 $u_2v_2 - v_2u_2$ 对易, 再加上人们希望两个实变数的泊松括号是实的, 这就要求 $\hbar$ 是一个实数, 式中引入表示复数的符号 i 正是基于这一考虑. 需要注意, 这里引入的 $\hbar$ 只表示一个代数量, 它与普朗克常量的关系还不得而知. 于是, 任意两个变量 u 与 v 的量子泊松括号 $\{u, v\}$ 定义为

$$uv - vu = \mathrm{i}\hbar\{u, v\}. \tag{2.2.35}$$

量子泊松括号应该具有普遍性, 这就要求 $\hbar$ 为一个普适常量, 为使理论与实验符合得比较好, $\hbar$ 必须取 $h/(2\pi)$, h 为普朗克常量. 在各种量子泊松括号中, 包含有正则坐标和正则动量的量子泊松括号最简单而又最常见, 相应的经典泊松括号的值分别为

$$\{q_\alpha, q_\beta\} = 0, \quad \{p_\alpha, p_\beta\} = 0, \quad \{q_\alpha, p_\beta\} = \delta_{\alpha\beta}, \tag{2.2.36}$$

狄拉克假定, 相应的量子泊松括号也取式 (2.2.36) 之值. 借助式 (2.2.36) 消去式 (2.2.35) 中的量子泊松括号, 可得

$$q_\alpha q_\beta - q_\beta q_\alpha = 0, \quad p_\alpha p_\beta - p_\beta p_\alpha = 0, \quad q_\alpha p_\beta - p_\beta q_\alpha = \mathrm{i}\hbar\delta_{\alpha\beta}, \tag{2.2.37}$$

引入对易符号 “[ ]”, 式 (2.2.37) 可以写为下面简洁的形式:

$$[q_\alpha, q_\beta] = 0, \quad [p_\alpha, p_\beta] = 0, \quad [q_\alpha, p_\beta] = \mathrm{i}\hbar\delta_{\alpha\beta}, \tag{2.2.38}$$

式中脚标代表自由度, 脚标的不同值代表不同的自由度. 该式意味着当 α 与 β 不相同时, q_α 和 p_α 的任意函数将与 q_β 和 p_β 的任意函数对易, 因此, 可以说, 与不同自由度相联系的力学量算符都是对易的. 式 (2.2.38) 所给出的关系便是量子力学中的基本量子化条件, 也是最基本的对易式. 它与式 (2.2.34) 为经典力学与量子力学之间的类比提供了基础.

2.2.3　正则量子化方法

有了 2.2.1 和 2.2.2 两节所介绍内容的基础, 下面对正则量子化方法作一个总结. 要对一个物理体系实施正则量子化, 首先, 选定一个合适的物理量作为广义坐标 q_α, 写出与该广义坐标 q_α 相关的体系的势能 $\mathscr{V}$ 以及与广义速度 $\dot{q}_\alpha$ 相关的体系的动能

$\mathscr{T}$; 其次, 写出体系的拉氏函数 $\mathscr{L}=\mathscr{T}-\mathscr{V}$, 用 $\mathscr{L}$ 求出与广义坐标正则共轭的广义动量: $p_\alpha=\partial\mathscr{L}/\partial\dot{q}_\alpha$; 然后, 求出体系的经典哈密顿量 $\mathscr{H}(p,q,t)=-\mathscr{L}+\sum\limits_{\alpha=1}^{s}p_\alpha\dot{q}_\alpha$; 最后, 赋予 $\mathscr{H}(p,q,t)$ 以式 (2.2.38) 给出的量子化条件便将体系量子化了. 当然, 这一方法同样也适用于介观电路体系的量子化. 下面通过一个具体的例子来说明正则量子化的具体过程.

例　对如图 2.2.1 所示无源无耗散介观 LC 回路实施正则量子化, 假设电路由一脉冲信号源激发.

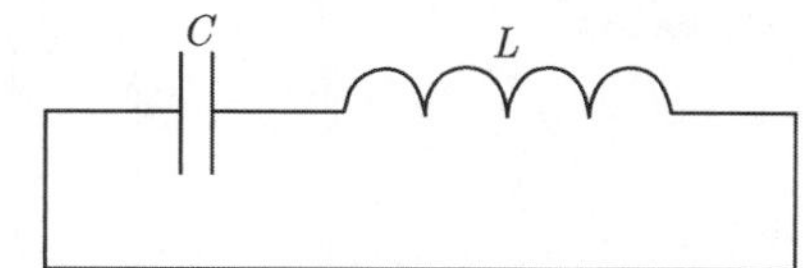

图 2.2.1　无源无耗散介观 LC 回路示意图

量子化过程: 图中 C 为电容器电容, L 为线圈自感系数. 若把电容器一极板上的电荷量 q 视为广义坐标, 则与之相应的体系的势能为

$$\mathscr{V}=\frac{q^2}{2C},\tag{2.2.39}$$

与广义动量 $\dot{q}$ 相应的体系的动能为

$$\mathscr{T}=\frac{1}{2}LI^2=\frac{1}{2}L\dot{q}^2,\tag{2.2.40}$$

体系的拉氏函数为

$$\mathscr{L}=\mathscr{T}-\mathscr{V}=\frac{1}{2}L\dot{q}^2-\frac{q^2}{2C},\tag{2.2.41}$$

则广义动量为

$$p=\frac{\partial\mathscr{L}}{\partial\dot{q}}=L\dot{q}=\varPhi,\tag{2.2.42}$$

$\varPhi$ 恰为穿过线圈的磁通量. 解出 $\dot{q}=p/L$, 这一步运用的是勒让德变换. 于是, 可得到体系的经典哈密顿量

$$\mathscr{H}=-\mathscr{L}+p\dot{q}=-\left(\frac{1}{2}L\dot{q}^2-\frac{q^2}{2C}\right)+p\dot{q}=\frac{p^2}{2L}+\frac{q^2}{2C}.\tag{2.2.43}$$

在式 (2.2.43) 所给出的经典哈密顿量中加入量子化条件: $[\hat{q},\hat{p}]=\mathrm{i}\hbar$, 则得体系的哈密顿算符

$$\hat{\mathscr{H}}=\frac{\hat{p}^2}{2L}+\frac{\hat{q}^2}{2C}.\tag{2.2.44}$$

这样, 就利用正则量子化方法实现了介观 LC 回路的量子化. 需要说明的是, 广义坐标的选取具有任意性, 视研究问题的方便而定. 比如, 在上面的问题中可选择穿过线圈的磁通量 Φ 作为广义坐标, 则体系的势能为

$$\mathscr{V} = \frac{\Phi^2}{2L}, \tag{2.2.45}$$

电容器的储能却变为广义动能

$$\mathscr{T} = \frac{1}{2}Cu^2 = \frac{1}{2}C\dot{\Phi}^2, \tag{2.2.46}$$

注意, 上式中利用了法拉第电磁感应定律. 体系的拉氏函数为

$$\mathscr{L} = \mathscr{T} - \mathscr{V} = \frac{1}{2}C\dot{\Phi}^2 - \frac{\Phi^2}{2L}, \tag{2.2.47}$$

则体系的广义动量为

$$p = \frac{\partial \mathscr{L}}{\partial \dot{\Phi}} = C\dot{\Phi} = q, \tag{2.2.48}$$

同式 (2.2.41) 相比, 这里的广义动量恰为电容器一极板上的净电荷量. 类似于式 (2.2.42) 同样可以得到体系的哈密顿量

$$\mathscr{H} = -\mathscr{L} + p\dot{\Phi} = -\left(\frac{1}{2}C\dot{\Phi}^2 - \frac{\Phi^2}{2L}\right) + p\dot{\Phi} = \frac{\Phi^2}{2L} + \frac{q^2}{2C}, \tag{2.2.49}$$

在上式中加入量子化条件: $[\hat{\Phi},\ \hat{q}] = \mathrm{i}\hbar$, 即可实现介观 LC 回路的量子化. 可见, 选择什么物理量作为广义坐标并没有特定的要求.

2.3 正规乘积内的积分技术简介

为了简洁而深刻地反映量子力学中力学量与态矢之间的关系, 狄拉克在他的名著《量子力学原理》[3] 中创造性地引入了右矢 (ket) 和左矢 (bra) 的概念; 他把非对易的量子变量称为 q 数, 发展出比矩阵力学更为抽象的、普遍的 q 数理论, 其中包括表象理论 (例如, 代表坐标的力学量 Q 是一个 q 数, 它的本征态是 $|q\rangle$, 坐标表象 $|q\rangle$ 的正交完备性为 $\langle q'|\, q\rangle = \delta(q' - q)$, $\int_{-\infty}^{\infty} \mathrm{d}q\, |q\rangle\, \langle q| = 1$) 和以不对易量 q 数为基础的方程. 狄拉克天才地把 q 数的对易关系类比于经典力学中的泊松括号 (这一点在 2.2 节中已作了详细阐述), 把矩阵力学纳入哈密顿公式体系, 建立起非相对论量子力学中的普遍变换理论. 在以上的表象理论与变换理论中经常涉及积分型的 ket-bra 算符的积分问题. 比如, 大家熟悉的坐标表象 $|q\rangle$ 的完备性关系 $\int_{-\infty}^{\infty} \mathrm{d}q\, |q\rangle\, \langle q| = 1$, 如果对此积分稍作改动, 则形式变为

$$\int_{-\infty}^{\infty} \frac{\mathrm{d}q}{\sqrt{\mu}} \left|\frac{q}{\mu}\right\rangle \langle q|, \quad \mu > 0, \tag{2.3.1}$$

乍一看很难知道这个积分的结果是什么. 暂时只知道, 当 $\mu=1$ 时, 此积分代表本征矢 $|q\rangle$ 的完备性关系, 积分值为 1; 当 $\mu\neq 1$ 时, 这个积分是一个积分型的 ket-bra 投影算符. 从物理上看, 这个积分代表一种幺正变换. 其中的 $|q/\mu\rangle$ 也是坐标 Q 的本征态, 只是本征值为 q/μ, 它是一个实数, 在经典坐标空间中表示 q 压缩 $1/\mu$ 倍, 这个变换映射到希尔伯特空间中用量子算符式 (2.3.1) 表示, 式中的系数 $1/\sqrt{\mu}$ 是为了保证其幺正性而引入的. 因此, 若能把式 (2.3.1) 积出, 得到其解析式, 结果就能生成量子压缩变换的明显形式, 可与量子光学中压缩态相联系. 其积分 "值" 是什么呢?

又比如, 考虑双模坐标表象 $|q_1q_2\rangle\equiv|q_1\rangle|q_2\rangle\equiv\left|\begin{pmatrix}q_1\\q_2\end{pmatrix}\right\rangle$, 与之相关的积分

$$\int_{-\infty}^{\infty}\mathrm{d}q_2\int_{-\infty}^{\infty}\mathrm{d}q_1\left|\begin{pmatrix}A&B\\C&D\end{pmatrix}\begin{pmatrix}q_1\\q_2\end{pmatrix}\right\rangle\left\langle\begin{pmatrix}q_1\\q_2\end{pmatrix}\right|,\tag{2.3.2}$$

式中, A、B、C 和 D 都是实数, 且满足 $AD-BC=1$. 该积分也代表一个积分型的 ket-bra 算符, 可以将它看成经典正则变换 $(q_1,\ q_2)\to(Aq_1+Bq_2,\ Cq_1+Dq_2)$ 到量子力学希尔伯特空间的一个映射. 其积分 "值" 又是什么呢?

单纯从数学上依据传统的积分方法很难完成形如式 (2.3.1) 和式 (2.3.2) 的积分型的 ket-bra 算符的积分, 因为在积分中涉及算符的对易关系, 这就需要一种全新的理论去实现这类积分, 在经典变换直接地过渡为量子力学幺正变换间搭起一座 "桥梁". 文献 [7] 创造性地提出了一种特殊的数学物理方法 —— 有序算符内的积分技术 (the technique of integration within an ordered product (IWOP) of operators, 简称 IWOP 技术), 实现了这座 "桥梁" 的搭建. 在量子体系的研究中, 如果能够恰当地使用 IWOP 技术, 不仅可以使问题大大简化, 而且还能够解决一些悬而未解的问题, 开拓一些新的研究课题. 本节将对这一技术作最基本的介绍. IWOP 技术包括: 正规乘积算符内的积分技术、反正规乘积算符内和 Weyl 编序乘积算符内的积分技术. 本节介绍正规乘积算符内的积分技术.

为了使正规乘积算符内的积分技术的引入显得自然, 且阐述起来显得方便, 先扼要地回顾一下原有的常用表象 [7].

2.3.1 坐标表象、动量表象

设 $\hat{Q}$ 和 $\hat{P}$ 为一对厄米共轭的坐标和动量算符, 二者满足对易关系: $[\hat{Q},\ \hat{P}]=\mathrm{i}\hbar$, 其本征态分别是 $|q\rangle$ 和 $|p\rangle$, 本征值为 q 和 p, 则有

$$\hat{Q}|q\rangle=q|q\rangle,\quad\langle q'|q\rangle=\delta(q'-q),\quad\langle q|\hat{P}=-\mathrm{i}\hbar\frac{\mathrm{d}}{\mathrm{d}q}\langle q|,\tag{2.3.3}$$

$$\hat{P}|p\rangle=p|p\rangle,\quad\langle p'|p\rangle=\delta(p'-p),\quad\langle p|\hat{Q}=\mathrm{i}\hbar\frac{\mathrm{d}}{\mathrm{d}p}\langle p|,\tag{2.3.4}$$

相应的完备性关系分别是

$$\int_{-\infty}^{\infty} \mathrm{d}q \left|q\right\rangle \left\langle q\right| = 1, \tag{2.3.5}$$

$$\int_{-\infty}^{\infty} \mathrm{d}p \left|p\right\rangle \left\langle p\right| = 1. \tag{2.3.6}$$

引进湮灭算符 $\hat{a}$ 和产生算符 $\hat{a}^+$, 它们与 $\hat{Q}$ 和 $\hat{P}$ 的关系如下:

$$\hat{a} = \frac{1}{\sqrt{2}}\left[\sqrt{\frac{m\omega}{\hbar}}\hat{Q} + \mathrm{i}\frac{\hat{P}}{\sqrt{m\omega\hbar}}\right], \quad \hat{a}^+ = \frac{1}{\sqrt{2}}\left[\sqrt{\frac{m\omega}{\hbar}}\hat{Q} - \mathrm{i}\frac{\hat{P}}{\sqrt{m\omega\hbar}}\right], \tag{2.3.7}$$

易得

$$[\hat{a},\ \hat{a}^+] = 1. \tag{2.3.8}$$

定义粒子数算符 $\hat{N} = \hat{a}^+\hat{a}$, 它的本征态为 $|n\rangle$, 存在以下关系:

$$\hat{a}\left|n\right\rangle = \sqrt{n}\left|n-1\right\rangle, \quad \hat{a}^+\left|n\right\rangle = \sqrt{n+1}\left|n+1\right\rangle, \tag{2.3.9}$$

$$\hat{a}^+\hat{a}\left|n\right\rangle = n\left|n\right\rangle, \quad \left\langle n\right|\hat{N}\left|n\right\rangle = \left|\hat{a}\left|n\right\rangle\right|^2 \geqslant 0, \tag{2.3.10}$$

式中, $n = 0$ 对应于基态 $|0\rangle$, $\{|n\rangle,\ n = 0,\ 1,\ 2,\ \cdots\}$张成的空间是完备的, 即 $\sum_{n=0}^{\infty}\left|n\right\rangle\left\langle n\right| = 1$. 由式 (2.3.9) 可以导出

$$\left|n\right\rangle = \frac{a^{+n}}{\sqrt{n!}}\left|0\right\rangle. \tag{2.3.11}$$

下面推导坐标本征态 $|q\rangle$ 在$\{|n\rangle,\ n = 0,\ 1,\ 2,\ \cdots\}$张成的空间中的表示. 基态 $|0\rangle$ 可以在坐标本征态 $|q\rangle$ 空间中展开, 相应的展开系数 $\langle q|\ 0\rangle$ 由下式求出:

$$\begin{aligned} 0 = \left\langle q\right|\hat{a}\left|0\right\rangle &= \left\langle q\right|\frac{1}{\sqrt{2}}\left[\sqrt{\frac{m\omega}{\hbar}}\hat{Q} + \mathrm{i}\frac{\hat{P}}{\sqrt{m\omega\hbar}}\right]\left|0\right\rangle \\ &= \frac{1}{\sqrt{2}}\left[\sqrt{\frac{m\omega}{\hbar}}q + \sqrt{\frac{\hbar}{m\omega}}\frac{\mathrm{d}}{\mathrm{d}q}\right]\left\langle q\right|0\rangle, \end{aligned} \tag{2.3.12}$$

求解上面的微分方程得

$$\left\langle q\right|0\rangle = c\exp\left[-\frac{m\omega}{2\hbar}q^2\right], \tag{2.3.13}$$

式中, c 为归一化系数, 可由下式计算出:

$$1 = \left\langle 0\right|0\rangle = \int_{-\infty}^{\infty}\mathrm{d}q\left\langle 0\right|q\rangle\left\langle q\right|0\rangle = \int_{-\infty}^{\infty}\mathrm{d}q\left|c\right|^2\exp\left[-\frac{m\omega}{\hbar}q^2\right] = \left|c\right|^2\sqrt{\frac{\pi\hbar}{m\omega}}, \tag{2.3.14}$$

$$\left\langle q\right|0\rangle = \left(\frac{m\omega}{\pi\hbar}\right)^{1/4}\exp\left[-\frac{m\omega}{2\hbar}q^2\right]. \tag{2.3.15}$$

借助厄米多项式的表达式

$$H_n(q) = \mathrm{e}^{q^2/2}\left(q - \frac{\mathrm{d}}{\mathrm{d}q}\right)^n \mathrm{e}^{-q^2/2} \tag{2.3.16}$$

或

$$H_n(q) = \mathrm{e}^{q^2}\left(-\frac{\mathrm{d}}{\mathrm{d}q}\right)^n \mathrm{e}^{-q^2} = \sum_{k=0}^{[n/2]} \frac{(-1)^k n!}{k!(n-2k)!}(2q)^{n-2k}, \tag{2.3.17}$$

并由 (2.3.5)、(2.3.11) 和 (2.3.15) 三式得

$$\begin{aligned}
\langle q\,|n\rangle &= \frac{1}{\sqrt{n!}}\int_{-\infty}^{\infty} \langle q|\hat{a}^{+n}\,|q'\rangle\,\langle q'|\,0\rangle\,\mathrm{d}q' \\
&= \frac{1}{\sqrt{2^n n!}}\int_{-\infty}^{\infty} \mathrm{d}q'\left(q - \frac{\mathrm{d}}{\mathrm{d}q}\right)^n \delta(q-q')\,\langle q'|\,0\rangle \\
&= \frac{1}{\sqrt{2^n n!\sqrt{\pi}}}\left(\frac{m\omega}{\pi\hbar}\right)^{1/4}\int_{-\infty}^{\infty} \mathrm{d}q'\left(q - \frac{\mathrm{d}}{\mathrm{d}q}\right)^n \delta(q-q')\exp\left[-\frac{m\omega}{2\hbar}q'^2\right] \\
&= \frac{1}{\sqrt{2^n n!\sqrt{\pi}}}\left(\frac{m\omega}{\pi\hbar}\right)^{1/4}\exp\left(-\frac{m\omega}{2\hbar}q^2\right)H_n(q).
\end{aligned} \tag{2.3.18}$$

结合厄米多项式的母函数公式

$$\sum_{n=0}^{\infty}\frac{H_n(q)}{n!}t^n = \exp(2qt - t^2), \tag{2.3.19}$$

并由 (2.3.11) 和 (2.3.18) 两式可写出坐标本征态 $|q\rangle$ 在 Fock 表象中的表示为

$$\begin{aligned}
|q\rangle &= \sum_{n=0}^{\infty}|n\rangle\,\langle n|\,q\rangle = \sum_{n=0}^{\infty}\frac{1}{\sqrt{2^n n!\sqrt{\pi}}}\left(\frac{m\omega}{\pi\hbar}\right)^{1/4}\exp\left(-\frac{m\omega}{2\hbar}q^2\right)H_n(q)\,|n\rangle \\
&= \left(\frac{m\omega}{\pi\hbar}\right)^{1/4}\exp\left(-\frac{m\omega}{2\hbar}q^2 + \sqrt{\frac{2m\omega}{\hbar}}q\hat{a}^{+} - \frac{\hat{a}^{+2}}{2}\right)|0\rangle.
\end{aligned} \tag{2.3.20}$$

类似地, 还可以写出动量本征态 $|p\rangle$ 在 Fock 表象中的表示为

$$|p\rangle = \left(\frac{1}{\pi m\omega\hbar}\right)^{1/4}\exp\left(-\frac{1}{2m\omega\hbar}p^2 + \sqrt{\frac{2}{m\omega\hbar}}\mathrm{i}p\hat{a}^{+} + \frac{\hat{a}^{+2}}{2}\right)|0\rangle. \tag{2.3.21}$$

2.3.2 正规乘积的性质

一般地, 关于玻色算符 $\hat{a}$ 与 $\hat{a}^{+}$ 的任意函数可表示为

$$f(\hat{a},\hat{a}^{+}) = \sum_j \cdots \sum_m \hat{a}^{+j}\hat{a}^{k}\hat{a}^{+l}\cdots\hat{a}^{m} f(j,k,l,\cdots,m), \tag{2.3.22}$$

式中, j、k、l、$\cdots$、m 为正整数或零. 利用 $[\hat{a},\hat{a}^+]=1$ 总可以将所有的产生算符 $\hat{a}^+$ 移到所有的湮灭算符 $\hat{a}$ 的左边, 这时称 $f(\hat{a},\ \hat{a}^+)$ 已被排成正规乘积形式, 以符号 “: :” 标记. 正规乘积的几条性质 [7] 如下:

(1) 在正规乘积内部玻色子算符相互对易.

这一性质可以如此理解: 由正规乘积的含义知 $\hat{a}^+\hat{a}=:\hat{a}^+\hat{a}:$, 而 $:\hat{a}\hat{a}^+:$ 是一个正规乘积, 所以 $:\hat{a}\hat{a}^+:=\hat{a}^+\hat{a}$, 于是有 $:\hat{a}^+\hat{a}:=:\hat{a}\hat{a}^+:$.

(2) c 数可以自由出入正规乘积记号.

(3) 可对正规乘积内的 c 数进行微分或积分运算, 后者要求积分收敛. 这一性质可由性质 (1) 得出.

(4) 正规乘积内的正规乘积记号可以取消.

(5) 正规乘积 $:W:$ 与正规乘积 $:V:$ 之和为 $:W+V:$.

(6) 正规乘积算符 $f(\hat{a}^+,\hat{a})$ 的相干态矩阵元为

$$\langle z'|:f(\hat{a}^+,\ \hat{a}):|z\rangle=f(z'^*,\ z)\langle z'|\,z\rangle\,.$$

(7) 真空投影算子 $|0\rangle\langle 0|$ 的正规乘积展开式为

$$|0\rangle\langle 0|=:\mathrm{e}^{-\hat{a}^+\hat{a}}:. \tag{2.3.23}$$

该式的证明如下, 由 Fock 态的完备性可得

$$\begin{aligned}1&=\sum_{n=0}^{\infty}|n\rangle\langle n|=\sum_{n,n'=0}^{\infty}|n\rangle\langle n'|\frac{1}{\sqrt{n!n'!}}\left(\frac{\mathrm{d}}{\mathrm{d}z^*}\right)^n(z^*)^{n'}|_{z^*=0}\\&=\exp\left(\hat{a}^+\frac{\partial}{\partial z^*}\right)|0\rangle\langle 0|\,\mathrm{e}^{z^*\hat{a}}|_{z^*=0}.\end{aligned} \tag{2.3.24}$$

假设 $|0\rangle\langle 0|$ 的正规乘积形式为 $:W:$, W 待定, 代入式 (2.3.24) 得

$$1=\exp\left(\hat{a}^+\frac{\partial}{\partial z^*}\right):\ W:\mathrm{e}^{z^*\hat{a}}|_{z^*=0}. \tag{2.3.25}$$

观察式 (2.3.25) 的右边可以发现, $:W:$ 的左边恰为产生算符, 右边恰为湮灭算符, 故可以将该式左右两边完全括在正规乘积记号 : : 内部, 再用性质 (3) 和 (4) 完成积分运算, 得到

$$1=:\exp\left(\hat{a}^+\frac{\mathrm{d}}{\mathrm{d}z^*}\right)W\mathrm{e}^{z^*\hat{a}}:|_{z^*=0}=:\mathrm{e}^{\hat{a}^+\hat{a}}:W::. \tag{2.3.26}$$

可见, $|0\rangle\langle 0|=:W:=:\mathrm{e}^{-\hat{a}^+\hat{a}}:$. 利用它可以得到

$$\hat{N}(\hat{N}-1)\cdots(\hat{N}-l+1)=\sum_{n=0}^{\infty}n(n-1)\cdots(n-l+1)|n\rangle\langle n|$$

$$= \sum_{n=l}^{\infty} : \frac{\hat{a}^{+n}\hat{a}^{n}}{(n-l)!} e^{-\hat{a}^{+}\hat{a}} := \hat{a}^{+l}\hat{a}^{l}. \tag{2.3.27}$$

用此结果可把 $|0\rangle\langle 0|$ 进一步写成

$$\begin{aligned} |0\rangle\langle 0| &= \sum_{n=0}^{\infty} \frac{(-1)^l \hat{a}^{+l}\hat{a}^{l}}{l!} \\ &= 1 - \hat{N} + \frac{1}{2!}\hat{N}(\hat{N}-1) - \frac{1}{3!}\hat{N}(\hat{N}-1)(\hat{N}-2) + \cdots . \end{aligned} \tag{2.3.28}$$

(8) 厄米共轭操作可以进入 : : 内部进行, 即

$$: (W \cdots V):^{+} =: (W \cdots V)^{+} : . \tag{2.3.29}$$

例如: $(: \hat{a}^{n}\hat{a}^{+m} :)^{+} = \hat{a}^{+n}\hat{a}^{m}$.

(9) 正规乘积内部以下两个等式成立:

$$: \frac{\partial}{\partial a} f(\hat{a}, \hat{a}^{+}) := [: f(\hat{a}, \hat{a}^{+}) :,\ \hat{a}^{+}], \tag{2.3.30}$$

$$: \frac{\partial}{\partial \hat{a}^{+}} f(\hat{a}, \hat{a}^{+}) := [\hat{a},\ : f(\hat{a}, \hat{a}^{+}) :], \tag{2.3.31}$$

对于多模情形, 上式的推广式为

$$: \frac{\partial}{\partial \hat{a}_i} \frac{\partial}{\partial \hat{a}_j} f(\hat{a}_i,\ \hat{a}_j,\ \hat{a}_i^{+},\ \hat{a}_j^{+}) := [[: f(\hat{a}_i,\ \hat{a}_j,\ \hat{a}_i^{+},\ \hat{a}_j^{+}) :,\ \hat{a}_j^{+}],\ \hat{a}_i^{+}]. \tag{2.3.32}$$

2.3.3 正规乘积内的积分技术

由正规乘积的性质 (1)~(5) 可知, 对于任一包含算符的积分式, 只要把被积函数化成正规乘积内的形式, 则由于所有玻色算符在: : 内部可对易, 故可被作为积分参数对待, 从而积分就可顺利进行. 当然, 在积分过程中和积分后的结果中都有: : 存在. 如果要想最后取消: :, 只需把积分得到的算符排成正规乘积后就可实现. 这一技术便被称为正规乘积内的积分技术 [7]. 它是有序 (包括正规乘积、反正规乘积和 Weyl 编序) 算符内的积分技术中的一种. 这种技术在处理包含算符函数的积分时非常有用. 基于 IWOP 技术, 文献 [7] 计算出了形如式 (2.3.1) 的积分型投影算符的具体 "值". 将式 (2.3.20) 代入式 (2.3.1), 并且为了书写方便, 令 $\hbar = m = \omega = 1$(自然单位), 得到

$$\begin{aligned} \int_{-\infty}^{\infty} \frac{\mathrm{d}q}{\sqrt{\mu}} \left| \frac{q}{\mu} \right\rangle \langle q| = \int_{-\infty}^{\infty} \frac{\mathrm{d}q}{\sqrt{\pi}\mu} \exp\bigg(&-\frac{q^2}{2\mu^2} + \sqrt{2}\frac{q}{\mu}\hat{a}^{+} \\ &- \frac{\hat{a}^{+2}}{2}\bigg) |0\rangle\langle 0| \exp\left(-\frac{q^2}{2} + \sqrt{2}q\hat{a} - \frac{\hat{a}^2}{2} \right), \end{aligned} \tag{2.3.33}$$

把 $|0\rangle\langle 0| =: \mathrm{e}^{-\hat{a}^+\hat{a}}:$ 代入式 (2.3.33) 并作整理, 可得

$$\begin{aligned}\int_{-\infty}^{\infty}\frac{\mathrm{d}q}{\sqrt{\mu}}\left|\frac{q}{\mu}\right\rangle\langle q| = \int_{-\infty}^{\infty}\frac{\mathrm{d}q}{\sqrt{\pi}\mu}\exp\left[-\frac{q^2}{2}\left(1+\frac{1}{\mu^2}\right)+\sqrt{2}\frac{q}{\mu}\hat{a}^+\right.\\ \left.-\frac{\hat{a}^{+2}}{2}\right]:\exp\left(-\hat{a}^+\hat{a}\right):\exp\left(\sqrt{2}q\hat{a}-\frac{\hat{a}^2}{2}\right),\end{aligned} \tag{2.3.34}$$

显而易见, 式 (2.3.34) 中 $:\mathrm{e}^{-\hat{a}^+\hat{a}}:$ 的左边是产生算符, 右边是湮灭算符, 整个被积函数是排成正规乘积序的. 所以可把左边的 : 移到第一个 exp 函数左边, 把右边的 : 移到第三个 exp 函数的右边. 根据正规乘积的性质 (1): 玻色算符在 : : 内可以对易, 三个 exp 函数的指数可以相加, 从而使得式 (2.3.34) 变为

$$\begin{aligned}\int_{-\infty}^{\infty}\frac{\mathrm{d}q}{\sqrt{\mu}}\left|\frac{q}{\mu}\right\rangle\langle q| = \int_{-\infty}^{\infty}\frac{\mathrm{d}q}{\sqrt{\pi}\mu}:\exp\left[-\frac{q^2}{2}\left(1+\frac{1}{\mu^2}\right)\right.\\ \left.+\sqrt{2}q\left(\frac{\hat{a}^+}{\mu}+\hat{a}\right)-\frac{1}{2}(\hat{a}^++\hat{a})^2\right]:.\end{aligned} \tag{2.3.35}$$

再用性质 (3)(即 IWOP 技术) 对上式实施积分 (把 $\hat{a}$ 和 $\hat{a}^+$ 视为参量), 于是得到

$$\begin{aligned}\int_{-\infty}^{\infty}\frac{\mathrm{d}q}{\sqrt{\mu}}\left|\frac{q}{\mu}\right\rangle\langle q| = \mathrm{sech}^{1/2}\lambda:\exp\left[-\frac{\hat{a}^{+2}}{2}\tanh\lambda+(\mathrm{sech}\lambda-1)\hat{a}^+\hat{a}\right.\\ \left.+\frac{\hat{a}^2}{2}\tanh\lambda\right]:,\end{aligned} \tag{2.3.36}$$

式中, $\mathrm{e}^{\lambda}\equiv\mu$, $\mathrm{sech}\lambda=\dfrac{2\mu}{1+\mu^2}$, $\tanh\lambda=\dfrac{\mu^2-1}{\mu^2+1}$. 这样, 借助 IWOP 技术就实现了形如式 (2.3.1) 的投影算符的积分, 得到了其解析表达式. 式 (2.3.36) 中的记号 : : 也可以去掉. 要去掉该记号, 用到下面的算符恒等式:

$$\begin{aligned}\mathrm{e}^{\lambda\hat{a}^+\hat{a}} &= \sum_{n=0}^{\infty}\mathrm{e}^{\lambda n}|n\rangle\langle n| = \sum_{n=0}^{\infty}\mathrm{e}^{\lambda n}\frac{\hat{a}^{+n}}{\sqrt{n!}}|0\rangle\langle 0|\frac{\hat{a}^n}{\sqrt{n!}}\\ &= \sum_{n=0}^{\infty}\mathrm{e}^{\lambda n}\frac{\hat{a}^{+n}}{\sqrt{n!}}:\mathrm{e}^{-\hat{a}^+\hat{a}}:\frac{\hat{a}^n}{\sqrt{n!}} = \sum_{n=0}^{\infty}:\mathrm{e}^{\lambda n}\frac{\hat{a}^{+n}}{\sqrt{n!}}\mathrm{e}^{-\hat{a}^+\hat{a}}\frac{\hat{a}^n}{\sqrt{n!}}:\\ &=: \exp[(\mathrm{e}^{\lambda}-1)\hat{a}^+\hat{a}]:.\end{aligned} \tag{2.3.37}$$

利用式 (2.2.37) 给出的算符恒等式, 式 (2.2.36) 可改写为

$$\begin{aligned}\int_{-\infty}^{\infty}\frac{\mathrm{d}q}{\sqrt{\mu}}\left|\frac{q}{\mu}\right\rangle\langle q| = \exp\left(-\frac{\hat{a}^{+2}}{2}\tanh\lambda\right)\exp[\ln\mathrm{sech}^{1/2}\lambda]\\ \times:\exp\{[\exp(\ln\mathrm{sech}\lambda)-1]\hat{a}^+\hat{a}\}:\exp\left[\frac{\hat{a}^2}{2}\tanh\lambda\right]\end{aligned}$$

$$=\exp\left(-\frac{\hat{a}^{+2}}{2}\tanh\lambda\right)\exp\left[\left(\hat{a}^{+}\hat{a}+\frac{1}{2}\right)\ln\mathrm{sech}\lambda\right]\exp\left[\frac{\hat{a}^{2}}{2}\tanh\lambda\right]$$
$$\equiv\hat{S}_1(\mu),\quad \mu=\mathrm{e}^{\lambda}. \tag{2.3.38}$$

所以

$$\hat{S}_1^{+}(\mu)\left|q\right\rangle=\sqrt{\mu}\left|\mu q\right\rangle, \tag{2.3.39}$$

$$\hat{S}_1(\mu)\left|0\right\rangle=\mathrm{sech}^{1/2}\lambda\exp\left(-\frac{\hat{a}^{+2}}{2}\tanh\lambda\right)\left|0\right\rangle, \tag{2.3.40}$$

式 (2.3.40) 所给出的便是单模压缩真空态 [2], 从这个意义上来讲, $\hat{S}_1(\mu)$ 可以被称为压缩算符, 它具有幺正性, 证明如下:

$$\begin{aligned}\hat{S}_1(\mu)\hat{S}_1^{+}(\mu)&=\int_{-\infty}^{\infty}\frac{\mathrm{d}q}{\mu}\int_{-\infty}^{\infty}\mathrm{d}q'\left|\frac{q}{\mu}\right\rangle\left\langle q\right|\left.q'\right\rangle\left\langle\frac{q'}{\mu}\right|\\&=\int_{-\infty}^{\infty}\frac{\mathrm{d}q}{\mu}\int_{-\infty}^{\infty}\mathrm{d}q'\left|\frac{q}{\mu}\right\rangle\left\langle\frac{q'}{\mu}\right|\delta(q-q')\\&=\int_{-\infty}^{\infty}\mathrm{d}\left(\frac{q}{\mu}\right)\left|\frac{q}{\mu}\right\rangle\left\langle\frac{q}{\mu}\right|=1=\hat{S}_1^{+}(\mu)\hat{S}_1(\mu).\end{aligned} \tag{2.3.41}$$

借助算符公式

$$\mathrm{e}^{\hat{A}}\hat{B}\mathrm{e}^{-\hat{A}}=\hat{B}+[\hat{A},\ \hat{B}]+\frac{1}{2!}[\hat{A},\ [\hat{A},\ \hat{B}]]+\frac{1}{3!}[\hat{A},\ [\hat{A},\ [\hat{A},\ \hat{B}]]]+\cdots, \tag{2.3.42}$$

易导出

$$\hat{S}_1(\mu)\hat{a}\hat{S}_1^{-1}(\mu)=\hat{a}\cosh\lambda+\hat{a}^{+}\sinh\lambda, \tag{2.3.43}$$

式 (2.3.43) 就是著名的 Bogolyubov 变换 [8,9], 也称为压缩变换, 被广泛地应用于量子光学、超导理论和原子核理论中. 上述讨论表明, 利用狄拉克的坐标本征态 $\left|q\right\rangle$ 按照式 (2.3.1) 构造算符, 并借助 IWOP 技术积分即可给出诱导 Bogolyubov 变换的正规乘积形式的幺正算符. 这说明, 从狄拉克的基本表象出发并利用正规乘积内的积分技术可寻找到有用的变换.

在量子光学中, 密度矩阵 ρ 往往比纯态矢量更常用, 对于任意的经典函数 $P(z)$, 由对角相干态可以得到与之相对应的密度矩阵 ρ:

$$\rho=\int\frac{\mathrm{d}^2z}{\pi}P(z)\left|z\right\rangle\left\langle z\right|, \tag{2.3.44}$$

由式 (2.3.23) 可将上式写为正规乘积内的积分形式 [7]:

$$\rho=\int\frac{\mathrm{d}^2z}{\pi}P(z)\exp\left[-\frac{1}{2}\left|z\right|^2+z\hat{a}^{+}\right]\left|0\right\rangle\left\langle 0\right|\exp\left[-\frac{1}{2}\left|z\right|^2+z^{*}\hat{a}\right]$$

$$= \int \frac{\mathrm{d}^2 z}{\pi} P(z) \exp\left[-\frac{1}{2}|z|^2 + z\hat{a}^+\right] : \exp(-\hat{a}^+\hat{a}) : \exp\left[-\frac{1}{2}|z|^2 + z^*\hat{a}\right]$$
$$= \int \frac{\mathrm{d}^2 z}{\pi} : P(z) \exp[-(z^* - \hat{a}^+)(z - \hat{a})] :, \tag{2.3.45}$$

因此, 当经典函数 $P(z)$ 已知时, 可由上式积分得到正规乘积形式的 ρ. 例如, 对于热场, $P(z)_{热} = (\langle n \rangle)^{-1} \exp\left(-\frac{|z|^2}{\langle n \rangle}\right)$, 式中 $\langle n \rangle$ 为平均光子数, $\langle n \rangle = \left[\mathrm{e}^{-\frac{1}{kT}} - 1\right]^{-1}$. 于是有

$$\begin{aligned}\rho &= \frac{1}{\langle n \rangle} \int \frac{\mathrm{d}^2 z}{\pi} : \exp\left[-|z|^2\left(1 + \frac{1}{\langle n \rangle}\right) + z\hat{a}^+ + z^*\hat{a} - \hat{a}^+\hat{a}\right] : \\ &= \frac{1}{1 + \langle n \rangle} : \exp\left[\left(\frac{1}{1 + 1/\langle n \rangle} - 1\right)\hat{a}^+\hat{a}\right] : \\ &= \gamma : \exp\{[(1-\gamma) - 1]\hat{a}^+\hat{a}\} : \\ &= \sum_{n=0}^{\infty} \gamma (1-\gamma)^n |n\rangle\langle n|, \quad \gamma \equiv \frac{1}{1 + \langle n \rangle}.\end{aligned} \tag{2.3.46}$$

式中使用了算符公式 [7]: $: \exp[(\mathrm{e}^{\lambda} - 1)\hat{a}^+\hat{a}] := \mathrm{e}^{\lambda \hat{a}^+\hat{a}}$.

2.3.4　双模坐标正则变换

在有关介观电路的问题中, 经常会遇到一些包含复杂耦合的情形, 这类问题的解决常常需要借助某种量子幺正变换. 下面以双模坐标正则变换为例来给出这种量子幺正变换的形式 [7]. 实际上, 这种量子幺正变换对应着式 (2.3.2) 所给的积分型的 ket-bra 算符, 即

$$\hat{U} \equiv \iint_{-\infty}^{+\infty} \mathrm{d}q_1 \mathrm{d}q_2 \left| \begin{pmatrix} A & B \\ C & D \end{pmatrix} \begin{pmatrix} q_1 \\ q_2 \end{pmatrix} \right\rangle \left\langle \begin{matrix} q_1 \\ q_2 \end{matrix} \right| = \pi^{-1} \iint_{-\infty}^{+\infty} \mathrm{d}q_1 \mathrm{d}q_2 : \mathrm{e}^W :, \tag{2.3.47}$$

式中 (已假定 $m = \hbar = \omega = 1$, 自然单位)

$$\begin{aligned} : \mathrm{e}^W := : \exp\bigg\{ &-\frac{1}{2}[(Aq_1 + Bq_2)^2 + (Cq_1 + Dq_2)^2] + \sqrt{2}(Aq_1 + Bq_2)\hat{a}_1^+ \\ &+ \sqrt{2}(Cq_1 + Dq_2)\hat{a}_2^+ - \frac{1}{2}(q_1^2 + q_2^2) + \sqrt{2}(q_1\hat{a}_1 + q_2\hat{a}_2) \\ &- \frac{1}{2}(\hat{a}_1 + \hat{a}_1^+)^2 - \frac{1}{2}(\hat{a}_2 + \hat{a}_2^+)^2 \bigg\} :. \end{aligned} \tag{2.3.48}$$

借助 IWOP 技术可以解析地给出 $\hat{U}$ 的积分 “值”[9], 如下:

$$\hat{U} = \frac{1}{\sqrt{w}} \exp\left\{\frac{1}{2w}[(A^2 + B^2 - C^2 - D^2)(\hat{a}_1^{+2} - \hat{a}_2^{+2}) + 4(AC + BD)\hat{a}_1^+\hat{a}_2^+]\right\}$$

$$\times :\exp\left\{(\hat{a}_1^+,\hat{a}_2^+)(g-1)\begin{pmatrix}\hat{a}_1\\ \hat{a}_2\end{pmatrix}\right\}:\times\exp\left\{\frac{1}{2w}[(B^2+D^2-A^2-C^2)\right.$$
$$\left.\times(\hat{a}_1^2-\hat{a}_2^2)-4(AB+CD)\hat{a}_1\hat{a}_2]\right\}, \tag{2.3.49}$$

式中

$$w=A^2+B^2+C^2+D^2+2,\quad g=\frac{2}{w}\begin{pmatrix}A+D & B-C\\ C-B & A+D\end{pmatrix},$$
$$\det g=\frac{4}{w},\quad \mathbb{1}=\begin{pmatrix}1 & 0\\ 0 & 1\end{pmatrix}. \tag{2.3.50}$$

借助算符公式 [7]

$$\exp(\hat{a}_i^+\Lambda_{ij}\hat{a}_j)=:\exp[\hat{a}_i^+(\mathrm{e}^{\Lambda}-\mathbb{1})_{ij}\hat{a}_j]:, \tag{2.3.51}$$

易于证明在 $\hat{U}$ 操作下, $\hat{a}_1$ 和 $\hat{a}_2$ 按下式变换:

$$\begin{aligned}\hat{U}\hat{a}_1\hat{U}^{-1}&=\frac{1}{2}[(A+D)\hat{a}_1+(C-B)\hat{a}_2-(A-D)\hat{a}_1^+-(B+C)\hat{a}_2^+],\\ \hat{U}\hat{a}_2\hat{U}^{-1}&=\frac{1}{2}[(B-C)\hat{a}_1+(A+D)\hat{a}_2-(B+C)\hat{a}_1^++(A-D)\hat{a}_2^+],\end{aligned} \tag{2.3.52}$$

以及

$$\begin{aligned}\hat{U}\hat{q}_1\hat{U}^{-1}&=D\hat{q}_1-B\hat{q}_2,\quad \hat{U}\hat{q}_2\hat{U}^{-1}=-C\hat{q}_1+A\hat{q}_2,\\ \hat{U}\hat{p}_1\hat{U}^{-1}&=A\hat{p}_1+C\hat{p}_2,\quad \hat{U}\hat{p}_2\hat{U}^{-1}=B\hat{p}_1+D\hat{p}_2.\end{aligned} \tag{2.3.53}$$

仿照式 (2.3.53) 还可以得到

$$\begin{aligned}\hat{U}^{-1}\hat{q}_1\hat{U}&=A\hat{q}_1+B\hat{q}_2,\quad \hat{U}^{-1}\hat{q}_2\hat{U}=C\hat{q}_1+D\hat{q}_2,\\ \hat{U}^{-1}\hat{p}_1\hat{U}&=D\hat{p}_1-C\hat{p}_2,\quad \hat{U}^{-1}\hat{p}_2\hat{U}=-B\hat{p}_1+A\hat{p}_2.\end{aligned} \tag{2.3.54}$$

式 (2.3.53) 和式 (2.3.54) 中, 广义坐标算符 $\hat{q}_i$、广义动量算符 $\hat{p}_i$ 与玻色算符 $\hat{a}_i$、$\hat{a}_i^+$ 之间的关系由以下两式:

$$\hat{a}_i=\left(\frac{1}{2\hbar}\right)^{1/2}\left(\lambda_i\hat{q}_i+\frac{\mathrm{i}}{\lambda_i}\hat{p}_i\right),\quad \hat{a}_i^+=\left(\frac{1}{2\hbar}\right)^{1/2}\left(\lambda_i\hat{q}_i-\frac{\mathrm{i}}{\lambda_i}\hat{p}_i\right)\quad (i=1,\ 2) \tag{2.3.55}$$

给出, 式中 $\lambda_i=\sqrt{m_i\omega_i}$. 可见, 对于含复杂耦合的双模介观体系, 作以上幺正变换, 通过调整待定参量 A、B、C、D 的取值, 可以消除耦合, 从而将使问题大大简化, 在后面的有关章节中将会把这一方法应用到具体介观电路的研究中.

2.4　反正规乘积内和 Weyl 编序内的积分技术

2.3 节介绍的正规乘积内的积分技术是 IWOP 技术的一种, 本节介绍另外两种算符积分技术: 反正规乘积内和 Weyl 编序内的积分技术 [7]. 算符的反正规编序在量子统计力学的密度矩阵理论及量子光学中相当有用. 而把经典函数量子化为算符时常用 Weyl 编序. 因此, 了解这两种算符编序规则同样具有重要的理论意义.

2.4.1　反正规乘积内的积分技术

反正规乘积用符号 "$\vdots\,\vdots$" 表示, 在 $\vdots\,\vdots$ 内部算符的性质与在 : : 内相似, 即

(1) 在反正规乘积 $\vdots\,\vdots$ 内的玻色算符可以对易;

(2) 在 $\vdots\,\vdots$ 内的 $\vdots\,\vdots$ 可以取消;

(3) 可以对 $\vdots\,\vdots$ 内部的 c 数积分, 只要该积分收敛;

(4) 真空投影算符的反正规乘积形式是

$$|0\rangle\langle 0| = \pi\delta(\hat{a})\delta(\hat{a}^{+}) = \int\frac{\mathrm{d}^2\xi}{\pi}\mathrm{e}^{\mathrm{i}\xi\hat{a}}\mathrm{e}^{\mathrm{i}\xi^*\hat{a}^{+}}, \tag{2.4.1}$$

式 (2.4.1) 可由正规乘积内的积分技术推导得出

$$\begin{aligned}\pi\delta(z-\hat{a})\delta(z^*-\hat{a}^{+}) &= \int\frac{\mathrm{d}^2\xi}{\pi}\mathrm{e}^{-\mathrm{i}\xi(z-\hat{a})}\mathrm{e}^{-\mathrm{i}\xi^*(z^*-\hat{a}^{+})}\\ &= \int\frac{\mathrm{d}^2\xi}{\pi}\,{:}\exp[-|\xi|^2-\mathrm{i}\xi(z-\hat{a})-\mathrm{i}\xi^*(z^*-\hat{a}^{+})]{:}\\ &= {:}\exp[-|z|^2+z\hat{a}^{+}+z^*\hat{a}-\hat{a}^{+}\hat{a}]{:}\\ &= |z\rangle\langle z|,\end{aligned} \tag{2.4.2}$$

式中, 当 $z=0$ 时, 即可得到式 (2.4.2). 式 (2.3.45) 给出了密度算符 ρ 的对角相干态表示的正规乘积形式, 反过来, 由 ρ 可以得出求其 P 表示的公式 [10]:

$$P(z) = \mathrm{e}^{|z|^2}\int\frac{\mathrm{d}^2\beta}{\pi}\langle-\beta|\rho|\beta\rangle\exp(|\beta|^2+\beta^*z-\beta z^*), \tag{2.4.3}$$

式中, $|\beta\rangle$ 为相干态; $(\beta^*z-\beta z^*)$ 为纯虚数. 故此式可视为式 (2.3.45) 的傅里叶变换 (又称傅氏变换). 将式 (2.3.45) 与 (2.4.2) 和 (2.4.3) 两式结合可得

$$\begin{aligned}\rho = &\int\frac{\mathrm{d}^2\beta}{\pi}\langle-\beta|\rho|\beta\rangle\mathrm{e}^{|\beta|^2}\vdots\int\frac{\mathrm{d}^2\beta}{\pi}\exp(\mathrm{i}\hat{a}\xi+\mathrm{i}\hat{a}^{+}\xi\xi^*)\\ &\times\int\frac{\mathrm{d}^2z}{\pi}\exp\left[-|z|^2+z(\hat{a}^{+}-\mathrm{i}\xi+\beta^*)\right]\exp[z^*(\hat{a}-\mathrm{i}\xi^*-\beta)]\vdots.\end{aligned} \tag{2.4.4}$$

2.4.2 Weyl 编序内的积分技术

量子力学中由于坐标算符 $\hat{Q}$ 和动量算符 $\hat{P}$ 之间不对易, 由经典函数 $h(p,q)$ 过渡到量子力学算符函数 $\hat{h}(\hat{P},\hat{Q})$ 的对应是不确定的. Weyl 给出一种对应规则[11]

$$\langle q|\,\hat{h}(\hat{P},\ \hat{Q})\,|q'\rangle = \int_{-\infty}^{\infty}\frac{\mathrm{d}p}{2\pi}\mathrm{e}^{\mathrm{i}p(q-q')}h\left(p,\ \frac{q+q'}{2}\right). \tag{2.4.5}$$

借助坐标表象的完备性, 可以得到 $\hat{h}(\hat{P},\ \hat{Q})$ 和 $h(p,\ q)$ 之间的关系

$$\begin{aligned}\hat{h}(\hat{P},\ \hat{Q}) &= \int_{-\infty}^{\infty}\mathrm{d}q'\int_{-\infty}^{\infty}\mathrm{d}q\,|q\rangle\,\langle q'|\int_{-\infty}^{\infty}\frac{\mathrm{d}p}{2\pi}\mathrm{e}^{\mathrm{i}p(q-q')}h\left(p,\ \frac{q+q'}{2}\right)\\ &= \frac{1}{2\pi}\int\int\int_{-\infty}^{\infty}\mathrm{d}p\mathrm{d}q\mathrm{d}uh\left(p,\ \frac{q+q'}{2}\right)\mathrm{e}^{\mathrm{i}pu}\left|q+\frac{u}{2}\right\rangle\left\langle q-\frac{u}{2}\right|,\end{aligned} \tag{2.4.6}$$

式中

$$\int_{-\infty}^{\infty}\frac{\mathrm{d}u}{2\pi}\mathrm{e}^{\mathrm{i}pu}\left|q+\frac{u}{2}\right\rangle\left\langle q-\frac{u}{2}\right| \equiv \Delta(p,\ q) = \Delta^{+}(p,\ q) \tag{2.4.7}$$

为 Wigner 算符, 则 Weyl 对应可写为

$$\hat{h}(\hat{P},\ \hat{Q}) = \iint_{\infty}\mathrm{d}p\mathrm{d}qh(p,\ q)\Delta(p,\ q). \tag{2.4.8}$$

式 (2.4.8) 表明 $h(p,\ q)$ 与 $\hat{h}(\hat{P},\ \hat{Q})$ 之间的对应通过一个积分核 (Wigner 算符) 相联系. Weyl 对应规则可视为算符的一种 Weyl 编序 (Weyl ordering)[7], 以符号“$\vdots\,\vdots$”称为 IWWP 技术. Weyl 编序算符的性质如下:

(1) 玻色算符在 $\vdots\,\vdots$ 记号内部可以对易;

(2) C 数可以任意移入或者从 $\vdots\,\vdots$ 记号内撤出;

(3) $\vdots\,\vdots$ 记号内部的 $\vdots\,\vdots$ 记号可以取消;

(4) 可以对 $\vdots\,\vdots$ 记号内部的 C 数积分, 只要该积分收敛.

基于以上性质, 积分式 (2.4.7) 便可得到 Wigner 算符的 Weyl 编序形式:

$$\Delta(p,\ q) = \vdots\,\delta(p-\hat{P})\delta(q-\hat{Q})\,\vdots. \tag{2.4.9}$$

于是, 可得式 (2.4.8) 的 Weyl 编序形式:

$$\vdots\,\hat{h}(\hat{P},\ \hat{Q})\,\vdots = \vdots\iint_{\infty}\mathrm{d}p\mathrm{d}qh(p,\ q)\delta(p-\hat{P})\delta(q-\hat{Q})\,\vdots. \tag{2.4.10}$$

另外, 利用 $\hat{a}=\sqrt{\dfrac{m\omega}{2\hbar}}\left[\hat{Q}+\dfrac{\mathrm{i}}{m\omega}\hat{P}\right]$ 和 $\hat{a}^{+}=\sqrt{\dfrac{m\omega}{2\hbar}}\left[\hat{Q}-\dfrac{\mathrm{i}}{m\omega}\hat{P}\right]$, 可以得到式 (2.4.10) 的玻色算符形式:

$$\vdots\,\hat{G}(\hat{a},\ \hat{a}^{+})\,\vdots = \vdots\int\mathrm{d}^{2}\alpha G(\alpha,\ \alpha^{*})\delta(\alpha-\hat{a})\delta(\alpha^{*}-\hat{a}^{+})\,\vdots. \tag{2.4.11}$$

比如,

$$\iint\limits_{\infty} \mathrm{d}p\mathrm{d}q q^m p^r \vdots \delta(p-\hat{P})\delta(q-\hat{Q}) \vdots = \vdots \hat{Q}^m \hat{P}^r \vdots, \tag{2.4.12}$$

如果要想将 $\vdots \hat{Q}^m \hat{P}^r \vdots$ 的 $\vdots\ \vdots$ 移去, 必须首先重排它为

$$\vdots \left(\frac{1}{2}\right)^m \sum_{l=0}^{m} \frac{m!}{l!(m-l)!} \hat{Q}^{m-l} \hat{P}^r \hat{Q}^l \vdots, \tag{2.4.13}$$

而后才能移去 $\vdots\ \vdots$.

下面给出密度矩阵的 P 表示的 Weyl 编序形式. 先求出相干态投影算符 $|z\rangle\langle z|$ 的经典对应, 如下:

$$\begin{aligned} 2\pi \mathrm{Tr}\left[|z\rangle\langle z| \Delta(\alpha,\ \alpha^*)\right] &= 2\langle z| : \mathrm{e}^{-2(\hat{a}^+-\alpha^*)(\hat{a}-\alpha)} : |z\rangle \\ &= 2\exp[-2(z^*-\alpha^*)(z-\alpha)], \end{aligned} \tag{2.4.14}$$

将上式与式 (2.4.11) 结合, 可以求出 $|z\rangle\langle z|$ 的 Weyl 编序形式:

$$\begin{aligned} |z\rangle\langle z| &= 2\int \mathrm{d}^2\alpha \exp[-2(z^*-\alpha^*)(z-\alpha)] \vdots \delta(\alpha-\hat{a})\delta(\alpha^*-\hat{a}^+) \vdots \\ &= 2 \vdots \exp[-2(z^*-\hat{a}^+)(z-\hat{a})] \vdots. \end{aligned} \tag{2.4.15}$$

相应地, 密度矩阵的 P 表示的 Weyl 编序形式为

$$\begin{aligned} \rho &= \int \frac{\mathrm{d}^2 z}{\pi} P(z) |z\rangle\langle z| \\ &= 2\int \frac{\mathrm{d}^2 z}{\pi} P(z) |z\rangle\langle z| \vdots \exp[-2(z^*-\hat{a}^+)(z-\hat{a})] \vdots. \end{aligned} \tag{2.4.16}$$

2.5 不变本征算符法

不变本征算符法 (invariant eigen-operator method, IEO 法) 最早在文献 [12] 中提出, 后来文献 [13] 又作了详细阐述, 本书仅作简单介绍. IEO 法的灵感源自于量子力学的最基本 Schrödinger 方程和 Heisenberg 方程形式上的和谐. 量子系统的态函数 ψ 随时间演化满足的 Schrödinger 方程为

$$\mathrm{i}\hbar \frac{\mathrm{d}}{\mathrm{d}t}\psi = \hat{\mathscr{H}}\psi, \tag{2.5.1}$$

如果系统所处的势场只是空间坐标的函数, 而与时间无关, 则方程 (2.5.1) 转化为定态 Schrödinger 方程

$$\hat{\mathscr{H}}\psi = E\psi. \tag{2.5.2}$$

而在 Heisenberg 绘景中, 一个力学量算符 $\hat{O}$ 随时间的演化受 Heisenberg 运动方程支配, 即

$$\mathrm{i}\hbar\frac{\mathrm{d}\hat{O}}{\mathrm{d}t} = [\hat{O}, \hat{\mathscr{H}}_{\mathrm{H}}]. \tag{2.5.3}$$

显然, 由方程 (2.5.3) 能够方便地得到算符随时间演化的规律. 但因方程中并未涉及波函数或本征基矢, 所以无法直接用这一方程求出系统的能级公式. 假设能够找到一个算符 $\hat{O}_{\mathrm{e}}$, 它满足

$$[\hat{O}_{\mathrm{e}}, \hat{\mathscr{H}}_{\mathrm{H}}] = \lambda\hat{O}_{\mathrm{e}}, \tag{2.5.4}$$

则有

$$\mathrm{i}\hbar\frac{\mathrm{d}}{\mathrm{d}t}\hat{O}_{\mathrm{e}} = \lambda\hat{O}_{\mathrm{e}}, \quad \lambda > 0. \tag{2.5.5}$$

从形式上看, (2.5.1) 和 (2.5.5) 两方程很相似, 可以认为是 "平行" 方程, 换言之, 算符 $\hat{O}_{\mathrm{e}}$ 在 $\mathrm{i}\hbar\frac{\mathrm{d}}{\mathrm{d}t}$ 的作用下是 "不变量". 于是, 就把满足式 (2.5.5) 的算符 $\hat{O}_{\mathrm{e}}$ 称为系统的 "一阶" 不变本征算符. 利用这些不变本征算符来解系统能谱的方法相应地称为 IEO 法. 在定态 Schrödinger 方程 (2.5.2) 中, 本征值 E 即表示系统在某个状态下的能量. 而在引入的算符本征方程 (2.2.5) 中, 本征值 λ 与系统哈密顿算符的本征能谱有密切关系, 它对应的是系统的能级差. 为了说明这一点, 假设 $\{|\phi\rangle_i\,,\ i = 1, 2, \cdots, n\}$ 是 $\hat{\mathscr{H}}_{\mathrm{H}}$ 的本征态集合, 且构成 Hilbert 空间的完备集. $|\phi\rangle_a$ 和 $|\phi\rangle_b$ 是其中任意两个相邻的非简并本征态, 对应的能量本征值分别为 E_a 和 E_b, 即

$$\hat{\mathscr{H}}_{\mathrm{H}}\,|\phi\rangle_a = E_a\,|\phi\rangle_a\,, \quad \hat{\mathscr{H}}_{\mathrm{H}}\,|\phi\rangle_b = E_b\,|\phi\rangle_b\,, \tag{2.5.6}$$

再由式 (2.5.4) 可得

$$\begin{aligned}
{}_a\langle\phi|\,[\hat{O}_{\mathrm{e}}, \hat{\mathscr{H}}_{\mathrm{H}}]\,|\phi\rangle_b &= {}_a\langle\phi|\,(\hat{O}_{\mathrm{e}}\hat{\mathscr{H}}_{\mathrm{H}} - \hat{\mathscr{H}}_{\mathrm{H}}\hat{O}_{\mathrm{e}})\,|\phi\rangle_b \\
&= (E_b - E_a)_a\,\langle\phi|\,\hat{O}_{\mathrm{e}}\,|\phi\rangle_b \\
&= \lambda_a\,\langle\phi|\,\hat{O}_{\mathrm{e}}\,|\phi\rangle_b\,.
\end{aligned} \tag{2.5.7}$$

由于 $\hat{O}_{\mathrm{e}}$ 是非零算符, 必然存在量子态 $|\phi\rangle_a$ 和 $|\phi\rangle_b$, 使得 ${}_a\langle\phi|\,\hat{O}_{\mathrm{e}}\,|\phi\rangle_b \neq 0$, 故有

$$\lambda = E_b - E_a = \Delta E, \tag{2.5.8}$$

可见, λ 是系统的某两个能级间的能级差.

若做一次微商 $\frac{\mathrm{d}}{\mathrm{d}t}$ 无法得到不变本征算符 $\hat{O}_{\mathrm{e}}$, 再做第二次微商并再次运用式 (2.5.3), 若能使下式成立:

$$\left(\mathrm{i}\hbar\frac{\mathrm{d}}{\mathrm{d}t}\right)^2\hat{O}_{\mathrm{e}} = [[\hat{O}, \hat{\mathscr{H}}_{\mathrm{H}}], \hat{\mathscr{H}}_{\mathrm{H}}] = \lambda\hat{O}_{\mathrm{e}}, \tag{2.5.9}$$

满足此式的 $\hat{O}_{\mathrm{e}}$ 称为 “二阶” 不变本征算符. 由上式可以判断 $\sqrt{\lambda}$ 是与 $\hat{\mathscr{H}}_{\mathrm{H}}$ 的能量本征值相关的. 这一点可以通过与方程 (2.5.1) 对比看出, $\mathrm{i}\hbar\dfrac{\mathrm{d}}{\mathrm{d}t} \leftrightarrow \hat{\mathscr{H}}_{\mathrm{S}}$, $\left(\mathrm{i}\hbar\dfrac{\mathrm{d}}{\mathrm{d}t}\right)^2 \leftrightarrow \hat{\mathscr{H}}_{\mathrm{S}}^2$, 所以 $\sqrt{\lambda}$ 就是两个能级间的能级差. 这一点可以类似于式 (2.5.7) 作如下说明, 即

$$
\begin{aligned}
{}_a\langle\phi|\,[[\hat{O}_{\mathrm{e}}, \hat{\mathscr{H}}_{\mathrm{H}}], \hat{\mathscr{H}}_{\mathrm{H}}]\,|\phi\rangle_b &= {}_a\langle\phi|\,(\hat{O}_{\mathrm{e}}\hat{\mathscr{H}}_{\mathrm{H}}^2 - 2\hat{\mathscr{H}}_{\mathrm{H}}\hat{O}_{\mathrm{e}}\hat{\mathscr{H}}_{\mathrm{H}} + \hat{\mathscr{H}}_{\mathrm{H}}^2\hat{O}_{\mathrm{e}})\,|\phi\rangle_b \\
&= (E_b - E_a)^2\,{}_a\langle\phi|\,\hat{O}_{\mathrm{e}}\,|\phi\rangle_b = \lambda_a\,\langle\phi|\,\hat{O}_{\mathrm{e}}\,|\phi\rangle_b .
\end{aligned}
\tag{2.5.10}
$$

当矩阵元 $\langle\phi|\,\hat{O}_{\mathrm{e}}\,|\phi\rangle_b \neq 0$ 时, 两个量子态的能级间隔为 $E_b - E_a = \sqrt{\lambda}$. 不变本征算符法的具体应用将在后面相应章节作介绍.

2.6　准概率分布函数

量子力学中, 微观系统的运动状态由波函数 $|\psi\rangle$ 或者密度算符 $\hat{\rho} = |\psi\rangle\langle\psi|$ 来描述, 波粒二象性被统一到波函数的概念中, 这使得量子力学波函数的概念相当抽象, 缺乏直观的物理含义. 而波函数包含了人们所能获得的关于一个系统量子态的最大信息. 这又迫使人们不得不对波函数做出测量. 由玻恩关于波函数的统计解释可知, 波函数的模方 (振幅平方) 给出了某一位置附近发现粒子的概率密度, 这一点可直接通过实验测量到. 要完全了解量子态的性质, 还要测定波函数的相位信息, 而相位是无法被直接测量到的. 这就给人们提出了一个要求, 应该如何通过测量一对正则共轭量: 广义坐标与广义动量的分布, 来重构波函数呢? 这个重构的波函数既要包含量子态的全部信息, 又要易于实验测量. 由测不准原理可知, 微观粒子的坐标和动量无法同时精确测定, 所以也就无法像经典相空间理论那样定义一个概率分布函数来描述微观粒子的状态. 鉴于该问题, 一类被称为 “准概率分布函数” (quasiprobability distribution function) 的概念被引入. 这类函数有三种常见的形式 [13,14]: Wigner 函数、P 函数和 Q 函数. 三类准概率分布函数分别与三类算符编序规则相对应.

2.6.1　三类算符编序规则

在构造准概率分布函数时, 人们希望找到一种从物理量的算符式求其经典对应式的方法, 并希望用这种方法得到的经典对应式是唯一的, 而且能正确地描写该物理量. 常见的对应规则有三类 [14]: 正规序 (normal ordering)、对称序 (symmetric ordering)、反正规序 (anti-normal ordering). 在相应的对应规则下, 每一个被给定的算符函数 $F(\hat{a}^+, \hat{a})$ 都与经典函数 $f(\alpha, \alpha^*)$(α 为任意复数) 相对应. 例如, 在正规序规则下, 算符 $(\hat{a}^+)^n\hat{a}^m$ 与经典函数 $(\alpha^*)^n\alpha^m$ 相对应; 在反正规序规则下, 算符

$\hat{a}^m(\hat{a}^+)^n$ 与经典函数 $\alpha^m(\alpha^*)^n$ 相对应. 式 (2.3.55) 的经典对应式为

$$\hat{a} \to \alpha = \left(\frac{1}{2\hbar}\right)^{\frac{1}{2}}\left(\lambda q + \frac{\mathrm{i}}{\lambda}p\right), \quad \hat{a}^+ \to \alpha^* = \left(\frac{1}{2\hbar}\right)^{\frac{1}{2}}\left(\lambda q - \frac{\mathrm{i}}{\lambda}p\right) \quad (i = 1,\ 2). \tag{2.6.1}$$

1. 正规序

关于正规序的编序规则在 2.3 节已有详细阐述, 为了后面引入准概率分布函数方便, 这里仅作简单介绍. 假设一个给定的算符函数 $\hat{A}(\hat{a}^+, \hat{a})$ 展开成下面的正规序幂级数:

$$\hat{A}(\hat{a}^+, \hat{a}) = \sum_{n,m=0}^{\infty} c_{nm}(\hat{a}^+)^n \hat{a}^m. \tag{2.6.2}$$

借助相干态 [2]

$$|\alpha\rangle \equiv D(\alpha)\,|0\rangle = \mathrm{e}^{-\frac{|\alpha|^2}{2}} \sum_{n=0}^{\infty} \frac{\alpha^n}{n!}(\hat{a}^+)^n\,|0\rangle = \mathrm{e}^{-\frac{|\alpha|^2}{2}} \sum_{n=0}^{\infty} \frac{\alpha^n}{\sqrt{n!}}\,|n\rangle\,, \tag{2.6.3}$$

式中

$$D(\alpha) = \mathrm{e}^{(\alpha\hat{a}^+ - \alpha^*\hat{a})} = \mathrm{e}^{-|\alpha|^2/2}\mathrm{e}^{\alpha\hat{a}^+}\mathrm{e}^{-\alpha^*\hat{a}} \tag{2.6.4}$$

为平移算符 (displacement operator), 可得到与式 (2.6.2) 给出的算符函数 $\hat{A}(\hat{a}^+, \hat{a})$ 相应的函数

$$A_N(\alpha^*, \alpha) = \langle\alpha|\,\hat{A}\,|\alpha\rangle = \sum_{n,m=0}^{\infty} c_{nm}(\alpha^*)^n \alpha^m. \tag{2.6.5}$$

2. 对称序

假设算符函数 $\hat{A}(\hat{a}^+, \hat{a})$ 展开成下面的对称序幂级数:

$$\hat{A}(\hat{a}^+, \hat{a}) = \sum_{n,m=0}^{\infty} b_{nm}\{(\hat{a}^+)^n \hat{a}^m\}. \tag{2.6.6}$$

为了弄清 “$\{\cdots\}$” 的含义, 举几个例子:

$$\{\hat{a}^+\hat{a}\} = \frac{1}{2}(\hat{a}^+\hat{a} + \hat{a}\hat{a}^+), \tag{2.6.7}$$

$$\{\hat{a}^+\hat{a}^2\} = \frac{1}{3}(\hat{a}^+\hat{a}^2 + \hat{a}\hat{a}^+\hat{a} + \hat{a}^2\hat{a}^+), \tag{2.6.8}$$

$$\{\hat{a}^{+2}\hat{a}^2\} = \frac{1}{6}(\hat{a}^{+2}\hat{a}^2 + \hat{a}^+\hat{a}\hat{a}^+\hat{a} + \hat{a}^+\hat{a}^2\hat{a}^+ + \hat{a}\hat{a}^{+2}\hat{a} + \hat{a}\hat{a}^+ a\hat{a}^+ + \hat{a}^2\hat{a}^{+2}). \tag{2.6.9}$$

与式 (2.6.6) 给出的算符函数 $\hat{A}(\hat{a}^+, \hat{a})$ 相应的函数为

$$A_S(\alpha^*, \alpha) = \sum_{n,m=0}^{\infty} b_{nm}(\alpha^*)^n \alpha^m. \tag{2.6.10}$$

3. 反正规序

假设算符函数 $\hat{A}(\hat{a}^+,\hat{a})$ 展开成下面的反正规序幂级数:

$$\hat{A}(\hat{a},\hat{a}^+)=\sum_{n,m=0}^{\infty}d_{nm}\hat{a}^m(\hat{a}^+)^n, \tag{2.6.11}$$

则与之相应的函数为

$$A_a(\alpha,\alpha^*)=\sum_{n,m=0}^{\infty}d_{nm}\alpha^m(\alpha^*)^n. \tag{2.6.12}$$

2.6.2　Wigner 函数

在量子力学中, 量子态包含了一个微观体系的全部信息, 但原则上无法在实验上直接测定. 1932 年, Wigner 为了研究经典统计力学的量子修正, 首先在相空间中引入准概率分布函数: Wigner 函数, 同时使用坐标和动量作为变量 [14]. Wigner 函数在实验上可以测定, 它与量子态之间有一一对应的关系, 可以完全确定量子态.

Wigner 函数 $W(x,p)$ 的主要性质如下 (方便起见, 这里仅考虑一维情况)[15]:

(1) $W(x,p)$ 为实数, 在相空间的某些区域取负值. $W(x,p)$ 函数是否能取得负值, 反映了量子态是否具有非经典特性.

(2) $W(x,p)$ 关于 x 和 p 的边缘分布分别为

$$w(x)=\int_{-\infty}^{+\infty}W(x,p)\mathrm{d}p, \tag{2.6.13}$$

$$w(p)=\int_{-\infty}^{+\infty}W(x,p)\mathrm{d}x, \tag{2.6.14}$$

以上两式分别给出了坐标和动量的量子力学概率分布.

(3) 对于排成对称序的算符函数 $F(\hat{x},\hat{p})$, 其量子力学期望值由下式给出:

$$\langle F(\hat{x},\hat{p})\rangle=\int_{-\infty}^{+\infty}\int_{-\infty}^{+\infty}W(x,p)f(x,p)\mathrm{d}x\mathrm{d}p, \tag{2.6.15}$$

式中, $W(x,p)$ 扮演积分核的角色, 经典函数 $f(x,p)$ 可以通过用 x、p 分别替换算符函数 $F(\hat{x},\hat{p})$ 中 $\hat{x}$、$\hat{p}$ 而得到.

(4) Wigner 函数的归一化

$$\int_{-\infty}^{+\infty}\int_{-\infty}^{+\infty}W(x,p)\mathrm{d}x\mathrm{d}p=1. \tag{2.6.16}$$

(5) 任何两个量子态 $|\varphi\rangle$、$|\psi\rangle$ 标积的模方等于相空间中的相应 Wigner 函数 W_φ、W_ψ 乘积的积分:

$$|\langle\varphi|\psi\rangle|^2=2\pi\hbar\int_{-\infty}^{+\infty}\int_{-\infty}^{+\infty}W_\varphi(x,p)W_\psi(x,p)\mathrm{d}x\mathrm{d}p. \tag{2.6.17}$$

对于同一个量子纯态, Wigner 函数的平方 $W^2(x,p)$ 具有归一化的性质, 即

$$\int_{-\infty}^{+\infty}\int_{-\infty}^{+\infty} W^2(x,p)\mathrm{d}x\mathrm{d}p=(2\pi\hbar)^{-1}, \tag{2.6.18}$$

而对于混合态, 则有

$$\int_{-\infty}^{+\infty}\int_{-\infty}^{+\infty} W^2(x,p)\mathrm{d}x\mathrm{d}p=(2\pi\hbar)^{-1}\mathrm{Tr}(\hat{\rho}^2), \tag{2.6.19}$$

式中, $\hat{\rho}$ 为密度算符.

(6) 相移 (phase-shifting) 操作 $\hat{U}(\Theta)=\exp(-\mathrm{i}\Theta\hat{a}^+\hat{a})$ 把单模光场的 Wigner 函数 $W(x,p)$ 变为

$$W(x,p;\Theta)=W(x\cos\Theta-p\sin\Theta, x\sin\Theta+p\cos\Theta). \tag{2.6.20}$$

这意味着相移操作等价于在相空间简单地旋转 $W(x,p)$.

(7) 由波函数 $\psi(x)$ 或者密度算符 $\hat{\rho}$ 建立 Wigner 函数的方法分别为

$$W(x,p)=(\pi\hbar)^{-1}\int_{-\infty}^{+\infty}\exp\left(\frac{2\mathrm{i}py}{\hbar}\right)\psi(x-y)\psi^*(x+y)\mathrm{d}y, \tag{2.6.21}$$

$$W(x,p)=(\pi\hbar)^{-1}\int_{-\infty}^{+\infty}\exp\left(\frac{2\mathrm{i}py}{\hbar}\right)\langle x-y|\,\hat{\rho}\,|x+y\rangle\mathrm{d}y. \tag{2.6.22}$$

如果引入一个对称序特征函数

$$\chi_s(\xi)\equiv\mathrm{Tr}(\hat{\rho}\hat{A})=\mathrm{Tr}[\hat{\rho}\mathrm{e}^{\xi\hat{a}^+-\xi^*\hat{a}}], \tag{2.6.23}$$

则式 (2.6.22) 还可表示为

$$W(\alpha)=\frac{1}{\pi}\int A_a^*(\alpha,\alpha^*)\chi_a(\xi)\mathrm{d}^2\xi=\frac{1}{\pi}\int \mathrm{e}^{\alpha\xi^*-\alpha^*\xi}\mathrm{Tr}[\hat{\rho}\mathrm{e}^{\xi\hat{a}^+-\xi^*\hat{a}}]\mathrm{d}^2\xi. \tag{2.6.24}$$

(8) 根据式 (2.6.22) 可得由 Wigner 函数获得相应密度矩阵的方法:

$$\langle x|\,\hat{\rho}\,|x'\rangle=\int_{-\infty}^{+\infty}\exp[\mathrm{i}(x-x')p]W\left[\frac{1}{2}(x+x'),p\right]\mathrm{d}p. \tag{2.6.25}$$

尽管基于 Wigner 函数的表示法与经典统计分布函数之间有诸多相似之处, 但二者却有本质区别. 首先, 经典分布函数是不能取负值的, 而 Wigner 函数却能取负值. 其次, 经典分布函数不仅能计算可观测量 B 的期望值, 还能计算 B 的任意次幂的期望值. 而这一点除了 B 是 x 和 p 的线性叠加这一特例外, 对 Wigner 函数却不能适用. 这是因为, 若 B 是对称序的算符函数, 而 B 的任意次幂却不是对称序的, 所以说, B 的期望值能用式 (2.6.15) 计算, 而 B 的任意次幂算符函数的期望值却不能用该式来求.

2.6.3　Glauber-Sudarshan P 函数

对于一个能展开成正规序幂级数的算符函数 $\hat{A}_{\mathrm{N}}(\hat{a}^+,\hat{a})$ 及描述量子态的密度算符 ρ, 可定义一个正规序特征函数

$$\chi_{\mathrm{N}}(\xi)\equiv\mathrm{Tr}(\hat{\rho}\hat{A})=\mathrm{Tr}[\hat{\rho}\mathrm{e}^{\xi\hat{a}^+}\mathrm{e}^{-\xi^*\hat{a}}], \tag{2.6.26}$$

式中已假设 $\hat{A}_{\mathrm{N}}(\hat{a}^+,\hat{a})$ 是 ξ 的函数. 相应的 P 函数 [15,16] 为

$$\begin{aligned}P(\alpha)&=\frac{1}{\pi^2}\int A_{\mathrm{N}}^*(\alpha,\alpha^*)\chi_{\mathrm{N}}(\xi)\mathrm{d}^2\xi\\&=\frac{1}{\pi^2}\int \mathrm{e}^{\alpha\xi^*-\alpha^*\xi}\mathrm{Tr}[\hat{\rho}\mathrm{e}^{\xi\hat{a}^+}\mathrm{e}^{-\xi^*\hat{a}}]\mathrm{d}^2\xi.\end{aligned} \tag{2.6.27}$$

借助式 (2.6.2)、式 (2.6.5) 以及式 (2.6.26), 由式 (2.6.27) 可以推得一个量子态的 P 函数还可以表示成 [14]

$$P(\alpha)=\frac{1}{\pi}\sum_{n,m=0}^{\infty}\rho_{nm}\alpha^{*n}\alpha^m, \tag{2.6.28}$$

式中, ρ_{nm} 为反正规序密度算符的展开系数.

2.6.4　Husimi-Kano Q 函数

对于一个能展开成反正规序幂级数的算符函数 $\hat{A}_a(\hat{a}^+,\hat{a})$ 及描述量子态的密度矩阵 ρ, 同样可定义一个反正规序特征函数

$$\chi_A(\xi)\equiv\mathrm{Tr}(\hat{\rho}\hat{A})=\mathrm{Tr}[\hat{\rho}\mathrm{e}^{-\xi^*\hat{a}}\mathrm{e}^{\xi\hat{a}^+}], \tag{2.6.29}$$

式中已假设 $\hat{A}_a(\hat{a}^+,\hat{a})$ 是 ξ 的函数. 相应的 Q 函数为

$$\begin{aligned}Q(\alpha)&=\frac{1}{\pi^2}\int \mathrm{e}^{\alpha\xi^*-\alpha^*\xi}\chi_a(\xi)\mathrm{d}^2\xi\\&=\frac{1}{\pi^2}\int \mathrm{e}^{\alpha\xi^*-\alpha^*\xi}\mathrm{Tr}[\hat{\rho}\mathrm{e}^{-\xi^*\hat{a}}\mathrm{e}^{\xi\hat{a}^+}]\mathrm{d}^2\xi.\end{aligned} \tag{2.6.30}$$

同式 (2.6.28), 式 (2.6.30) 还可表示成 [15]

$$Q(\alpha)=\frac{1}{\pi}\left\langle\alpha\right|\rho\left|\alpha\right\rangle. \tag{2.6.31}$$

可见, Q 函数是一个量子态的密度算符在相干态中的期望值.

比较 (2.6.24)、(2.6.27) 和 (2.6.30) 三式可见, 从形式上看, 三种准概率分布函数是完全相同的, 所不同的是算符和特征函数所遵循的排序规则. 这就决定了三种函数间存在着必然的联系. Wigner 函数和 Q 函数都可以看成是平滑化的 (smoothed)P 函数, 由于 Q 函数比 Wigner 函数具有更强的平滑性, 故 Q 函数又可以看成是平滑

化的 Wigner 函数. 从这个意义上讲, 当 P 函数变换到 Wigner 函数以后, P 函数所存在的奇异点会消失; 同样地, 当 Wigner 函数变换到 P 函数以后, Wigner 函数所取得的负值也会消失. 这就说明, 三种准概率分布函数在物理上并不等价, 也就是说, 并不是每种准概率分布函数都包含有量子态的全部信息, 量子态的一些信息会在平滑化的过程中消失.

2.6.5 s 参量相空间分布函数

上面已经提到, 从形式上看, 三种准概率分布函数是完全相同的, 因而可以定义如下的 s 参量相空间分布函数, 将这三种准概率分布函数写成下面紧凑的形式:

$$W(\alpha, s)=\frac{1}{\pi^2}\int \mathrm{e}^{\alpha\xi^*-\alpha^*\xi}\mathrm{Tr}[\hat{\rho}\mathrm{e}^{\xi\hat{a}^+-\xi^*\hat{a}+s|\xi|^2/2}]\mathrm{d}^2\xi. \tag{2.6.32}$$

$W(\alpha, s)$ 具有下面的性质:

(1) $W(\alpha, s)$ 是归一化的, 即

$$\int W(\alpha, s)\mathrm{d}^2\alpha = 1. \tag{2.6.33}$$

(2) $s=-1$ 时, $W(\alpha, s)$ 退化为 Q 函数, 即

$$W(\alpha, s=-1)=\frac{1}{\pi}\langle\alpha|\,\hat{\rho}\,|\alpha\rangle. \tag{2.6.34}$$

(3) $s=1$ 时, $W(\alpha, s)$ 退化为 P 函数, 即

$$W(\alpha, s=1)=\frac{1}{\pi^2}\int \mathrm{e}^{\alpha\xi^*-\alpha^*\xi}\mathrm{Tr}[\hat{\rho}\mathrm{e}^{\xi\hat{a}^+}\mathrm{e}^{-\xi^*\hat{a}}]\mathrm{d}^2\xi. \tag{2.6.35}$$

(4) $s=0$ 时, $W(\alpha, s)$ 退化为 Wigner 函数, 即

$$W(\alpha, s=0)=\frac{1}{\pi}\int \mathrm{e}^{\alpha\xi^*-\alpha^*\xi}\mathrm{Tr}[\hat{\rho}\mathrm{e}^{\xi\hat{a}^+-\xi^*\hat{a}}]\mathrm{d}^2\xi. \tag{2.6.36}$$

如果选择 $\alpha=\sqrt{\dfrac{m\omega}{2\hbar}}x+\dfrac{\mathrm{i}}{\sqrt{2\hbar m\omega}}p$, 则上式变为

$$W(\alpha, s=0)=\frac{1}{\pi}\int \langle x+y/2|\,\hat{\rho}\,|x-y/2\rangle\,\mathrm{e}^{-\mathrm{i}py/\hbar}\mathrm{d}y. \tag{2.6.37}$$

2.7 常用近似方法

在介观体系的研究中, 为了解决问题的需要, 通常要将系统分为三类: 孤立系统、封闭系统和开放系统. 一个与外界没有任何物质与能量交换的系统, 被称为孤

立系统, 其动力学过程较为简单. 与外界只有能量交换而没有物质交换的系统, 被称为封闭系统, 其动力学过程相对复杂. 而与外界既有物质交换又有能量交换的系统, 被称为开放系统, 其动力学过程最为复杂. 在用孤立的介观系统实现某些量子信息处理任务时, 虽然在原理上能够得到一些令人着迷的结论, 但是, 基于现实世界中并不存在完全孤立的系统 (除非把整个宇宙看成一个整体) 这一事实, 那些令人着迷的结论的价值也就大打折扣. 比方说, 要用介观系统实现大规模量子计算, 必然要将大量单个的量子比特耦合起来, 如果把其中某个量子比特看成系统, 则其他量子比特就可视为环境. 要想把写入量子比特的信息读取出来, 就要对量子比特进行测量, 测量实际上就是环境与量子比特之间的一种相互作用. 由此可见, 实际的量子信息处理系统总是不可避免地与外部环境发生相互作用, 对系统而言, 这种相互作用可以看成是噪声. 噪声的存在使得系统的动力学行为变得较为复杂, 描述系统动力学过程的薛定谔方程也就很少能够精确求解. 有时, 根据实际问题的需要, 选择合适的近似会使问题大大简化, 从而可解. 因此, 量子力学中用来求解实际问题的近似方法, 就显得格外重要. 近似方法通常是从简单问题的精确解出发来求解较复杂问题的近似解.

下面, 把在介观体系的研究过程中经常用到的近似作一个大致的总结.

2.7.1　马尔可夫近似

1. 马尔可夫过程简介

马尔可夫过程 (Markov process) 是一个典型的随机过程. 设 $X(t)$ 是某个系统的一个随机过程, 如果系统在时刻 t_0 所处的状态已知, 经历过程 $X(t)$ 后到达时刻 $t(t > t_0)$, 若此时系统所处的状态与 t_0 时刻之前的状态无关, 则称该无后效性的随机过程 $X(t)$ 为马尔可夫过程. 马尔可夫过程中的时间和状态既可以是连续的, 又可以是离散的. 时间离散、状态离散的马尔可夫过程称为马尔可夫链 [17], 它是马尔可夫过程的原始模型, 由俄国数学家 A. A. Markov 于 1907 年提出的. 马尔可夫过程的特性可以简洁地总结成下面一句话: 在已知目前状态 (现在) 的条件下, 它未来的演变 (将来) 不依赖于它以往的演变 (过去). 液体中微粒所做的布朗运动是马尔可夫过程的一个形象化的例子. 由于微粒是无记忆的, 当某一时刻它在液体中所处的位置已知时, 它在以后时间里会运动向何处与它以往所走过的路径是没有关系的.

2. 量子信息处理中的马尔可夫近似和非马尔可夫近似 [17−19]

对于一个与环境存在相互作用的量子体系, 即开放体系, 它所经历的动力学过程在什么情形下可以作马尔可夫近似 (Markov approximation) 呢? 要回答这一问题, 需要将量子体系的自由度和它所处的环境的自由度作一个对比. 如果环境的自由度远大于量子体系的自由度, 使得可以近似认为环境不受量子体系的影响, 那么这种情形下的环境可以称为热库. 量子体系与热库之间信息的往返正是通过二者间的相互作用来完成的, 若以系统为研究对象, 受热库的作用, 系统会呈现涨落和耗散现象, 其信息就会衰减, 而流入热库. 如果热库可以记忆或保留从量子体系中流入的信息, 并在将来的某个时刻以某种方式返回给系统, 进而影响系统将来的状态, 而现在时刻系统的状态则会受到过去某个时刻系统与环境相互作用的影响, 量子体系所经历的动力学过程就可看成是非马尔可夫过程. 如果热库对系统流入它的信息的记忆效应是完全可以忽略的, 系统的状态则与过去的状态无关, 或者说热库对信息的衰减和反馈均是瞬时的, 那么, 量子体系所经历的动力学过程就可作马尔可夫近似.

马尔可夫近似可以较好地刻画开放系统的行为, 关键在于系统量子涨落的相关时间和其动力学演化时间是完全可以区分的. 这里有两层含义: 其一, 假设热库记忆与反馈时间尺度 τ_R 与系统演化时间尺度 τ_E 相比十分短暂, 由于热库的自由度是如此之大, 流入它的信息会完全弥漫、消失而近似地不会反馈回流到系统中去, 也就是说热库对系统信息的衰减和反馈均是瞬时的. 这是完全忽略热库记忆 (累积) 效应的最低阶马尔可夫近似. 其二, 热库中还包含着系统本身被忽略掉的自由度. 这种忽略就像是在时间轴上对体系的演化进行间隔采样, 是一种抹去高频振荡的关于时间的粗粒化过程 [17]. 如果这种近似采样能够成立, 就要求粗粒化时间间隔 τ 不仅远小于 τ_E, 而且应当远大于 τ_R, 即 $\tau_R \leqslant \tau \leqslant \tau_E$, 这是通常情况下作马尔可夫近似所应保证满足的制约条件, 即马尔可夫近似的出发点.

2.7.2 旋波近似

旋波近似 (rotating wave approximation, RWA)[2,20] 是量子光学中经常采用的一种近似方法, 在处理量子化光场与原子 (或人造原子) 相互作用的问题时非常有效. 描述二能级原子与多模量子化光场相互作用系统总的哈密顿算符由下式给出:

$$\mathscr{H} = \sum_k \hbar\omega_k \hat{a}_k^+ \hat{a}_k + \hbar\omega_0 \hat{S}_z + \sum_k \varepsilon_k (\hat{a}_k^+ + \hat{a}_k)(\hat{S}_+ + \hat{S}_-), \tag{2.7.1}$$

式中, $\hat{S}_z$、$\hat{S}_+$ 和 $\hat{S}_-$ 为描述二能级原子的赝自旋算符, 由原子算符 $\sigma_{nm} = |n\rangle\langle m|$ 构成, 对于二能级原子 (上能态 $|+\rangle$, 下能态 $|-\rangle$), σ_{nm} 有下面形式: $\sigma_{11} = \begin{bmatrix} 0 & 0 \\ 0 & 1 \end{bmatrix}$、$\sigma_{22} = \begin{bmatrix} 1 & 0 \\ 0 & 0 \end{bmatrix}$、$\sigma_{21} = \begin{bmatrix} 0 & 1 \\ 0 & 0 \end{bmatrix}$ 和 $\sigma_{12} = \begin{bmatrix} 0 & 0 \\ 1 & 0 \end{bmatrix}$, S_z、$\hat{S}_+$ 和 $\hat{S}_-$ 的矩阵形式: $S_z = \dfrac{\sigma_{22} - \sigma_{11}}{2}$、$\hat{S}_+ = \sigma_{21}$ 和 $\hat{S}_- = \sigma_{12}$; $\sum\limits_k \hbar\omega_k \hat{a}_k^+ \hat{a}_k$ 为量子化光场的能量算符, 它是由波矢为 $\boldsymbol{k}$、频率为 ω_k 的无穷多模式的光子能量算符叠加而成; $\hbar\omega_0\hat{S}_z$ 为裸原

子的能量算符; 原子与光场的相互作用哈密顿算符为

$$\hat{\mathscr{V}}_{\text{int}} = \sum_k \varepsilon_k (\hat{a}_k^+ \hat{S}_- + \hat{a}_k \hat{S}_+ + \hat{a}_k^+ \hat{S}_+ + \hat{a}_k \hat{S}_-), \tag{2.7.2}$$

式中第一项描述原子由上能态 $|+\rangle$ 跃迁到下能态 $|-\rangle$ 同时向光场中放出一个光子的相互作用过程; 第二项反映原子从光场中吸收一个光子而由下能态跃迁到上能态的相互作用过程; 第三项表征原子由下能态跃迁到上能态并向光场发射一个光子的相互作用过程; 第四项则对应原子由上能态跃迁到下能态同时吸收一个光子的相互作用过程.

以上四个过程会导致整个系统的能量发生改变. 前两个过程导致整个系统的能量改变量为

$$\Delta E = |\pm(E_1 - E_2) \pm \hbar\omega_k| = \hbar(\omega_k - \omega_0). \tag{2.7.3}$$

当量子化光场的角频率 ω_k 与原子本征跃迁角频率 ω_0 满足 $\omega_k \approx \omega_0$, 即近共振跃迁情况下, 整个系统的能量改变量 $\Delta E \approx 0$, 即保持系统能量守恒. 由海森伯的能量–时间不确定关系

$$\Delta E \cdot \Delta\tau \geqslant \hbar, \tag{2.7.4}$$

可知, 当 $\Delta E \to 0$ 时, 光子的寿命 $\Delta\tau \to \infty$, 非常长, 意味着跃迁过程能产生稳定的可测量的实光子, 这类跃迁过程对应的算符项 $\varepsilon_k \hat{a}_k^+ \hat{S}_-$ 和 $\varepsilon_k \hat{a}_k \hat{S}_+$ 称为旋波项.

式 (2.7.2) 中的后两项对应的跃迁过程如图 2.7.1(a) 和 (b) 所示. 这两个过程所导致系统能量的改变分别为

$$\Delta E = |\pm(E_1 - E_2) \mp \hbar\omega_k| = \hbar(\omega_k + \omega_0), \tag{2.7.5}$$

式中, $\Delta E \gg 0$, 在比较短的时间内系统的能量是不守恒的. 依据式 (2.7.4) 的能量–时间不确定关系, 跃迁过程所产生的光子寿命 $\Delta\tau \to 0$, 非常短暂, 此类光子称为虚光子, 这类跃迁过程所对应的算符项 $\varepsilon_k \hat{a}_k^+ \hat{S}_+$ 和 $\varepsilon_k \hat{a}_k \hat{S}_-$ 称为非旋波项. 虚光子产生后, 在很短的时间内就被原子重新吸收, 这就使得虚光子无法进行有效测量. 在原子吸收虚光子后, 从高能态又回到低能态, 所以, 在一段较长的时间内能量守恒定律仍然是成立的.

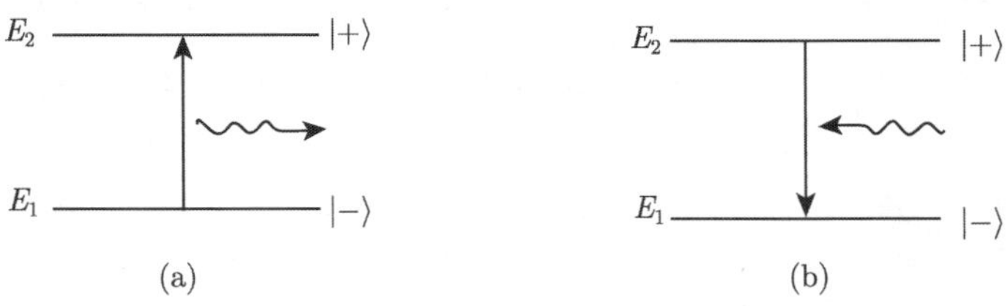

图 2.7.1　虚光子过程对应的能级跃迁示意图

由式 (2.7.1) 给出的哈密顿算符所描述的二能级原子 (或人造原子) 与多模量子化辐射场相互作用系统, 其随时间变化的规律很难精确求出. 但略去该式中类似 $\varepsilon_k \hat{a}_k^+ \hat{S}_+$ 和 $\varepsilon_k \hat{a}_k \hat{S}_-$ 的不保持系统能量守恒的非旋波项, 而保留类似 $\varepsilon_k \hat{a}_k^+ \hat{S}_-$ 和 $\varepsilon_k \hat{a}_k \hat{S}_+$ 的保持系统能量守恒的旋波项, 就会使得模型精确可解. 这种方法称为旋波近似法 (RWA). 使用旋波近似后, 式 (2.7.1) 变为

$$\hat{\mathscr{H}}_{\mathrm{RWA}} = \sum_k \hbar\omega_k \hat{a}_k^+ \hat{a}_k + \hbar\omega_0 \hat{S}_z + \sum_k \varepsilon_k (\hat{a}_k^+ \hat{S}_- + \hat{a}_k \hat{S}_+). \tag{2.7.6}$$

RWA 法除了在量子光学中广泛应用外, 在激光物理、核磁共振和量子场论等许多问题中也经常被采用.

2.7.3 绝热近似

对于哈密顿算符 $\hat{\mathscr{H}}$ 不显含时间的体系, 其波函数遵守定态薛定谔方程: $\hat{\mathscr{H}}|n\rangle = E_n|n\rangle$, 式中 E_n 为能量本征值, 是守恒量, 其相应的正交归一能量本征态记为 $|n\rangle$, n 是一组完备的好量子数. 若体系的初态为 $|\psi(0)\rangle$, 则 t 时刻体系的状态 $|\psi(t)\rangle = \mathrm{e}^{-E_n t/\hbar}|\psi(0)\rangle$, 以 $|n\rangle$ 为基矢将其展开 $|\psi(t)\rangle = \sum\limits_n C_n \mathrm{e}^{-E_n t/\hbar}|n\rangle$, C_n 为展开系数, 表示为 $C_n = \langle n|\psi(0)\rangle$. 若 $|\psi(0)\rangle = |m\rangle$, $C_n = \delta_{nm}$, 则

$$|\psi(t)\rangle = \mathrm{e}^{-E_m t/\hbar}|m\rangle. \tag{2.7.7}$$

一般情况下, 若 $\hat{\mathscr{H}}(t)$ 显含时间, 相应的薛定谔方程求解起来比较困难, 往往需要借助一些近似方法. 微扰论 [21] 是最常用的一种近似. 绝热近似 (adiabatic approximation)[6] 是另外一种常用的近似方法. 该近似方法源自量子绝热定理. 下面介绍这一定理及其适用条件.

$\hat{\mathscr{H}}(t)$ 遵守的薛定谔方程为

$$\hat{\mathscr{H}}(t)|n(t)\rangle = E_n(t)|n(t)\rangle, \tag{2.7.8}$$

式中, $|n(t)\rangle$ 为体系相应于瞬时能量本征值 $E_n(t)$ 的瞬时本征态. 假设在 $t=0$ 时, 体系处于瞬时本征态 $|\psi(0)\rangle = |m(0)\rangle$. 由于 $\hat{\mathscr{H}}(t)$ 与时间有关, 体系能量不守恒, 所以不存在严格的定态, 其能态会发生量子跃迁. 在上面的瞬时初态下, 当 $t>0$ 时, 体系状态 $|\psi(t)\rangle$ 可用 $|n(t)\rangle$ 展开为

$$|\psi(t)\rangle = \sum_n a_n(t) \exp\left[-\frac{\mathrm{i}}{\hbar}\int_0^t E_n(t')\mathrm{d}t'\right]|n(t)\rangle, \tag{2.7.9}$$

式中, $|a_n(t)|^2$ 表示 t 时刻测得体系处于 $|n(t)\rangle$ 态的概率. 由于 $E_n(t')$ 随时间发生变化, 通常情况下, $|\psi(t)\rangle$ 的精确解很难求得, 但如果 $\hat{\mathscr{H}}(t)$ 随时间变化足够缓慢, 则可以用量子绝热定理来近似处理.

量子绝热定理内容 [6]: 设体系哈密顿算符 $\hat{\mathscr{H}}(t)$ 随时间变化足够缓慢, 初态 $|\psi(0)\rangle = |m(0)\rangle$, 则 $t > 0$ 时刻体系将保持在与 $\hat{\mathscr{H}}(t)$ 相应的瞬间本征态 $|m(t)\rangle$ 上.

"$\hat{\mathscr{H}}(t)$ 随时间变化足够缓慢" 给出了定理适用的条件, "足够缓慢" 的确切含义是什么呢? 也就是说, 在实际问题中, 如何认定 $\hat{\mathscr{H}}(t)$ 随时间变化 "足够缓慢" 这一条件呢? 从式 (2.7.9) 可以看出, 要使 $\hat{\mathscr{H}}(t)$ 随时间变化足够缓慢, 要求式中所有 $n \neq m$ 项的 $|a_n(t)|^2$ 非常小, 当 $|a_n(t)|^2 \ll 1$ 时, 从 $|m(0)\rangle$ 态到所有 $|n(t)\rangle\,(n \neq m)$ 态的跃迁可以忽略, 体系才得以保持在 $|m(t)\rangle$ 态. 上面的讨论仅仅是定性的, 文献 [6],[23] 给出了量子绝热定理适用的定量条件:

$$\left|\frac{\hbar\,\langle m|\,\partial\,|n\rangle/\partial t}{E_n - E_m}\right| = \left|\frac{\hbar\,\langle m|\,\dot{\hat{\mathscr{H}}}\,|n\rangle}{(E_n - E_m)^2}\right| \ll 1 \quad (\text{对所有 } n \neq m), \tag{2.7.10}$$

式中左边两项为绝热参量. 当上面的条件满足时, 体系从瞬时能量本征态 $|m(0)\rangle$ 跃迁到所有 $n \neq m$ 的瞬时能量本征态 $|n(t)\rangle$ 的概率就可以忽略, 因而能保证体系保持在与 $|m(0)\rangle$ 相应的瞬时能量本征态 $|m(t)\rangle$ 上. 式 (2.7.10) 左边的绝热参量中, $|\langle m|\,\partial\,|n\rangle/\partial t| \equiv \omega_t$ 表示体系的瞬时本征态随时间变化的频率, 而 $|(E_n - E_m)/\hbar| \equiv \omega_\tau$ 表示体系的内禀特征频率. 所以, 在实际问题中, 要想认定 $\hat{\mathscr{H}}(t)$ 随时间变化是否 "足够缓慢", 可以拿 ω_t 与 ω_τ 作一个比较, 如果 $\omega_t \ll \omega_\tau$, 则 $\hat{\mathscr{H}}(t)$ 随时间变化 "足够缓慢", 量子绝热定理对体系就适用, 反之, 就不适用.

2.7.4 偶极近似

在电介质、磁介质理论和原子物理学中, 电偶极子和磁偶极子是两个非常重要的模型.

电偶极子 (electric dipole). 两个带等量异种电荷 $+q$ 和 $-q$、中间有一微小间距 l 的结合体, 称为电偶极子, 间距 l 比两电荷连线中点到所讨论场点的距离 r 小得多. 其本身的属性由 $q\boldsymbol{l}$($\boldsymbol{l}$ 的方向由 $-q$ 指向 $+q$) 来表征, 用 $\boldsymbol{p}_\mathrm{e}$ 来表示, 称为电偶极矩, 简称电矩. 原子的正电 (原子核) 中心和负电 (高速运动的电子) 中心往往不重合, 中间有一微小间距, 所以原子可以等效地看成一个电偶极子, 原子在其周围某一点激发的电场等效于电偶极子在该点激发的电场.

磁偶极子 (magnetic dipole). 1821 年, 安培提出了著名的分子电流假说, 他认为一切磁现象的根源都是电流. 磁性物质的分子中存在回路电流, 称为分子电流. 分子电流相当于基元磁铁, 物质对外显示出磁性, 取决于物质中分子电流对外界的磁效应的总和. 现代理论表明, 所谓分子电流是由原子中核外电子绕核的运动和自旋所形成的. 根据安培的分子电流假说, 可以把圆电流看成磁偶极子. 描述磁偶极子磁性质的物理量为磁偶极矩 (magnetic moment), 简称磁矩, 用 $\boldsymbol{m} = IS\boldsymbol{e}_n$ 表示, 对于原子而言, 式中 I 为相应于核外电子绕核运动或自旋的等效电流, S 为圆电流所围成平面的面积, $\boldsymbol{e}_n$ 为平面的法向单位矢, 与电流的流向成右手关系.

当光照射到原子上时, 光波中的电场与磁场会对原子产生作用, 这种相互作用可以等效地认为是电场与电偶极子、磁场与磁偶极子分别产生相互作用. 若光波中的电场用 $\boldsymbol{E}$ 表示, 磁场用 $\boldsymbol{B}$ 表示, 那么, 相互作用能量就分别为 $-\boldsymbol{p}_\mathrm{e}\cdot\boldsymbol{E}$ 与 $-\boldsymbol{m}\cdot\boldsymbol{B}$. 与电场的作用相比较, 磁场对电子的作用可略去 [21]. 假设入射光的光波长比原子本身的线度大得多, 在处理光场与原子的相互作用时, 就可以不考虑原子的线度, 即略去 $-\boldsymbol{p}_\mathrm{e}\cdot\boldsymbol{E}$ 与 $-\boldsymbol{m}\cdot\boldsymbol{B}$ 两项. 通常称这种近似方法为偶极近似 [2,21].

2.7.5 WKB 近似

1926 年, 三位物理学家 Gregor Wentzel、Hendrik Anthony Kramers 和 Leon Brillouin[24−26] 提出了一种求解量子力学中薛定谔方程的准经典近似方法, 命名为 WKB 近似. 这一近似方法成功地处理了势垒穿透这一重要的实际问题, 并为早期量子论中的角动量量子化提供了量子力学的依据, 指明了适用的条件 [6].

考虑在一维不含时势场 $\mathscr{V}(x)$ 中运动的粒子. 其一维定态薛定谔方程为

$$-\frac{\hbar^2}{2m}\frac{\mathrm{d}^2}{\mathrm{d}x^2}\psi(x)+\mathscr{V}(x)\psi(x)=E\psi(x), \tag{2.7.11}$$

式中, $\psi(x)$ 为描述粒子运动状态的定态波函数, 对方程 (2.7.11) 稍作整理可得

$$\hbar^2\frac{\mathrm{d}^2}{\mathrm{d}x^2}\psi(x)=2m[\mathscr{V}(x)-E]\psi(x). \tag{2.7.12}$$

假设波函数 $\psi(x)$ 为复数 $\phi(x)$ 的指数函数, 即

$$\psi(x)=\exp[\phi(x)/\hbar], \tag{2.7.13}$$

将其代入式 (2.7.12), 可得

$$\hbar\frac{\mathrm{d}^2}{\mathrm{d}x^2}\phi(x)+\left[\frac{\mathrm{d}\phi(x)}{\mathrm{d}x}\right]^2=2m[\mathscr{V}(x)-E]. \tag{2.7.14}$$

由于 $\phi(x)$ 为复数, $\dfrac{\mathrm{d}\phi(x)}{\mathrm{d}x}$ 应亦可能为复数, 所以可以表示成

$$\frac{\mathrm{d}\phi(x)}{\mathrm{d}x}=A(x)+\mathrm{i}B(x), \tag{2.7.15}$$

式中, 实部 $A(x)$ 和虚部 $B(x)$ 为 x 的函数, 方便起见, 在下面的书写中略去 $A(x)$ 和 $B(x)$ 中的变量 x. 对式 (2.7.15) 作不定积分并把积分结果代入式 (2.7.13) 可知, 波函数 $\psi(x)$ 的振幅为 $\exp\left[\displaystyle\int A\mathrm{d}x/\hbar\right]$, 而相位则为 $\displaystyle\int B\mathrm{d}x/\hbar$. 将式 (2.7.15) 代入式 (2.7.14) 并分离出实部和虚部, 可得下面两式:

$$\hbar\frac{\mathrm{d}A}{\mathrm{d}x}+A^2-B^2=2m[\mathscr{V}(x)-E], \tag{2.7.16}$$

$$\hbar\frac{\mathrm{d}B}{\mathrm{d}x}+2AB=0. \tag{2.7.17}$$

WKB 近似的实质在于: 把波函数 $\psi(x)$ 的指数参数 $\phi(x)$ 按 $\hbar$ 作幂级数渐近展开, 然后, 逐级近似求解. 照此实质, 亦可以把 $\dfrac{\mathrm{d}\phi(x)}{\mathrm{d}x}$ 按 $\hbar$ 作幂级数渐近展开, 其实部和虚部的展开式如下:

$$A=\sum_{n=0}^{\infty}\hbar^n A_n,\quad B=\sum_{n=0}^{\infty}\hbar^n B_n. \tag{2.7.18}$$

将这两个级数代入 (2.7.16) 和 (2.7.17) 两式, 得

$$\sum_{n=0}^{\infty}\hbar^{n+1}\frac{\mathrm{d}A_n}{\mathrm{d}x}+\left(\sum_{n=0}^{\infty}\hbar^n A_n\right)^2-\left(\sum_{n=0}^{\infty}\hbar^n B_n\right)^2=2m[\mathscr{V}(x)-E], \tag{2.7.19}$$

$$\sum_{n=0}^{\infty}\hbar^{n+1}\frac{\mathrm{d}B_n}{\mathrm{d}x}+2\sum_{n=0}^{\infty}\hbar^n A_n\cdot\sum_{n=0}^{\infty}\hbar^n B_n=0. \tag{2.7.20}$$

分析 (2.7.19) 和 (2.7.20) 两式可知, $\hbar$ 各次幂项的系数应为零, 与 $\hbar$ 各次幂对应的等式依次如下:

$$\begin{gathered}A_0^2-B_0^2=2m[\mathscr{V}(x)-E],\quad A_0\cdot B_0=0.\\ \frac{\mathrm{d}A_0}{\mathrm{d}x}+2A_0A_1-2B_0B_1=0,\quad \frac{\mathrm{d}B_0}{\mathrm{d}x}+2A_0B_1+2B_0A_1=0,\\ \cdots\cdots\end{gathered} \tag{2.7.21}$$

如果波函数 $\psi(x)$ 的振幅变化比其相位变化慢得多, 即满足 $A_0\ll B_0$, 可令 $A_0=0$, 则由式 (2.7.21) 的前四式可得

$$B_0=\pm\sqrt{2m[E-\mathscr{V}(x)]},\quad B_1=0,\quad A_1=\frac{\mathrm{d}}{\mathrm{d}x}\ln[p(x)]^{-1/2}, \tag{2.7.22}$$

定义 $p(x)=\sqrt{2m[E-\mathscr{V}(x)]}$ 为经典极限下粒子的动量大小, 则式 (2.7.22) 中 $B_0=\pm p(x)$. 下面分两种情况给出薛定谔方程 (2.7.11) 准确到 $O(\hbar)$ 近似下的解:

(1) $\mathscr{V}(x)<E$ (经典允许区, $p(x)$ 为实的).

由式 (2.7.22) 求得 $\psi(x)$ 的振幅: $\exp\left[\int A\mathrm{d}x/\hbar\right]=\dfrac{C}{\sqrt{p(x)}}$, C 由具体问题的边界条件及归一化条件确定, 相位 $\int B\mathrm{d}x/\hbar=\begin{cases}\int p(x)\mathrm{d}x/\hbar\\ \int -p(x)\mathrm{d}x/\hbar\end{cases}$, 则在一级近似下:

$$\psi(x)=\begin{cases}\dfrac{C}{\sqrt{p(x)}}\exp\left[\dfrac{\mathrm{i}}{\hbar}\displaystyle\int p(x)\mathrm{d}x\right]\\ \dfrac{C}{\sqrt{p(x)}}\exp\left[-\dfrac{\mathrm{i}}{\hbar}\displaystyle\int p(x)\mathrm{d}x\right]\end{cases}. \tag{2.7.23}$$

(2) $\mathscr{V}(x) > E$ (经典禁区, $p(x)$ 为纯虚).

令 $p(x) = \mathrm{i}\,|p(x)| = \mathrm{i}\sqrt{2m[\mathscr{V}(x) - E]}$, 则

$$\psi(x) = \begin{cases} \dfrac{C'}{\sqrt{|p(x)|}} \exp\left[+\dfrac{1}{\hbar}\displaystyle\int |p(x)|\,\mathrm{d}x\right] \\ \dfrac{C'}{\sqrt{|p(x)|}} \exp\left[-\dfrac{1}{\hbar}\displaystyle\int |p(x)|\,\mathrm{d}x\right] \end{cases}, \tag{2.7.24}$$

式中, C' 由具体问题的边界条件及归一化条件来确定. 与粒子对应的德布罗意 (de Broglie) 波长 $\lambda = \dfrac{h}{p(x)} = \dfrac{h}{\sqrt{2m[\mathscr{V}(x) - E]}}$. 一级近似解成立的条件 [6]:

$$\left| \frac{\lambda}{4\pi[E - \mathscr{V}(x)]} \frac{\mathrm{d}\mathscr{V}(x)}{\mathrm{d}x} \right| \ll 1. \tag{2.7.25}$$

观察式 (2.7.25) 可以得出如下结论:

(1) 一级近似解成立的条件要求, 势场 $\mathscr{V}(x)$ 的变化比较缓慢, 即在粒子的德布罗意波长范围内, $\mathscr{V}(x)$ 的变化 $\dfrac{\lambda}{2\pi}\dfrac{\mathrm{d}\mathscr{V}(x)}{\mathrm{d}x}$ 比粒子的 "动能" $[E - \mathscr{V}(x)]$ 小得多;

(2) 在经典允许区和禁区的交界处, 即在转折点 $[E - \mathscr{V}(x)]$ 附近, $p(x) \approx 0$, 式 (2.7.25) 的近似条件不成立, 所以 (2.7.23) 和 (2.7.24) 两式给出的一级近似解不适用. 也就是说, 在此区域中, 用 WKB 近似法求解薛定谔方程是不合适的, 需要另寻它法.

现在, 把利用 WKB 近似法解析一个量子系统的薛定谔方程的步骤总结如下:

(1) 将波函数重新构造为一个指数函数;

(2) 将该指数函数代入薛定谔方程;

(3) 展开指数函数的参数为约化普朗克常量 $\hbar$ 的幂级数;

(4) 匹配 $\hbar$ 同次幂的项得到一组方程;

(5) 求解这一方程组, 就会得到波函数的近似解.

2.7.6 变分法

当体系的哈密顿算符可以分为 $\hat{\mathscr{H}}_0$ 与 $\hat{\mathscr{H}}'$ 两项之和, 且 $\hat{\mathscr{H}}'$ 可以看成 $\hat{\mathscr{H}}_0$ 的微扰时, 用微扰理论可以求问题的近似解. 如果上面的条件满足不了, 微扰方法就不再适用. 而另外一种近似方法 —— 变分法 (variational method)[21] 却不受上述条件的限制.

设体系的哈密顿算符 $\hat{\mathscr{H}}$ 满足本征方程: $\hat{\mathscr{H}}\psi_n = E_n\psi_n$, 式中 E_n 为本征值, 简单起见, 假定 E_n 是分立的, 由小到大依次排列如下:

$$E_0, E_1, E_2, \cdots, E_n, \cdots, \tag{2.7.26}$$

相应的本征函数依次为

$$\psi_0, \psi_1, \psi_2, \cdots, \psi_n, \cdots, \tag{2.7.27}$$

它们组成正交归一的完备基矢组, E_0 和 ψ_0 是基态能量和基态波函数. 设 ψ 是 $\hat{\mathscr{H}}$ 的任意一个归一化的波函数, 将 ψ 按 ψ_n 展开: $\psi = \sum\limits_n a_n\psi_n$. 在 ψ 所描写的状态中, 体系能量的平均值为

$$\bar{\mathscr{H}} = \int \psi^* \hat{\mathscr{H}}\ \psi \mathrm{d}\tau. \tag{2.7.28}$$

将 ψ 的展开式代入式 (2.7.28), 得

$$\begin{aligned}
\bar{\mathscr{H}} &= \sum_{m,n} a_m^* a_n \int \psi_m^* \hat{\mathscr{H}} \psi_n \mathrm{d}\tau \\
&= \sum_{m,n} a_m^* a_n \int \psi_m^* E_n \psi_n \mathrm{d}\tau = \sum_{m,n} a_m^* a_n E_n \delta_{mn} \\
&= \sum_n |a_n|^2 E_n.
\end{aligned} \tag{2.7.29}$$

由式 (2.7.26) 可知 $E_0 < E_n (n = 1, 2, \cdots)$, 在式 (2.7.29) 中用 E_0 代替 E_n, 则

$$\bar{\mathscr{H}} \geqslant E_0 \sum_n |a_n|^2 = E_0, \tag{2.7.30}$$

式中已经利用了 ψ 的归一化:

$$1 = \int \psi^* \psi \mathrm{d}\tau = \sum_{m,n} a_m^* a_n \int \psi_m^* \psi_n \mathrm{d}\tau = \sum_{m,n} a_m^* a_n \delta_{mn} = \sum_n |a_n|^2. \tag{2.7.31}$$

(2.7.28) 和 (2.7.30) 两式给出

$$E_0 \leqslant \int \psi^* \hat{\mathscr{H}} \psi \mathrm{d}\tau = \bar{\mathscr{H}}. \tag{2.7.32}$$

以上讨论是在假定 ψ 为归一化的前提下, 若 ψ 不是归一化的, 则上式应改写为

$$E_0 \leqslant \frac{\displaystyle\int \psi^* \hat{\mathscr{H}} \psi \mathrm{d}\tau}{\int \psi^* \psi \mathrm{d}\tau} = \bar{\mathscr{H}}. \tag{2.7.33}$$

式 (2.7.33) 称为最低能量原理 [27]: 用任意近似波函数 ψ 计算出能量的平均值 $\bar{\mathscr{H}}$ 一定大于体系基态能量 E_0, 而只有当 ψ 恰好是体系的基态波函数 ψ_0 时, $\bar{\mathscr{H}}$ 才等于基态能量 E_0.

依照上面的最低能量原理, 人们总可以选取尽可能多的 ψ 并计算出 $\hat{\mathscr{H}}$ 的平均值, 这些平均值中最小的一个最接近于基态能量 E_0, 相应的波函数则为近似基态

波函数. 这就是变分法 (variational method) 的宗旨. 由此, 可以把用变分法求体系基态能量的步骤总结为:

根据具体问题的特点选择某种在数学形式上比较简单、在物理上也较合理的、含有参量 λ 的试探波函数 $\psi(\lambda)$, 计算出 $\hat{\mathscr{H}}$ 在 $\psi(\lambda)$ 下的能量平均值 $\bar{\mathscr{H}}(\lambda)$; 由 $\dfrac{\mathrm{d}\bar{\mathscr{H}}(\lambda)}{\mathrm{d}\lambda}=0$ 求出 $\mathscr{H}(\lambda)$ 最小值, 用它作为严格解 E_0 的近似, 从而定出在所取试探形式下的最好的波函数.

这里, 仅介绍变分法的基本思想, 如欲进一步了解此法及其详细应用, 可查阅文献 [21]、[22] 与 [27].

2.7.7 玻恩–奥本海默近似

对于由多原子构成的分子体系, 其运动比单个原子的运动要复杂得多, 它不仅涉及电子和原子核的运动, 而且还涉及整个分子在空间的转动, 这就使得整个分子体系的自由度大大增加. 所以, 在求解此类分子体系的薛定谔方程时, 就会由于自由度过多而过程相当困难, 甚至无法进行. 考虑到电子比原子核的质量小得多, 一般要小 3~4 个数量级, 因而, 在同样的相互作用下, 电子获得的动能要比原子核获得的动能大得多, 电子的速度也就比原子核的速度大很多. 所以, 在研究分子中电子的运动时, 可以忽略原子核的动能, 即暂时把原子核看成不动, 原子核之间相对间距看成参数, 而不是动力学变量. 这一近似方法是由物理学家奥本海默与其导师玻恩共同提出的 [28], 所以称为玻恩–奥本海默近似 (Born-Oppenheimer approximation, B-O 近似). 在 B-O 近似下, 电子仿佛每一时刻都运动在静止的原子核形成的势场中, 而原子核感受不到电子的具体位置. 换句话说, 当核的分布发生微小变化时, 电子能够迅速调整其运动状态以适应新的原子核势场, 而原子核对电子在其轨道上的迅速变化却不敏感. 与此相应, 当研究分子中原子核的运动时, 则可以把电子看成一种分布, 即人们所熟知的 “电子云”, 原子核沉浸在此 “电子云” 中, 它的存在使得原子核之间具有某种有效的相互作用.

应用 B-O 近似, 可以实现原子核坐标与电子坐标的近似变量分离, 将整个体系的波函数 $\psi_{\mathrm{T}}(r,R)$ 通过分离变量化为原子核波函数 $\phi(R)$ 与电子波函数 $\chi(r,R)$ 的乘积:

$$\psi_{\mathrm{T}}(r,R)=\phi(R)\chi(r,R), \tag{2.7.34}$$

式中, r 为电子与原子核之间的距离; R 为原子核之间的距离. 在体系总的波函数 $\psi_{\mathrm{T}}(r,R)$ 中, r 与 R 皆为变量, 而在电子波函数 $\chi(r,R)$ 中, r 为变量, R 却以参量的角色出现 [27]. 借助式 (2.7.34), 可以将整个分子体系的薛定谔方程分解为电子运动方程和原子核运动方程, 使得求解过程大大简化.

现在, 把用 B-O 近似分析处理分子体系相关问题的大体思路总结如下:

(1) 写出分子体系总的哈密顿算符, 即

$$\mathscr{H}_{\mathrm{T}}=\hat{\mathscr{T}}_{\mathrm{e}}+\hat{\mathscr{T}}_{\mathrm{N}}+\hat{\mathscr{V}}_{\mathrm{ee}}+\hat{\mathscr{V}}_{\mathrm{NN}}+\hat{\mathscr{V}}_{\mathrm{eN}}, \tag{2.7.35}$$

式中, $\hat{\mathscr{V}}_{\mathrm{ee}}$、$\hat{\mathscr{V}}_{\mathrm{NN}}$、$\hat{\mathscr{V}}_{\mathrm{eN}}$ 分别为电子之间、原子核之间、电子与原子核之间的库仑 (Coulomb) 相互作用能量算符, 而

$$\hat{\mathscr{T}}_{\mathrm{e}}=\sum_i \frac{\hat{p}_i^2}{2m}\quad (\text{对所有电子求和}) \tag{2.7.36}$$

为所有电子动能算符,

$$\hat{\mathscr{T}}_{\mathrm{N}}=\sum_l \frac{\hat{P}_l^2}{2M_l}\quad (\text{对所有原子核求和}) \tag{2.7.37}$$

为所有原子核动能算符.

(2) 作 B-O 近似. 哈密顿算符的处理: 由于 $m\ll M_l$, 在讨论电子运动时, 可把原子核看成是不动的, 略去 $\hat{\mathscr{T}}_{\mathrm{N}}$ 项, 式 (2.7.35) 改写为

$$\mathscr{H}_{\mathrm{t}}\equiv\mathscr{H}_{\mathrm{T}}-\hat{\mathscr{T}}_{\mathrm{N}}=\hat{\mathscr{T}}_{\mathrm{e}}+\hat{\mathscr{V}}(r,R), \tag{2.7.38}$$

式中, $\hat{\mathscr{V}}(r,R)=\hat{\mathscr{V}}_{\mathrm{ee}}+\hat{\mathscr{V}}_{\mathrm{NN}}+\hat{\mathscr{V}}_{\mathrm{eN}}$. 体系总的波函数的处理: 将 $\psi_{\mathrm{T}}(r,R)$ 分解为原子核波函数 $\phi(R)$ 与电子波函数 $\chi(r,R)$ 的乘积: $\psi_{\mathrm{T}}(r,R)=\phi(R)\chi(r,R)$.

(3) 在 (2) 的基础上求解薛定谔方程. 将式 (2.7.34) 代入体系总的薛定谔方程, 得

$$\mathscr{H}_{\mathrm{T}}\psi_{\mathrm{T}}(r,R)=\mathscr{H}_{\mathrm{T}}\phi(R)\chi(r,R)=[\hat{\mathscr{T}}_{\mathrm{N}}+\hat{\mathscr{T}}_{\mathrm{e}}+\hat{\mathscr{V}}(r,R)]\phi\chi=E_{\mathrm{T}}\phi\chi, \tag{2.7.39}$$

式中, E_{T} 为分子体系的本征能量, 而

$$\begin{aligned}\hat{\mathscr{T}}_{\mathrm{N}}\phi\chi&=-\sum_l\frac{\hbar^2}{2M_l}\nabla_l^2\phi\chi\\&=-\sum_l\frac{\hbar^2}{2M_l}(\chi\nabla_l^2\phi+\phi\nabla_l^2\chi+2\nabla_l\phi\nabla_l\chi),\end{aligned} \tag{2.7.40}$$

$$[\hat{\mathscr{T}}_{\mathrm{e}}+\hat{\mathscr{V}}(r,R)]\phi\chi=\phi[\hat{\mathscr{T}}_{\mathrm{e}}+\hat{\mathscr{V}}(r,R)]\chi. \tag{2.7.41}$$

相对于电子而言, 原子核运动得非常慢, 其动量及动能相对很小, 所以 $-\mathrm{i}\hbar\nabla_l\chi$ 与 $\dfrac{-\hbar^2}{2M_l}\nabla_l^2\chi$ 很小. 因此, 考虑到 B-O 近似, 式 (2.7.40) 右边第二项和第三项可以忽略不计, 可简化为

$$\hat{\mathscr{T}}_{\mathrm{N}}\phi\chi=-\sum_l\frac{\hbar^2}{2M_l}\chi\nabla_l^2\phi=\chi\hat{\mathscr{T}}_{\mathrm{N}}\phi. \tag{2.7.42}$$

把式 (2.7.41) 以及式 (2.7.42) 代入式 (2.7.39), 得

$$\chi\hat{\mathscr{T}}_{\mathrm{N}}\phi+\phi[\hat{\mathscr{T}}_{\mathrm{e}}+\hat{\mathscr{V}}(r,R)]\chi=E_{\mathrm{T}}\phi\chi, \tag{2.7.43}$$

以 $\chi\phi$ 除上式的左右两端并移项, 得

$$\frac{[\hat{\mathscr{T}}_{\mathrm{e}}+\hat{\mathscr{V}}(r,R)]\chi}{\chi}=E_{\mathrm{t}}(R)=E_{\mathrm{T}}-\frac{\hat{\mathscr{T}}_{\mathrm{N}}\phi}{\phi}. \tag{2.7.44}$$

式中, $E_{\mathrm{t}}(R)$ 为所有原子核间的距离 R 固定时算符 $\hat{\mathscr{H}}_{\mathrm{t}}\equiv\hat{\mathscr{T}}_{\mathrm{e}}+\hat{\mathscr{V}}(r,R)$ 的本征值. 由式 (2.7.44), 得到下面两个方程:

$$\hat{\mathscr{H}}_{\mathrm{t}}\chi(r,R)=[\hat{\mathscr{T}}_{\mathrm{e}}+\hat{\mathscr{V}}(r,R)]\chi(r,R)=E_{\mathrm{t}}(R)\chi(r,R), \tag{2.7.45}$$

$$[\hat{\mathscr{T}}_{\mathrm{N}}+E_{\mathrm{t}}(R)]\phi(R)=E_{\mathrm{T}}\phi(R). \tag{2.7.46}$$

求解式 (2.7.45) 的电子薛定谔方程可以获得电子波函数和绝热势能面, 这一步计算一般被称为电子结构计算. 由于电子的数量远大于原子核的数量, 该步计算较为繁琐. 计算时, 根据计算能力、体系复杂程度和精度的需要, 可以采用从头计算法直接求解, 也可以采用密度泛函理论等一系列方法获得势能面. 在此基础上, 可以求解原子核的定态薛定谔方程 (2.7.46), 从而获得原子核的波函数 $\phi(R)$ 和体系能量 E_{T}.

这里需要说明的是, 在大多数情况下, B-O 近似既非常精确, 又极大地降低了量子力学处理的难度, 已被广泛应用于分子结构研究、凝聚态物理、量子化学、化学反应动力学等领域. 但它的应用是有一定范围的, 只有在所讨论电子态与其他的电子态的能量都足够分离的情况下才有效. 当电子态出现交叉或者接近时, B-O 近似便失效了.

2.7.8 近自由电子近似和紧束缚近似

原子与原子结合成晶体时, 电子的状态发生了根本性的变化, 电子从孤立原子的束缚态变为晶体中的共有化状态. 在大多数情况下, 人们更为关心的是活跃的价电子, 其状态较内层电子发生了更大的变化, 而内层电子由于较为稳定, 状态变化比较小, 于是, 可以把原子核和内层电子视为一个整体, 称为离子实. 价电子状态变化的大小取决于其邻近离子实势场作用与其他势场 (包括其他离子实的势场、其他价电子的势场以及考虑电子波函数反对称性而带来的交换作用势场) 作用的相对大小. 由于价电子受到众多势场的作用, 要想得到该多电子体系的精确解显然是不可能的. 而固体物理中的能带理论提出了单电子近似 [29] 的观点, 即把每个价电子的运动看成是独立地在一个等效势场 $\mathscr{V}(\boldsymbol{r})$ (以上提到的几类势场的等效) 中运动, 给出了此类问题的近似解.

对于理想晶体, 原子规则排列成晶格, 晶格具有周期性, 因而等效势场 $\mathscr{V}(\boldsymbol{r})$ 也应具有周期性. 价电子在 $\mathscr{V}(\boldsymbol{r})$ 中运动, 其薛定谔方程为

$$\left[-\frac{\hbar^2}{2m}\nabla^2+\mathscr{V}(\boldsymbol{r})\right]\psi=E\psi, \tag{2.7.47}$$

式中, $\mathscr{V}(\boldsymbol{r})=\mathscr{V}(\boldsymbol{r}+\boldsymbol{R}_n)$, $\boldsymbol{R}_n$ 为任意晶格矢量. 所谓近自由电子近似 [27] 是假定价电子所在的周期性势场 $\mathscr{V}(\boldsymbol{r})$ 的起伏比较小, 作为零级近似, 可以用势场的平均值 $\bar{\mathscr{V}}$ 来代替 $\mathscr{V}(\boldsymbol{r})$, 而把周期起伏 $\Delta\mathscr{V}=\mathscr{V}(\boldsymbol{r})-\bar{\mathscr{V}}$ 当作微扰来处理. 之所以称这种近似方法为近自由电子近似, 是因为在上面的处理下, 价电子所满足的式 (2.7.47) 的解从形式上类似于自由电子的解.

在近自由电子近似中, 曾假定周期性势场 $\mathscr{V}(\boldsymbol{r})$ 的起伏是很小的. 但在实际材料中, 在原子核附近, 价电子所受该原子实势场的作用较其他势场的作用大得多, 所以周期势场的起伏并不能视为很小, 也就是说, $\mathscr{V}(\boldsymbol{r})$ 偏离平均值 $\bar{\mathscr{V}}$ 很远, $\Delta\mathscr{V}=\mathscr{V}(\boldsymbol{r})-\bar{\mathscr{V}}$ 不能再看成微扰, 上面提出的近自由电子近似就不再适用. 这种情况下, 需要引入紧束缚近似方法 [29], 该近似方法所对应的模型如下:

假设某晶体为简单晶格结构, 每个原胞中只含有一个原子. 若完全不考虑原子之间的相互影响, 则在某格点

$$\boldsymbol{R}_m=m_1\boldsymbol{\alpha}_1+m_2\boldsymbol{\alpha}_2+m_3\boldsymbol{\alpha}_3 \tag{2.7.48}$$

上的原子将是孤立的, 电子被束缚于 $\boldsymbol{R}_m$ 格点附近环绕其运动, 原子系统的薛定谔方程为

$$\left[-\frac{\hbar^2}{2m}\nabla^2+\mathscr{V}(\boldsymbol{r}-\boldsymbol{R}_m)\right]\varphi_i(\boldsymbol{r}-\boldsymbol{R}_m)=\varepsilon_i\varphi_i(\boldsymbol{r}-\boldsymbol{R}_m), \tag{2.7.49}$$

式中, $\mathscr{V}(\boldsymbol{r}-\boldsymbol{R}_m)$ 为 $\boldsymbol{R}_m$ 格点的原子势场; ε_i 为相应的原子能级; $\varphi_i(\boldsymbol{r}-\boldsymbol{R}_m)$ 为原子束缚态波函数. 若考虑原子之间的相互影响, 电子所处的势场 $\mathscr{U}(\boldsymbol{r})$(周期性势场) 则为各格点原子势场之和, 此时, 电子与各格点所构成系统的薛定谔方程为

$$\left[-\frac{\hbar^2}{2m}\nabla^2+\mathscr{U}(\boldsymbol{r})\right]\psi(\boldsymbol{r})=E\psi(\boldsymbol{r}). \tag{2.7.50}$$

在紧束缚近似中, 将式 (2.7.49) 看成零级近似, 而将 $\mathscr{U}(\boldsymbol{r})-\mathscr{V}(\boldsymbol{r}-\boldsymbol{R}_m)$ 看成微扰. 如果完全不考虑原子之间的相互作用, 则格点都是相互孤立的, 环绕不同的格点, 将有 N 个类似的波函数 $\varphi_i(\boldsymbol{r}-\boldsymbol{R}_m)$, 它们具有相同的能量 ε_i, 即 N 重简并的. 所以说, 紧束缚近似是把原子之间的相互影响看成微扰的简并微扰方法, 微扰以后的状态是 N 个简并态的态函数的线性组合, 即用原子轨道态函数 $\varphi_i(\boldsymbol{r}-\boldsymbol{R}_m)$ 的线性组合来构成晶体中电子共有化运动的轨道波函数 $\psi(\boldsymbol{r})$:

$$\psi(\boldsymbol{r})=\sum_m a_m\varphi_i(\boldsymbol{r}-\boldsymbol{R}_m). \tag{2.7.51}$$

所以, 紧束缚近似法也称为原子轨道线性组合 (linear combination of atomic orbitals, LCAO) 法.

2.7.9 鞍点近似法

在用量子光学方法处理介观体系的相关问题时, 经常会遇到形如

$$I=\int \mathrm{d}x\mathrm{e}^{\alpha(x)} \tag{2.7.52}$$

的积分. 计算此类积分通常会用到鞍点近似方法 [2]. 这一近似方法的实质是保留被积函数的主因子, 而忽略其他次要因子, 而使得积分严格可积. 详细如下:

由于 $\alpha(x)$ 是 x 的函数, 所以可在 x_0 处把它作级数展开

$$\alpha(x)=\alpha(x_0)+\alpha'(x_0)(x-x_0)+\frac{1}{2}\alpha''(x_0)(x-x_0)^2+\cdots. \tag{2.7.53}$$

为了方便式 (2.7.52) 积分的计算, 将 x_0 取为 $\alpha(x)$ 的极大值点, 在该点 $\alpha(x)$ 满足

$$\alpha'(x_0)=0,\ \text{且}\ \alpha''(x_0)<0. \tag{2.7.54}$$

那么在式 (2.7.52) 的积分中, x_0 邻域 Δx 的积分对整个积分结果贡献最大, 所以可近似地看成是整个积分的结果, 即式 (2.7.52) 可改写为

$$I=\int \mathrm{d}x\mathrm{e}^{\alpha(x)}\approx\exp[\alpha(x_0)]\int \mathrm{d}x\exp\left[\frac{1}{2}\alpha''(x_0)(x-x_0)^2+\cdots\right]. \tag{2.7.55}$$

式 (2.7.55) 被积函数的主要因子是高斯型的, 在不计及其他次要因子的情况下, 积分是严格可积的. 通常称满足式 (2.7.54) 所给条件的点为 $\alpha(x)$ 的鞍点, 称在鞍点附近计算式 (2.7.52) 所示积分的方法为鞍点近似法.

参 考 文 献

[1] Louisell W H. Quantum Statistical Properties of Radiation. New York: John Wiley, 1973. [中译本: 路易塞尔 W H. 辐射的量子统计性质. 陈水, 于熙令译. 北京: 科学出版社, 1982].

[2] 彭金生, 李高翔. 近代量子光学导论. 北京: 科学出版社, 1996.

[3] Dirac P A M. 量子力学原理 (第四版). 陈咸亨译. 北京: 科学出版社, 1979.

[4] 周衍柏. 理论力学教程. 北京: 高等教育出版社, 1996.

[5] Goldstein H. Classical Mechanics(Vol.Ⅱ). New Jersey: Addison-Wesley Publishing Company, 1980.

[6] 曾谨言. 量子力学 (卷Ⅱ). 北京: 科学出版社, 2005.

[7] 范洪义. 量子力学表象与变换论. 上海: 上海科学技术出版社, 1997.

[8] Bogolyubov N N. Lectures on Quantum Statistics (Vol. I). New York: Gordon and Breach, 1987.

[9] Fan H Y. General formalism for mapping of two-mode classical transformations to quantum unitary operators. Commu. Theor. Phys., 1992, 17(3): 355.

[10] Mehta C L. Diagonal coherent-state representation of quantum operators. Phys. Rev. Lett., 1967, 18: 752.

[11] Weyl H. Quantenmechanik und gruppentheorie. Z. Phys., 1927, 46(1): 1-46.

[12] Fan H Y, Li C. Invariant "eigen-operator" of the square of Schrödinger operator for deriving energy-level gap. Phys. Lett. A, 2004, 321: 75.

[13] 范洪义, 袁洪春, 吴昊. 量子力学的不变本征算符方法. 上海: 上海交通大学出版社, 2011.

[14] Wigner E P. On the quantum correction for thermodynamic equilibrium. Phys. Rev., 1932, 40: 749-759.

[15] Hillery M, O'Connell R F, Scully M O, et al. Distribution functions in physics: Fundamentals. Phys. Rep., 1984, 106(3): 121-167.

[16] Ross Sheldon M. Introduction to Probability Models(sixth eidtion). San Diego: Academic Press, 1997.

[17] 张永德. 量子信息物理原理. 北京: 科学出版社, 2005.

[18] Liang X T. Non-Markovian dynamics and phonon decoherence of a double quantum dot charge qubit. Phys. Rev. B, 2005, 72(24): 245328-245332.

[19] Chruściński D, Kossakowski A, Pascazio S. Long-time memory in non-Markovian evolutions. Phys. Rev. A, 2010, 81(3): 032101-032106.

[20] 李高翔, 彭金生. 旋波近似和非旋波近似下 Jaynes-Cummings 模型中光场位相涨落. 物理学报, 1992, 41(5): 766-773.

[21] 周世勋. 量子力学教程. 北京: 高等教育出版社, 1979.

[22] 曾谨言. 量子力学 (卷 I). 北京: 科学出版社, 2005.

[23] 孙昌璞, 张芃. 量子力新进展 (第二辑). 北京: 北京大学出版社, 2001.

[24] Wentzel G. Eine verallgemeinerung der quantenbedingungen für die zwecke der wellenmechanik. Z. Phys., 1926, 38: 518.

[25] Kramers H A. Wellenmechanik und halbzahlige quantisierung. Z. Phys., 1926, 39: 828.

[26] Brillouin L. The undulatory mechanics of Schrödinger. Comptes Rendus, 1926, 183: 24.

[27] 徐光宪, 黎乐民, 王德民. 量子化学 (上册)(第二版). 北京: 科学出版社, 2007.

[28] Born M, Oppenheimer R. Zur quantentheorie der molekeln. Annalen der Physik., 1927, 389 (20): 457-484.

[29] 黄昆. 固体物理学. 北京: 高等教育出版社, 1988.

第3章　两体系统纠缠态及其应用

一个孤立的微观体系, 其状态可以用一个纯态来完备地描述. 但 “孤立” 仅仅是一种理想化的状态. 实际体系与外部环境之间总是不可避免地发生着某种直接或间接的相互作用, 这种相互作用会导致微观体系和外部环境之间产生量子纠缠, 呈现纠缠态. 历史上, 纠缠态的概念最早出现在 1935 年 Schrödinger 关于 “猫态” 的论文中 [1]. 所谓量子纠缠指的是两个或多个量子系统之间存在非定域、非经典的强关联 (correlation). 比如, 两个具有量子纠缠现象的电子, 即使一个在地球，另一个行至月球，如此遥远的距离下，它们仍保持有特别的关联性, 即当其中一个被操作 (如量子测量) 而状态发生变化，另一个也会即刻发生相应的状态变化. 如此现象导致了 “鬼魅似的超距作用”(spooky action-at-a-distance) 之猜疑, 仿佛两个电子拥有超光速的秘密通信一般, 似乎与狭义相对论中所谓的局域性 (locality) 相违背. 这也正是当初 Einstein、Podolsky 和 Rosen(EPR) 向现行量子力学提出挑战的原因. 1935 年, EPR 指出波函数所提供的物理实在的量子力学描述是不完备的 [2]. EPR 关于 “完备” 的定义是:“物理实在的每一个元素必须有其相应的对应存在于物理理论中. ” 但是, 什么是物理实在呢? EPR 的标准是:“如果在不以任何方式干扰一个系统的情况下, 人们可以确定地预言一个物理量的值, 那么就存在相应于这个物理量的物理现实的一个元素. ” EPR 在证明量子论必定不完备时, 曾给出这样的论据: 两个粒子的位置坐标算符分别为 $\hat{Q}_1$ 和 $\hat{Q}_2$, 相应的动量算符分别为 $\hat{P}_1$ 和 $\hat{P}_2$. 而按照海森伯不确定关系, 满足对易式 $[\hat{Q}_2, \hat{P}_2] = \mathrm{i}\hbar$ 的两个物理量 Q_2 与 P_2 是不能同时精确测定的, 但是 $[\hat{Q}_1 - \hat{Q}_2, \hat{P}_1 + \hat{P}_2] = 0$ 这一事实又使得人们能精确地测量动量之和以及两粒子的间距. 所以, 测量粒子 1 的动量 P_1, 就可以获得粒子 2 的动量 P_2. 类似地, 再精确测定粒子 1 的位置 Q_1, 就可以获得粒子 2 的位置 Q_2. 测量粒子 1 的位置 Q_1 应该不会改变人们推算出远在别处的粒子 2 的动量 P_2, 这样就可以精确推算出远在别处的粒子 2 的位置 Q_2 和动量 P_2. 但由海森伯不确定关系可知, 同时精确决定一个单粒子的位置和动量是不可能的. EPR 认为, 利用定域因果性的假定, 可实现量子论认为不可能的事, 除非存在破坏因果性的超距作用, 使得测量粒子 1 时就瞬时地影响了远在别处的粒子 2. 如果不愿承认存在这种超距作用, 那只好认为现有的量子论是不完备的.

以玻尔为首的哥本哈根派对 EPR 的悖论提出了批评, Einstein 对此批评进行了反击, 两个学派的争论持续了近 40 年. 后来, 贝尔根据玻姆的隐参量量子理论从数学上推导出了超距粒子量子关联的定量不等式——贝尔量子理论不等式, 随后,围绕贝尔不等式做了大量实验, 证明了量子理论是超距关联、非定域的, 从而证实了量子纠缠存在的可能性.

量子纠缠是一种没有经典类比的纯量子现象, 奇妙而又十分复杂, 它反映了量子理论的本质——相干性、或然性和空间非定域性. 作为量子力学中的独特资源, 量子纠缠已经并且正在广泛应用于众多领域, 比如, 量子隐形传态 (teleportation)[3]、密钥分发 (cryptographic key distribution)[4]、量子纠错 (quantum error correction)[5] 等, 同时也不失为物理与数学完美结合的一个典型例子.

3.1　两体系统纠缠态

3.1.1　两体系统量子态分类

(1) **未关联态**(uncorrelated states): 对于两体系统 A 和 B 而言, 未关联态指的是这样一类态, 它们的密度矩阵可以表示为如下形式:

$$\rho_{AB}=\rho_A\otimes\rho_B, \tag{3.1.1}$$

经部分求迹后的约化密度矩阵分别是 ρ_A 和 ρ_B.

(2) **两体纯态**: 能够用单一波函数描述的态, 它们是 $A+B$ 态空间 $H_A\otimes H_B$ 中的任一相干叠加态, 可以普遍地表示为

$$|\psi\rangle_{AB}=\sum_{mn}C_{mn}\,|\psi_m\rangle_A\otimes|\varphi_n\rangle_B\,, \tag{3.1.2}$$

式中, $\{|\psi_m\rangle_A\otimes|\varphi_n\rangle_B\}$ 为正交归一基矢. 两体纯态可区分为两大类: 可分离纯态, 不可分离纯态.

(3) **可分离态**(separable states): 是这样一些纯态和混态, 它们的密度矩阵可以表示为一些未关联态之和:

$$\rho_{AB}=\sum_k p_k\rho_A^k\otimes\rho_B^k,\quad \sum_k p_k=1. \tag{3.1.3}$$

(4) **不可分离态**(unseparable states): 指所有不能表示成式 (3.1.3) 所给出可分离态形式的纯态或混合态. 不可分离态又称为纠缠态 (entangled states). 关于量子纠缠的定义, 将在 3.1.2 节中作详细介绍.

3.1.2　量子纠缠态的定义

前面对量子纠缠的含义作了描述性质的说明, 下面给出它的一般定义. EPR 提出的量子态 [2] 用波函数 $\psi(Q_1,Q_2)=\int_{-\infty}^{\infty}\exp\left[\frac{\mathrm{i}}{\hbar}(Q_1-Q_2+Q_0)p\right]\mathrm{d}p$ 描述，$\psi(Q_1,Q_2)$ 具有这样的特征: 它不能写成描述两个子系统量子态的波函数 $\phi(Q_1)$ 与 $\phi(Q_2)$

的直积形式，即 $\psi(Q_1,Q_2)\neq\phi(Q_1)\phi(Q_2)$. 薛定谔将这样的量子态称为纠缠态. 后来人们对纠缠态做了更为一般的定义: ① 若 N 个量子比特构成的复合量子系统的纯态由 $H=H_1\otimes H_2\otimes\cdots\otimes H_N$ 的希尔伯特空间的密度矩阵 $\rho=|\psi\rangle\langle\psi|$ 描述, 如果不存在 $\rho_1\in H_1,\rho_2\in H_2,\cdots,\rho_N\in H_N$, 使得 $\rho=\rho_1\otimes\rho_2\otimes\cdots\otimes\rho_N$, 那么, 该密度矩阵描述的态就是纠缠态; ② 对于 N 个量子比特的混合态, 如果不存在 $\rho_1(i)\in H_1,\rho_2(i)\in H_2,\cdots,\rho_N(i)\in H_N$, 使得 $\rho=\sum\limits_i p_i\rho_1(i)\otimes\rho_2(i)\otimes\cdots\otimes\rho_N(i)$, 则称这样的态为纠缠态. 以上可以概括如下: 两体纯态或混合态, 不能因子化为单体态的一个乘积, 而至少是两项的和 (积分), 其中每一项是两个单体态的一个乘积. 也就是说, 两体是如此地纠缠着, 没有一体能单独有一个态, 或者说, 甚至没有单体自己的性质.

对于多体纠缠, 由于分析处理起来相当复杂, 这里不再涉及, 主要介绍较为常见的两体纠缠的情形.

3.1.3 两体系统量子纠缠判据

给定一个量子态，如何判断其中是否含有纠缠, 也就是寻找量子纠缠的判据, 是量子信息科学领域中一个非常重要的课题. 尽管到目前为止, 仍然没有给出一个完美的、普适的判据，但近几十年来，这一领域取得的一些成果还是令人欣慰的. 本节将简要回顾前人已经获得的关于离散变量系统量子纠缠判据问题的部分研究成果.

1. Peres 判据

Peres 指出, 若用密度矩阵 ρ_{AB} 描述两体系统的量子态, 如果对其任一体作部分转置后所得矩阵 $\rho_{AB}^{T_A}$(或 $\rho_{AB}^{T_B}$) 仍是半正定的, 即不出现负本征值, 则相应的量子态为可分离量子态; 如果出现了负的本征值, 则相应的量子态为纠缠态, 此即为 Peres 判据 [6]. 对 A 作部分转置的含义如下, 若

$$\begin{aligned}\rho_{AB}=&{}_A\langle 0|\rho_{AB}|0\rangle_A|0\rangle_{AA}\langle 0|_A+{}_A\langle 1|\rho_{AB}|1\rangle_A|1\rangle_{AA}\langle 1|\\&+{}_A\langle 0|\rho_{AB}|1\rangle_A|0\rangle_{AA}\langle 1|+{}_A\langle 1|\rho_{AB}|0\rangle_A|1\rangle_{AA}\langle 0|,\end{aligned}\tag{3.1.4}$$

则

$$\begin{aligned}\rho_{AB}^{T_A}=&{}_A\langle 0|\rho_{AB}|0\rangle_A|0\rangle_{AA}\langle 0|_A+{}_A\langle 1|\rho_{AB}|1\rangle_A|1\rangle_{AA}\langle 1|\\&+{}_A\langle 0|\rho_{AB}|1\rangle_A|1\rangle_{AA}\langle 0|+{}_A\langle 1|\rho_{AB}|0\rangle_A|0\rangle_{AA}\langle 1|.\end{aligned}\tag{3.1.5}$$

Peres 判据并不完美, Horodecki 等证明 [7], 对于 2×2 和 2×3 维量子态情形, Peres 判据是充分必要条件, 而对于其他高维系统, Peres 判据仅为可分态的充分条件.

2. Rank 判据

一个两粒子系统的量子态用 ρ_{AB} 表示, 其对 A、B 子系统的约化密度矩阵分别为 $\rho^A = \mathrm{Tr}_B(\rho_{AB})$ 和 $\rho^B = \mathrm{Tr}_A(\rho_{AB})$, 相应的秩分别用 $\mathscr{R}(\rho_A)$ 和 $\mathscr{R}(\rho_B)$ 表示. Horodecki 指出, 该双粒子系统是否处于束缚纠缠态, 可以由其密度矩阵的秩 $\mathscr{R}(\rho_{AB})$ 来判定, 称为 Rank 判据 [8]. Rank 判据由两个定理构成, 如下:

定理 1　如果 $\mathscr{R}(\rho_{AB}) < \max[\mathscr{R}(\rho_A), \mathscr{R}(\rho_B)]$, 那么 ρ_{AB} 是可提纯的. 反过来说, 如果 ρ_{AB} 是可分的或束缚纠缠的 (也就是不可提纯的), 那么

$$\mathscr{R}(\rho_{AB}) \geqslant \max[\mathscr{R}(\rho_A), \mathscr{R}(\rho_B)]. \tag{3.1.6}$$

由定理 1 可以得到以下两个推论:

推论 1　希尔伯特空间 H 中秩为 n 的可分态或者束缚纠缠态至多存在于 H 的 $n \times n$ 维子空间中. 由此可得, 秩为 2 的束缚纠缠态是不存在的.

推论 2　如果 $\rho = p_0 |\psi\rangle \langle\psi| + \sum_{j=1}^{n-2} p_j |\phi_j\rangle \langle\phi_j|$, 式中 $p_0 > 0$, $|\psi\rangle$ 为 Schmidt 秩为 n 的纯态: $|\psi\rangle = \sum_{i=1}^{n} \sqrt{\mu_i} \left|\psi_i^A\right\rangle \otimes \left|\psi_i^B\right\rangle$, 那么, ρ 是可提纯的.

定理 2　非零个任意纠缠纯态与任意一个纯直积态的混合态总是可提纯的.

比如, 选择纠缠纯态 $|\psi\rangle = a|0\rangle|0\rangle + b|0\rangle|1\rangle + c|1\rangle|0\rangle + d|1\rangle|1\rangle$, 纯直积态 $|0\rangle|0\rangle$, 二者的混合态为 $\rho = p|00\rangle\langle 00| + |\psi\rangle\langle\psi|$, 由定理 2 可知, ρ 是可提纯的.

3. 纠缠目击者 (entanglement witness)

如果两体系统的量子态 ρ_{AB} 是纠缠态, 则必然存在一个厄米共轭算符 w, 即纠缠目击者算符, 使得 $\mathrm{Tr}(w\rho_{AB}) < 0$, 且对该复合系统的其他任意可分离态均满足 $\mathrm{Tr}(w\rho_{AB}) \geqslant 0$, 此即纠缠目击者判据 [9]. 此判据可推广到多体系统. 它的思想源于几何性及 Hahn. Banach 定理, 即凸闭集合和集合外一点总是存在超平面来分割这两者. 纠缠目击者是一种探测纠缠的基本工具, 理论上对任意的纠缠态都存在纠缠目击者来探测它. 纠缠目击者是可观测量, 能在实验中测量出来. 由图 3.1.1 可以很形象地看出纠缠目击者.

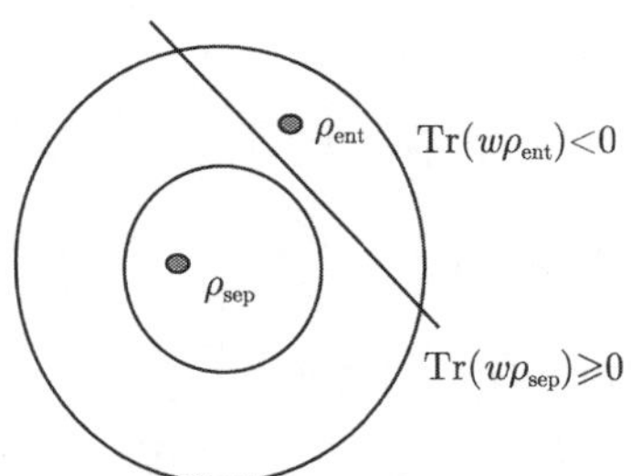

图 3.1.1　纠缠目击者示意图

3.1.4 纠缠度的几种形式

作为量子力学的一种非局域的独特资源, 量子纠缠已经被广泛应用于量子信息科学中. 于是, 如何对纠缠进行量化便成了量子纠缠研究的一个重要方面. 为了量化纠缠, 人们引入了纠缠度的概念, 纠缠度是度量纠缠态携带纠缠量多少的一个物理量. 基于不同角度, 纠缠度的定义并不唯一. 就目前来说, 两体系统纠缠度的定义共有 4 种 [6,7]:

1. **部分熵纠缠度** (partial entropy of entanglement)

当两体量子态处于纯态 $|\psi\rangle_{AB}$ 时, 部分熵纠缠度 $E_{\mathrm{p}}(\rho_{AB})$ 定义为

$$\begin{cases} E_{\mathrm{p}}(\rho_{AB}) = S(\rho_A) \\ S(\rho_A) = -\mathrm{Tr}^{(A)}(\rho_A \log \rho_A); \rho_A = \mathrm{Tr}^{(B)}\rho_{AB} \equiv \mathrm{Tr}^{(B)}(\rho_{AB}) \end{cases}, \tag{3.1.7}$$

式中, $S(\rho_A)$ 是 von Neumann 熵 [10].

2. **形成纠缠度** (entanglement of formation)

对两体量子态 ρ_{AB}, 形成纠缠度 $E_{\mathrm{F}}(\rho_{AB})$ 定义为

$$E_{\mathrm{F}}(\rho_{AB}) = \min_{\{p_i, |\psi_i\rangle\}} \sum_i p_i E_p \left(|\psi_i\rangle_{ABAB} \langle\psi_i|\right), \tag{3.1.8}$$

式中, $\rho_{AB} = \sum\limits_I p_i |\psi_i\rangle_{ABAB} \langle\psi_i|$ 是 ρ_{AB} 的任意一种分解形式; $E_{\mathrm{p}} \left(|\psi_i\rangle_{ABAB} \langle\psi_i|\right)$ 为 $|\psi_i\rangle_{AB}$ 的部分熵纠缠度. 按照式 (3.1.8) 的定义, 两体系统的形成纠缠度是其所有可能分解的部分熵权重和的极小值, 是针对所有可能的分解形式而言的. 注意, ρ_{AB} 分解出来的量子态 $|\psi_i\rangle_{AB}$ 不一定是两两相互正交的, 只要求 $|\psi_i\rangle_{AB}$ 是相应两体的归一化纯态即可. 形成纠缠度所反映的是通过局域量子操作和经典信息通信 (local quantum operations and classical communication, LOCC) 为制备纠缠态 ρ_{AB} 所消耗掉 Bell 态的最小数目. 它具有以下几个性质: ① 分离态的形成纠缠度为 0; ② 纯态的形成纠缠度等于其量子部分熵纠缠度; ③ 在 LOCC 下形成纠缠度不增加.

一般情况下, 两体混合态的形成纠缠度的计算比较复杂, 很难找到相关的普适解析式. Zyczkowski 发展了一种数值求解任意维度两体系统混合态的形成纠缠度的方法.[11] 而对于低维度的两体系统, 计算其混合态的形成纠缠度的解析式还是可以找到的, Wootters 给出了 2×2 两体系统混合态纠缠态形成纠缠度的解析求法 [12]. 文中给出两比特系统混合态形成纠缠度的解析式, 如下:

$$E_{\mathrm{F}}(\rho_{AB}) = h\left[\frac{1 + \sqrt{1 - C(\rho_{AB})^2}}{2}\right], \tag{3.1.9}$$

式中, $h(x) = -x\log_2 x - (1-x)\log_2(1-x)$; $C(\rho_{AB})$ 为共生纠缠度 (concurrence), 其定义式如下:

$$C(\rho_{AB}) = \max(0, \sqrt{\lambda_1} - \sqrt{\lambda_2} - \sqrt{\lambda_3} - \sqrt{\lambda_4}), \tag{3.1.10}$$

式中, λ_1、λ_2、λ_3 和 λ_4 为厄米矩阵 $R \equiv \sqrt{\sqrt{\rho}\tilde{\rho}\sqrt{\rho}}$ 按降序排列的本征值. 共生纠缠度为两比特系统可分离性的充分必要条件, 同时也是一种纠缠量度方法. 当 $C(\rho_{AB}) = 0$ 时, 对应的两比特系统处于可分离态; 当 $C(\rho_{AB}) > 0$ 时, 则系统处于纠缠态. 图 3.1.2 为形成纠缠度 E_{F} 随共生纠缠度 C 变化关系曲线, 由图可以明显看出, 随着共生纠缠度从 0 到 1 逐渐增大, 形成纠缠度呈现出单调增大趋势.

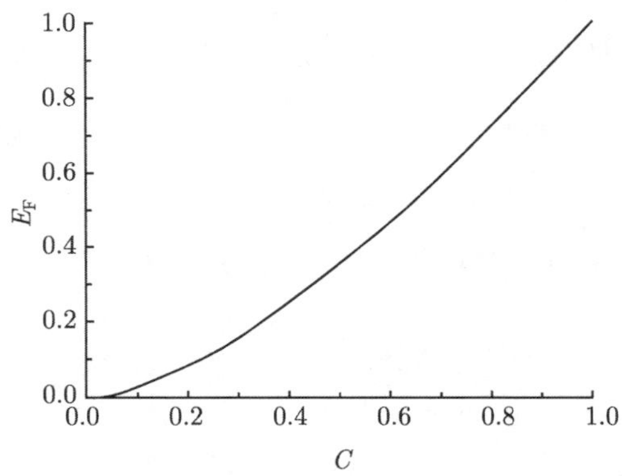

图 3.1.2　形成纠缠度 E_{F} 随共生纠缠度 C 变化关系曲线

3. **可提纯纠缠度** (entanglement of distillation)

N 份两体量子态 ρ_{AB} 为两体 A 和 B 所共有, A 和 B 通过局域量子操作和经典信息通信能得到 EPR 对的个数最多为 $k(N)$, 可提纯纠缠度 $E_{\mathrm{D}}(\rho_{AB})$ 定义为

$$E_{\mathrm{D}}(\rho_{AB}) = \lim_{N\to\infty} \frac{k(N)}{N}. \tag{3.1.11}$$

通常把通过 LOCC 手段从部分纠缠态中提取最大纠缠态的过程叫做纠缠纯化, 如果部分纠缠态为纯态, 则称为纠缠浓缩. 与形成纠缠度不同, 可提纯纠缠度还没有一个封闭的解析表达式. 从式 (3.1.11) 可以看出, 可提纯纠缠度的获取依赖于最佳的纠缠提纯方案. 目前, 人们还没有找到通用的最佳纠缠纯化方案. 所以, 在绝大多数情况下, 只能给出可提纯纠缠度的上限, 制备在两体纠缠态中的纠缠信息不一定都能从中完全提取出来. 对于两体纯态, 形成纠缠度与可提纯纠缠度相等, 即 $E_{\mathrm{F}}(\rho_{AB}) = E_{\mathrm{D}}(\rho_{AB})$, 意味着制备在两体纯态中的纠缠信息总是能够借助一定的提

纯方案提取出来. 而对于纠缠两体混合态, $E_{\mathrm{F}}(\rho_{AB}) \geqslant E_{\mathrm{D}}(\rho_{AB})$, 表明只能部分地提取出制备在两体中的纠缠信息. 这说明在由纯态制备混合态的过程中, 区分原来纯态的信息丢失, 两体纠缠态形成和提纯过程并不可逆 [13]. 还有一类量子纠缠态, $E_{\mathrm{F}}(\rho_{AB}) > 0$ 但 $E_{\mathrm{D}}(\rho_{AB}) = 0$, 也就是说, 根本没有办法提取出制备在两体中的纠缠信息, 这类纠缠态被称为束缚纠缠态 (bound entangled states).

4. **相对熵纠缠度** (relative entropy of entanglement)

对两体系统量子态 ρ_{AB}, 相对熵纠缠度 $E_{\mathrm{R}}(\rho_{AB})$ 定义为态 ρ_{AB} 对于全体可分离态的相对熵的最小值, 即

$$E_{\mathrm{R}}(\rho_{AB}) = \min_{\sigma_{AB} \in D} S(\rho_{AB} \| \sigma_{AB}), \tag{3.1.12}$$

式中, $S(\rho_{AB} \| \sigma_{AB})$ 为态 ρ_{AB} 相对于可分离态 σ_{AB} 的相对熵, 即

$$S(\rho_{AB} \| \sigma_{AB}) = \mathrm{Tr}\{\rho_{AB}(\log_2 \rho_{AB} - \log_2 \sigma_{AB})\}. \tag{3.1.13}$$

D 为所有两体可分离态的集合, 它所反映的是密度矩阵和非纠缠态集合间的最小几何距离. 它与形成纠缠度和可提纯纠缠度之间存在如下关系:

$$E_{\mathrm{D}}(\rho_{AB}) \leqslant E_{\mathrm{R}}(\rho_{AB}) \leqslant E_{\mathrm{F}}(\rho_{AB}), \tag{3.1.14}$$

式中纯态时取等号. 这种纠缠度的定义不依赖于具体的物理操作, 反映了纠缠态区别于非纠缠态的本质, 可以作为度量量子纠缠的一般方法.

5. **负度** (negativity)

对两体系统量子态 ρ_{AB}, 将其中的子系统 A 进行部分转置得 ρ^{T_A}, 则负度定义为 [14]

$$\mathcal{N}(\rho_{AB}) \equiv \frac{\left\|\rho^{T_A}\right\|_1 - 1}{2}, \tag{3.1.15}$$

式中, $\left\|\rho^{T_A}\right\|_1$ 为部分转置矩阵 ρ^{T_A} 的求迹范数 (trace norm), 对任意厄米算符 X, 其求迹范数 $\|X\|_1 = \mathrm{Tr}\sqrt{X^+X}$. 实际上, 负度 $\mathcal{N}(\rho_{AB})$ 相应 ρ^{T_A} 负本征值的和的绝对值, 即若用 μ_i 表示 ρ^{T_A} 的第 i 个负的本征值, 则 $\mathcal{N}(\rho_{AB}) = \left|\sum_i \mu_i\right|$. 注意到, 对于任意可分离或者无纠缠的量子态 ρ_s, 即

$$\rho_s = \sum_k p_k \left|e_k, f_k\right\rangle \left\langle e_k, f_k\right|; \quad p_k \geqslant 0, \quad \sum_k p_k = 1, \tag{3.1.16}$$

它的部分转置 $\rho_s^{T_A}$ 也是一个可分离态, 即

$$\rho_s^{T_A} = \sum_k p_k \left|e_k^*, f_k\right\rangle \left\langle e_k^*, f_k\right| \geqslant 0, \tag{3.1.17}$$

于是有 $\left\|\rho_s^{T_A}\right\|_1 = 1$, 从而 $\mathcal{N}(\rho_s) = 0$. 由于负度随量子态纠缠强弱的变化而呈现单调变化, 所以可用来度量量子态的纠缠程度. 类似地, 还有对数负度

$$E_{\mathcal{N}}(\rho_{AB}) \equiv \log_2 \left\|\rho_s^{T_A}\right\|_1. \tag{3.1.18}$$

对于 2×2 和 2×3 维希尔伯特空间中的量子态, 这两种定义都是量子态可分离性的充分必要条件, 而对一般的多体或更高维系统, 它们只是必要条件.

虽然两体纠缠态的纠缠度量理论已经比较完善, 但是有关多体量子态的纠缠度量问题还有待进一步的探讨.

3.1.5　两体系统量子纠缠态

1. 两粒子最大纠缠态

两粒子最大纠缠态称为 Bell 态 [10]:

$$|\beta_{00}\rangle \equiv \frac{|00\rangle + |11\rangle}{\sqrt{2}}, \quad |\beta_{01}\rangle \equiv \frac{|01\rangle + |10\rangle}{\sqrt{2}}, \tag{3.1.19}$$

$$|\beta_{10}\rangle \equiv \frac{|00\rangle - |11\rangle}{\sqrt{2}}, \quad |\beta_{11}\rangle \equiv \frac{|01\rangle - |10\rangle}{\sqrt{2}}, \tag{3.1.20}$$

可以用如下的公式记忆: $|\beta_{xy}\rangle \equiv \dfrac{|0,y\rangle + (-1)^x|1,\bar{y}\rangle}{\sqrt{2}}$, 式中 $\bar{y}$ 是 y 的非. Bell 态有时也被称为 EPR 态或 EPR 对, 这是根据首次指出这些状态奇特性质的学者 Bell 和 Einstein、Podolsky 与 Rosen 命名的. 文献 [10] 给出了 Bell 态的量子线路产生方案: 一个 Hadamard 门后面连接一个受控非门, 并按所给的表格变换四个计算基态. 图 3.1.3 给出了量子线路示意图及相应的输入/输出量子真值表 (取自文

输入	输出
$\|00\rangle$	$(\|00\rangle+\|11\rangle)/\sqrt{2}\equiv\|\beta_{00}\rangle$
$\|01\rangle$	$(\|01\rangle+\|10\rangle)/\sqrt{2}\equiv\|\beta_{01}\rangle$
$\|10\rangle$	$(\|00\rangle-\|11\rangle)/\sqrt{2}\equiv\|\beta_{10}\rangle$
$\|11\rangle$	$(\|01\rangle-\|10\rangle)/\sqrt{2}\equiv\|\beta_{11}\rangle$

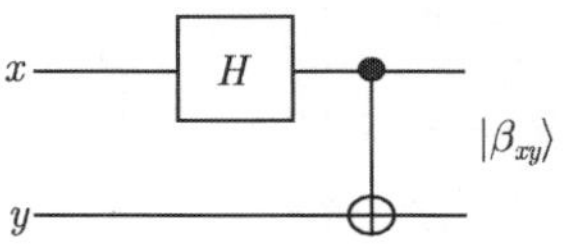

图 3.1.3　产生 Bell 态的量子线路及输入/输出量子真值表

献 [10]). 其具体操作过程是这样的, 假设输入为 $|00\rangle$, Hadamard 门将其变换为叠加态 $(|0\rangle+|1\rangle)|0\rangle/\sqrt{2}$, 然后, 让该量子态通过受控非门, $(|0\rangle+|1\rangle)/\sqrt{2}$ 作为受控非门的控制输入, 目标量子比特为 $|0\rangle$, 仅当控制量子比特为 $|1\rangle$ 时, 目标量子比特 $|0\rangle$ 才翻转为 $|1\rangle$, 所以, 最后的输出状态为 $(|00\rangle+|11\rangle)/\sqrt{2}$. 当输入为其他三个状态时, 其变换过程类似, 这里就不再赘述.

2. 连续变量纠缠态

两粒子的相对坐标算符 $\hat{Q}_1-\hat{Q}_2$ 与总动量算符 $\hat{P}_1+\hat{P}_2$ 是对易的, 它们具有共同的本征态, 基于此, 文献 [15] 给出了这一本征态矢

$$|\eta\rangle=\exp\left[-\frac{1}{2}|\eta|^2+\eta\hat{a}^+-\eta^*\hat{b}^++\hat{a}^+\hat{b}^+\right]|00\rangle,\quad \eta=\eta_1+\mathrm{i}\eta_2. \tag{3.1.21}$$

借助关系式

$$|00\rangle\langle 00|=:\exp(-\hat{a}_1^+\hat{a}_1-\hat{a}_2^+\hat{a}_2):, \tag{3.1.22}$$

可以证明其满足完备性关系

$$\begin{aligned}\int\frac{\mathrm{d}^2\eta}{\pi}|\eta\rangle\langle\eta|=\int\frac{\mathrm{d}^2\eta}{\pi}&:\exp(-|\eta|^2+\eta\hat{a}_1^+-\eta^*\hat{a}_2^++\hat{a}_1^+\hat{a}_2^++\eta^*\hat{a}_1\\&-\eta\hat{a}_2+\hat{a}_1\hat{a}_2-\hat{a}_1^+\hat{a}_1-\hat{a}_2^+\hat{a}_2):=1,\end{aligned} \tag{3.1.23}$$

式中, $\mathrm{d}^2\eta=\mathrm{d}\eta_1\mathrm{d}\eta_2$. 其正交性:

$$\langle\eta'|\eta\rangle=\pi\delta(\eta_1'-\eta_1)\delta(\eta_2'-\eta_2) \tag{3.1.24}$$

也不难证明. 事实上, $|\eta\rangle$ 满足如下的本征矢方程:

$$(\hat{a}_1-\hat{a}_2^+)|\eta\rangle=\eta|\eta\rangle,\quad(\hat{a}_1^+-\hat{a}_2)|\eta\rangle=\eta^*|\eta\rangle. \tag{3.1.25}$$

由式 (3.1.25) 以及

$$\hat{Q}_i=\frac{1}{\sqrt{2}}(\hat{a}_i+\hat{a}_i^+),\quad \hat{P}_i=\frac{1}{\sqrt{2}\mathrm{i}}(\hat{a}_i-\hat{a}_i^+), \tag{3.1.26}$$

式中已令 $\hbar=m_i=\omega_i=1$, 可以得到

$$(\hat{Q}_1-\hat{Q}_2)|\eta\rangle=\sqrt{2}\eta_1|\eta\rangle,\quad(\hat{P}_1+\hat{P}_2)|\eta\rangle=\sqrt{2}\eta_2|\eta\rangle, \tag{3.1.27}$$

即 η 的实部与虚部分别为 $\hat{Q}_1-\hat{Q}_2$ 与 $\hat{P}_1+\hat{P}_2$ 的本征值. 由式 (3.1.23) 和式 (3.1.24) 可见, $|\eta\rangle$ 有资格作为一个新的基本的量子力学表象.

由于 $[\hat{Q}_1+\hat{Q}_2,\hat{P}_1-\hat{P}_2]=0$, 类似地, 也可以给出它们的共同本征态, 以 $|\xi\rangle$ 表示

$$(\hat{Q}_1+\hat{Q}_2)|\xi\rangle=\sqrt{2}\xi_1|\xi\rangle,\quad(\hat{P}_1-\hat{P}_2)|\xi\rangle=\sqrt{2}\xi_2|\xi\rangle,\quad\xi=\xi_1+\mathrm{i}\xi_2, \tag{3.1.28}$$

$$|\xi\rangle = \exp\left[-\frac{1}{2}|\xi|^2 + \xi\hat{a}^+ + \xi^*\hat{b}^+ - \hat{a}^+\hat{b}^+\right]|00\rangle. \tag{3.1.29}$$

$|\xi\rangle$ 也有资格作为一个新的基本的量子力学表象. 这两个表象在量子光学领域 (如新表象的构造等) 以及凝聚态物理 (如描述量子霍尔效应、量子场论等) 领域有广泛的应用 [16].

3.2 诱导两体系统量子纠缠态

由 EPR 纠缠态 $|\eta\rangle$, 可以导出另一类纠缠态 [17], 即

$$|q, r\rangle \equiv \frac{1}{2\pi}\int_0^{2\pi} \mathrm{d}\theta \left|\eta = r\mathrm{e}^{\mathrm{i}\theta}\right\rangle \mathrm{e}^{-\mathrm{i}q\theta}. \tag{3.2.1}$$

将算符

$$\hat{Q} \equiv \hat{a}^+\hat{a} - \hat{b}^+\hat{b}, \tag{3.2.2}$$

作用于式 (3.1.21) 给出的 $|\eta\rangle$, 可得

$$\begin{aligned}\hat{Q}|\eta\rangle =& (\eta\hat{a}^+ + \eta^*\hat{b}^+)|\eta\rangle = |\eta|(\mathrm{e}^{\mathrm{i}\theta}\hat{a}^+ + \mathrm{e}^{-\mathrm{i}\theta}\hat{a}^+)|\eta\rangle \\ =& -\mathrm{i}\frac{\partial}{\partial\theta}|\eta\rangle,\end{aligned} \tag{3.2.3}$$

则

$$\hat{Q}|q, r\rangle = \frac{1}{2\pi}\int_0^{2\pi} \mathrm{d}\theta \left(-\mathrm{i}\frac{\partial}{\partial\theta}\left|\eta = r\mathrm{e}^{\mathrm{i}\theta}\right\rangle\right)\mathrm{e}^{-\mathrm{i}q\theta} = q|q, r\rangle. \tag{3.2.4}$$

对式 (3.2.1) 积分, 并利用双模厄米特多项式的母函数公式

$$\sum \frac{z^m z'^n}{m!n!} H_{m,n}(\zeta, \zeta^*) = \exp(-zz' + z\zeta + z'\zeta^*), \tag{3.2.5}$$

可得

$$\begin{aligned}|q, r\rangle =& \frac{1}{2\pi}\exp\left(-\frac{r^2}{2}\right)\int_0^{2\pi} \mathrm{d}\theta \sum_{m,n=0}^{\infty} (-\mathrm{i})^{m+n}\frac{(a^+)^m(b^+)^n}{m!n!} H_{m,n}(\mathrm{i}\eta, -\mathrm{i}\eta^*)\mathrm{e}^{-\mathrm{i}q\theta}|0, 0\rangle \\ =& \exp\left(-\frac{r^2}{2}\right)\int_0^{2\pi} \mathrm{d}\theta \sum_{m,n=0}^{\infty} (-1)^n \frac{1}{\sqrt{m!n!}} H_{m,n}(r, r)\mathrm{e}^{\mathrm{i}\theta(m-n-q)}|m, n\rangle \\ =& \exp\left(-\frac{r^2}{2}\right)\sum_{n=0}^{\infty} \frac{(-1)^n}{\sqrt{(n+q)!n!}} H_{n+q,n}(r, r)\mathrm{e}^{\mathrm{i}\theta(m-n-q)}|n+q, n\rangle.\end{aligned} \tag{3.2.6}$$

由 $|\eta\rangle$ 的正交完备性, 易于证明 $|q, r\rangle$ 的正交完备性:

$$\sum_{q=-\infty}^{\infty}\int_0^{\infty}\mathrm{d}r^2\,|q,r\rangle\,\langle q,r|=1, \tag{3.2.7}$$

$$\langle q,r\mid q',r'\rangle=\delta_{q,q'}\delta(r^2-r'^2)=\delta_{q,q'}\frac{1}{2r}\delta(r-r'). \tag{3.2.8}$$

类似地, 由式 (3.1.29) 给出的 $|\xi\rangle$ 态可以引进态矢

$$|s,r'\rangle\equiv\frac{1}{2\pi}\int_0^{2\pi}\mathrm{d}\varphi\left|\xi=r'\mathrm{e}^{\mathrm{i}\varphi}\right\rangle\mathrm{e}^{-\mathrm{i}s\varphi}. \tag{3.2.9}$$

用 $\hat{Q}$ 作用于 $|\xi\rangle$, 可得

$$\hat{Q}\,|\xi\rangle=-\mathrm{i}\frac{\partial}{\partial\varphi}\,|\xi\rangle\,, \tag{3.2.10}$$

则有

$$\hat{Q}\,|s,r'\rangle=s\,|s,r'\rangle\,. \tag{3.2.11}$$

对式 (3.2.9) 积分, 可得 $|s,r'\rangle$ 的粒子数态表示

$$\begin{aligned}|s,r'\rangle=&\frac{1}{2\pi}\int_0^{2\pi}\mathrm{d}\varphi\exp\left(-\frac{r'^2}{2}+\xi\hat{a}^++\xi^*\hat{b}^+-\mathrm{i}s\varphi-\hat{a}^+\hat{b}^+\right)|0,0\rangle\\=&\frac{1}{2\pi}\exp\left(-\frac{r'^2}{2}\right)\int_0^{2\pi}\mathrm{d}\varphi\sum_{m,n=0}^{\infty}\frac{(a^+)^m(b^+)^n}{m!n!}H_{m,n}(\mathrm{i}\eta,-\mathrm{i}\eta^*)\mathrm{e}^{-\mathrm{i}q\theta}\,|0,0\rangle\\=&\exp\left(-\frac{r'^2}{2}\right)\sum_{n=0}^{\infty}\frac{1}{\sqrt{(n+s)!n!}}H_{n+s,n}(r',r')\,|n+s,n\rangle\,.\end{aligned} \tag{3.2.12}$$

其完备性与正交性分别为

$$\sum_{s=-\infty}^{\infty}\int_0^{\infty}\mathrm{d}r'^2\,|s,r'\rangle\,\langle s,r'|=1, \tag{3.2.13}$$

$$\left\langle s,r'\,\middle|\,s',r''\right\rangle=\delta_{s,s'}\frac{1}{2r'}\delta(r'-r''). \tag{3.2.14}$$

从 Schmidt 分解的观点, 可知 $|q,r\rangle$ 和 $|s,r'\rangle$ 均为连续变量纠缠态 [17], 由于二者是由 EPR 纠缠态 $|\eta\rangle$ 和 $|\xi\rangle$ 推导来的, 所以又称为 EPR 纠缠态的诱导纠缠态. 诱导纠缠态有广泛的物理应用, 比如, 在光学变换中, 存在一种用贝塞尔函数 J_s 作为变换核的积分, 称为汉克尔变换, 而诱导纠缠态的内积 $\langle s,r'\mid q,r\rangle$ 则是一个汉克尔变换的核, 如下:

$$\langle s,r'\mid q,r\rangle=\frac{1}{4\pi^2}\int_0^{2\pi}\mathrm{d}\varphi\mathrm{e}^{\mathrm{i}s\varphi}\left\langle\xi=r'\mathrm{e}^{\mathrm{i}\varphi}\right|\int_0^{2\pi}\mathrm{d}\theta\left|\eta=r\mathrm{e}^{\mathrm{i}\theta}\right\rangle\mathrm{e}^{-\mathrm{i}q\theta}$$

$$=\frac{1}{8\pi^2}\int_0^{2\pi}\mathrm{e}^{-\mathrm{i}q\theta}\mathrm{d}\theta\int_0^{2\pi}\mathrm{d}\varphi\mathrm{e}^{\mathrm{i}s\varphi}\exp\left[\frac{rr'(\mathrm{e}^{-\mathrm{i}(\varphi-\theta)}-\mathrm{e}^{\mathrm{i}(\varphi-\theta)})}{2}\right].\tag{3.2.15}$$

借助 m 阶贝塞尔函数

$$J_m(x)=\sum_{k=0}^{\infty}\frac{(-1)^m}{k!(m+k)!}\left(\frac{x}{2}\right)^{m+2k}\tag{3.2.16}$$

的母函数公式:

$$\mathrm{e}^{\mathrm{i}x\sin t}=\sum_{m=-\infty}^{\infty}J_m(x)\mathrm{e}^{\mathrm{i}mt},\tag{3.2.17}$$

得到

$$\begin{aligned}\langle s,r'\mid q,r\rangle=&\frac{1}{8\pi^2}\int_0^{2\pi}\int_0^{2\pi}\mathrm{e}^{-\mathrm{i}q\theta}\mathrm{e}^{-\mathrm{i}s\varphi}\exp[\mathrm{i}rr'\sin(\theta-\varphi)]\mathrm{d}\varphi\mathrm{d}\theta\\=&\frac{1}{8\pi^2}\int_0^{2\pi}\int_0^{2\pi}\mathrm{e}^{-\mathrm{i}q\theta}\mathrm{e}^{\mathrm{i}s\varphi}\sum_{m=-\infty}^{\infty}J_m(rr')\exp[\mathrm{i}m(\theta-\varphi)]\mathrm{d}\varphi\mathrm{d}\theta\\=&\frac{1}{2}\sum_{m=-\infty}^{\infty}\delta_{m,q}\delta_{m,s}J_m(rr')=\frac{1}{2}\delta_{s,q}J_s(rr').\end{aligned}\tag{3.2.18}$$

可见, $\langle s,r'\mid q,r\rangle$ 是一个汉克尔变换的核. 用完备性关系式 (3.2.7) 和式 (3.2.13), 可以具体写出这种变换, 如下:

$$\langle q,r\mid g\rangle=g(q,r),\quad\langle s,r'\mid g\rangle=g'(s,r'),\tag{3.2.19}$$

则有

$$\begin{aligned}g'(s,r')\equiv\langle s,r'\mid g\rangle=&\sum_{q=-\infty}^{\infty}\int_0^{\infty}\mathrm{d}r^2\,\langle s,r'\mid q,r\rangle\,\langle q,r|\,g\rangle\\=&\frac{1}{2}\int_0^{\infty}\mathrm{d}r^2J_s(rr')g(s,r)\equiv H[g(s,r)].\end{aligned}\tag{3.2.20}$$

可见, $g'(s,r')$ 恰为 $g(s,r)$ 的汉克尔变换.

3.3　量子纠缠的应用

量子纠缠作为一种没有经典类比的、奇妙的纯量子现象, 一方面为量子力学对抗局域实在论提供了支持, 被用于检验基本量子理论的完备性; 另一方面, 随着量子信息科学研究的深入发展, 量子纠缠已经并且正在广泛应用于量子信息科学的众多领域, 比如, 量子隐形传态 (teleportation)、量子密集编码、量子密钥共享 (cryptographic key distribution)、量子纠错 (quantum error correction) 等.

3.3.1 量子隐形传态

量子隐形传态 [18] 是在发送和接收方甚至没有量子通信信道连接的情况下, 移动量子状态的一项技术. 这一技术是在解决实际远程量子通信过程中所遇到的困难时而产生的. 设想 Alice 和 Bob 很久以前相遇过, 但现在却离得挺远, 在一起时两人产生了一个 EPR 纠缠对, 分开时各自带走 EPR 对中的一个量子比特. 多年后, Bob 躲起来了. 一天, Alice 接到一项使命: 向 Bob 发送一个量子比特 $|\psi\rangle$, 但不幸的是, Alice 并不知道量子态 $|\psi\rangle$, 而且只能给 Bob 发送经典信息. 表面上看来, Alice 陷入了困境: 其一, 受量子力学定律的限制, 她无法利用 $|\psi\rangle$ 仅有的一份拷贝去确定这个状态; 其二, 即便 Alice 知道了 $|\psi\rangle$, 但因 $|\psi\rangle$ 取值于一个连续空间, 描述它需要无穷多的经典信息. 正是在这种情形下, 量子隐形传态 [19] 技术产生了. 其基本思想可以概括为: 将关于未知量子态的信息分为经典信息和量子信息两部分, 分别由经典信道和量子信道传送给接收者, 接收者获得这两种信息之后, 就可以在另一个粒子上还原出原未知量子态, 实现了未知量子态的传送. 量子隐形传态应用量子纠缠特性实现了信息的传送和处理, 其信息容量大, 可靠性高, 这种方法能完成纯经典方法或纯量子方法所无法完成的未知量子态传送.

下面通过一个实例对量子隐形传态这一量子信息传递技术作准确的描述. 假设 Alice 手中有两个量子比特, 第一个量子比特的状态为 $|\psi\rangle = \alpha|0\rangle + \beta|1\rangle$ (α 和 β 为叠加系数, 其中包含了量子态的信息), 也就是要进行隐形传态的量子比特, 第二个量子比特与 Bob 手中的量子比特处于纠缠态 $|\beta_{10}\rangle \equiv \dfrac{|00\rangle + |11\rangle}{\sqrt{2}}$($\alpha$ 与 β 为叠加系数). 将量子态

$$|\psi_0\rangle = |\psi\rangle|\beta_{10}\rangle = \frac{1}{\sqrt{2}}[\alpha|0\rangle(|00\rangle + |11\rangle) + \beta|1\rangle(|00\rangle + |11\rangle)] \tag{3.3.1}$$

输入图 3.3.1 所示线路. 为描述方便起见, 约定前两个量子比特属于 Alice, 第三个量子比特属于 Bob. Alice 把她的量子比特送到一个受控非门, 第一个量子比特 $|\psi\rangle = \alpha|0\rangle + \beta|1\rangle$ 作为控制量子比特, 第二个作为目标量子比特, 得到

$$|\psi_1\rangle = \frac{1}{\sqrt{2}}[\alpha|0\rangle(|00\rangle + |11\rangle) + \beta|1\rangle(|10\rangle + |01\rangle)], \tag{3.3.2}$$

再让第一个量子比特通过一个 Hadamard 门, 得到

$$|\psi_2\rangle = \frac{1}{2}[\alpha(|0\rangle + |1\rangle)(|00\rangle + |11\rangle) + \beta(|0\rangle - |1\rangle)(|10\rangle + |01\rangle)], \tag{3.3.3}$$

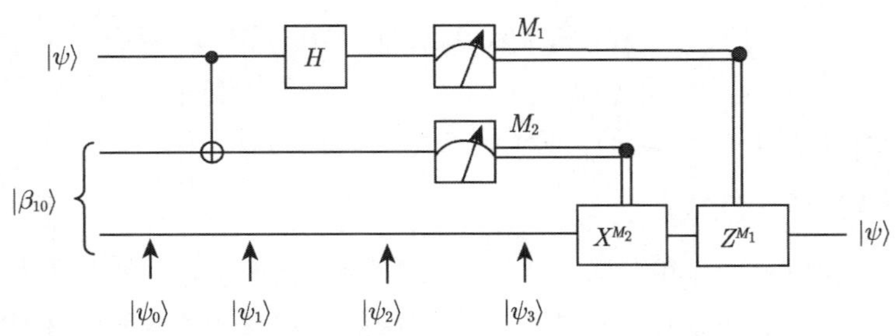

图 3.3.1　单量子比特的隐形传态线路示意图

上方两根线表示 Alice 的系统, 下方的线是 Bob 的系统. 仪表代表测量, 双线表示它们承载经典比特

以 Alice 的量子比特 $|00\rangle$、$|01\rangle$、$|10\rangle$ 和 $|11\rangle$ 作为公因式对式 (3.3.3) 进行重新组项, 可得

$$\begin{aligned}|\psi_2\rangle =& \frac{1}{2}[|00\rangle(\alpha|0\rangle+\beta|1\rangle)+|01\rangle(\alpha|1\rangle+\beta|0\rangle)\\&+|10\rangle(\alpha|0\rangle-\beta|1\rangle)+|11\rangle(\alpha|1\rangle-\beta|0\rangle)],\end{aligned} \tag{3.3.4}$$

式 (3.3.4) 分为四项, 每一项的求和项:$\alpha|0\rangle+\beta|1\rangle$、$\alpha|1\rangle+\beta|0\rangle$、$\alpha|0\rangle-\beta|1\rangle$ 和 $\alpha|1\rangle-\beta|0\rangle$ 属于 Bob 手中量子比特的状态, 显然, Alice 通过对手中的两个量子比特进行受控非操作和 Hadamard 变换, 把要传送的量子状态 $|\psi\rangle=\alpha|0\rangle+\beta|1\rangle$ 由自己的量子比特转化到 Bob 手中的量子比特上, 得到四种不同的量子态. 但问题是, Bob 如何知道自己手中的量子比特处于什么样的量子态, 从而得到要传送的量子态 $|\psi\rangle=\alpha|0\rangle+\beta|1\rangle$ 呢? 这就决定于 Alice 对量子态 $|\psi_2\rangle$ 的测量结果了. 表 3.3.1 给出了 Alice 的测量结果及 Bob 的量子比特状态恢复方法. 由表 3.3.1 可知道, Bob 应用

表 3.3.1　Alice 的测量结果及 Bob 的量子比特状态恢复方法

Alice 的测量结果	Bob 的量子比特的测后状态	Bob 恢复 $\|\psi\rangle$ 态的门操作	Bob 的量子比特的最后状态
00	$\|\psi_3(00)\rangle\equiv\alpha\|0\rangle+\beta\|1\rangle$	不作任何操作	$\alpha\|0\rangle+\beta\|1\rangle$
01	$\|\psi_3(01)\rangle\equiv\alpha\|1\rangle+\beta\|0\rangle$	用 Pauli-X 门恢复: $X=\begin{bmatrix}0&1\\1&0\end{bmatrix}=\|0\rangle\langle1\|+\|1\rangle\langle0\|$	$\alpha\|0\rangle+\beta\|1\rangle$
10	$\|\psi_3(10)\rangle\equiv\alpha\|0\rangle-\beta\|1\rangle$	用 Pauli-Z 门恢复: $Z=\begin{bmatrix}1&0\\0&-1\end{bmatrix}=\|0\rangle\langle0\|-\|1\rangle\langle1\|$	$\alpha\|0\rangle+\beta\|1\rangle$
11	$\|\psi_3(11)\rangle\equiv\alpha\|1\rangle-\beta\|0\rangle$	先用 Pauli-X 门再应用 Pauli-Z 门恢复	$\alpha\|0\rangle+\beta\|1\rangle$

变换 $Z^{M_1}X^{M_2}$ 到他的量子比特上, 就能恢复状态 $|\psi\rangle$. 对于量子隐形传态, 需要注意两点: ① 隐形传态无法带来超光速通信. 因为要完成隐形传态, Alice 必须要通过经典信道把他的测量结果告诉 Bob, 否则, 隐形传态根本无法传送任何信息. 经典信道受到光速的限制, 因此量子隐形传态不能超光速完成; ② 量子隐形传态并不违背量子态不可克隆定理. 从表面上看来, 隐形传态是生成了要传送量子态的一个备份, 但这只是一种错觉, 因为隐形传态过程之后, 只有目标量子比特状态处于状态 $|\psi\rangle = \alpha|0\rangle + \beta|1\rangle$, 而原始的数据比特依赖于第一个量子比特测量结果, 消失在 $|0\rangle$ 或 $|1\rangle$ 的基态中.

3.3.2 量子超密编码

量子超密编码 (superdense coding)[10] 是量子纠缠在量子通信领域另一个简单而惊人的应用, 它的核心思想是: 基于量子态的纠缠特性, 实现仅仅对一个单量子比特操作而传输两个比特经典信息的目标. 下面通过一个实例对量子超密编码作详细解释.

实例: Alice 和 Bob 为传递信息的双方, 彼此相距很远, 两人的任务是 Alice 要给 Bob 传送一些经典信息. 假设 Alice 有两个比特的经典信息要传给 Bob, 但只被允许向 Bob 发送一个量子比特.

解决方案: 要实现这一任务, 只能借助量子超密编码. 其具体实现如图 3.3.2 所示. 某个第三方事先制备了一个两比特纠缠态:

$$|\beta_{00}\rangle \equiv \frac{|00\rangle + |11\rangle}{\sqrt{2}}, \tag{3.3.5}$$

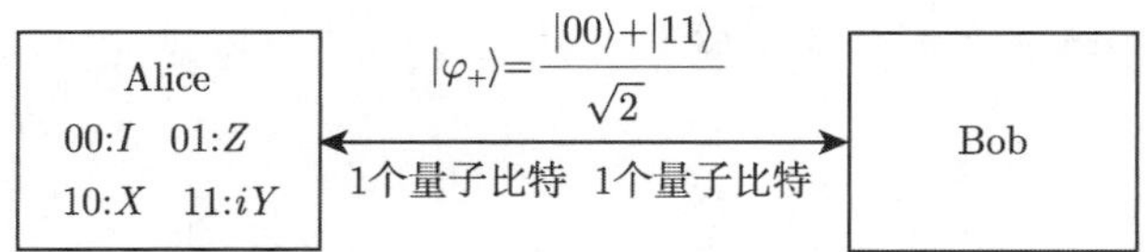

图 3.3.2 量子超密编码基本思想示意图

把其中一个量子比特发送给 Alice, 称为 A 比特, 另外一个发送给 Bob, 称为 B 比特. Alice 对 A 比特进行操作, 就可向 Bob 传送两个比特的经典信息 (宇称比特和相位比特), Alice 所采取的详细步骤由表 3.3.2 给出. 可以看出, Alice 对其所拥有的 A 比特施加四种可能的幺正变换, 她选择其中之一进行操作, 就编码进两个比特经典信息 (宇称比特和相位比特). 由于这种信息的隐匿性质, 为使 Bob 能读出这种编码在纠缠态中的信息, Alice 必须把他拥有的量子比特发送给 Bob, Bob 对 A、B 两个量子比特实行 Bell 基测量, 测量结果使得 Bob 确认 Alice 所做的变换, 于是他获得由 Alice 传送的两比特经典信息. 因此, 发送者仅传送一个量子比特, 接收者却收到了两比特的经典信息，实现了量子超密编码.

表 3.3.2　Alice 实现超密编码采取的步骤

Alice 希望发送的比特串	Alice 对自己量子比特进行的操作
$\lvert\beta_{00}\rangle \equiv \dfrac{\lvert 00\rangle + \lvert 11\rangle}{\sqrt{2}}$,(偶宇称, 正相位), 00	不作任何操作
$\lvert\beta_{10}\rangle \equiv \dfrac{\lvert 00\rangle - \lvert 11\rangle}{\sqrt{2}}$,(偶宇称, 负相位), 01	用 Pauli-Z 门作相位翻转操作: $Z = \begin{bmatrix} 1 & 0 \\ 0 & -1 \end{bmatrix} = \lvert 0\rangle\langle 0\rvert - \lvert 1\rangle\langle 1\rvert$
$\lvert\beta_{01}\rangle \equiv \dfrac{\lvert 01\rangle + \lvert 10\rangle}{\sqrt{2}}$,(奇宇称, 正相位), 10	用 Pauli-X 门作非操作: $X = \begin{bmatrix} 0 & 1 \\ 1 & 0 \end{bmatrix} = \lvert 0\rangle\langle 1\rvert + \lvert 1\rangle\langle 0\rvert$
$\lvert\beta_{11}\rangle \equiv \dfrac{\lvert 01\rangle - \lvert 10\rangle}{\sqrt{2}}$,(奇宇称, 负相位), 11	先用 Pauli-X 门再应用 Pauli-Z 门恢复

3.3.3　量子密钥共享

量子密钥共享 [20,21] 是一类特殊的密码协议, 该协议为达到降低密钥泄露风险的目的, 而让多个参与者共同管理密钥. 它的基本思想是将秘密以适当的方式拆分, 把拆分后的每一个秘密份额交给不同的参与者管理, 只有一些特定的参与者或所有的参与者合作才能有效地恢复秘密, 而单个非特定人员或少数参与者不能得到关于秘密的任何有用信息. 量子密钥共享的一个重要研究方向就是利用量子方法共享量子信息, 即在通信者之间直接共享量子态. 这个过程实际上相当于受控量子隐形传态, 所以一般都需要利用纠缠态. 文献 [21] 提出了用量子物理方法实现秘密共享的方案, 该方案就借助了量子隐形传态理论使多个代理者可以安全地共享一份量子信息. 为了进一步明确该方案的基本思想, 看下面的例子. 假设 Alice、Bob 和 Charlie 共享三粒子 GHZ 态

$$|\psi\rangle_{ABC} = \frac{1}{\sqrt{2}}(|000\rangle_{ABC} + |111\rangle_{ABC}), \tag{3.3.6}$$

式中分别用 A、B 和 C 标记三个粒子. 以上三者每个人都可以任意选取是在 x 方向还是在 y 方向测量其手中的粒子, 定义两个方向的基矢 (x 基和 y 基) 分别为

$$|+x\rangle = \frac{1}{\sqrt{2}}(|0\rangle + |1\rangle), \quad |-x\rangle = \frac{1}{\sqrt{2}}(|0\rangle - |1\rangle), \tag{3.3.7}$$

$$|+y\rangle = \frac{1}{\sqrt{2}}(|0\rangle + \mathrm{i}\,|1\rangle), \quad |-y\rangle = \frac{1}{\sqrt{2}}(|0\rangle - \mathrm{i}\,|1\rangle), \tag{3.3.8}$$

Alice 手中还拥有另一个粒子 a, 其所承载的量子信息为 $|\phi\rangle_a = \alpha\,|0\rangle_a + \gamma\,|1\rangle_a$, α 和 γ 是量子态叠加系数, 满足 $|\alpha|^2 + |\gamma|^2 = 1$, 则整个系统的量子态为

$$|\Psi\rangle = |\phi\rangle_a \otimes |\psi\rangle_{ABC} = (\alpha|0\rangle_a + \gamma|1\rangle_a) \otimes \frac{1}{\sqrt{2}}(|000\rangle_{ABC} + |111\rangle_{ABC}). \tag{3.3.9}$$

Alice 现在要将 a 粒子承载的量子信息 $|\phi\rangle_a = \alpha|0\rangle_a + \gamma|1\rangle_a$ (a 量子比特) 分配给 Bob 和 Charlie, 使得只有两个人合作才能完全恢复其信息. 要达到这一目的, 类似于量子隐形传态, Alice 可对粒子 a 和 A 执行 Bell 基测量,

$$\begin{aligned}|\Psi\rangle =&(\alpha|0\rangle_a + \gamma|1\rangle_a) \otimes \frac{1}{\sqrt{2}}(|000\rangle_{ABC} + |111\rangle_{ABC})\\ =&\frac{1}{2\sqrt{2}}\big[(\alpha|0\rangle_a|000\rangle_{ABC} + \alpha|1\rangle_a|100\rangle_{ABC} + \gamma|0\rangle_a|011\rangle_{ABC} + \gamma|1\rangle_a|111\rangle_{ABC})\\ &+ (\alpha|0\rangle_a|000\rangle_{ABC} - \alpha|1\rangle_a|100\rangle_{ABC} - \gamma|0\rangle_a|011\rangle_{ABC} + \gamma|1\rangle_a|111\rangle_{ABC})\\ &+ (\alpha|0\rangle_a|111\rangle_{ABC} + \alpha|1\rangle_a|011\rangle_{ABC} + \gamma|0\rangle_a|100\rangle_{ABC} + \gamma|1\rangle_a|000\rangle_{ABC})\\ &+ (\alpha|0\rangle_a|111\rangle_{ABC} - \alpha|1\rangle_a|011\rangle_{ABC} - \gamma|0\rangle_a|100\rangle_{ABC} + \gamma|1\rangle_a|000\rangle_{ABC})\big]\\ =&\frac{1}{2}\big[|\beta_{00}\rangle_{aA}(\alpha|00\rangle_{BC} + \gamma|11\rangle_{BC}) + |\beta_{10}\rangle_{aA}(\alpha|00\rangle_{BC} - \gamma|11\rangle_{BC})\\ &+ |\beta_{01}\rangle_{aA}(\gamma|00\rangle_{BC} + \alpha|11\rangle_{BC}) + |\beta_{11}\rangle_{aA}(-\gamma|00\rangle_{BC} + \alpha|11\rangle_{BC})\big].\end{aligned} \tag{3.3.10}$$

这里, Alice 并没有告诉 Bob 和 Charlie 自己的测量结果是什么, 这意味着 Bob 和 Charlie 手中粒子的密度矩阵均为 $I/2$, I 为单位矩阵, 故 Bob 和 Charlie 没有 Alice 手中 a 量子比特的任何信息. 现在, Alice 随机决定 Bob 或 Charlie 对手中量子比特执行 x 基测量, 假设 Bob 采用 x 基:$|+x\rangle_B = \frac{1}{\sqrt{2}}(|0\rangle_B + |1\rangle_B)$ 测量其手中的粒子, 则测后整个系统的状态为

$$\begin{aligned}|\Psi\rangle =&\frac{1}{2\sqrt{2}}\{|\beta_{00}\rangle_{aA}[|+x\rangle_B(\alpha|0\rangle_C + \gamma|1\rangle_C) + |-x\rangle_B(\alpha|0\rangle_C - \gamma|1\rangle_C)]\\ &+ |\beta_{10}\rangle_{aA}[|+x\rangle_B(\alpha|0\rangle_C - \gamma|1\rangle_C) + |-x\rangle_B(\alpha|0\rangle_C + \gamma|1\rangle_C)]\\ &+ |\beta_{01}\rangle_{aA}[|+x\rangle_B(\gamma|0\rangle_C + \alpha|1\rangle_C) + |-x\rangle_B(\gamma|0\rangle_C - \alpha|1\rangle_C)]\\ &+ |\beta_{11}\rangle_{aA}[|+x\rangle_B(-\gamma|0\rangle_C + \alpha|1\rangle_C) - |-x\rangle_B(\gamma|0\rangle_C + \alpha|1\rangle_C)]\}.\end{aligned} \tag{3.3.11}$$

可见, 测后, Charlie 手中单粒子密度矩阵仍为 $I/2$, 所以他仍旧没有 Alice 手中 a 量子比特的任何信息. 为了重建 Alice 的 a 量子比特, Charlie 需要分别来自于 Alice 和 Bob 的两比特和一比特经典信息. 但前提是, Alice 必须首先确保另外两方各自已经收到一个粒子, 这一任务假定可通过一公共信道来完成, 然后, 将她的测量结果发送给 Charlie. 若 Alice 的测量结果是 $|\beta_{00}\rangle_{aA}$ 或 $|\beta_{10}\rangle_{aA}$, 则 Charlie 手中单粒子密度矩阵为

$$\rho_C = |\alpha|^2 |0\rangle_{CC} \langle 0| + |\gamma|^2 |1\rangle_{CC} \langle 1|, \tag{3.3.12}$$

如果测量结果是 $|\beta_{01}\rangle_{aA}$ 或 $|\beta_{11}\rangle_{aA}$, 则

$$\rho_C = |\gamma|^2 |0\rangle_{CC} \langle 0| + |\alpha|^2 |1\rangle_{CC} \langle 1|. \tag{3.3.13}$$

到现在为止, Charlie 获取了 a 量子比特的振幅信息, 但对它的相位信息却一无所知. Bob 的一比特经典信息连同 Charlie 目前所拥有的量子信息将帮助他获取 a 量子比特的相位信息, 从而实现 a 量子比特的重构. 在获取了 Alice 的两比特经典信息和 Bob 的一比特经典信息后, Charlie 若想重构 a 量子比特, 必须相应地做如表 3.3.3 所示变换.

表 3.3.3　Charlie 恢复 a 量子比特所进行的操作

Alice 和 Bob 的测量结果	Charlie 对自己量子比特进行的操作	重构后的量子比特
$|\beta_{00}\rangle_{aA} |+x\rangle_B$	I	
$|\beta_{00}\rangle_{aA} |-x\rangle_B$	σ_z	
$|\beta_{10}\rangle_{aA} |+x\rangle_B$	σ_z	
$|\beta_{10}\rangle_{aA} |-x\rangle_B$	I	$\alpha |0\rangle + \gamma |1\rangle$
$|\beta_{01}\rangle_{aA} |+x\rangle_B$	σ_x	
$|\beta_{01}\rangle_{aA} |-x\rangle_B$	$\sigma_x \sigma_z$	
$|\beta_{11}\rangle_{aA} |+x\rangle_B$	$\sigma_x \sigma_z$	
$|\beta_{11}\rangle_{aA} |-x\rangle_B$	σ_x	

概括地说, 量子密钥共享方案的基本思想是: Alice、Bob 和 Charlie 三方共享三粒子纠缠态, 作为第一方的 Alice 对其所拥有的粒子执行 Bell 基测量, 并把测量结果公开, 同时, 随机决定第二方 (Bob 或 Charlie) 对其所拥有的粒子进行测量, 并把测量结果告知第三方 (Charlie 或 Bob), 第三方参照第一方和第二方的测量结果, 对其所拥有粒子进行相应的操作便能恢复第一方 Alice 分配的秘密量子态. 对于多方量子信息共享, 其基本思想类似.

参 考 文 献

[1] Schrödinger E. Die gegenwärtige situation in der quantenmechanik. Naturwissenschaften, 1935, 23: 807-812.

[2] Einstein A, Podolsky B, Rosen N. Can quantum-mechanical description of physical reality be considered complete. Phys. Rev., 1935, 47: 777.

[3] Bennett C H, Brassard G, Crépeau C, et al. Teleporting an unknown quantum state via dual classical and Einstein-Podolsky-Rosen channels. Phys. Rev. Lett., 1993, 70:1895-1899; Bouwmeester D, Pan J W, Mattle1 K, et al. Experimental quantum teleportation. Nature, 1997, 390: 575-579.

[4] Deutsch D, Ekert A, Jozsa R, et al. Quantum privacy amplification and the security of quantum cryptography over noisy channels. Phys. Rev. Lett., 1996, 77: 2818-2821.

[5] Shor Peter W. Scheme for reducing decoherence in quantum computer memory. Phys. Rev. A , 1995, 52: 2493-2496.

[6] Peres A. Separability criterion for density matrices. Phys. Rev. Lett., 1996, 77: 1413-1415.

[7] Horodecki M, Horodecki P, Horodecki R. Separability of mixed states: necessary and sufficient conditions. Phys. Lett. A, 1996, 223: 1-8.

[8] Horodecki P, Smolin John A, Barbara M, et al. Thapliyal. Rank two bipartite bound entangled states. Theor. Comp. Sci., 2003, 292: 589-596.

[9] 张成杰. 量子纠缠的判定与度量. 中国科学技术大学博士学位论文, 2010; 肖兴. 开放量子系统的非马尔科夫动力学和弱测量反馈控制. 湖南师范大学博士学位论文, 2012; Yu S X, Liu N L. Entanglement detection by local orthogonal observables. Phys. Rev. Lett., 2005, 95: 150504.

[10] Nielsen M A, Chuang I L. Quantum Computation and Quantum Information. Cambridge: Cambridge University Press, 2000.

[11] Zyczkowski K. Volume of the set of separable states.II. Phys. Rev. A, 1999, 60: 3496-3507.

[12] Wootters William K. Entanglement of formation of an arbitrary state of two qubits. Phys. Rev. Lett. , 1998, 80: 2245-2248.

[13] Vidal G, Cirac J I. Irreversibility in asymptotic manipulations of entanglement. Phys. Rev. Lett., 2001, 86: 5803.

[14] Vidal G, Werner R F. Computable measure of entanglement. Phys. Rev. A , 2002, 65: 032314.

[15] Fan H Y, Klauder J R. Eigenvectors of two particles' relative position and total momentum. Phys. Rev. A, 1994, 49: 704-707.

[16] 范洪义. 量子力学纠缠态表象及应用. 上海: 上海交通大学出版社, 2004.

[17] 范洪义. 从量子力学到量子光学——数理进展. 上海: 上海交通大学出版社, 2005.

[18] 苏晓琴, 郭光灿. 量子隐形传态. 物理学进展, 2004, 24(3): 259-273.

[19] Bennett Charles H, Brassard G, Crépeau C, et al. Teleporting an unknown quantum state via dual classical and Einstein-Podolsky-Rosen channels. Phys. Rev. Lett., 1993, 70: 1895-1899.

[20] 李艳玲. 基于原-腔-光纤系统的纠缠态制备和远程量子逻辑门实现方案. 湖南师范大学博士学位论文, 2010.

[21] Hillery M, Bužek V, Berthiaume A. Quantum secret sharing. Phys. Rev. A, 1999, 59: 1829-1834.

第 4 章　开放介观电路的密度算符表述

对开放介观电路系统的理论描述是人们长期关注的研究课题之一, 之所以受到如此关注, 主要是缘于以下两个方面: 其一, 开放介观电路系统最接近现实中的真实电路. 对于一个实际的介观电路系统, 由于自身存在耗散并总是存在于特定的外界环境中, 其总能量并不守恒, 描述该系统的量子态会随时间发生复杂的变化, 这类系统即为开放系统. 而无耗散且与外部环境完全隔离开来的孤立系统实际上是不存在的, 只能用作开展基础研究的理想化模型. 其二, 近几十年来, 随着量子计算和量子信息学的飞速发展, 人们普遍认为, 介观电路由于具有易于集成可实现量子比特位数大规模化的优点，从而有可能真正制造出量子计算机. 量子计算很大程度上依赖于每一步计算操作的幺正特征, 而这一特征受到退相干的影响. 而开放介观电路系统受到环境影响而导致量子态退相干, 这一点是实现量子计算和量子信息处理的主要障碍. 弄清楚开放介观电路系统量子态退相干的机制并有效抑制它成为这一领域的研究热点.

对开放介观电路系统的表述, 通常采用两种方法: 一种是密度算符表述方法 [1-6], 这种方法是在薛定谔绘景或相互作用绘景中, 从系统和环境 (可等效为热库) 所构成的总的哈密顿算符出发, 并借助马尔可夫近似 (Markov approximation), 建立该系统的约化密度算符的运动方程——密度矩阵主方程 (master equation); 另一种是朗之万 (Langevin) 表述方法 [5], 这种方法是在海森伯绘景中将弛豫系数和噪声算符引入系统算符的海森伯运动方程中, 来描述热库对系统作用引起的起伏和耗散效应.

本章重点介绍这一领域的研究工作中用得较多的密度算符表述方法, 而朗之万表述方法在文献 [5] 中有详细阐述, 感兴趣的读者可参阅该文献.

4.1　密 度 算 符

在薛定谔绘景中, 如果确定了一个系统在某一时刻的量子态, 其在另一时刻的量子态就可以借助薛定谔方程来确定, 并可以预言物理量的测量结果. 但实际上, 系统的量子态并不总是可以完全确定的, 人们只知道量子态的不完全信息. 那么, 如何根据所获取的量子态的不完全信息, 从理论上最大限度地预言测量结果呢? 解决这一问题正是引入密度算符的出发点.

4.1.1 量子系统纯态和混合态

量子态有两种类型: 一种是纯态; 另一种是统计混合态. 凡是能用希尔伯特空间中的一个矢量描写的状态称为纯态, 两个纯态的相干叠加仍为纯态. 比方说, 在希尔伯特空间中, $|\psi_1\rangle$ 和 $|\psi_2\rangle$ 描写两个纯态, 二者的相干叠加

$$|\psi\rangle = c_1 |\psi_1\rangle + c_2 |\psi_2\rangle \tag{4.1.1}$$

描写的仍旧为纯态. 若 F 表示系统的一组力学量完全集, $\hat{F}$ 的本征态矢集为 $\{|u_n\rangle\}$, 简记为 $\{|n\rangle\}$, $n = 1,\ 2,\ \cdots$ 代表一组完备的量子数, 则以 $\{|n\rangle\}$ 为基矢的表象称为 $\hat{F}$ 表象. $|n\rangle$ 的完备性表现为

$$\sum_n |n\rangle \langle n| = \sum_n \hat{P}_n = 1, \tag{4.1.2}$$

式中, $\hat{P}_n = |n\rangle \langle n|$ 称为沿基矢 $|n\rangle$ 方向的投影算符, 满足 $\hat{P}_n^+ = \hat{P}_n$, $\hat{P}_n \hat{P}_n' = \hat{P}_n \delta_{nn'}$. 利用投影算符 $\hat{P}_n$, $|\psi(t)\rangle$ 可展开为

$$|\psi(t)\rangle = \sum_n |n\rangle \langle n|\ \psi(t)\rangle = \sum_n C_n(t)\, |n\rangle, \tag{4.1.3}$$

式中已考虑了量子态 $|\psi\rangle$ 的时间演化, $C_n(t) = \langle n|\ \psi(t)\rangle$ 表征系统处于本征态 $|n\rangle$ 的概率. 借助 $\hat{P}_n$ 还可以将力学量算符 $\hat{F}$ 作谱分解, 即

$$\hat{F} = \sum_n \hat{F}\, |n\rangle \langle n| = \sum_n F_n\, |n\rangle \langle n|. \tag{4.1.4}$$

对于一个量子系统, 若其所处的状态由于统计物理或量子力学本身的原因无法用一个态矢量来描写, 换句话说, 系统并不处于一个确定的态中, 而是有可能处于 $|\psi_1\rangle$、$|\psi_2\rangle$、$\cdots$ 各个态中, 处于这些态的相应概率分别为 p_1、p_2、$\cdots$. 这种状态称为混合态.

纯态和混合态是截然不同的两种态. 比方说, 由式 (4.1.1) 描写的纯态是两个纯态 $|\psi_1\rangle$ 和 $|\psi_2\rangle$ 的相干叠加, 在叠加过程中, 两者发生了干涉, 形成了一个新态, 产生了新的性质, 原则上已不再完全地具有两个态 $|\psi_1\rangle$ 和 $|\psi_2\rangle$ 的性质了. 若系统的状态为混合态, 处于纯态 $|\psi_1\rangle$ 的概率为 p_1, 处于 $|\psi_2\rangle$ 的概率为 p_2, 此时, 这一状态无法作简单的描写, 只能表达为下面的形式:

$$\left\{ \begin{array}{l} |\psi_1\rangle : p_1 \\ |\psi_2\rangle : p_2 \end{array} \right. . \tag{4.1.5}$$

在上式描写的混合态中, 当系统依概率 p_1 处于 $|\psi_1\rangle$ 描写的状态时, 就具有该态原本所有的全部性质, 对于 $|\psi_2\rangle$ 描写的态也是一样.

4.1.2　密度算符的定义及性质

受投影算符在任意量子态展开以及力学量算符谱分解方面作用的启发, 可将投影算符的概念作推广, 定义与任意量子态 $|\psi\rangle$ 相应的投影算符 $\rho = |\psi\rangle\langle\psi|$, 该投影算符就是与量子态 $|\psi\rangle$ 相应的密度算符. 对于纯态, 用态矢量与用密度算符描述起来是等价的. 但对于混合态, 由于无法用一个态矢量来描述, 就不得不借助密度算符了.

1. 纯态密度算符与密度矩阵

考虑到时间的演化, 任意时刻的量子态记为 $|\psi(t)\rangle$, 设其已经归一化: $\langle\psi(t)|\psi(t)\rangle = 1$, 则与该量子态相应的密度算符为

$$\rho(t) = |\psi(t)\rangle\langle\psi(t)|\,. \tag{4.1.6}$$

密度算符在一个具体表象中的矩阵形式称为密度矩阵. 在 $\hat{F}$ 表象中, 与 $\rho(t)$ 相应的密度矩阵元为

$$\rho_{nm}(t) = \langle n|\rho(t)|m\rangle = \langle n|\psi(t)\rangle\langle\psi(t)|m\rangle = C_n(t)C_m^*(t), \tag{4.1.7}$$

其对角元素为

$$\rho_{nn}(t) = |C_n(t)|^2 = |\langle n|\psi(t)\rangle|^2 \geqslant 0, \tag{4.1.8}$$

是在 $|\psi(t)\rangle$ 态下测量 $\hat{F}$ 得到 F_n 值的概率, 也是投影算符 P_n 在 $|\psi(t)\rangle$ 态下的平均值. 借助式 (4.1.7) 可以把密度算符 $\rho(t)$ 表示成下面形式:

$$\begin{aligned}\rho(t) &= \sum_{nm} |n\rangle\langle n|\psi(t)\rangle\langle\psi(t)|m\rangle\langle m| = \sum_{nm} C_n(t)C_m^*(t)|n\rangle\langle m| \\ &= \sum_{nm} \rho_{nm}|n\rangle\langle m|.\end{aligned} \tag{4.1.9}$$

选取基矢组 $\{|n\rangle, |m\rangle\cdots\}$, $\hat{F}$ 在 $|\psi(t)\rangle$ 态中的平均值用密度矩阵表示为

$$\begin{aligned}\left\langle\hat{F}\right\rangle &= \langle\psi(t)|\hat{F}|\psi(t)\rangle = \sum_n \langle\psi(t)|n\rangle\langle n|\hat{F}|\psi(t)\rangle = \sum_n \langle\psi(t)|\hat{F}|n\rangle\langle n|\psi(t)\rangle \\ &= \sum_n \langle n|\psi(t)\rangle\langle\psi(t)|\hat{F}|n\rangle = \sum_n \langle n|\hat{F}|\psi(t)\rangle\langle\psi(t)|n\rangle \\ &= \mathrm{Tr}(\rho\hat{F}) = \mathrm{Tr}(\hat{F}\rho).\end{aligned} \tag{4.1.10}$$

2. 混合态密度算符与密度矩阵

对于处于混合态的系统, 人们所了解到的关于系统的信息是不完整的. 要想尽可能多地获取该系统的信息, 需要将上面纯态密度算符的概念推广至混合态. 设 $\hat{G}$

为系统在薛定谔绘景中的任意算符, $|\psi_k(t)\rangle\,(k=1,2,3,\cdots)$ 为该系统在任意时刻 t 的量子态, 假设是归一化的, 即 $\langle\psi_k(t)\,|\psi_k(t)\rangle=1$. 设 t 时刻系统处于 $|\psi_k\rangle$ 态的概率为 $p_k\left(0\leqslant p_k\leqslant 1,\sum\limits_k p_k=1\right)$, 即系统处于一系列纯态的某种统计混合态, 故可定义与该混合态相应的混合态密度算符为

$$\rho(t)=\sum_k p_k\,|\psi_k(t)\rangle\,\langle\psi_k(t)|=\sum_k p_k\rho_k(t), \tag{4.1.11}$$

式中, $\rho_k(t)=|\psi_k(t)\rangle\,\langle\psi_k(t)|$ 是与纯态 $|\psi_k(t)\rangle$ 相应的密度算符. 在对系统进行足够的测量以确定系统就是处于纯态 $|\psi_\alpha(t)\rangle$ 的情况下, 式 (4.1.11) 中 $p_k=\delta_{i,\ \alpha}$, 此时, 式 (4.1.11) 过渡到式 (4.1.6). 由此可见, 纯态密度算符是混合态密度算符的一个特例.

在薛定谔绘景中, 在用 $\rho(t)$ 描述的混合态下, 力学量算符 $\hat{G}$ 的平均值为

$$\begin{aligned}\left\langle\left\langle\hat{G}\right\rangle\right\rangle=&\sum_k p_k\,\langle\psi_k(t)|\,\hat{G}\,|\psi_k(t)\rangle=\sum_k p_k\mathrm{Tr}[\rho_k(t)\hat{G}]\\=&\mathrm{Tr}\left[\sum_k p_k\rho_k(t)\hat{G}\right]=\mathrm{Tr}[\rho(t)\hat{G}],\end{aligned} \tag{4.1.12}$$

式中第一次求平均是量子力学性质的, 是系统微观属性的体现; 而第二次求平均是经典性质的, 它是用经典方法处理系统时所必须的.

3. 密度算符的一些性质

(1) 密度算符具有厄米性, 即 $\rho^+=\rho$. 这一性质可以从它在任意一个表象中的密度矩阵具有厄米性这一点得到确认.

(2) 密度算符的迹等于 1, 即 $\mathrm{Tr}\rho=1$, 密度算符平方的迹小于等于 1: $\mathrm{Tr}\rho^2\leqslant 1$, 其中等号对应于纯态, 小于号对应于混合态. 该性质可以作为纯态和混合态的判据.

证明: 对于纯态:$\rho(t)=|\psi_k(t)\rangle\,\langle\psi_k(t)|$, $\langle\psi_k(t)\,|\psi_k(t)\rangle=1$, 这里假设 $|\psi_k(t)\rangle$ 已归一化. 取系统的一组基矢 $\{|n\rangle\}$, 利用完备性关系 $\sum\limits_n|n\rangle\,\langle n|=1$ 可得

$$\begin{aligned}\mathrm{Tr}\rho(t)=&\sum_n\langle n\,|\psi_k(t)\rangle\,\langle\psi_k(t)|\,n\rangle=\sum_n\langle\psi_k(t)|\,n\rangle\,\langle n\,|\psi_k(t)\rangle\\=&\langle\psi_k(t)\,|\psi_k(t)\rangle=1.\end{aligned} \tag{4.1.13}$$

$$\begin{aligned}\mathrm{Tr}\rho^2(t)=&\mathrm{Tr}[\,|\psi_k(t)\rangle\,\langle\psi_k(t)|\,\psi_k(t)\rangle\,\langle\psi_k(t)|]\\=&\mathrm{Tr}[\,|\psi_k(t)\rangle\,\langle\psi_k(t)|]=\mathrm{Tr}\rho(t)=1.\end{aligned} \tag{4.1.14}$$

对于混合态: $\rho(t)=\sum\limits_k p_k\,|\psi_k(t)\rangle\,\langle\psi_k(t)|=\sum\limits_k p_k\rho_k(t)$, $\sum\limits_k p_k=1$. 在求迹时,

仍旧借助上面的完备基矢组 $\{|n\rangle\}$, 可得

$$\begin{aligned}\mathrm{Tr}\rho(t) &= \sum_n\sum_k \langle n|\, p_k\, |\psi_k(t)\rangle\, \langle\psi_k(t)|\, n\rangle = \sum_n\sum_k \langle\psi_k(t)|\, n\rangle\, \langle n|\, p_k\, |\psi_k(t)\rangle \\ &= \sum_k \langle\psi_k(t)\, |\psi_k(t)\rangle\, p_k = \sum_k p_k = 1.\end{aligned} \tag{4.1.15}$$

$$\begin{aligned}\mathrm{Tr}\rho^2(t) &= \sum_n\sum_{kj} \langle n|\, p_k\, |\psi_k(t)\rangle\, \langle\psi_k(t)|\, p_j\, |\psi_j(t)\rangle\, \langle\psi_j(t)|\, n\rangle \\ &= \sum_n\sum_{kj} \langle n\, |\psi_k(t)\rangle\, p_k\, \langle\psi_k(t)\ \ |\psi_j(t)\rangle\, p_j\, \langle\psi_j(t)|\, n\rangle \\ &= \sum_n\sum_{kj} \langle\psi_k(t)\ \ |\psi_j(t)\rangle\, \langle\psi_j(t)|\, n\rangle\, \langle n\, |\psi_k(t)\rangle\, p_k p_j \\ &= \sum_{kj} \langle\psi_k(t)\, |\psi_j(t)\rangle\, \langle\psi_j(t)\, |\psi_k(t)\rangle\, p_k p_j \\ &= \sum_k p_k [\sum_j |\langle\psi_k(t)\, |\psi_j(t)\rangle|^2\, p_j].\end{aligned} \tag{4.1.16}$$

由于 $p_k \leqslant 1$, 而上式右边最后一项的方括号内的 k 和 j 有多个值 (混合态), 当 $k \neq j$ 时, $|\langle\psi_k(t)\, |\psi_j(t)\rangle|^2$ 一定小于 1(若 $|\psi_k(t)\rangle$ 和 $|\psi_j(t)\rangle$ 正交, 则等于零), 故

$$\sum_j |\langle\psi_k(t)\, |\psi_j(t)\rangle|^2\, p_j < \sum_j p_j = 1. \tag{4.1.17}$$

由 (4.1.16) 和 (4.1.17) 两式得

$$\mathrm{Tr}\rho^2 < 1. \tag{4.1.18}$$

证毕.

上面的讨论基于薛定谔绘景. 类似地, 可以分别定义海森伯绘景和相互作用绘景中的密度算符为

$$\rho^{\mathrm{H}}(t) = \left|\psi^{\mathrm{H}}(t)\right\rangle \left\langle\psi^{\mathrm{H}}(t)\right|, \tag{4.1.19}$$

$$\rho^{\mathrm{I}}(t) = \left|\psi^{\mathrm{I}}(t)\right\rangle \left\langle\psi^{\mathrm{I}}(t)\right|. \tag{4.1.20}$$

三种绘景中的密度算符 $\rho^{\mathrm{H}}(t)$、$\rho^{\mathrm{I}}(t)$ 和 $\rho^{\mathrm{S}}(t)$ 之间的关系分别由下面的两个变换式给出:

$$\rho^{\mathrm{H}}(t) = \hat{U}^{+}(t,\ t_0)\rho^{\mathrm{S}}(t)\hat{U}(t,\ t_0), \tag{4.1.21}$$

$$\rho^{\mathrm{I}}(t) = \hat{U}_0^{+}(t,\ t_0)\rho^{\mathrm{S}}(t)\hat{U}_0(t,\ t_0), \tag{4.1.22}$$

式中, $\hat{U}(t,\ t_0) = \exp\left[-\frac{\mathrm{i}}{\hbar}\hat{\mathscr{H}}^{\mathrm{S}}(t-t_0)\right]$, $\hat{U}_0(t,\ t_0) = \exp\left[-\frac{\mathrm{i}}{\hbar}\hat{\mathscr{H}}_0^{\mathrm{S}}(t-t_0)\right]$, 并已假设 $\hat{\mathscr{H}}^{\mathrm{S}}$ 和 $\hat{\mathscr{H}}_0^{\mathrm{S}}$ 不显含时间.

4.2 约化密度算符

在量子力学中, 为了研究问题的方便, 在描述一个系统的量子态时, 通常假定系统是孤立的, 与外界环境完全隔离, 但这种情况只是一种近似. 实际上, 任何系统总是存在于一定的环境中, 人们所研究的某个系统总是一个更大系统 (复合系统) 的一个小部分, 称之为子系统. 当人们仅对某个子系统感兴趣而不去关注其他部分时, 对于子系统的量子态的描述, 就会出现新的特性.

对于一个由多个子系统耦合而成的复合系统, 若某个物理量只与某个子系统相关, 对该物理量在整个系统中展开测量, 上述所讲内容仍旧适用, 不过, 可作一些简化. 比如, 对于一个由两子系统 A 和 B 耦合而成的封闭的复合系统, 其状态由 $\rho(t)$ 描述. 处于子系统 A 中的观察者无法观测到整个系统的状态, 只能观测到子系统 A 的状态, 这就要求统计性地排除子系统 B 的影响, 对整个系统作部分偏迹操作, 剩下的部分即为在子系统 A 中观测到的状态, 则约化密度算符 (reduced density operator) 定义为

$$\rho_A(t) = \mathrm{Tr}_B\rho(t), \tag{4.2.1}$$

式中, Tr_B 为一个算子映射, 称为在系统 B 上的偏迹, 其定义为

$$\begin{aligned}\mathrm{Tr}_B(|\varphi_i\rangle\langle\varphi_i'|\otimes|\chi_m\rangle\langle\chi_m'|) &\equiv |\varphi_i\rangle\langle\varphi_i'|\,\mathrm{Tr}_B(|\chi_m\rangle\langle\chi_m'|)\\ &= |\varphi_i\rangle\langle\varphi_i'|\langle\chi_m'\,|\chi_m\rangle,\end{aligned} \tag{4.2.2}$$

式中, $|\varphi_i\rangle$ 和 $|\varphi_i'\rangle$ 属于子系统 A 状态空间中完备基矢组 $\{|\varphi_i\rangle\}$; $|\chi_m\rangle$ 和 $|\chi_m'\rangle$ 属于子系统 B 状态空间中完备基矢组 $\{|\chi_m\rangle\}$; $\mathrm{Tr}_B(|\chi_m\rangle\langle\chi_m'|) = \langle\chi_m'\,|\chi_m\rangle$. 约化密度算符 $\rho_A(t)$ 在子系统 A 的某一表象中的矩阵表示, 称为描写子系统 A 的约化密度矩阵.

约化密度算符是描述和分析复合量子系统量子态性质不可缺少的重要工具. 比如两粒子 Bell 态: $|\beta_{00}\rangle \equiv \dfrac{|00\rangle + |11\rangle}{\sqrt{2}}$(约定前面为粒子 1, 后面为粒子 2) 是为人们所熟知的纠缠纯态, 但这两个粒子分别处于何种状态并不为人所知. 下面借助约化密度算符对其做出分析. 与 $|\beta_{00}\rangle$ 相应的密度算符为

$$\begin{aligned}\rho = |\beta_{00}\rangle\langle\beta_{00}| &= \left(\frac{|00\rangle + |11\rangle}{\sqrt{2}}\right)\left(\frac{\langle 00| + \langle 11|}{\sqrt{2}}\right)\\ &= \frac{1}{2}\left(|00\rangle\langle 00| + |11\rangle\langle 00| + |00\rangle\langle 11| + |11\rangle\langle 00|\right).\end{aligned} \tag{4.2.3}$$

将 ρ 对量子比特 2 求偏迹, 可得到描述量子比特 1 的约化密度算符为

$$\rho_1 = \mathrm{Tr}_2\rho = \frac{1}{2}[\mathrm{Tr}_2(|00\rangle\langle 00|) + \mathrm{Tr}_2(|11\rangle\langle 00|) + \mathrm{Tr}_2(|00\rangle\langle 11|) + \mathrm{Tr}_2(|11\rangle\langle 11|)]$$

$$
\begin{aligned}
&=\frac{1}{2}(|0\rangle_{11}\langle 0|_2\langle 0|0\rangle_2+|1\rangle_{11}\langle 0|_2\langle 0|1\rangle_2+|0\rangle_{11}\langle 1|_2\langle 1|0\rangle_2+|1\rangle_{11}\langle 1|_2\langle 1|1\rangle_2)\\
&=\frac{1}{2}(|0\rangle_{11}\langle 0|+|1\rangle_{11}\langle 1|),
\end{aligned} \tag{4.2.4}
$$

上式中的 ρ_1 为与站在粒子 1 空间中的观察者所观测到的粒子 1 的量子态相应的密度算符, 那么, 该量子态到底是纯态还是混合态? 这一问题可利用前面学过的知识来做出判断. 将 ρ_1^2 取迹可得

$$
\begin{aligned}
\mathrm{Tr}\rho_1^2&=\mathrm{Tr}\left\{\left[\frac{1}{2}(|0\rangle_{11}\langle 0|+|1\rangle_{11}\langle 1|)\right]\cdot\left[\frac{1}{2}(|0\rangle_{11}\langle 0|+|1\rangle_{11}\langle 1|)\right]\right\}\\
&=\frac{1}{4}\mathrm{Tr}[(|0\rangle_{11}\langle 0|+|1\rangle_{11}\langle 1|)]=\frac{1}{4}\mathrm{Tr}({}_1\langle 0|0\rangle_1+{}_1\langle 1|1\rangle_1)\\
&=\frac{1}{2}<1.
\end{aligned} \tag{4.2.5}
$$

可见, ρ_1 所描述的量子态为混合态. 对于粒子 2 会得出类似结论. 这是一个令人惊奇的结果. 对于双量子比特复合系统的状态 $|\beta_{00}\rangle\equiv\dfrac{|00\rangle+|11\rangle}{\sqrt{2}}$ 是一个精确已知的纯态, 但是, 无论是站在粒子 1 空间的观察者观测粒子 1, 还是站在粒子 2 空间的观察者观测粒子 2, 发现相应粒子都处于混合态, 即信息不完全为观察者所知的一个状态. 这一奇特性质恰恰是量子纠缠现象所具有的.

4.3　密度算符主方程

在海森伯绘景中, 由于态矢量 $|\psi^{\mathrm{H}}\rangle$ 不含时, 所以密度算符 ρ^{H} 是一个不随时间演化的算符

$$
\rho^{\mathrm{H}}=\sum_i|\psi_i^{\mathrm{H}}\rangle p_i\langle\psi_i^{\mathrm{H}}|. \tag{4.3.1}
$$

而在薛定谔绘景中, 密度算符 $\rho^{\mathrm{S}}(t)$ 则是含时算符, 即

$$
\rho^{\mathrm{S}}(t)=\sum_i|\psi_i^{\mathrm{S}}(t)\rangle p_i\langle\psi_i^{\mathrm{S}}(t)|. \tag{4.3.2}
$$

下面借助薛定谔方程来推导 $\rho^{\mathrm{S}}(t)$ 随时间演化所满足的方程. 将 $\rho^{\mathrm{S}}(t)$ 对时间求导, 得

$$
\begin{aligned}
\frac{\partial\rho^{\mathrm{S}}(t)}{\partial t}&=\sum_i\frac{\partial\left[|\psi_i^{\mathrm{S}}(t)\rangle p_i\langle\psi_i^{\mathrm{S}}(t)|\right]}{\partial t}\\
&=\sum_i p_i\left[\frac{\partial|\psi_i^{\mathrm{S}}(t)\rangle}{\partial t}\cdot\langle\psi_i^{\mathrm{S}}(t)|+|\psi_i^{\mathrm{S}}(t)\rangle\cdot\frac{\partial\langle\psi_i^{\mathrm{S}}(t)|}{\partial t}\right]
\end{aligned}
$$

$$
\begin{aligned}
&= \frac{1}{\mathrm{i}\hbar}\left[\mathscr{H}^{\mathrm{S}}\sum_{i} p_i \left|\psi_i^{\mathrm{S}}(t)\right\rangle\left\langle\psi_i^{\mathrm{S}}(t)\right| - \sum_{i} p_i \left|\psi_i^{\mathrm{S}}(t)\right\rangle\left\langle\psi_i^{\mathrm{S}}(t)\right|\mathscr{H}^{\mathrm{S}}\right] \\
&= \frac{1}{\mathrm{i}\hbar}[\mathscr{H}^{\mathrm{S}},\ \rho^{\mathrm{S}}(t)].
\end{aligned} \tag{4.3.3}
$$

此即密度算符的运动方程, 称为刘维尔 (Liouville) 方程.

下面来推导相互作用绘景下密度算符所满足的运动方程. 对于一个与外界环境 (热库) 之间存在弱相互作用的量子系统, 整个系统在薛定谔绘景中的哈密顿算符可以写成

$$
\hat{\mathscr{H}}_{\mathrm{t}}^{\mathrm{S}} = \hat{\mathscr{H}}_{\mathrm{s}}^{\mathrm{S}} + \hat{\mathscr{H}}_{\mathrm{r}}^{\mathrm{S}} + \hat{\mathscr{V}}_{\mathrm{sr}}^{\mathrm{S}} \equiv \hat{\mathscr{H}}_0^{\mathrm{S}} + \hat{\mathscr{V}}_{\mathrm{sr}}^{\mathrm{S}}, \tag{4.3.4}
$$

式中, $\hat{\mathscr{H}}_{\mathrm{s}}^{\mathrm{S}}$ 为量子系统的哈密顿算符; $\hat{\mathscr{H}}_{\mathrm{r}}^{\mathrm{S}}$ 为热库的哈密顿算符; $\hat{\mathscr{V}}_{\mathrm{sr}}^{\mathrm{S}}$ 为量子系统与热库相互作用哈密顿算符. 其中, $\hat{\mathscr{H}}_0^{\mathrm{S}}$ 不显含时间, 且满足本征方程

$$
\mathscr{H}_0^{\mathrm{S}}\left|\psi_n^{(0)}\right\rangle = E_n^{(0)}\left|\psi_n^{(0)}\right\rangle. \tag{4.3.5}
$$

把式 (4.3.4) 代入式 (4.3.3), 可得

$$
\frac{\partial \rho^{\mathrm{S}}(t)}{\partial t} = \frac{1}{\mathrm{i}\hbar}[\hat{\mathscr{H}}_0^{\mathrm{S}} + \hat{\mathscr{V}}_{\mathrm{sr}}^{\mathrm{S}},\ \rho^{\mathrm{S}}(t)], \tag{4.3.6}
$$

由式 (4.1.22) 得

$$
\rho^{\mathrm{S}}(t) = \hat{U}_0(t,\ t_0)\rho^{\mathrm{I}}(t)\hat{U}_0^{+}(t,\ t_0), \tag{4.3.7}
$$

将式 (4.3.7) 代入式 (4.3.6) 并推导可得

$$
\begin{aligned}
&\mathrm{i}\hbar\frac{\partial \hat{U}_0}{\partial t}\rho^{\mathrm{I}}\hat{U}_0^{+} + \mathrm{i}\hbar\hat{U}_0\left[\frac{\partial \rho^{\mathrm{I}}}{\partial t}\right]\hat{U}_0^{+} + \mathrm{i}\hbar\hat{U}_0\rho^{\mathrm{I}}\frac{\partial \hat{U}_0^{+}}{\partial t} \\
&= \hat{\mathscr{H}}_0^{\mathrm{S}}\hat{U}_0\rho^{\mathrm{I}}\hat{U}_0^{+} - \hat{U}_0\rho^{\mathrm{I}}\hat{U}_0^{+}\hat{\mathscr{H}}_0^{\mathrm{S}} + \mathrm{i}\hbar\hat{U}_0\left[\frac{\partial \rho^{\mathrm{I}}}{\partial t}\right]\hat{U}_0^{+} \\
&= [\hat{\mathscr{H}}_0^{\mathrm{S}},\ \hat{U}_0\rho^{\mathrm{I}}\hat{U}_0^{+}] + \mathrm{i}\hbar\hat{U}_0\left[\frac{\partial \rho^{\mathrm{I}}}{\partial t}\right]\hat{U}_0^{+} \\
&= [\hat{\mathscr{H}}_0^{\mathrm{S}} + \hat{V}_{\mathrm{sr}}^{\mathrm{S}},\ \hat{U}_0\rho^{\mathrm{I}}\hat{U}_0^{+}],
\end{aligned} \tag{4.3.8}
$$

由此可得

$$
\mathrm{i}\hbar\hat{U}_0\left(\frac{\partial \rho^{\mathrm{I}}}{\partial t}\right)\hat{U}_0^{+} = [\hat{\mathscr{V}}_{\mathrm{sr}}^{\mathrm{S}},\ \hat{U}_0\rho^{\mathrm{I}}\hat{U}_0^{+}] = \hat{\mathscr{V}}_{\mathrm{sr}}^{\mathrm{S}}\hat{U}_0\rho^{\mathrm{I}}\hat{U}_0^{+} - \hat{U}_0\rho^{\mathrm{I}}\hat{U}_0^{+}\hat{\mathscr{V}}_{\mathrm{sr}}^{\mathrm{S}}. \tag{4.3.9}
$$

将上式两边同时左乘 $\hat{U}_0^{+}$、右乘 $\hat{U}_0$, 可得相互作用绘景中的密度算符的运动方程, 即

$$
\frac{\partial \rho^{\mathrm{I}}(t)}{\partial t} = \frac{1}{\mathrm{i}\hbar}[\hat{\mathscr{V}}_{\mathrm{sr}}^{\mathrm{I}}(t-t_0),\ \rho^{\mathrm{I}}(t)], \tag{4.3.10}
$$

式中, $\hat{\mathscr{V}}_{\rm sr}^{\rm I}(t-t_0)=\hat{U}_0^{+}(t-t_0)\hat{\mathscr{V}}_{\rm sr}^{\rm S}\hat{U}_0(t-t_0)$ 为相互作用绘景中的相互作用能. 此式即相互作用绘景下的刘维尔方程. 当相互作用较小时, 可以得到一个对 $\hat{\mathscr{V}}_{\rm sr}^{\rm I}$ 迅速收敛的幂级数形式的近似解. 由迭代法, 可得

$$\begin{aligned}\rho^{\rm I}(t)=&\rho^{\rm I}(t_0)+\sum_{n=1}^{\infty}\left(\frac{1}{{\rm i}\hbar}\right)^n\int_{t_0}^{t}{\rm d}t_1\int_{t_0}^{t_1}{\rm d}t_2\cdots\int_{t_0}^{t_{n-1}}{\rm d}t_n\\&\times[\hat{\mathscr{V}}_{\rm sr}^{\rm I}(t_1-t_0),[\hat{\mathscr{V}}_{\rm sr}^{\rm I}(t_2-t_0),\ \cdots,[\hat{\mathscr{V}}_{\rm sr}^{\rm I}(t_n-t_0),\rho^{\rm I}(t_0)]]].\end{aligned}\tag{4.3.11}$$

注意到, 由于变换算符 $\hat{U}_0(t_0,\ t_0)=1$, 故上式中

$$\rho^{\rm I}(t_0)=\hat{U}_0^{+}(t_0,\ t_0)\rho^{\rm S}(t_0)\hat{U}_0(t_0,\ t_0)=\rho^{\rm S}(t_0),\tag{4.3.12}$$

也就是说, 相互作用绘景中系统的初态即薛定谔绘景中系统的初态.

考虑环境的影响, 往往会引入诸多新的自由度, 导致问题复杂化, 这使得通过求解刘维尔方程而得到环境和量子体系构成的总系统的密度算符相当困难, 而且大多数情况下无法给出明确的解析式. 通常的做法是将刘维尔方程对环境态求偏迹, 从整个系统的密度算符中提取出量子体系的密度算符, 得到约化密度算符所满足的微分方程, 称为主方程. 在相互作用绘景中, 将式 (4.3.11) 对环境态求偏迹得到

$$\begin{aligned}\rho_{\rm s}(t)=&{\rm Tr_r}[\rho^{\rm I}(t)]={\rm Tr_r}[\rho^{\rm I}(t_0)]+\sum_{n=1}^{\infty}\left(\frac{1}{{\rm i}\hbar}\right)^n\int_{t_0}^{t}{\rm d}t_1\int_{t_0}^{t_1}{\rm d}t_2\cdots\int_{t_0}^{t_{n-1}}{\rm d}t_n\\&\times{\rm Tr_r}\ [\hat{\mathscr{V}}_{\rm sr}^{\rm I}(t_1-t_0),[\hat{\mathscr{V}}_{\rm sr}^{\rm I}(t_2-t_0),\ \cdots,[\hat{\mathscr{V}}_{\rm sr}^{\rm I}(t_n-t_0),\ \rho^{\rm I}(t_0)]]].\end{aligned}\tag{4.3.13}$$

假定初始时刻 $(t=t_0=0)$, 量子体系与热库的态是可分离的, 即

$$\rho^{\rm I}(0)=\rho^{\rm S}(0)=\rho_{\rm r}(0)\otimes\rho_{\rm s}(0),\tag{4.3.14}$$

式中, $\rho_{\rm s}(0)$ 和 $\rho_{\rm r}(0)$ 分别为量子系统和热库在初始时刻的密度算符. 由此, 可将式 (4.3.13) 重写为

$$\begin{aligned}\rho_{\rm s}(t)=&\rho_{\rm s}(0)+\sum_{n=1}^{\infty}\left(\frac{1}{{\rm i}\hbar}\right)^n{\rm Tr_r}\int_0^{t}{\rm d}t_1\int_0^{t_1}{\rm d}t_2\cdots\\&\times\int_0^{t_{n-1}}{\rm d}t_n[\hat{\mathscr{V}}_{\rm sr}^{\rm I}(t_1),[\hat{\mathscr{V}}_{\rm sr}^{\rm I}(t_2),\cdots,[\hat{\mathscr{V}}_{\rm sr}^{\rm I}(t_n),\rho_{\rm r}(0)\otimes\rho_{\rm s}(0)]]]\\\equiv&[1+U_1(t)+U_2(t)+\cdots]\rho_{\rm s}(0)\equiv U(t)\rho_{\rm s}(0),\end{aligned}\tag{4.3.15}$$

式中

$$U_n(t)=\left(\frac{1}{{\rm i}\hbar}\right)^n{\rm Tr_r}\int_0^{t}{\rm d}t_1\int_0^{t_1}{\rm d}t_2\cdots\int_0^{t_{n-1}}{\rm d}t_n\ [\hat{\mathscr{V}}_{\rm sr}^{\rm I}(t_1),[\hat{\mathscr{V}}_{\rm sr}^{\rm I}(t_2),\cdots$$

$$[\hat{\mathscr{V}}_{\mathrm{sr}}^{\mathrm{I}}(t_n),\ \rho_{\mathrm{r}}(0)\otimes(\cdot)]]\cdots]. \tag{4.3.16}$$

由此可得

$$\begin{aligned}\frac{\mathrm{d}\rho_{\mathrm{s}}(t)}{\mathrm{d}t}=&[\dot{U}_1(t)+\dot{U}_2(t)+\cdots]U^{-1}(t)U(t)\rho_{\mathrm{s}}(0)\\=&[\dot{U}_1(t)+\dot{U}_2(t)+\cdots]U^{-1}(t)\rho_{\mathrm{s}}(t)\equiv g(t)\rho_{\mathrm{s}}(t),\end{aligned} \tag{4.3.17}$$

式中, $g(t)=[\dot{U}_1(t)+\dot{U}_2(t)+\cdots]U^{-1}(t)$ 为时间演化生成元 (generator of time development). 式 (4.3.17) 即为相互作用绘景下的约化密度算符主方程.

4.4 密度算符主方程的求解

一般来说，精确求解主方程是一个极大的挑战, 这主要缘于两个方面的因素: $g(t)$ 包含有无穷多项; $\rho_{\mathrm{s}}(t)$ 的演化与它前一时刻的状态相关联, 亦即, 它的演化不是一个马尔可夫过程. 所以, 在求解主方程时, 多数情况下需要采取一些近似 [7]. 比方说: ① 玻恩近似. 假设量子体系与热库的相互作用较弱, 从而忽略 $g(t)$ 中二阶以上的项; ② 马尔可夫近似. 将主方程多时问题转化为单时问题, 得到约化密度算符关于时间的一阶微分方程. 关于马尔可夫近似, 在第 2 章已有详细介绍, 这里就不再赘述; ③ 玻恩–马尔可夫近似. 同时考虑以上两种近似方法; ④ 蒙特卡罗 (Monte Carlo) 近似 [8]. 这种近似方法是一种随机模拟方法, 将所求解的问题同一定的概率模型相联系, 用计算机实现统计模拟或抽样, 以获得问题的近似解.

在以上近似的基础上, 关于主方程的求解存在若干方法, 如各种 C 数等效法 [3]、超算符方法 [9]、Pauli-Zwanzig 方法 [10,11]、Louisell 方法 [5] 等. 具体采用何种方法, 主要取决于所研究问题的主方程的形式以及求解的具体目标. 其中, 前两种方法是主方程的两种传统求解方法. 下面重点介绍这两种方法.

4.4.1 C 数等效法

C 数等效法 [3], 基于蒙特卡罗近似, 将约化密度算符主方程转化为准概率分布的 C 数方程——Fokker-Planck 方程, 简称 F-P 方程. 如特征函数法, 即利用密度算符的特征函数, 如 P 表示、Q 表示、Wigner 函数、正 P 表示、复 P 表示等, 先将约化密度算符主方程转化为 F-P 方程, 再求解该方程. 以上 C 数等效法的共同点和实质都是将算符方程转化为普通函数方程, 或是算符的矩阵元方程, 成为联立方程组, 适当将其截断再用代数方法来求解. 需要注意的是, 当整个系统处于稳定的平衡态时, 可以借助 Fock 表象 (光子数表象) 将算符转化为密度矩阵, 若热库处于不平衡态, 或者附加作用而导致对角项与非对角项的耦合时, 就无法使用 Fock 表象, 则需要诉诸特征函数法来求解. 转化约化密度算符主方程为 C 数方程的途径有很多, 具体选用何种途径取决于研究问题的方便. 由于 Wigner 函数的部分负定性是系统具有非经典特性的一个重要标志, 因此, 这里以 Wigner 函数表示法为例来简要介绍一下 C 数等效法 [6].

密度算符 ρ 的特征函数定义为

$$\chi(\alpha) = \mathrm{Tr}[\hat{D}(\alpha)\rho], \tag{4.4.1}$$

式中, $\hat{D}(\alpha) = \exp(\alpha\hat{a}^+ - \alpha^*\hat{a})$ 为平移算符. 应用 Glauber 公式

$$\mathrm{e}^{\hat{A}+\hat{B}} = \mathrm{e}^{\hat{A}}\mathrm{e}^{\hat{B}}\mathrm{e}^{-\hat{C}/2}, \tag{4.4.2}$$

式中, $\hat{A}$ 和 $\hat{B}$ 满足对易关系 $[\hat{A},\ \hat{B}] = \hat{C}$, 可把平移算符 $\hat{D}(\alpha)$ 展开为正规序形式

$$\hat{D}(\alpha) = \mathrm{e}^{\alpha\hat{a}^+}\mathrm{e}^{-\alpha^*\hat{a}}\mathrm{e}^{-|\alpha|^2/2}. \tag{4.4.3}$$

于是有

$$\frac{\partial\hat{D}(\alpha)}{\partial\alpha} = -\frac{\alpha^*}{2}\hat{D}(\alpha) + \hat{a}^+\hat{D}(\alpha). \tag{4.4.4}$$

进一步可得到如下对应关系:

$$\hat{a}^+\hat{D}(\alpha) = \left(\frac{\partial}{\partial\alpha} + \frac{\alpha^*}{2}\right)\hat{D}(\alpha), \quad \hat{D}(\alpha)\hat{a} = \left(-\frac{\partial}{\partial\alpha^*} - \frac{\alpha}{2}\right)\hat{D}(\alpha). \tag{4.4.5}$$

类似地, 由 $\hat{D}(\alpha)$ 的反正规序形式 $\hat{D}(\alpha) = \mathrm{e}^{-\alpha^*\hat{a}}\mathrm{e}^{\alpha\hat{a}^+}\mathrm{e}^{|\alpha|^2/2}$ 可得

$$\hat{D}(\alpha)\hat{a}^+ = \left(\frac{\partial}{\partial\alpha} - \frac{\alpha^*}{2}\right)\hat{D}(\alpha), \quad \hat{a}\hat{D}(\alpha) = \left(\frac{\alpha}{2} - \frac{\partial}{\partial\alpha^*}\right)\hat{D}(\alpha). \tag{4.4.6}$$

借助 (4.4.5) 和 (4.4.6) 两式的对应关系, 可以将密度算符主方程转化为特征函数方程.

对于一个与压缩热库相互作用的阻尼谐振子系统, 在相互作用表象中, 其主方程为 [6]

$$\begin{aligned}\frac{\mathrm{d}\rho}{\mathrm{d}t} =& \frac{\gamma}{2}(\bar{N}+1)(2\hat{a}\rho\hat{a}^+ - \hat{a}^+\hat{a}\rho - \rho\hat{a}^+\hat{a}) + \frac{\gamma}{2}\bar{N}(2\hat{a}^+\rho\hat{a} - \hat{a}\hat{a}^+\rho - \rho\hat{a}\hat{a}^+)\\ &+ \frac{\gamma}{2}M(2\hat{a}^+\rho\hat{a}^+ - \hat{a}^+\hat{a}^+\rho - \rho\hat{a}^+\hat{a}^+) + \frac{\gamma}{2}M^*(2\hat{a}\rho\hat{a} - \hat{a}\hat{a}\rho - \rho\hat{a}\hat{a}),\end{aligned} \tag{4.4.7}$$

式中, $\bar{N}$ 为热库的平均量子数; M 为与热库有关的慢变函数; γ 为衰减因子. 将式 (4.4.1) 两边对时间取偏微分并将式 (4.4.7) 代入, 同时利用 (4.4.5) 和 (4.4.6) 两式可得

$$\frac{\partial\chi(\alpha)}{\partial t} = \mathrm{Tr}\left[\hat{D}(\alpha)\frac{\partial\rho}{\partial t}\right]$$

$$=\frac{\gamma}{2}\left(-|\alpha|^2-\alpha^*\frac{\partial}{\partial\alpha^*}-\alpha\frac{\partial}{\partial\alpha}\right)\chi(\alpha)-\gamma\bar{N}|\alpha|^2\chi(\alpha)$$
$$-\frac{\gamma M}{2}\alpha^{*2}\chi(\alpha)-\frac{\gamma M^*}{2}\alpha^2\chi(\alpha). \tag{4.4.8}$$

在上式的两边左乘以 $\exp(\beta\alpha^*-\beta^*\alpha)$ 并对 α 积分, 可得

$$\frac{\partial}{\partial t}\int \mathrm{e}^{\beta\alpha^*-\beta^*\alpha}\chi(\alpha)\mathrm{d}^2\alpha=\int \mathrm{e}^{\beta\alpha^*-\beta^*\alpha}\left[\frac{\gamma}{2}\left(-|\alpha|^2-\alpha^*\frac{\partial}{\partial\alpha^*}-\alpha\frac{\partial}{\partial\alpha}\right)-\gamma\bar{N}|\alpha|^2\right.$$
$$\left.-\frac{\gamma M}{2}\alpha^{*2}-\frac{\gamma M^*}{2}\alpha^2\right]\chi(\alpha)\mathrm{d}^2\alpha. \tag{4.4.9}$$

考虑到 Wigner 函数与特征函数 $\chi(\alpha)$ 之间的傅里叶变换关系:

$$W(\beta)=\int \exp(\beta\alpha^*-\beta^*\alpha)\chi(\alpha)\mathrm{d}^2\alpha, \tag{4.4.10}$$

以及由此得到的两个关系式:

$$\int \mathrm{e}^{\beta\alpha^*-\beta^*\alpha}\alpha\alpha^*\chi(\alpha)\mathrm{d}^2\alpha=-\int\frac{\partial}{\beta}\frac{\partial}{\beta^*}(\mathrm{e}^{\beta\alpha^*-\beta^*\alpha})\chi(\alpha)\mathrm{d}^2\alpha=-\frac{\partial^2W(\beta)}{\partial\beta\partial\beta^*}, \tag{4.4.11}$$

$$\int \mathrm{e}^{\beta\alpha^*-\beta^*\alpha}\alpha^*\frac{\partial}{\partial\alpha^*}\chi(\alpha)\mathrm{d}^2\alpha=\frac{\partial}{\beta}\int(\mathrm{e}^{\beta\alpha^*-\beta^*\alpha})\frac{\partial}{\partial\alpha^*}\chi(\alpha)\mathrm{d}^2\alpha$$
$$=-\frac{\partial}{\beta}\int\chi(\alpha)\frac{\partial}{\partial\alpha^*}(\mathrm{e}^{\beta\alpha^*-\beta^*\alpha})\mathrm{d}^2\alpha$$
$$=-\frac{\partial}{\partial\beta}[\beta W(\beta)], \tag{4.4.12}$$

可将式 (4.4.9) 写成 Wigner 函数满足的运动方程:

$$\frac{\partial W(\beta)}{\partial t}=\frac{\gamma}{2}\left[M^*\frac{\partial^2}{\partial\beta^{*2}}+M\frac{\partial^2}{\partial\beta^2}+(2\bar{N}+1)\frac{\partial^2}{\partial\beta\,\partial\beta^*}\right]W(\beta)$$
$$+\frac{\gamma}{2}\left(\frac{\partial}{\partial\beta}\beta+\frac{\partial}{\partial\beta^*}\beta^*\right)W(\beta). \tag{4.4.13}$$

显然, 该方程是一个复变量 F-P 方程. 通常情况下, 人们通过进一步求解关于 C 数的微分方程 (4.4.8) 或 (4.4.13) 来获取相空间中的分布函数, 如特征函数 $\chi(\alpha)$ 或 Wigner 函数, 从而间接地反映量子系统的特点.

4.4.2 超算符法

1. 超算符

设一个封闭系统由两个开放的子系统 A(哈密顿算符 $\hat{\mathscr{H}}_A$) 和 B(哈密顿算符 $\hat{\mathscr{H}}_B$) 构成, 若初始 $t=0$ 时刻两子系统无相互作用, 子系统 A 处于状态 ρ_A, 另一子

系统 B 处于状态 $|0\rangle_{BB}\langle 0|$, 则总系统的初始状态用密度算符表示为

$$\rho_A \otimes |0\rangle_{BB}\langle 0| . \tag{4.4.14}$$

$t>0$ 时, 两子系统 A 和 B 存在相互作用, 从而导致了二者的量子态的耦合. 设总系统量子态的时间演化算符为 $\hat{U}_{AB}(t)$, 其演化可表示为

$$\rho_A \otimes |0\rangle_{BB}\langle 0| \xrightarrow{U_{AB}(t)} \hat{U}_{AB}(\rho_A \otimes |0\rangle_{BB}\langle 0|)\hat{U}_{AB}^{+}. \tag{4.4.15}$$

由于局限在子系统 A 中的观察者看不到整个系统的态及其演化, 只能观察到 A 的量子态及其演化, 因此, 对子系统 A 中的观察者而言, 上述过程应为

$$\rho_A \xrightarrow{\cdots ?} \rho_A', \tag{4.4.16}$$

该过程实际上统计性地排除了子系统 B 的影响, 即对子系统希尔伯特空间 H_B 进行部分求迹. 为此, 选择 H_B 的一组正交完备基矢组 $\{|\mu\rangle_B\}$, 将总系统对该基矢组取迹后, 剩下的即为希尔伯特空间 H_A 中观察者观察到的态, 即

$$\begin{aligned}\rho_A' =& \mathrm{Tr}_B[\hat{U}_{AB}(\rho_A \otimes |0\rangle_{BB}\langle 0|)\hat{U}_{AB}^{+}] \\ =& \sum_{\mu} {}_B\langle\mu|\hat{U}_{AB}|0\rangle_B\,\rho_A[{}_B\langle 0|\hat{U}_{AB}^{+}|\mu\rangle_B], \\ =& \sum_{\mu}\hat{M}_\mu \rho_A \hat{M}_\mu^{+},\end{aligned} \tag{4.4.17}$$

式中, $\hat{M}_\mu \equiv {}_B\langle\mu|\hat{U}_{AB}|0\rangle_B$ 是一个作用于子系统 A 空间的算符, 它表示在 A 与 B 两子系统相互作用下, 子系统 B 由基态 $|0\rangle_B$ 向态 ${}_B\langle\mu|$ 的跳变对子系统 A 状态的影响. 对于式 (4.4.17) 的操作可以通过引入映射 $\Re$ 来等价地表示, 即

$$\rho_A \xrightarrow{\Re} \Re\rho_A \equiv \rho_A' = \sum_{\mu}\hat{M}_\mu \rho_A \hat{M}_\mu^{+}, \tag{4.4.18}$$

式中, $\Re$ 是一个映射 (superoperator), 代表子系统 A 量子态随时间的演化. 由算符 $\hat{U}_{AB}$ 的幺正性可得

$$\begin{aligned}\sum_{\mu}\hat{M}_\mu\hat{M}_\mu^{+} =& \sum_{\mu} {}_B\langle\mu|\hat{U}_{AB}|0\rangle_{BB}\langle 0|\hat{U}_{AB}^{+}|\mu\rangle_B \\ =& \sum_{\mu} {}_B\langle 0|\hat{U}_{AB}^{+}|\mu\rangle_{BB}\langle\mu|\hat{U}_{AB}|0\rangle_B \\ =& {}_B\langle 0|\hat{U}_{AB}^{+}\hat{U}_{AB}|0\rangle_B = I_A.\end{aligned} \tag{4.4.19}$$

若算符 $\hat{M}_\mu$ 满足式 (4.4.19) 的关系, 则称映射 $\Re$ 为超算符 [3], 将式 (4.4.18) 称为超算符的算符和表示 (或 Kraus 表示), 而将 $\hat{M}_\mu$ 称为 Kraus 算符.

2. 超算符 $\Re$ 的性质及 Kraus 定理

1) 超算符的性质 [3]

(1) 保持 ρ_A 的厄米性. 即若 $\rho_A^+ = \rho_A$, 则有

$$\rho'^+_A = \Re\rho_A^+ = \sum_\mu \hat{M}_\mu \rho_A^+ \hat{M}_\mu^+ = \sum_\mu \hat{M}_\mu \rho_A \hat{M}_\mu^+ = \Re\rho_A = \rho'_A. \tag{4.4.20}$$

(2) 保持 ρ_A 的幺迹性. 即若 $\mathrm{Tr}\rho_A = 1$, 则有

$$\begin{aligned}\mathrm{Tr}\rho'^+_A =& \mathrm{Tr}\Re\rho_A^+ = \mathrm{Tr}\sum_\mu \hat{M}_\mu \rho_A^+ \hat{M}_\mu^+ = \mathrm{Tr}\sum_\mu \rho_A \hat{M}_\mu^+ \hat{M}_\mu \\ =& \mathrm{Tr}\left(\rho_A \sum_\mu \hat{M}_\mu^+ \hat{M}_\mu\right) = \mathrm{Tr}\rho_A = 1.\end{aligned} \tag{4.4.21}$$

(3) 保持 ρ_A 的半正定性. 若对任意量子态 $|\psi\rangle_A$, 满足 ${}_A\langle\psi|\rho_A|\psi\rangle_A \geqslant 0$, 则

$$\begin{aligned}{}_A\langle\psi|\rho'_A|\psi\rangle_A =& {}_A\langle\psi|\Re\rho_A|\psi\rangle_A = \sum_\mu {}_A\langle\psi|\hat{M}_\mu \rho_A \hat{M}_\mu^+|\psi\rangle_A \\ =& \sum_\mu {}_A\langle\varphi|\rho_A|\varphi\rangle_A \geqslant 0.\end{aligned} \tag{4.4.22}$$

(4) 若 $\Re_A \otimes I_A$ 在 $H_{\mathrm{A}} \otimes H_{\mathrm{B}}$ 的希尔伯特空间是正定的, 则称 $\Re_A$ 在子系统 A 的空间上是完全正定的.

2) Kraus 定理 [12]

设 $\Re$ 为子系统中对密度算符的某个映射. 若它满足以下四个条件: 线性的、保持厄米性的、保迹的、完全正定的, 就必定可以将它表示成上述算符和的形式, 即总系统随时间演化的结果, 在子系统中必定表现为超算符的算符和的形式.

3. 密度算符主方程求解的超算符法

对于任意初始量子态的情形, 上面提到的 C 数等效法等传统的求解密度算符主方程的方法并不适用. 鉴于此, 文献 [9] 提出了超算符方法. 下面简要介绍这种方法.

单模腔场中辐射场的主方程为

$$\begin{aligned}\frac{\mathrm{d}\rho(t)}{\mathrm{d}t} =& k(\bar{N}+1)(2\hat{a}\rho\hat{a}^+ - \hat{a}^+\hat{a}\rho - \rho\hat{a}^+\hat{a}) \\ &+ k\bar{N}(2\hat{a}^+\rho\hat{a} - \hat{a}\hat{a}^+\rho - \rho\hat{a}\hat{a}^+),\end{aligned} \tag{4.4.23}$$

式中, $\bar{N}$ 为热库的平均量子数. 在绝对零温下, $\bar{N}=0$, 主方程相应地变为

$$\frac{\mathrm{d}\rho(t)}{\mathrm{d}t} = k(2\hat{a}\rho\hat{a}^+ - \hat{a}^+\hat{a}\rho - \rho\hat{a}^+\hat{a}). \tag{4.4.24}$$

为了求解式 (4.4.24) 所给的主方程, 定义三个超算符 $\hat{J}_1$、$\hat{J}_2$ 和 $\hat{L}$, 它们是通过 ρ 的不同夹乘而定义的, 即

$$\hat{J}_1\rho = 2\gamma\hat{a}\rho\hat{a}^+, \quad \hat{J}_2\rho = 2\beta\hat{a}^+\rho\hat{a}, \quad \hat{L}\rho = -(\beta+\gamma)(\hat{a}^+\hat{a}\rho + \rho\hat{a}^+\hat{a}), \tag{4.4.25}$$

式中, 常数 $\gamma = k(\bar{N}+1)$; $\beta = k\bar{N}$. 连续第二次的超算符作用, 就是把被作用的客体看成是新的密度算符再以第一次的方式操作一次. 由玻色算符的对易关系: $[\hat{a},\ \hat{a}^+] = 1$ 可以证明上面定义的超算符满足如下对易关系:

$$\begin{gathered}[\hat{J}_2,\ \hat{J}_1]\rho = \frac{4\beta\gamma}{\beta+\gamma}\hat{L}\rho - 4\beta\gamma\rho, [\hat{J}_1,\ \hat{L}]\rho = -2(\beta+\gamma)\hat{J}_1\rho, \\ [\hat{J}_2,\ \hat{L}]\rho = 2(\beta+\gamma)\hat{J}_2\rho.\end{gathered} \tag{4.4.26}$$

于是, 可将式 (4.4.24) 改写为

$$\frac{\mathrm{d}\rho(t)}{\mathrm{d}t} = (\hat{J}_1 + \hat{J}_2 + \hat{L} - 2\beta)\rho(t), \tag{4.4.27}$$

其通解为

$$\rho(t) = \exp[(\hat{J}_1 + \hat{J}_2 + \hat{L} - 2\beta)t]\rho(0), \tag{4.4.28}$$

式中，$\rho(0)$ 为初始时刻的密度算符. 要想得到式 (4.4.28) 的具体解, 需要将该式的指数算符进行拆分, 文献 [9] 将其拆分为如下形式:

$$\rho(t) = \mathrm{e}^{-2\beta t}\exp[f_3(t)]\exp[f_2(t)\hat{J}_2]\exp[f_0(t)\hat{L}]\exp[f_1(t)\hat{J}_1]\rho(0). \tag{4.4.29}$$

将式 (4.4.29) 对 t 求导数, 并将结果与式 (4.4.27) 作对比, 可得关于 $f_i(i=0,\ 1,\ 2,\ 3)$ 的微分方程组

$$\begin{gathered}\frac{\mathrm{d}f_1}{\mathrm{d}t}\mathrm{e}^{(\beta+\gamma)f_0} = 1, \quad \frac{\mathrm{d}f_3}{\mathrm{d}t} - 4\beta\gamma f_2 = 0, \quad \frac{\mathrm{d}f_0}{\mathrm{d}t} + \frac{4\beta\gamma}{\beta+\gamma}f_2 = 1, \\ \frac{\mathrm{d}f_2}{\mathrm{d}t} + 2(\beta+\gamma)f_2\frac{\mathrm{d}f_0}{\mathrm{d}t} = 1 - 4\beta\gamma f_2^2.\end{gathered} \tag{4.4.30}$$

注意到初始条件 $\rho(t=0) = \rho(0)$, 则有 $f_i(t=0) = 0$. 于是, 求解该微分方程组可得各系数为

$$\begin{gathered}f_0 = \frac{kt}{\beta+\gamma} + \frac{1}{\beta+\gamma}\ln\frac{\gamma - \beta\mathrm{e}^{-2kt}}{k}, \quad f_1 = f_2 = \frac{1}{2}\frac{\mathrm{e}^{-2kt} - 1}{\beta\mathrm{e}^{-2kt} - \gamma}, \\ f_3 = 2\beta t - \ln\frac{\gamma - \beta\mathrm{e}^{-2kt}}{k},\end{gathered} \tag{4.4.31}$$

式中, $k = \gamma - \beta$. 可见, 对于任意的初态 $\rho(0)$, 将其代入式 (4.4.29) 并利用式 (4.4.31) 就可以得到任意时刻 t 的密度算符的表达式.

总结以上可知, 对于任意初态, 超算符方法可以通过求解系数微分方程而给出任意时刻密度算符的解析表达式, 这是这一方法的优点所在. 然而, 它也有不足之处. 一方面, 超算符操作的结果不能明显地给出, 而是一个较复杂的计算过程; 另一方面, 超算符方法不能给出密度算符的演化与 Kraus 算符之间的关系. 此外, 超算符方法中的 "超算符" 较为抽象, 它们的具体形式较难确定, 不方便直观上的理解. 文献 [3] 提出了一种新的方法, 从热场动力学的角度引入热纠缠态表象来求解主方程. 该方法不但能给出这一类方程解的一般表达式, 避免求解复杂的微分方程, 而且能给出具体的 Kraus 算符. 详细情况可参阅该文献.

参 考 文 献

[1] 彭金生, 李高翔. 近代量子光学导论. 北京: 科学出版社, 1996.

[2] 曾谨言. 量子力学 (卷 II). 北京: 科学出版社, 2005.

[3] 范洪义, 胡利云. 开放系统量子退相干的纠缠态表象论. 上海: 上海交通大学出版社, 2010.

[4] 喀兴林. 高等量子力学. 北京: 高等教育出版社, 2001.

[5] Louisell W H. Quantum Statistical Properties of Radiation. New York: John Wiley, 1973. [中译本: 路易塞尔 W H. 辐射的量子统计性质. 陈水, 于熙令译. 北京: 科学出版社, 1982.].

[6] Walls D F, Milburn G J. Ouantum Optics. Berlin: Springer-Verlag, 1994.

[7] 杨洁. 量子主方程及其求解的若干方法. 中国科学技术大学硕士学位论文, 2003.

[8] Dum R, Zoller P, Ritsch H. Monte Carlo simulation of the atomic master equation for spontaneous emission. Phys. Rev. A, 1992, 45: 4879.

[9] Arévalo-Aguilar L M, Moya-Cessa H. Solution to the master equation for a quantized cavity mode. Quantum Semiclassic. Opt., 1998, 10: 671.

[10] Pauli W. Probleme der Modernen Physik, Aronold Sommerfeld zum 60, Geburtsage Gewidmet von Seinen Schulern (Volume 1). Hirzel Verlag, 1928.

[11] Zwanzig R. Statistical Mechanics of Irreversibilutym (Vol. 3). New York: Interscience, 1961.

[12] Preskill J. Lecture Notes for Physics 229: Quantum Information and Computation. California Institution of Technology, 1998.

第 5 章　介观 LC 电路的量子效应及 Wigner 算符理论

近年来, 随着纳米技术和纳米电子学的飞速发展, 以及微加工技术的进步, 一些特征尺度接近或者达到介观尺度水平的小量子器件已经研制成功, 如分子开关器件 [1]、超晶格器件 [2] 和约瑟夫森结 [3] 等. 在介观尺度下, 电路或者器件的量子相干效应便呈现出来, 原来在分析经典电路时所采用的一系列基本原理和方法在介观尺度下遇到了极大的挑战. 所以, 研究介观尺度下的器件或电路的量子力学效应具有重要的理论和实践指导意义. 而在此过程中, 一个首要的任务便是将介观电路量子化.

介观电路中存在大量处于介观尺度的基本电路元件, 比如电容 (capacitor)、电感 (inductor) 以及电阻 (resistor) 等. 而单电感–电容 (inductance-capacitance, LC) 无耗散介观电路是最基本的电路单元, 研究这一介观电路的量子化及其量子效应将为深入地研究更为复杂的介观电路体系打下坚实的基础. 1973 年, Louisell 通过与受迫简谐振子之间的经典类比，首先实现了与电压电源串联的无损耗介观 LC 电路的量子化, 并给出了这一电路中电荷和电流在真空态下的量子涨落 [4].

本章内容主要分为三节: 5.1 节介绍无耗散介观 LC 电路的量子化及量子效应; 5.2 节给出耗散介观 LC 电路的量子化及量子效应; 5.3 节将 Wigner 函数理论应用到介观电路的研究中, 给出介观 LC 电路在有限温度下的 Wigner 函数及其边缘分布.

5.1　无耗散介观 LC 电路的量子化及量子效应

5.1.1　Louisell 的无耗散含源介观 LC 电路量子化方案

Louisell 所考虑的无耗散含源介观 LC 电路, 如图 5.1.1 所示. 图中 C 代表电容, L 代表电感, $\varepsilon(t)$ 为电源. Louisell 将该介观电路和受迫简谐振子之间作了经典类比, 令该电路的哈密顿量为

$$\mathscr{H}(t)=\frac{1}{2L}p^2+\frac{1}{2C}q^2-\varepsilon(t)q, \tag{5.1.1}$$

式中, q 为电容器一极板上的净电荷量, 被视为广义坐标; p 为相应的广义动量, 谐

振频率 $\omega_0 = \dfrac{1}{\sqrt{LC}}$. 利用经典哈密顿正则方程, 由式 (5.1.1) 可得

$$\frac{\mathrm{d}q}{\mathrm{d}t} = \frac{\partial \mathscr{H}}{\partial p} = \frac{1}{L}p, \tag{5.1.2}$$

$$\frac{\mathrm{d}p}{\mathrm{d}t} = -\frac{\partial \mathscr{H}}{\partial q} = -\frac{1}{C}q + \varepsilon(t). \tag{5.1.3}$$

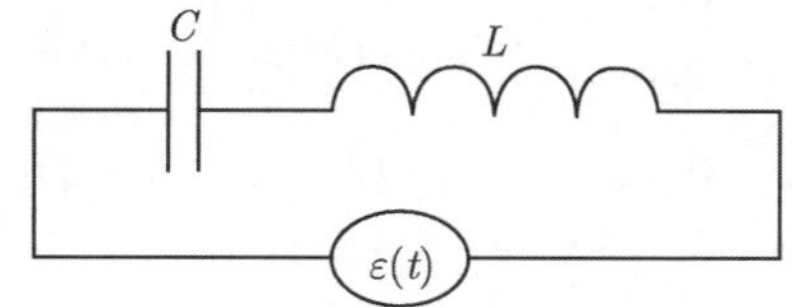

图 5.1.1　无耗散含源介观 LC 电路示意图

由式 (5.1.2) 可见, p 实际上为穿过电感的自感磁通量, 与 q 是一对正则共轭变量. 下面的问题便是将电路量子化. 令一对厄米算符 $\hat{q}$、$\hat{p}$ 与 q、p 相对应, 并要求它们满足对易关系

$$[\hat{q}, \hat{p}] = \mathrm{i}\hbar. \tag{5.1.4}$$

于是, 便实现了 LC 电路的量子化, 即体系的哈密顿算符为

$$\hat{\mathscr{H}}(t) = \frac{1}{2L}\hat{p}^2 + \frac{1}{2C}\hat{q}^2 - \varepsilon(t)\hat{q}. \tag{5.1.5}$$

需要注意到两点: ① 由于电源的存在, 体系的哈密顿算符随时间发生变化, 说明体系为非保守系统; ② Louisell 并没有把电源量子化, 这是因为无论在经典理论或在量子理论中, 电路对电源的反作用都可以忽略.

引入如下的非厄米算符 $\hat{a}$ 和 $\hat{a}^+$:

$$\hat{a} = (2\hbar\omega_0 L)^{-\frac{1}{2}}[\omega_0 L\hat{q} + \mathrm{i}\hat{p}], \quad \hat{a}^+ = (2\hbar\omega_0 L)^{-\frac{1}{2}}[\omega_0 L\hat{q} - \mathrm{i}\hat{p}], \tag{5.1.6}$$

或

$$\hat{p} = \mathrm{i}\sqrt{\frac{\hbar\omega_0 L}{2}}[\hat{a}^+ - \hat{a}], \quad \hat{q} = \sqrt{\frac{\hbar}{2\omega_0 L}}[\hat{a}^+ + \hat{a}]. \tag{5.1.7}$$

由式 (5.1.4) 和式 (5.1.6) 可得

$$[\hat{a},\ \hat{a}^+] = 1. \tag{5.1.8}$$

在引入非厄米算符 $\hat{a}$ 和 $\hat{a}^+$ 后, $\hat{\mathscr{H}}(t)$ 可写为

$$\hat{\mathscr{H}}(t) = \hbar\omega_0(\hat{a}^+\hat{a} + \frac{1}{2}) - \frac{\hbar\varepsilon(t)}{\sqrt{2\hbar\omega_0 L}}(\hat{a}^+ + \hat{a}). \tag{5.1.9}$$

若令

$$f(t) = -\frac{\varepsilon(t)}{\sqrt{2\hbar\omega_0 L}} = f^*(t), \tag{5.1.10}$$

则

$$\hat{\mathscr{H}}(t) = \hbar\omega_0\left(\hat{a}^+\hat{a} + \frac{1}{2}\right) + \hbar[f^*(t)\hat{a}^+ + f(t)\hat{a}], \tag{5.1.11}$$

上式就是描述受迫量子简谐振子的哈密顿算符. 初始态矢 $|\psi(t_0)\rangle$ 的时间演化为

$$\begin{aligned}|\psi(t)\rangle =&\hat{U}(t)\,|\psi(t_0)\rangle = \mathscr{N}\{\mathrm{e}^{A+B\alpha+C\alpha^*+D\alpha\alpha^*}\}\,|\psi(t_0)\rangle\\ =&\mathrm{e}^{A(t)}\mathrm{e}^{C(t)\hat{a}^+}\mathscr{N}\{\mathrm{e}^{D(t)\alpha\alpha^*}\}\mathrm{e}^{B(t)\hat{a}}\,|\psi(t_0)\rangle\,,\end{aligned} \tag{5.1.12}$$

式中, $\mathscr{N}$ 表示正规排序, 并且

$$\begin{cases} D(t) = \mathrm{e}^{-\mathrm{i}\omega t} - 1, \quad B(t) = -\mathrm{i}\displaystyle\int_0^t \mathrm{e}^{-\mathrm{i}\omega t'} f(t')\mathrm{d}t', \\ C(t) = -\mathrm{i}\displaystyle\int_0^t \mathrm{e}^{\mathrm{i}\omega(t'-t)} f^*(t')\mathrm{d}t' = -\mathrm{e}^{-\mathrm{i}\omega t}B^*(t), \\ A(t) = -\displaystyle\int_0^t \mathrm{d}t'' f(t'')\int_0^{t''} \mathrm{e}^{\mathrm{i}\omega(t'-t'')} f(t')\mathrm{d}t'. \end{cases} \tag{5.1.13}$$

若 $t=0$ 时刻体系处于真空态, 则此时 $\varepsilon(t)=0$, 回路中的电荷和电流的零点能和零点起伏可求得

$$\begin{aligned} \langle\hat{q}\rangle = \langle 0|\,\hat{q}\,|0\rangle = 0, &\quad \langle\hat{p}\rangle = \langle 0|\,\hat{p}\,|0\rangle = 0, \\ \left\langle\hat{q}^2\right\rangle = \frac{\hbar\omega_0 C}{2}, &\quad \left\langle\hat{p}^2\right\rangle = \frac{\hbar\omega_0 L}{2}, \\ \langle\hat{a}^+\hat{a}\rangle = 0, &\quad \left\langle\hat{\mathscr{H}}\right\rangle = \frac{\hbar\omega_0}{2}, \\ \left\langle(\Delta\hat{q})^2\right\rangle = \frac{\hbar\omega_0 C}{2}, &\quad \left\langle(\Delta\hat{p})^2\right\rangle = \frac{\hbar\omega_0 L}{2}. \end{aligned} \tag{5.1.14}$$

由式 (5.1.14) 可以看到, 在真空态下, 电荷和电流的平均值等于零, 但其方均值不等于零. 因此, 电荷存在零点起伏 $\left\langle(\Delta\hat{q})^2\right\rangle = \dfrac{\hbar\omega_0 C}{2}$, 电流也存在零点起伏 $\left\langle(\Delta\hat{p})^2\right\rangle = \dfrac{\hbar\omega_0 L}{2}$, 零点能为 $\dfrac{\hbar\omega_0}{2}$. 若从经典的观点来看, 当电路开始还没被激发起来时, $\left\langle\hat{q}^2\right\rangle$ 和 $\left\langle\hat{p}^2\right\rangle$ 都等于零, 电荷和电流的零点起伏应该等于零。但对于介观电路而言，这种经典观点显然违背了测不准关系，这是因为 $\langle\Delta\hat{q}\rangle\langle\Delta\hat{p}\rangle = \dfrac{\hbar}{2}$ 是对易关系 $[\hat{q},\hat{p}] = \mathrm{i}\hbar$ 的直接结果, 也就是说, 电路已经量子化, 从而导致了 $\hat{q}$ 和 $\hat{p}$ 的零点起伏.

需要指出的是, 在 Louisell 的量子化方案中, 相关哈密顿量是将介观 LC 电路同经典谐振子体系相类比得到的, 而对于较复杂的介观 LC 电路, 其哈密顿量很难通过类比得到. 而狄拉克的正则量子化方法 (2.2.3 节所述) 则是对这一类比方法的总结, 在正则量子化方案下, 介观体系的量子化过程显得较为直接、简洁, 这一过程如下:

把电容器–极板上的净电荷量 q 看成广义坐标, 则体系的势能为

$$\mathscr{V}=\frac{q^2}{2C}-\varepsilon(t)q, \tag{5.1.15}$$

相应的广义动能为

$$\mathscr{T}=\frac{1}{2}LI^2=\frac{1}{2}L\dot{q}^2, \tag{5.1.16}$$

体系的拉格朗日函数为

$$\mathscr{L}=\mathscr{T}-\mathscr{V}=\frac{1}{2}L\dot{q}^2-\frac{q^2}{2C}+\varepsilon(t)q, \tag{5.1.17}$$

则相应的广义动量为

$$p=\frac{\partial\mathscr{L}}{\partial\dot{q}}=L\dot{q}, \tag{5.1.18}$$

式 (5.1.18) 表明, p 为电感自感系数 L 与电流 $\dot{q}$ 的乘积, 即为自感磁通, 与 q 是一对正则共轭变量. 由此可得, 体系的哈密顿量为

$$\mathscr{H}=p\dot{q}-L=\frac{1}{2L}p^2+\frac{1}{2C}q^2-\varepsilon(t)q. \tag{5.1.19}$$

在狄拉克的正则量子化方法中, 一对正则共轭变量 p 与 q 和一对厄米算符 $\hat{p}$ 与 $\hat{q}$ 相对应, 二者满足关系: $[\hat{q},\ \hat{p}]=\mathrm{i}\hbar$, 此即量子化条件. 加入该量子化条件后, 可得体系的哈密顿算符

$$\hat{\mathscr{H}}=\frac{1}{2L}\hat{p}^2+\frac{1}{2C}\hat{q}^2-\varepsilon(t)\hat{q}. \tag{5.1.20}$$

5.1.2 介观 LC 回路数–相量子化及其流算符方程

5.1.1 节对介观 LC 电路的量子化是在坐标–动量空间内实现的. 下面从一个新的角度重新考虑介观 LC 电路的量子化, 尝试将净电荷量 $q(q=ne)$ 中的 n 作为电荷数算符, 并建立电流算符 $\hat{I}$ 和相算符 $\hat{\theta}$ 之间的对应关系, 引进数–相空间的量子化对易关系 $[\hat{n},\ \hbar\hat{\theta}]=\mathrm{i}\hbar$, 其与坐标–动量空间中量子化程序有着异曲同工之妙.

对于基本的介观 LC 电路, 其电容器一极板上所带净电荷量可以表示为 $q=ne$, 式中 n 为电荷数, 若把 n 视为广义坐标, 则电感 L 上储存的能量可视为动能, 即

$$\mathscr{T}=\frac{1}{2}LI^2=\frac{1}{2}L\dot{q}^2=\frac{1}{2}Le^2\dot{n}^2, \tag{5.1.21}$$

电路中电容 C 上储存的能量则可视为势能, 即

$$\mathscr{V} = \frac{q^2}{2C} = \frac{1}{2C}e^2n^2, \tag{5.1.22}$$

则回路的拉格朗日函数为

$$\mathscr{L} = \mathscr{T} - \mathscr{V} = \frac{1}{2}Le^2\dot{n}^2 - \frac{1}{2C}e^2n^2, \tag{5.1.23}$$

与 n 相应的广义动量为

$$p = \frac{\partial \mathscr{L}}{\partial \dot{n}} = Le^2\dot{n}. \tag{5.1.24}$$

由于

$$e\dot{n} = I = \frac{\varPhi}{L}, \tag{5.1.25}$$

式中, $\varPhi$ 为自感磁通量. 将式 (5.1.25) 代入式 (5.1.24) 得

$$p = e\varPhi, \tag{5.1.26}$$

上式表明了动量和磁通之间所存在的关系, 由 Faraday 电磁感应定律知道电感两端的电压为

$$-\frac{\mathrm{d}\varPhi}{\mathrm{d}t} \equiv U, \tag{5.1.27}$$

这也就是 LC 电路中电容两端的电压. 如果从量子力学波函数的角度考虑, 这个电压与 $\mathrm{d}t$ 时间内电容器两极板间的相位差有关系, 为了说明这一点, 假定和电容器两极板对应的波函数为

$$\psi_i = \phi_i \mathrm{e}^{\mathrm{i}E_i t/\hbar} = \phi_i \mathrm{e}^{\mathrm{i}\omega t} = \phi_i \mathrm{e}^{\mathrm{i}\theta_i} \quad (i = 1, 2), \tag{5.1.28}$$

式中, θ_i 为相应波函数的相位, 满足

$$\mathrm{d}\theta_i = \frac{E_i}{\hbar}\mathrm{d}t, \quad \mathrm{d}\theta = \mathrm{d}\theta_2 - \mathrm{d}\theta_1 = \frac{E_2 - E_1}{\hbar}\mathrm{d}t = \frac{-Ue}{\hbar}\mathrm{d}t \quad (i = 1, 2), \tag{5.1.29}$$

式中, $\theta = \theta_2 - \theta_1$ 为两极板波函数相位差. 由 (5.1.26)、(5.1.27) 和 (5.1.29) 三式可得

$$p = \hbar\theta, \tag{5.1.30}$$

此式简洁地说明了 $\hbar\theta$ 等价于正则动量, 而粒子数 n 等价于与其共轭的正则坐标, 所以量子化条件表示为

$$[\hat{n},\ \hbar\hat{\theta}] = \mathrm{i}\hbar, \tag{5.1.31}$$

或者是 $[\hat{n}, \hat{\theta}] = \mathrm{i}$; 数–相不确定关系就变为 $\Delta\hat{n} \cdot \Delta\hat{\theta} \geqslant 1/2$. 从以上推导出的关系不难看出: 介观 LC 电路的量子化完全可以在数–相范畴内解释, 可观测的正则坐标

和动量对应着电路中电容器一极板上的净电荷数和电容器极板间的相位差 (需要注意的是, 在此并没有像约瑟夫森结一样考虑约瑟夫林结两极板间的隧穿电流).

另一方面, 式 (5.1.26) 和式 (5.1.30) 说明: 磁通的量子化对应为 $\hat{\Phi} = \hbar\hat{\theta}/e$, 这一点正好和 Vourdas 对与微波外源有耦合的超导环的分析是一致的, 总的磁通量对应着超导结两端的相位差 [5,6].

则用 $\hat{n}$ 和 $\hbar\hat{\theta}$ 所表示的哈密顿算符为

$$\hat{\mathscr{H}} = \frac{\hbar^2\hat{\theta}^2}{2e^2L} + \frac{e^2\hat{n}^2}{2C}. \tag{5.1.32}$$

由海森伯方程得

$$\frac{\mathrm{d}\hat{n}}{\mathrm{d}t} = \frac{\hbar\hat{\theta}}{e^2L}, \quad \hbar\frac{\mathrm{d}\hat{\theta}}{\mathrm{d}t} = -\frac{e^2\hat{n}}{C}. \tag{5.1.33}$$

这两个式子分别代表电流方程和 Faraday 定律. 由式 (5.1.32) 和式 (5.1.33) 可得

$$\frac{\mathrm{d}^2\hat{n}}{\mathrm{d}t^2} = -\frac{\hat{n}}{LC}, \tag{5.1.34}$$

其解为

$$\hat{n} = \hat{n}(t=0)\mathrm{e}^{\mathrm{i}t/\sqrt{LC}}, \tag{5.1.35}$$

它体现了介观 LC 电路中的电磁谐振行为, 这样就实现了介观 LC 回路的数–相量子化 [7].

5.1.3 无耗散含源介观 LC 电路的低能近似解

在 5.1.1 节中, Louisell 通过将无耗散含源介观 LC 电路与受迫简谐振子之间作经典类比对其实施了量子化, 得到了式 (5.1.12) 的量子态 $|\psi(t)\rangle$, 并探讨了体系初始处于真空态时的一些量子性质. 当体系的初态换作稍微复杂的量子态时, 要想求出 $|\psi(t)\rangle$ 的具体形式, 并讨论体系在该量子态下的一些量子性质有一定难度. 对于一个无耗散不含源介观 LC 电路, 若不考虑电路的漏磁, 整个体系的能量是守恒的, 体系等价于一个一维量子简谐振子, 其哈密顿矩阵是对角化的, 相应的本征态为粒子数态. 但在电路中接入电源, 当电路接通后，电容、电感与电源发生相互作用, 此时, 整个体系的哈密顿算符矩阵不再是对角化的, 非对角元项则反映了相互作用. 基于此考虑, 可以在粒子数表象中重解此问题. 注意到式 (5.1.5) 的哈密顿算符:

$$\hat{\mathscr{H}} = \frac{1}{2L}\hat{p}^2 + \frac{1}{2C}\hat{q}^2 - \varepsilon\hat{q} \tag{5.1.36}$$

描述了一个非简谐运动, 式中动量算符 $\hat{p}$ 实际上相应于穿过线圈的自感磁通, 坐标算符相应于电容器一极板上的净电荷量, ε 为电源电动势. 可以把式 (5.1.36) 另写为

$$\hat{\mathscr{H}} = \hat{\mathscr{H}}_0 + \hat{\mathscr{H}}_I, \tag{5.1.37}$$

式中相互作用部分 $\hat{\mathscr{H}}_I = -\varepsilon\hat{q}$, 描述简谐运动部分的哈密顿算符

$$\hat{\mathscr{H}}_0 = \frac{1}{2L}\hat{p}^2 + \frac{1}{2}L\omega_0^2\hat{q}^2, \tag{5.1.38}$$

式中，$\omega_0 = 1/\sqrt{LC}$ 为谐振频率. $\hat{\mathscr{H}}_0$ 不显含时间 t, 其能量本征态为粒子数态 $|n\rangle$, 相应的本征值为

$$E_n = (n + 1/2)\hbar\omega_0 \quad (n = 0, 1, 2, \cdots). \tag{5.1.39}$$

针对简谐运动部分, 引入如下的产生、湮灭算符:

$$\hat{a} = \frac{1}{\sqrt{2L\hbar\omega_0}}(L\omega_0\hat{q} + \mathrm{i}\hat{p}), \quad \hat{a}^+ = \frac{1}{\sqrt{2L\hbar\omega_0}}(L\omega_0\hat{q} - \mathrm{i}\hat{p}), \tag{5.1.40}$$

二者满足对易关系: $[\hat{a},\ \hat{a}^+] = 1$. 它们具有升降特性, 对量子态 $|n\rangle$ 的操作满足下面关系:

$$\hat{a}\,|n\rangle = \sqrt{n}\,|n-1\rangle\,, \quad \hat{a}^+\,|n\rangle = \sqrt{n+1}\,|n+1\rangle\,. \tag{5.1.41}$$

于是, 可以把式 (5.1.37) 改写为

$$\hat{\mathscr{H}} = \hat{\mathscr{H}}_0 + \hat{\mathscr{H}}_I = \hbar\omega_0(\hat{a}^+\hat{a} + 1/2) - \varepsilon\sqrt{\frac{\hbar}{2L\omega_0}}(\hat{a}^+ + \hat{a}). \tag{5.1.42}$$

在粒子数表象 $|n\rangle$ 中, $\hat{\mathscr{H}}$ 矩阵的对角元项为

$$\mathscr{H}_{nn} = \langle n|\,\hbar\omega_0(\hat{a}^+\hat{a} + 1/2)\,|n\rangle = \hbar\omega_0(n + 1/2), \tag{5.1.43}$$

非对角元项为

$$\mathscr{H}_{mn} = \langle m| - \varepsilon\sqrt{\frac{\hbar}{2L\omega_0}}(\hat{a}^+ + \hat{a})\,|n\rangle = \begin{cases} -\varepsilon\sqrt{\dfrac{(n+1)\hbar}{2L\omega_0}}, & m-n=1 \\ 0, & m-n\neq\pm1 \\ -\varepsilon\sqrt{\dfrac{n\hbar}{2L\omega_0}}, & m-n=-1 \end{cases}. \tag{5.1.44}$$

于是, 由 (5.1.43) 和 (5.1.44) 两式可以将 $\hat{\mathscr{H}}$ 表示为下面的矩阵形式:

$$\hat{\mathscr{H}} = \begin{pmatrix} \dfrac{\hbar\omega_0}{2} & -\varepsilon\sqrt{\dfrac{\hbar}{2L\omega_0}} & 0 & 0 & \cdots \\ -\varepsilon\sqrt{\dfrac{\hbar}{2L\omega_0}} & \dfrac{3\hbar\omega_0}{2} & -\varepsilon\sqrt{\dfrac{\hbar}{L\omega_0}} & 0 & \cdots \\ 0 & -\varepsilon\sqrt{\dfrac{\hbar}{L\omega_0}} & \dfrac{5\hbar\omega_0}{2} & -\varepsilon\sqrt{\dfrac{3\hbar}{2L\omega_0}} & \cdots \\ 0 & 0 & -\varepsilon\sqrt{\dfrac{3\hbar}{2L\omega_0}} & \dfrac{7\hbar\omega_0}{2} & \cdots \\ \vdots & \vdots & \vdots & \vdots & \end{pmatrix}, \tag{5.1.45}$$

在上面的矩阵中, 对角元为简谐运动部分的本征值, 而紧邻对角元的非对角元项描述了电源和 LC 电路的相互作用, 其他的非对角元项皆为零. 体系的能量本征值和本征态可以通过求解矩阵方程 $\hat{\mathscr{H}}|\psi\rangle = E|\psi\rangle$ 获得, 而由于式 (5.1.45) 的矩阵是无穷维的, 要想给出方程精确的解析解是不可能的. 但是在体系能量较低的情况下, 可以给出方程的近似解. 比如, 若哈密顿算符 $\hat{\mathscr{H}}_0 = \hbar\omega_0(\hat{a}^+\hat{a} + 1/2)$ 所描述的简谐运动能量较低, 只存在两个能态: $|0\rangle$ 和 $|1\rangle$, 则式 (5.1.45) 简化为下面形式:

$$\hat{\mathscr{H}} = \begin{pmatrix} \beta & \dfrac{1}{\sqrt{2}}\alpha \\ \dfrac{1}{\sqrt{2}}\alpha & 3\beta \end{pmatrix}, \tag{5.1.46}$$

式中, $\alpha = -\varepsilon\sqrt{\dfrac{\hbar}{L\omega_0}}$, $\beta = \dfrac{\hbar\omega_0}{2}$. 其本征值为

$$E_1 = 2\beta - \sqrt{\alpha^2/2 + \beta^2}, \quad E_2 = 2\beta + \sqrt{\alpha^2/2 + \beta^2}, \tag{5.1.47}$$

相应的本征态分别为

$$|\psi_1\rangle = \cos\theta\,|0\rangle - \sin\theta\,|1\rangle, \quad |\psi_2\rangle = \sin\theta\,|0\rangle + \cos\theta\,|1\rangle, \tag{5.1.48}$$

式中

$$\cos\theta = \frac{2\beta + \sqrt{2\alpha^2 + 4\beta^2}}{\sqrt{(2\beta + \sqrt{2\alpha^2 + 4\beta^2})^2 + 2\alpha^2}}, \quad \sin\theta = \frac{\sqrt{2}\alpha}{\sqrt{(2\beta + \sqrt{2\alpha^2 + 4\beta^2})^2 + 2\alpha^2}}.$$

可见, 根据所研究问题的实际情况进行能态近似, 在 Fock 态表象中可获得体系的本征值和本征函数, 这种方法非常简洁.

进一步, 能求出体系处于式 (5.1.48) 所描述的量子态 $|\psi_1\rangle$ 下电容器一极板上的净电荷量 q 和穿过线圈的自感磁通 $\varPhi$ 的量子涨落, 即

$$\begin{aligned}
\left\langle(\Delta\hat{q})^2\right\rangle_1 &= \langle\varPsi_1|\,\hat{q}^2\,|\varPsi_1\rangle - \langle\varPsi_1|\,\hat{q}\,|\varPsi_1\rangle^2 \\
&= \langle\varPsi_1|\left[\sqrt{\frac{\hbar}{2L\omega_0}}(\hat{a}^+ + \hat{a})\right]^2|\varPsi_1\rangle - \langle\varPsi_1|\sqrt{\frac{\hbar}{2L\omega_0}}(\hat{a}^+ + \hat{a})\,|\varPsi_1\rangle^2 \\
&= \frac{\hbar}{2L\omega_0}(4\sin^4\theta - 2\sin^2\theta + 1),
\end{aligned} \tag{5.1.49}$$

$$\begin{aligned}
\left\langle(\Delta\hat{\varPhi})^2\right\rangle_1 &= \langle\varPsi_1|\,\hat{\varPhi}^2\,|\varPsi_1\rangle - \langle\varPsi_1|\,\hat{\varPhi}\,|\varPsi_1\rangle^2 \\
&= \langle\varPsi_1|\left[\mathrm{i}\sqrt{\frac{L\hbar\omega_0}{2}}(\hat{a}^+ - \hat{a})\right]^2|\varPsi_1\rangle - \langle\varPsi_1|\,\mathrm{i}\sqrt{\frac{L\hbar\omega_0}{2}}(\hat{a}^+ - \hat{a})\,|\varPsi_1\rangle^2
\end{aligned}$$

$$=\frac{L\hbar\omega_0}{2}(2\sin^2\theta+1), \tag{5.1.50}$$

两者的乘积为

$$\left\langle(\Delta\hat{q})^2\right\rangle_1\left\langle(\Delta\hat{\Phi})^2\right\rangle_1=\frac{\hbar^2}{4}(8\sin^6\theta+1)\geqslant\frac{\hbar^2}{4}, \tag{5.1.51}$$

可见, 这一乘积满足海森伯不确定关系. 类似地, 可以求出 q 和 Φ 在量子态 $|\psi_2\rangle$ 下的量子涨落 $\left\langle(\Delta\hat{q})^2\right\rangle_2$ 和 $\left\langle(\Delta\hat{\Phi})^2\right\rangle_2$ 以及它们的乘积 $\left\langle(\Delta\hat{q})^2\right\rangle_2\left\langle(\Delta\hat{\Phi})^2\right\rangle_2$, 如下:

$$\left\langle(\Delta\hat{q})^2\right\rangle_2=\frac{\hbar}{2L\omega_0}(4\cos^4\theta-2\cos^2\theta+1), \tag{5.1.52}$$

$$\left\langle(\Delta\hat{\Phi})^2\right\rangle_2=\frac{L\omega_0\hbar}{2}(2\cos^2\theta+1), \tag{5.1.53}$$

$$\left\langle(\Delta\hat{q})^2\right\rangle_2\left\langle(\Delta\hat{\Phi})^2\right\rangle_2=\frac{\hbar^2}{4}(8\cos^6\theta+1)\geqslant\frac{\hbar^2}{4}. \tag{5.1.54}$$

观察 (5.1.49)、(5.1.50) 以及 (5.1.52)、(5.1.53) 四式可知, q 和 Φ 在相应量子态的量子涨落受到电源电动势的影响, 但它们的乘积仍旧满足海森伯不确定关系. 当电动势 $\varepsilon=0$ 时, $\alpha=0$, 式 (5.1.47) 退化为下面的形式:

$$E_1=\beta=\frac{\hbar\omega_0}{2},\quad E_2=3\beta=\frac{3}{2}\hbar\omega_0, \tag{5.1.55}$$

式 (5.1.48) 退化成下面的形式:

$$|\psi_1\rangle=|0\rangle,\quad |\psi_2\rangle=|1\rangle. \tag{5.1.56}$$

上面的量子态 $|0\rangle$、$|1\rangle$ 分别相应于不含源无耗散介观 LC 电路的基态和第一激发态, E_1、E_2 相应于其本征值. 显然, 电源所起到的作用不单单是激发电路, 并且持续不断地补充电路所需的能量, 还使得基态 $|0\rangle$ 和第一激发态 $|1\rangle$ 耦合起来, 从这个意义上讲, 电源电动势起到了控制参量的作用.

当电动势 $\varepsilon=0$ 时, 式 (5.1.49)~式 (5.1.51) 退化为下面的形式:

$$\left\langle(\Delta\hat{q})^2\right\rangle_1=\frac{\hbar}{2L\omega_0},\quad\left\langle(\Delta\hat{\Phi})^2\right\rangle_1=\frac{L\hbar\omega_0}{2},\quad\left\langle(\Delta\hat{q})^2\right\rangle_1\left\langle(\Delta\hat{\Phi})^2\right\rangle_1=\frac{\hbar^2}{4}, \tag{5.1.57}$$

这与5.1.1节所介绍的 Louisell 工作的结果是一致的. 同样, 式(5.1.52)~式(5.1.54) 退化为

$$\left\langle(\Delta\hat{q})^2\right\rangle_2=\frac{3\hbar}{2L\omega_0},\quad\left\langle(\Delta\hat{\Phi})^2\right\rangle_2=\frac{3L\hbar\omega_0}{2},$$

$$\left\langle(\Delta\hat{q})^2\right\rangle_2\left\langle(\Delta\hat{\Phi})^2\right\rangle_2=\frac{9\hbar^2}{4}>\frac{\hbar^2}{4}, \tag{5.1.58}$$

上面的结果相应于介观电路体系初始处于第一激发态的情形. 以上讨论支持了本节所提出研究含源介观 LC 电路问题的新方法: 在粒子数表象下, 根据所研究问题的需要, 作相应的能态近似, 而求出体系的本征值和本征态, 并进一步探讨体系在相应量子态下的一些性质. 这种方法简洁、方便。

5.2 耗散介观 LC 电路的量子化及量子效应

5.2.1 热场动力学

Takahashi 和 Umezawa 为了把处于非绝对零温时的系综平均值等价地转换为对一个纯态的期望值而引进了热场动力学 [8]. 即将算符 $\hat{A}$ 的混合态平均值

$$\left\langle \hat{A} \right\rangle = Z^{-1}(\beta)\mathrm{Tr}(\hat{A}\mathrm{e}^{-\beta\hat{\mathscr{H}}}), \tag{5.2.1}$$

转变成纯态平均

$$\left\langle \hat{A} \right\rangle = \langle 0(\beta)| \hat{A} |0(\beta)\rangle, \tag{5.2.2}$$

式中, $|0(\beta)\rangle$ 是一个纯态, $\beta = \dfrac{1}{kT}$, k 为玻尔兹曼常量; $Z(\beta) = \mathrm{Tr}\mathrm{e}^{-\beta\hat{\mathscr{H}}}$ 为系综的配分函数, $\hat{\mathscr{H}}$ 为所考虑系统的哈密顿算符. 这样处理，尽管带来了很大的方便, 但是却引入了一个虚态矢, 也就是说, 对于每一个现实物理态矢 $|n\rangle$ 要引进一个虚态矢 $|\tilde{n}\rangle$ 相伴, $|n\rangle$ 与 $|\tilde{n}\rangle$ 分属于不同的矢量空间, 二者相互独立. 对真空态而言, 便是: $|0\rangle \to |0\tilde{0}\rangle$. 相应地, 每一个现实的算符 $\hat{a}$, 也要引进在 $|\tilde{n}\rangle$ 空间中作用的算符 $\tilde{\hat{a}}$. 对于 $\hat{\mathscr{H}}_0 = \omega\hat{a}^+\hat{a}$ 的谐振子系统而言, 热真空态被定义为

$$|0(\beta)\rangle = \hat{s}(\theta) \left|0\tilde{0}\right\rangle, \tag{5.2.3}$$

式中, $|0(\beta)\rangle$ 为热真空态; $\left|0\tilde{0}\right\rangle$ 被 $\hat{a}$ 和 $\tilde{\hat{a}}$ 湮灭; $\hat{s}(\theta)$ 被称为热算符, 定义为

$$\hat{s}(\theta) = \exp[-\theta(\hat{a}\tilde{\hat{a}} - \hat{a}^+\tilde{\hat{a}}^+)], \tag{5.2.4}$$

它把绝对零温下的真空态 $\left|0\tilde{0}\right\rangle$ 变为热真空态, 式中 $[\tilde{\hat{a}}, \tilde{\hat{a}}^+] = 1$, 参数 θ 与 kT 相关, 可以通过比较粒子数算符在 $|0(\beta)\rangle$ 态下的期望值

$$n = \langle 0(\beta)| \hat{a}^+\hat{a} |0(\beta)\rangle = \left\langle 0\tilde{0}\right| \hat{s}^+(\theta)\hat{a}^+\hat{a}\hat{s}(\theta) \left|0\tilde{0}\right\rangle = \sinh^2\theta \tag{5.2.5}$$

与玻色–爱因斯坦分布

$$n = \left[\exp\left(\frac{\hbar\omega}{kT}\right) - 1\right]^{-1} \tag{5.2.6}$$

来确定, 可得

$$\tanh\theta = \mathrm{e}^{-\hbar\omega/(2kT)} = \mathrm{e}^{-\beta\hbar\omega/2}. \tag{5.2.7}$$

把 $\hat{s}(\theta)$ 展开

$$\begin{aligned}\hat{s}(\theta) =& \exp(\hat{a}^+\tilde{\hat{a}}^+\tanh\theta)\exp[(\hat{a}^+\hat{a} + \tilde{\hat{a}}^+\tilde{\hat{a}} + 1)\\ &\times \ln\sec h\theta]\exp(-\hat{a}\tilde{\hat{a}}\tanh\theta),\end{aligned} \tag{5.2.8}$$

可知热真空态为

$$|0(\beta)\rangle = \hat{s}(\theta)\left|0\tilde{0}\right\rangle = \text{sech}\,\theta \exp[\hat{a}^{+}\tilde{\hat{a}}^{+}\tanh\theta]\left|0\tilde{0}\right\rangle. \tag{5.2.9}$$

在极高温度下, $\hbar\omega << 2kT$, 式 (5.2.7) 中的 $\tanh\theta \to 1$, 热真空态变成

$$|0(\beta)\rangle|_{T\to\infty} = \exp(\hat{a}^{+}\tilde{\hat{a}}^{+})\left|0\tilde{0}\right\rangle = \sum_{n=0}\left|0\tilde{0}\right\rangle, \tag{5.2.10}$$

式中, $|\tilde{n}\rangle = \dfrac{\tilde{\hat{a}}^{+n}}{\sqrt{n!}}\left|\tilde{0}\right\rangle$; $|n\tilde{n}\rangle$ 是热数态.

5.2.2　热纠缠态表象

基于式 (5.2.10) 给出的热真空态, 文献 [9], [10] 建立了一个新的热场态 $|\tau\rangle$, 它具有正交完备性, 因而能构成一个新的热表象. 在此表象内, 热算符 $\hat{s}(\theta)$ 有一个更自然的表示.

构造 $|\tau\rangle$ 的方法: 用 $D(\tau) = \exp(\tau\hat{a}^{+} - \tau^{*}\hat{a})$ 对极高温下的热真空态作平移, 即

$$\begin{aligned} D(\tau)|0(\beta)\rangle|_{T\to\infty} =& D(\tau)\exp(\hat{a}^{+}\tilde{\hat{a}}^{+})\left|0\tilde{0}\right\rangle \\ =& \exp\left(-\frac{1}{2}|\tau|^{2} + \tau\hat{a}^{+} - \tau^{*}\tilde{\hat{a}}^{+} + \hat{a}^{+}\tilde{\hat{a}}^{+}\right)\left|0\tilde{0}\right\rangle \\ \equiv& |\tau\rangle, \end{aligned} \tag{5.2.11}$$

所以, 可以称 $|\tau\rangle$ 为极高温下的相干热态. 将 $\hat{a}$ 与 $\tilde{\hat{a}}$ 分别作用于 $|\tau\rangle$ 可得

$$\hat{a}|\tau\rangle = (\tau + \tilde{\hat{a}}^{+})|\tau\rangle, \quad \tilde{\hat{a}}|\tau\rangle = (-\tau^{*} + \hat{a}^{+})|\tau\rangle. \tag{5.2.12}$$

可见,

$$\begin{aligned} (\hat{a} - \tilde{\hat{a}}^{+})|\tau\rangle = \tau|\tau\rangle, \quad (\tilde{\hat{a}} - \hat{a}^{+})|\tau\rangle = -\tau^{*}|\tau\rangle, \\ \langle\tau|(\hat{a}^{+} - \tilde{\hat{a}}) = \tau^{*}\langle\tau|, \quad \langle\tau|(\tilde{\hat{a}}^{+} - \hat{a})|\tau\rangle = -\tau\langle\tau|, \end{aligned} \tag{5.2.13}$$

这表明 $|\tau\rangle$ 是正交的, 即

$$\langle\tau'|\,\tau\rangle = \pi\delta(\tau - \tau')\delta(\tau^{*} - \tau'^{*}). \tag{5.2.14}$$

借助绝对零温下真空态投影算子的正规乘积形式

$$\left|0\tilde{0}\right\rangle\left\langle 0\tilde{0}\right| =: \exp(-\hat{a}^{+}\hat{a} - \tilde{\hat{a}}^{+}\tilde{\hat{a}}): \tag{5.2.15}$$

以及 IWOP 技术, 易于证明 $|\tau\rangle$ 是完备的, 即

$$\int\frac{\mathrm{d}^{2}\tau}{\pi}|\tau\rangle\langle\tau| = \int\frac{\mathrm{d}^{2}\tau}{\pi}:\exp\Big[-|\tau|^{2} + \tau(\hat{a}^{+} - \tilde{\hat{a}}) - \tau^{*}(\tilde{\hat{a}}^{+} - \hat{a})$$

$$+\hat{a}^{+}\tilde{\hat{a}}^{+}+\hat{a}\tilde{\hat{a}}-\hat{a}^{+}\hat{a}-\tilde{\hat{a}}^{+}\tilde{\hat{a}}\Big] := 1. \tag{5.2.16}$$

由 (5.2.14) 和 (5.2.16) 两式可见, $|\tau\rangle$ 构成热场动力学的一个新表象. 在态矢 $|\tau\rangle$ 构成的完备基矢空间, “热自由度”$\tilde{\hat{a}}^{+}$ 与 “正常自由度”$\hat{a}^{+}$ 是同时出现的, 从这个意义来讲, 可以称 $|\tau\rangle$ 为一种 “纠缠” 态, 它是系统 “浸” 在热库中发生相互作用的结果, 谓之热纠缠态. 在 $|\tau\rangle$ 表象中, 压缩算符 $\hat{s}(\theta)$ 简洁地表示为

$$\hat{s}(\theta)=\int\frac{\mathrm{d}^2\tau}{\pi\lambda}\,|\tau/\lambda\rangle\langle\tau|\,,\quad \lambda^2=\frac{1+\tanh\theta}{1-\tanh\theta}, \tag{5.2.17}$$

因此,

$$\hat{s}(\theta)\,|\tau\rangle=1/\lambda\,|\tau/\lambda\rangle\,, \tag{5.2.18}$$

$$|0(\beta)\rangle=\int\frac{\mathrm{d}^2\tau}{\pi\lambda}\,|\tau/\lambda\rangle\langle\tau|\,|0\tilde{0}\rangle=\int\frac{\mathrm{d}^2\tau}{\pi\lambda}\,|\tau/\lambda\rangle\,\mathrm{e}^{-\frac{1}{2}|\tau|^2}. \tag{5.2.19}$$

5.2.3 介观 *RLC* 电路的量子化及其热效应

在实际的介观电路中, 由于引起热效应的电阻 (resistance, R) 总是存在的, 所以, 在研究介观电路的量子效应时, 电阻的影响就不得不考虑在内. 最简单的含 R 介观电路便是 RLC 串联回路, 富有代表性的对介观 RLC 电路的量子化方法主要有两种: ① 把 RLC 介观电路视为一个阻尼谐振子, 借助阻尼谐振子的量子化方法 [11]; ② 把介观 RLC 电路等效为一个耦合到声子库上的电磁谐振子 [12]. 有别于以上两种方法, 可认为电阻的引入就好比对介观 LC 电路体系施加了一个 “耗散力”IR, 电阻上的耗散能可归到广义动能这一类. 因而, 能够按照狄拉克的正则量子化方法对介观 RLC 电路实施量子化, 由这一方法得到的哈密顿算符显得更加自然.[13]

1. 介观 *RLC* 电路的量子化

假设 $t=0$ 时刻, 介观 RLC 回路被一脉冲电源 (电源的开关时间趋于零) 激发. 若把电容器某一极板上的净电荷 q 视为广义坐标. 则体系的势能为

$$\mathscr{V}=\frac{q^2}{2C}, \tag{5.2.20}$$

考虑到 “耗散力” 对体系做 “负功”, 与 $\dot{q}$ 相应的体系的广义动能为

$$\mathscr{T}=\frac{1}{2}L\dot{q}^2-\dot{q}^2Rt, \tag{5.2.21}$$

则体系的拉格朗日函数为

$$\mathscr{L}=\mathscr{T}-\mathscr{V}=\frac{1}{2}L\dot{q}^2-\dot{q}^2Rt-\frac{q^2}{2C}, \tag{5.2.22}$$

相应的广义动量为

$$p = \frac{\partial \mathscr{L}}{\partial \dot{q}} = L\dot{q} - 2\dot{q}Rt. \tag{5.2.23}$$

注意到式 (5.2.23) 中, 广义动量 p 是时间的显函数, 这一点不难理解. 前面提到电阻的引入等效于对体系施加一个 "耗散力"IR, "耗散力" 的冲量必然会引起体系的总动量随时间发生变化.

体系的哈密顿量为

$$\mathscr{H} = p\dot{q} - \mathscr{L} = \frac{p^2}{2(L-2Rt)} + \frac{1}{2C}q^2. \tag{5.2.24}$$

由于 p 与 q 为一对正则共轭变量, 根据狄拉克的正则量子化方法, 在式 (5.2.24) 给出的哈密顿量中, 赋予量子化条件: $[\hat{q},\ \hat{p}] = \mathrm{i}\hbar$, 体系便被量子化了, 相应的哈密顿算符为

$$\hat{\mathscr{H}} = \frac{\hat{p}^2}{2L(t)} + \frac{1}{2C}\hat{q}^2, \tag{5.2.25}$$

式中, $L(t) = L - 2Rt$ 为等效电感. 因而, 介观 RLC 电路可被视为一无耗散变电感介观 LC 电路, 近而可等效为一变质量量子力学简谐振子, 相应的哈密顿算符变为

$$\hat{\mathscr{H}} = \frac{\hat{p}^2}{2\mu} + \frac{1}{2}\mu\omega^2\hat{q}^2, \tag{5.2.26}$$

式中, $\mu \equiv L(t)$; $\omega \equiv \sqrt{\dfrac{1}{\mu C}}$. 引入如下的玻色算符

$$\hat{a} = \frac{1}{\sqrt{2\omega\mu\hbar}}[\mu\omega\hat{q} + \mathrm{i}\hat{p}], \quad \hat{a}^+ = \frac{1}{\sqrt{2\omega\mu\hbar}}[\mu\omega\hat{q} - \mathrm{i}\hat{p}], \tag{5.2.27}$$

式 (5.2.26) 给出的哈密顿算符可改写为

$$\hat{\mathscr{H}} = \hbar\omega\left(\hat{a}^+\hat{a} + \frac{1}{2}\right). \tag{5.2.28}$$

2. 介观 RLC 电路的热效应

含电阻介观电路自身要产生焦耳热, 同时, 还要受周围环境的影响, 这就使得电路总是工作在有限温度下, 所以, 考虑温度对电路量子效应的影响也就势在必行. 下面借助热纠缠态表象来讨论介观电路的热效应. 定义虚空间的 "坐标" 和 "动量" 算符如下:

$$\tilde{\hat{q}} = \sqrt{\frac{\hbar}{2\mu\omega}}(\tilde{\hat{a}}^+ + \tilde{\hat{a}}), \quad \tilde{\hat{p}} = \mathrm{i}\sqrt{\frac{\mu\omega\hbar}{2}}(\tilde{\hat{a}}^+ - \tilde{\hat{a}}). \tag{5.2.29}$$

由 (5.2.12)、(5.2.24) 和 (5.2.29) 三式可得

$$(\hat{q}-\tilde{\hat{q}})|\tau\rangle=\sqrt{\frac{2\hbar}{\mu\omega}}\tau_1|\tau\rangle,\quad(\hat{p}+\tilde{\hat{p}})|\tau\rangle=\sqrt{2\mu\omega\hbar}\tau_2|\tau\rangle,\tag{5.2.30}$$

上式表明 $|\tau\rangle$ 是算符 $(\hat{q}-\tilde{\hat{q}})$ 和 $(\hat{p}+\tilde{\hat{p}})([\hat{q}-\tilde{\hat{q}},\hat{p}+\tilde{\hat{p}}]=0)$ 的共同本征态. 由式 (5.2.17) 和式 (5.2.18) 得

$$\hat{s}^{+}(\theta)(\hat{q}-\tilde{\hat{q}})\hat{s}(\theta)=\int\frac{\mathrm{d}^2\tau'}{\pi\lambda}|\tau'\rangle\langle\tau'/\lambda|(\hat{q}-\tilde{\hat{q}})\int\frac{\mathrm{d}^2\tau}{\pi\lambda}|\tau/\lambda\rangle\langle\tau|=\frac{1}{\lambda}(\hat{q}-\tilde{\hat{q}}),\tag{5.2.31}$$

$$\hat{s}^{+}(\theta)(\hat{p}+\tilde{\hat{p}})\hat{s}(\theta)=\frac{1}{\lambda}(\hat{p}+\tilde{\hat{p}}),\tag{5.2.32}$$

$$\hat{s}^{+}(\theta)\hat{a}\hat{s}(\theta)=\hat{a}\cosh\theta+\tilde{\hat{a}}^{+}\sinh\theta,\quad\hat{s}^{+}(\theta)\tilde{\hat{a}}\hat{s}(\theta)=\tilde{\hat{a}}\cosh\theta+\hat{a}^{+}\sinh\theta.\tag{5.2.33}$$

由式 (5.2.30)~式 (5.2.33) 可得, $\hat{q}-\tilde{\hat{q}}$ 与 $\hat{p}+\tilde{\hat{p}}$ 的量子涨落分别为

$$\begin{aligned}\left\langle[\Delta(\hat{q}-\tilde{\hat{q}})]^2\right\rangle&=\langle 0\tilde{0}|\,\hat{s}^{+}(\theta)(\hat{q}-\tilde{\hat{q}})^2\hat{s}(\theta)\,|0\tilde{0}\rangle-\left[\langle 0\tilde{0}|\,\hat{s}^{+}(\theta)(\hat{q}-\tilde{\hat{q}})\hat{s}(\theta)\,|0\tilde{0}\rangle\right]^2\\&=\frac{\hbar}{\mu\omega}\mathrm{e}^{-2\theta},\end{aligned}\tag{5.2.34}$$

$$\begin{aligned}\left\langle[\Delta(\hat{p}+\tilde{\hat{p}})]^2\right\rangle&=\langle 0\tilde{0}|\,\hat{s}^{+}(\theta)(\hat{p}+\tilde{\hat{p}})^2\hat{s}(\theta)\,|0\tilde{0}\rangle-\left[\langle 0\tilde{0}|\,\hat{s}^{+}(\theta)(\hat{p}+\tilde{\hat{p}})\hat{s}(\theta)\,|0\tilde{0}\rangle\right]^2\\&=\mu\omega\hbar\mathrm{e}^{-2\theta}.\end{aligned}\tag{5.2.35}$$

而人们所感兴趣的是 $\hat{q}$ 和 $\hat{p}$ 的量子涨落. 借助下面的关系:

$$\left\langle\hat{q}\tilde{\hat{q}}\right\rangle=\langle 0\tilde{0}|\,\hat{s}^{+}(\theta)\hat{q}\tilde{\hat{q}}\hat{s}(\theta)\,|0\tilde{0}\rangle=\frac{\hbar}{2\mu\omega}\sinh(2\theta),\tag{5.2.36}$$

$$\left\langle\hat{p}\tilde{\hat{p}}\right\rangle=\langle 0\tilde{0}|\,\hat{s}^{+}(\theta)\hat{p}\tilde{\hat{p}}\hat{s}(\theta)\,|0\tilde{0}\rangle=-\frac{\mu\omega\hbar}{2}\sinh(2\theta),\tag{5.2.37}$$

由 (5.2.34) 和 (5.2.35) 两式可得

$$\left\langle(\Delta\hat{q})^2\right\rangle=\langle 0\tilde{0}|\,\hat{s}^{+}(\theta)\hat{q}^2\hat{s}(\theta)\,|0\tilde{0}\rangle=\frac{\hbar}{2\mu\omega}\cosh(2\theta),\tag{5.2.38}$$

$$\left\langle(\Delta\hat{p})^2\right\rangle=\langle 0\tilde{0}|\,\hat{s}^{+}(\theta)\hat{p}^2\hat{s}(\theta)\,|0\tilde{0}\rangle=\frac{\mu\omega\hbar}{2}\cosh(2\theta).\tag{5.2.39}$$

于是, 可得介观 RLC 电路中电荷及其共轭量在有限温度下的量子涨落

$$\left\langle(\Delta\hat{q})^2\right\rangle=\frac{\hbar}{2}\sqrt{C/(L-2Rt)}\coth\left\{\frac{\beta\hbar}{2}\sqrt{1/[(L-2Rt)C]}\right\},\tag{5.2.40}$$

$$\left\langle(\Delta\hat{p})^2\right\rangle=\frac{\hbar}{2}\sqrt{(L-2Rt)/C}\coth\left\{\frac{\beta\hbar}{2}\sqrt{1/[(L-2Rt)C]}\right\}. \tag{5.2.41}$$

由以上两式可以看出, $\hat{q}$ 和 $\hat{p}$ 的量子涨落不仅依赖于电路元件参量, 而且还随时间演化, 这一点暗示了介观 RLC 电路是一开放系统.

5.3 介观 LC 电路的 Wigner 算符理论

5.3.1 Weyl 对应规则

关于 Wigner 函数, 在第 2 章已有详细介绍, 这里不再赘述. 下面所要做的工作就是如何把 Wigner 函数理论应用到介观电路量子效应的研究中, 以丰富这一类课题的研究手段. 在此之前, 首先介绍 Weyl 对应规则.

对于纯态，Wigner 函数亦可用 Wigner 算符 $\Delta(x,p)$ 表示出来

$$W(x,p)=\langle\psi|\,\Delta(x,p)\,|\psi\rangle\,, \tag{5.3.1}$$

式中, $\Delta(x,p)$ 在坐标表象中表示为 [14]

$$\Delta(x,p)=\frac{1}{2\pi}\int_{-\infty}^{+\infty}\mathrm{d}u\mathrm{e}^{\mathrm{i}pu}\left|x-\frac{u}{2}\right\rangle\left\langle x+\frac{u}{2}\right|, \tag{5.3.2}$$

利用 IWOP 技术积分可得

$$\Delta(x,p)=\frac{1}{\pi}:\mathrm{e}^{-(x-\hat{x})^2-(p-\hat{p})^2}:=\frac{1}{\pi}:\mathrm{e}^{-2(\alpha^*-\hat{a}^+)(\alpha-\hat{a})}:, \tag{5.3.3}$$

式中, $\alpha=\frac{1}{\sqrt{2}}(x+\mathrm{i}p)$; “: :” 表示正规乘积. 由式 (5.3.3) 可得出其边缘分布为

$$\int_{-\infty}^{+\infty}\mathrm{d}p\Delta(x,p)=\frac{1}{\sqrt{\pi}}:\mathrm{e}^{-(x-\hat{x})^2}:=|x\rangle\langle x|\,, \tag{5.3.4}$$

以及

$$\int_{-\infty}^{+\infty}\mathrm{d}x\Delta(x,p)=\frac{1}{\sqrt{\pi}}:\mathrm{e}^{-(p-\hat{p})^2}:=|p\rangle\langle p|\,. \tag{5.3.5}$$

Weyl 对应规则 [15] 是将经典相空间中的函数 $g(x,p)$ 量子化为算符 $G(\hat{x},\hat{p})$ 的一种方案, 即它们之间的对应通过下式联系:

$$G(\hat{x},\hat{p})=\int_{-\infty}^{\infty}\mathrm{d}p\int_{-\infty}^{\infty}\mathrm{d}xg(x,p)\Delta(x,p). \tag{5.3.6}$$

若利用 $\alpha=\frac{1}{\sqrt{2}}(x+\mathrm{i}p)$ 重写 $g(x,p)\equiv g(\alpha,\alpha^*)$, $G(\hat{x},\hat{p})\equiv G(\hat{a},\hat{a}^+)$, 则式 (5.3.6) 变为

$$G(\hat{a},\hat{a}^+)=2\int\mathrm{d}^2\alpha\Delta(\alpha,\alpha^*)g(\alpha,\alpha^*)$$

$$=\frac{2}{\pi}\int \mathrm{d}^2\alpha : \mathrm{e}^{-2(\alpha^*-\hat{a}^+)(\alpha-\hat{a})} : g(\alpha,\alpha^*), \tag{5.3.7}$$

则算符 $G(\hat{a},\hat{a}^+)$ 在某一量子态下的期望值为

$$\langle G(\hat{a},\hat{a}^+)\rangle = 2\int \mathrm{d}^2\alpha \,\langle \Delta(\alpha,\alpha^*)\rangle\, g(\alpha,\alpha^*). \tag{5.3.8}$$

5.3.2 介观 *LC* 电路在有限温度下的 Wigner 函数及其边缘分布

本部分将给出介观 LC 电路在有限温度下的 Wigner 函数及其边缘分布 [16]. 设介观 LC 电路处于式 (5.2.19) 所给出的热真空态 $|0(\beta)\rangle$ 下. 在热纠缠态 $|\tau\rangle$ 下, 热 Wigner 算符

$$\Delta_{\mathrm{T}}(\sigma,\gamma) = \int \frac{\mathrm{d}^2\tau}{\pi}\,|\sigma-\tau\rangle\,\langle\sigma+\tau|\exp(\tau\gamma^*-\gamma\tau^*), \tag{5.3.9}$$

式中, $\gamma=\alpha+\varepsilon^*$; $\sigma=\alpha-\varepsilon^*$; $\alpha=\frac{1}{\sqrt{2}}(q+\mathrm{i}p)$; 脚标 “T” 表示 “热”. 利用 IWOP 技术积分上式可得

$$\Delta_{\mathrm{T}}(\sigma,\gamma) = \pi^{-2} : \exp[-2(\hat{a}^+-\alpha^*)(\hat{a}-\alpha)-2(\hat{\tilde{a}}^+-\varepsilon^*)(\hat{\tilde{a}}-\varepsilon)] :, \tag{5.3.10}$$

压缩算符 $\hat{S}(\theta)$ 对 $\Delta_{\mathrm{T}}(\sigma,\gamma)$ 的变换为

$$\hat{S}^{-1}(\theta)\Delta_{\mathrm{T}}(\sigma,\gamma)\hat{S}(\theta) = \Delta_{\mathrm{T}}(\gamma/\mu,\mu\sigma), \quad \tanh\theta = \frac{\mu^2-1}{\mu^2+1}. \tag{5.3.11}$$

利用上式可以求得热真空态的 Wigner 函数为

$$\begin{aligned}
W_{\mathrm{T}}(p,q) &= \langle 0(\beta)|\,\Delta(p,q)\,|0(\beta)\rangle = 2\iint \mathrm{d}^2\varepsilon\,\langle 0,\tilde{0}|\,\hat{S}^{-1}(\theta)\Delta_{\mathrm{T}}(\sigma,\gamma)\hat{S}(\theta)\,|0,\tilde{0}\rangle \\
&= 2\iint \frac{\mathrm{d}^2\varepsilon}{\pi^2}\exp\left[-|\sigma|^2\mu^2-|\gamma|^2\big/\mu^2\right] \\
&= 2\iint \frac{\mathrm{d}^2\varepsilon}{\pi^2}\exp\left[(\varepsilon\alpha+\varepsilon^*\alpha^*)(\mu^2-\frac{1}{\mu^2})-|\varepsilon|^2(\mu^2+\frac{1}{\mu^2})-\frac{\mu^4+1}{\mu^2}|\alpha|^2\right] \\
&= \frac{2\mu^2}{\pi(\mu^4+1)}\exp\left(\frac{-4\mu^2}{\mu^4+1}|\alpha|^2\right) \\
&= \frac{2\mu^2}{\pi(\mu^4+1)}\exp\left[\frac{-2\mu^2}{\mu^4+1}(q^2+p^2)\right].
\end{aligned} \tag{5.3.12}$$

由于 $\frac{2\mu^2}{\mu^4+1}=\frac{1-\mathrm{e}^{-\beta\hbar\omega}}{1+\mathrm{e}^{-\beta\hbar\omega}}$, $\tanh\theta=\exp\left(-\frac{\hbar\omega}{2kT}\right)$, $W_{\mathrm{T}}(p,q)$ 又可表示为

$$W_{\mathrm{T}}(p,q)=\frac{1-\mathrm{e}^{-\beta\hbar\omega}}{\pi(1+\mathrm{e}^{-\beta\hbar\omega})}\exp\left[-\frac{1-\mathrm{e}^{-\beta\hbar\omega}}{1+\mathrm{e}^{-\beta\hbar\omega}}(q^2+p^2)\right]. \tag{5.3.13}$$

则 $W_{\mathrm{T}}(p,q)$ 在坐标空间和动量空间的边缘分布分别为

$$\begin{aligned}\int \mathrm{d}qW_{\mathrm{T}}(p,q)&=\int \mathrm{d}q\frac{1-\mathrm{e}^{-\beta\hbar\omega}}{\pi(1+\mathrm{e}^{-\beta\hbar\omega})}\exp\left[-\frac{1-\mathrm{e}^{-\beta\hbar\omega}}{1+\mathrm{e}^{-\beta\hbar\omega}}(q^2+p^2)\right]\\&=\frac{1}{\sqrt{\pi}}\sqrt{\frac{1-\mathrm{e}^{-\beta\hbar\omega}}{1+\mathrm{e}^{-\beta\hbar\omega}}}\exp\left[-\frac{1-\mathrm{e}^{-\beta\hbar\omega}}{1+\mathrm{e}^{-\beta\hbar\omega}}p^2\right]\\&=\frac{1}{\sqrt{\pi}}\tanh^{1/2}\frac{\beta\hbar\omega}{2}\exp\left(-p^2\tanh\frac{\beta\hbar\omega}{2}\right),\end{aligned} \tag{5.3.14}$$

$$\begin{aligned}\int \mathrm{d}pW_{\mathrm{T}}(p,q)&=\int \mathrm{d}p\frac{1-\mathrm{e}^{-\beta\hbar\omega}}{\pi(1+\mathrm{e}^{-\beta\hbar\omega})}\exp\left[-\frac{1-\mathrm{e}^{-\beta\hbar\omega}}{1+\mathrm{e}^{-\beta\hbar\omega}}(q^2+p^2)\right]\\&=\frac{1}{\sqrt{\pi}}\sqrt{\frac{1-\mathrm{e}^{-\beta\hbar\omega}}{1+\mathrm{e}^{-\beta\hbar\omega}}}\exp\left[-\frac{1-\mathrm{e}^{-\beta\hbar\omega}}{1+\mathrm{e}^{-\beta\hbar\omega}}q^2\right]\\&=\frac{1}{\sqrt{\pi}}\tanh^{1/2}\frac{\beta\hbar\omega}{2}\exp\left(-q^2\tanh\frac{\beta\hbar\omega}{2}\right),\end{aligned} \tag{5.3.15}$$

式中, $\tanh\theta=\mathrm{e}^{-\frac{\hbar\omega}{2kT}}=\mathrm{e}^{-\frac{\beta\hbar\omega}{2}}$. 若 $\hat{q}$ 和 $\hat{p}$ 为分别与 q 和 p 对应的算符, 则 $\hat{q}^2$ 和 $\hat{p}^2$ 的 Weyl 对应分别为

$$\hat{q}^2\to-\frac{L\omega\hbar(\alpha-\alpha^*)^2}{2},\quad \hat{p}^2\to\frac{\hbar(\alpha+\alpha^*)^2}{2\omega L}. \tag{5.3.16}$$

因而, 储存在电容上的能量为

$$\begin{aligned}E_C&=\langle 0(\beta)|\frac{\hat{q}^2}{2C}|0(\beta)\rangle=\frac{1}{2C}\int \mathrm{d}p\mathrm{d}q\frac{\hbar(\alpha+\alpha^*)^2}{2\omega L}\langle 0(\beta)|\Delta(p,q)|0(\beta)\rangle\\&=\frac{1}{2C}\int \mathrm{d}q\frac{\hbar(\alpha+\alpha^*)^2}{2\omega L}\int \mathrm{d}pW_T(p,q)\\&=\frac{\hbar}{2\sqrt{\pi}\omega LC}\tanh^{1/2}\frac{\beta\hbar\omega}{2}\int \mathrm{d}qq^2\exp\left(-q^2\tanh\frac{\beta\hbar\omega}{2}\right)\\&=\frac{\hbar\omega}{4}\coth\frac{\beta\hbar\omega}{2}.\end{aligned} \tag{5.3.17}$$

储存在电感上的能量为

$$E_L=\langle 0(\beta)|\frac{\hat{p}^2}{2L}|0(\beta)\rangle$$

$$
\begin{aligned}
&= -\frac{1}{2L}\int \mathrm{d}p\mathrm{d}q \frac{L\omega\hbar(\alpha-\alpha^*)^2}{2}\langle 0(\beta)|\,\Delta(p,q)\,|0(\beta)\rangle \\
&= -\frac{1}{2L}\int \mathrm{d}p \frac{L\omega\hbar(\alpha-\alpha^*)^2}{2}\int \mathrm{d}q W_{\mathrm{T}}(p,q) \\
&= \frac{\hbar\omega}{2\sqrt{\pi}}\tanh^{1/2}\frac{\beta\hbar\omega}{2}\int \mathrm{d}p p^2 \exp\left(-p^2\tanh\frac{\beta\hbar\omega}{2}\right) \\
&= \frac{\hbar\omega}{4}\coth\frac{\beta\hbar\omega}{2}.
\end{aligned} \tag{5.3.18}
$$

进一步可求得整个体系的能量

$$
E = E_C + E_L = \frac{\hbar\omega}{2}\coth\frac{\beta\hbar\omega}{2}. \tag{5.3.19}
$$

(5.3.18) 与 (5.3.19) 两式表明, Wigner 函数被赋予了一个新的物理含义, 那就是, 在有限温度下的介观 LC 电路中, 它的边缘分布对 $\frac{q^2}{2C}$ 和对 $\frac{p^2}{2L}$ 的统计平均值分别对应着储存在电容上和储存在电感上的能量.

参 考 文 献

[1] Hopfield J J, Onuchic J N, Beratan D N. A molecular shift register based on electron transfer. Science, 1988, 241: 817-820.

[2] Capasso F, Datta S. Quantum electron devices. Phys. Today, 1990, 43(2): 74-82.

[3] Koch H, Lubbig H. Single Electron Tunneling and Mesoscopic Devices. Berlin: Springer-Verlag, 1992.

[4] Louisell W H. Quantum Statistical Properties of Radiation. New York: John Wiley, 1973. [中译本: 路易塞尔 W H. 辐射的量子统计性质. 陈水, 于熙令译. 北京: 科学出版社, 1982.].

[5] Vourdas A. Mesoscopic Josephson junction in the presence of nonclassical electromagnetic fields. Phys. Rev. B, 1994, 49(17): 12040-12046.

[6] Vourdas A. Fractional Shapiro steps in electron interference in the presence of nonclassical microwaves. Phys. Rev. B, 1996, 54(18): 13175-13183.

[7] 范洪义, 王继锁, 唐绪兵, 等. 介观 LC 回路数–相量子化和 Josephson 结的 Cooper 对数相量子化. 量子电子学报, 2007, 24: 168-172.

[8] Takahashi Y, Umezawa H. Thermo field dynamics. Collective Phenomena, 1975, 2: 55.

[9] Fan H Y, Fan Y. New representation of thermal states in thermal field dynamics. Phys. Lett. A, 1998, 246: 242.

[10] Fan H Y, Wang H. New applications of $\langle\eta|$ representation in thermal field statistics. Mod. Phys. Lett. B, 2000, 14(15): 553-562.

[11] 彭桓武. 阻尼谐振子的量子力学处理. 物理学报, 1980, 29: 1084.

[12] Ji Y H. Dynamical behavior of a mesoscopic circuit in phonons bath derived by virtue of the IWOP technique. Phys. Lett. A, 2008, 372: 3874-3877.

[13] Liang B L, Wang J S, Song S X, et al. Equivalent analogy of mesoscopic *RLC* circuit and its thermal effect. Int. J. Theor. Phys., 2010, 49: 1768-1774.

[14] 范洪义, 唐绪兵. 量子力学数理基础进展. 合肥: 中国科学技术大学出版社, 2008.

[15] Weyl H . Quantenmechanik und gruppentheorie. Zeitschrift für Physik, 1927, 46: 1-46.

[16] Liang B L, Wang J S, Fan H Y. Marginal distributions of Wigner function in a mesoscopic *L-C* circuit at finite temperature and thermal Wigner operator. Int. J. Theor. Phys., 2007, 46(7): 1779-1785.

第 6 章　介观电路量子化中的广义 Hellmann-Feynman 定理及不变本征算符法

第 5 章主要介绍了介观单 LC 电路的量子化及其在有限温度下的热效应. 而电路高度集成化发展的趋势, 必然要求将两个或两个以上介观单 LC 电路按照一定的方式耦合起来, 形成大规模集成电路. 所以, 研究含有耦合的介观电路的量子化及量子效应具有重要的理论意义和实践指导价值.

本章主要探讨含有耦合的介观双 LC 电路的量子化及量子效应. 本章内容分为三节: 6.1 节不考虑温度影响的介观双 LC 电路的量子化及量子效应; 6.2 节用广义 Hellmann-Feynman 定理讨论介观电路的热效应; 6.3 节用不变本征算符法讨论介观电路能级跃迁的选择定则.

6.1　介观双 LC 电路的量子化及量子效应

6.1.1　有互感电感耦合介观 LC 电路的量子化

考虑图 6.1.1 所示的有互感电感耦合介观 LC 电路 [1]. 假设电源为脉冲信号, 开关时间 $\tau \to 0, \varepsilon(\tau \to 0^+) = 0$. 若把支路中电荷 $q_i(i = 1, 2$ 下同) 视为广义坐标, 则与 q_i 相关的能量为体系的广义势能, 即

$$\mathscr{V} = \sum_{i=1}^{2} \frac{q_i^2}{2C_i}, \tag{6.1.1}$$

式中, C_i 表示电容; $\dot{q}_i$ 为广义速度, 相应地, 与 $\dot{q}_i$ 相关的能量应为体系的广义动能, 即

$$\mathscr{T} = \frac{1}{2}\sum_{i=1}^{2} L_i \dot{q}_i^2 + \frac{1}{2}L(\dot{q}_1 - \dot{q}_2)^2 + M\dot{q}_1\dot{q}_2, \tag{6.1.2}$$

式中, L_i、L 分别表示相应电感的自感系数; M 为电感 L_1、L_2 之间的互感系数: $M = K\sqrt{L_1 L_2}$(K 是电感 L_1 与 L_2 的耦合系数, 满足 $0 < K < 1$, 由两电感的本质属性及其相对距离决定). 则体系的经典拉格朗日函数为

$$\mathscr{L} \equiv \mathscr{T} - \mathscr{V} = \frac{1}{2}\sum_{i=1}^{2}\left(L_i \dot{q}_i^2 - \frac{q_i^2}{C_i}\right) + \frac{1}{2}L(\dot{q}_1 - \dot{q}_2)^2 + M\dot{q}_1\dot{q}_2. \tag{6.1.3}$$

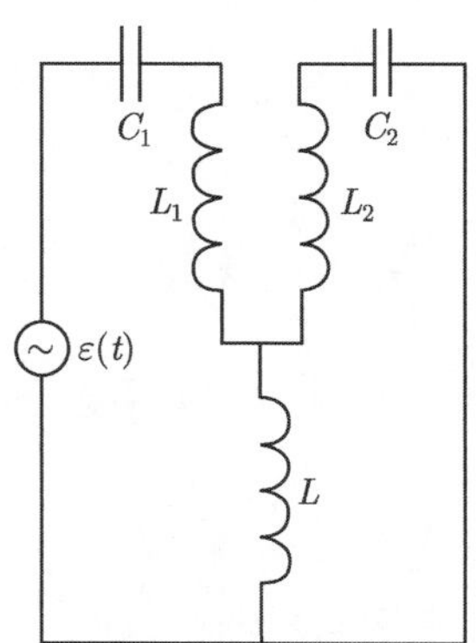

图 6.1.1 有互感电感耦合介观 LC 电路示意图

由式 (6.1.3) 给出的拉格朗日函数, 可以得到与 q_i 正则共轭的广义动量分别为

$$p_1=\frac{\partial\mathscr{T}}{\partial\dot{q}_1}=(L_1+L)\dot{q}_1+(M-L)\dot{q}_2, \tag{6.1.4}$$

$$p_2=\frac{\partial\mathscr{T}}{\partial\dot{q}_2}=(L_2+L)\dot{q}_2+(M-L)\dot{q}_1, \tag{6.1.5}$$

(6.1.4) 和 (6.1.5) 两式表明, $p_i(i=1,2)$ 是与磁通量相关的物理量. 于是, 由式 (6.1.3) ~式 (6.1.5) 可得体系的经典哈密顿量为

$$\begin{aligned}\mathscr{H}&=-\mathscr{L}+\sum_{i=1}^{2}p_i\dot{q}_i\\&=\frac{1}{2}\sum_{i=1}^{2}\left[\frac{p_i^2}{\gamma(L_i+L)}+\frac{q_i^2}{C_i}\right]-\frac{M-L}{\gamma(L_1+L)(L_2+L)}p_1p_2,\end{aligned} \tag{6.1.6}$$

式中, $\gamma=1-\dfrac{(M-L)^2}{(L+L_1)(L+L_2)}$.

根据狄拉克的正则量子化方法, 一对正则共轭变量 p_i 和 q_i 同一对厄米算符 $\hat{p}_i$ 和 $\hat{q}_i$ 相对应, 因而, 在式 (6.1.6) 中加入量子化条件: $[\hat{q}_i,\hat{p}_i]=\mathrm{i}\hbar$, 可得体系的哈密顿算符为

$$\hat{\mathscr{H}}=\frac{1}{2}\sum_{i=1}^{2}\left[\frac{\hat{p}_i^2}{\gamma(L_i+L)}+\frac{\hat{q}_i^2}{C_i}\right]-\frac{M-L}{\gamma(L_1+L)(L_2+L)}\hat{p}_1\hat{p}_2. \tag{6.1.7}$$

按照通常的方法, 要想得到与 $\hat{\mathscr{H}}$ 相应的体系的本征态, 需要求解 $\hat{\mathscr{H}}$ 所满足的薛定谔方程. 但因 $\hat{\mathscr{H}}$ 中含有算符的耦合, 这种类型的薛定谔方程求解起来难度相对较大. 若能将 $\hat{\mathscr{H}}$ 对角化, 即将 $\hat{\mathscr{H}}$ 中算符的耦合转化为系数的耦合, 则可极大

地简化薛定谔方程的求解过程. 为此目的, 引入下面的变换算符 [2]:

$$\hat{U} \equiv \iint_{-\infty}^{+\infty} \mathrm{d}q_1 \mathrm{d}q_2 \left| \begin{pmatrix} AB \\ CD \end{pmatrix} \begin{pmatrix} q_1 \\ q_2 \end{pmatrix} \right\rangle \left\langle \begin{matrix} q_1 \\ q_2 \end{matrix} \right|, \tag{6.1.8}$$

式中, $AD-BC=1$, A、B、C 和 D 均为实数; $\left|\begin{pmatrix} q_1 \\ q_2 \end{pmatrix}\right\rangle = |q_1\rangle\,|q_2\rangle$, $|q_i\rangle$ 为坐标本征态, 它在 Fock 表象中表示为 [2]

$$|q_i\rangle = \left(\frac{m_i\omega_i}{\pi\hbar}\right)^{1/4} \exp\left\{-\frac{m_i\omega_i}{2\hbar}q_i^2 + \sqrt{\frac{2m_i\omega_i}{\hbar}}q_i\hat{a}_i^+ - \frac{\hat{a}_i^{+2}}{2}\right\}|0\rangle\,, \tag{6.1.9}$$

这里选取

$$A=(C_1/C_2)^{\frac{1}{4}}\cos\frac{\varphi}{2},\quad B=-(C_1/C_2)^{\frac{1}{4}}\sin\frac{\varphi}{2}, \tag{6.1.10}$$

$$C=(C_2/C_1)^{\frac{1}{4}}\sin\frac{\varphi}{2},\quad D=(C_2/C_1)^{\frac{1}{4}}\cos\frac{\varphi}{2}, \tag{6.1.11}$$

$$\varphi = \arctan\frac{2(M-L)\sqrt{C_1C_2}}{(L+L_1)C_1-(L+L_2)C_2}. \tag{6.1.12}$$

下面验证算符 $\hat{U}$ 为幺正的:

$$\begin{aligned}\hat{U}\hat{U}^+ &= \iint_{-\infty}^{+\infty} \mathrm{d}q_1\mathrm{d}q_2 \left|\begin{pmatrix} AB \\ CD \end{pmatrix}\begin{pmatrix} q_1 \\ q_2 \end{pmatrix}\right\rangle\left\langle \begin{matrix} q_1 \\ q_2 \end{matrix}\right| \\ &\quad\times \iint_{-\infty}^{+\infty} \mathrm{d}q_1'\mathrm{d}q_2' \left|\begin{matrix} q_1' \\ q_2' \end{matrix}\right\rangle\left\langle\begin{pmatrix} A'B' \\ C'D' \end{pmatrix}\begin{pmatrix} q_1' \\ q_2' \end{pmatrix}\right| \\ &= \iint_{-\infty}^{+\infty} \mathrm{d}q_1\mathrm{d}q_2 \left|\begin{pmatrix} AB \\ CD \end{pmatrix}\begin{pmatrix} q_1 \\ q_2 \end{pmatrix}\right\rangle\left\langle\begin{pmatrix} AB \\ CD \end{pmatrix}\begin{pmatrix} q_1 \\ q_2 \end{pmatrix}\right|,\end{aligned} \tag{6.1.13}$$

由式 (6.1.8) 和式 (6.1.9), 并借助于 IWOP 技术, 经过较为繁琐但直截了当的计算可得到

$$\hat{U}\hat{U}^+ = \hat{U}^+\hat{U} = 1, \tag{6.1.14}$$

可见, $\hat{U}^+=\hat{U}^{-1}$, 因而 $\hat{U}$ 为幺正算符. 另外, 不难证明

$$\hat{U}^{-1}\hat{q}_1\hat{U} = A\hat{q}_1 + B\hat{q}_2,\quad \hat{U}^{-1}\hat{q}_2\hat{U} = C\hat{q}_1 + D\hat{q}_2, \tag{6.1.15}$$

$$\hat{U}^{-1}\hat{p}_1\hat{U} = D\hat{p}_1 - C\hat{p}_2,\quad \hat{U}^{-1}\hat{p}_2\hat{U} = -B\hat{p}_1 + A\hat{p}_2. \tag{6.1.16}$$

由 (6.1.7)、(6.1.15) 和 (6.1.16) 三式可得

$$\hat{\mathscr{H}}' = \hat{U}^{-1}\hat{\mathscr{H}}\hat{U} = \frac{\hat{p}_1^2}{2m_1} + \frac{\hat{p}_2^2}{2m_2} + \frac{1}{2}m_1\omega_1^2\hat{q}_1^2 + \frac{1}{2}m_2\omega_2^2\hat{q}_2^2, \tag{6.1.17}$$

式中

$$\frac{1}{m_1} = \frac{1}{\gamma}\left[\frac{D^2}{L+L_1} + \frac{B^2}{L+L_2} + \frac{2(M-L)BD}{(L+L_1)(L+L_2)}\right], \tag{6.1.18}$$

$$\frac{1}{m_2} = \frac{1}{\gamma}\left[\frac{C^2}{L+L_1} + \frac{A^2}{L+L_2} + \frac{2(M-L)AC}{(L+L_1)(L+L_2)}\right], \tag{6.1.19}$$

$$\omega_1^2 = \frac{1}{m_1\sqrt{C_1C_2}}, \quad \omega_2^2 = \frac{1}{m_2\sqrt{C_1C_2}}. \tag{6.1.20}$$

由 $[\hat{q}_i, \hat{p}_i] = \mathrm{i}\hbar$ 构造如下的玻色算符:

$$\hat{a}_i = \sqrt{\frac{m_i\omega_i}{2\hbar}}\left[\hat{q}_i + \frac{\mathrm{i}}{m_i\omega_i}\hat{p}_i\right], \tag{6.1.21}$$

$$\hat{a}_i^+ = \sqrt{\frac{m_i\omega_i}{2\hbar}}\left[\hat{q}_i - \frac{\mathrm{i}}{m_i\omega_i}\hat{p}_i\right], \tag{6.1.22}$$

二者满足

$$[\hat{a}_i, \hat{a}_l^+] = \delta_{il}, \quad [\hat{a}_i, \hat{a}_l] = [\hat{a}_i^+, \hat{a}_l^+] = 0. \tag{6.1.23}$$

引入玻色算符 $\hat{a}_i$ 和 $\hat{a}_i^+$ 后, 式 (6.1.17) 可重写为

$$\hat{\mathscr{H}}' = \hbar\omega_1\left(\hat{a}_1^+\hat{a}_1 + \frac{1}{2}\right) + \hbar\omega_2\left(\hat{a}_2^+\hat{a}_2 + \frac{1}{2}\right). \tag{6.1.24}$$

可见, 若电源开关时间 $\tau = 0 \to 0^+$, 并在由式 (6.1.8) 所给出的幺正变换下, 本节所讨论的有互感的介观电感耦合电路体系可等效成两个独立的一维量子简谐振子, 其本征态和本征值问题是人们所熟知的. 因而体系的能量本征值为

$$E = \tilde{E} = \sum_{i=1,2}\hbar\omega_i\left(n_i + \frac{1}{2}\right) \quad (n_i = 0,\ 1,\ 2, \cdots), \tag{6.1.25}$$

相应的本征态为

$$|\varphi\rangle = |n_1\rangle \otimes |n_2\rangle = |n_1 n_2\rangle. \tag{6.1.26}$$

需要注意的是, 幺正变换只改变体系的本征态而不改变体系的本征值, 也就是说, 若用 $|\psi\rangle$ 表示与哈密顿算符 $\hat{\mathscr{H}}$ 相应的本征态, 则 $|\psi\rangle$ 与 $|\varphi\rangle$ 存在变换关系: $|\varphi\rangle = \hat{U}^{-1}|\psi\rangle$, 于是有

$$|\psi\rangle = \hat{U}|\varphi\rangle. \tag{6.1.27}$$

因而, 要想求出态 $|\psi\rangle$, 必须先求出幺正变换算符 $\hat{U}$ 的表达式. 为此, 下面推导 $\hat{U}$ 的正规乘积形式. 将式 (6.1.9) 代入式 (6.1.8) 可得

$$\begin{aligned}\hat{U}=&\iint \mathrm{d}q_1\mathrm{d}q_2\left(\frac{m_1m_2\omega_1\omega_2}{\pi^2\hbar^2}\right)^{\frac{1}{2}}\\&\times\exp\left\{-\frac{m_1\omega_1}{2\hbar}(Aq_1+Bq_2)^2+\sqrt{\frac{2m_1\omega_1}{\hbar}}(Aq_1+Bq_2)\hat{a}_1^{+}-\frac{\hat{a}_1^{+^2}}{2}\right\}\\&\times\exp\left\{-\frac{m_2\omega_2}{2\hbar}(Cq_1+Dq_2)^2+\sqrt{\frac{2m_2\omega_2}{\hbar}}(Cq_1+Dq_2)\hat{a}_2^{+}-\frac{\hat{a}_2^{+^2}}{2}\right\}\times|00\rangle\langle00|\\&\times\exp\left\{-\frac{m_1\omega_1}{2\hbar}q_1^2+\sqrt{\frac{2m_1\omega_1}{\hbar}}q_1\hat{a}_1-\frac{\hat{a}_1^2}{2}\right\}\\&\times\exp\left\{-\frac{m_2\omega_2}{2\hbar}q_2^2+\sqrt{\frac{2m_2\omega_2}{\hbar}}q_2\hat{a}_2-\frac{\hat{a}_2^2}{2}\right\},\end{aligned}\tag{6.1.28}$$

利用公式

$$|00\rangle\langle00|=:\exp(-\hat{a}_1^{+}\hat{a}_1-\hat{a}_2^{+}\hat{a}_2):,\tag{6.1.29}$$

式中 “: :” 表示正规乘积, 并运用 IWOP 技术, 积分式 (6.1.28) 可得

$$\begin{aligned}\hat{U}=&\sqrt{\frac{4m_1m_2\omega_1\omega_2}{\lambda_1\hbar^2}}\exp(\kappa_1\hat{a}_1^{+^2}-\kappa_1\hat{a}_2^{+^2}+\kappa_2\hat{a}_1^{+}\hat{a}_2^{+})\times:\exp(\sigma_1\hat{a}_1^{+}\hat{a}_1+\sigma_1\hat{a}_2^{+}\hat{a}_2\\&+\sigma_2\hat{a}_1^{+}\hat{a}_2-\sigma_2\hat{a}_2^{+}\hat{a}_1):\times\exp(\chi_1a_1^2-\chi_1a_2^2+\chi_2a_1a_2),\end{aligned}\tag{6.1.30}$$

式中

$$\lambda_1=\left(\frac{m_1\omega_1B}{\hbar}\right)^2+\left(\frac{m_2\omega_2C}{\hbar}\right)^2+\frac{m_1m_2\omega_1\omega_2}{\hbar^2}(2+A^2+D^2),\tag{6.1.31}$$

$$\varGamma=\frac{2}{\hbar}(m_1\omega_1A^2+m_2\omega_2C^2+m_1\omega_1),\tag{6.1.32}$$

$$\begin{aligned}\kappa_1=&\frac{1}{\lambda_1\varGamma\hbar^3}[(m_1\omega_1)^3B^2(1+A^2)+(m_1\omega_1)^2m_2\omega_2(A^2+A^4-D^2-\cos\varphi)\\&-m_1\omega_1(m_2\omega_2)^2C^2(1+D^2)-(m_2\omega_2)^3C^4],\end{aligned}\tag{6.1.33}$$

$$\begin{aligned}\kappa_2=&\frac{4\sqrt{m_1m_2\omega_1\omega_2}}{\lambda_1\varGamma\hbar^3}[(m_1\omega_1)^2B(A+ABC+D)+m_1m_2\omega_1\omega_2C(A+A^3-D\\&+AD^2)+(m_2\omega_2)^2AC^3],\end{aligned}\tag{6.1.34}$$

$$\sigma_1=\frac{2}{\lambda_1\varGamma\hbar^3}\Big[-(m_1\omega_1)^3B^2(1+A^2)+(m_1\omega_1)^2m_2\omega_2$$

$$\times\left(-2+3A+A\cos\phi-3A^2+2A^3-A^4+2D-D^2-\cos^4\frac{\varphi}{2}\right)$$
$$\left.+m_1\omega_1(m_2\omega_2)^2(-3+2A-2A^2+2D-D^2)-(m_2\omega_2)^3C^4\right],\tag{6.1.35}$$

$$\sigma_2=\frac{2\sqrt{m_1m_2\omega_1\omega_2}}{\lambda_1\Gamma\hbar^3}[2(m_1\omega_1)^2B(1+A^2)+m_1m_2\omega_1\omega_2C(-3+\cos\varphi-A^2)$$
$$-(m_2\omega_2)^2C^3],\tag{6.1.36}$$

$$\chi_1=\frac{1}{\lambda_1\Gamma\hbar^3}\left[(m_1\omega_1)^3B^2(1+A^2)+(m_1\omega_1)^2m_2\omega_2\left(-A^2-A^4+D^2-\frac{1}{2}\sin^2\varphi+1\right)\right.$$
$$\left.-(m_2\omega_2)^3C^4\right],\tag{6.1.37}$$

$$\chi_2=\frac{4\sqrt{m_1m_2\omega_1\omega_2}}{\lambda_1\Gamma\hbar^3}[-(m_1\omega_1)^2AB(1+A^2)-m_1m_2\omega_1\omega_2(ABC+D+A^2D)$$
$$-(m_2\omega_2)^2C^3D].\tag{6.1.38}$$

与 $\mathscr{H}'$ 相应的时间演化算符 $\hat{U}_s(t,0)$ 为 (忽略一个相位因子)

$$\hat{U}_s(t,0)=\exp[-\mathrm{i}(\omega_1\hat{a}_1^+\hat{a}_1+\omega_2\hat{a}_2^+\hat{a}_2)t].\tag{6.1.39}$$

所以体系基态矢量为

$$\begin{aligned}|\psi\rangle&=\hat{U}\hat{U}_s(t,0)\,|00\rangle\\&=\sqrt{\frac{4m_1m_2\omega_1\omega_2}{\lambda_1\hbar^2}}\exp(\kappa_1\hat{a}_1^{+^2}-\kappa_1\hat{a}_2^{+^2}+\kappa_2\hat{a}_1^+\hat{a}_2^+)\,|00\rangle\\&=\sqrt{\frac{4m_1m_2\omega_1\omega_2}{\lambda_1\hbar^2}}\exp(\mathrm{i}\theta\hat{J}_y)\exp\left[\frac{\mathrm{th}r}{2}(a_1^{+^2}-a_2^{+^2})\right]|00\rangle,\end{aligned}\tag{6.1.40}$$

式中, $\theta=\arctan\left(-\dfrac{\kappa_2}{2\kappa_1}\right)$, $\mathrm{th}r=(1+2\kappa_2\cot\theta)^{\frac{1}{2}}$, $\hat{J}_y=\dfrac{1}{2\mathrm{i}}(\hat{a}_1^+\hat{a}_2-\hat{a}_2^+\hat{a}_1)$ 为旋转算符. 由式 (6.1.40) 可以看出, 基态 $|\psi\rangle$ 即为旋转的两单模压缩真空态. 求出了体系的量子态, 就可以计算 $\hat{q}_i$ 及 $\hat{p}_i$ 在基态 $|\psi\rangle$ 下的量子涨落, 如下:

$$\begin{aligned}\left\langle(\Delta q_1)^2\right\rangle&=\langle00|\,\hat{U}^+\hat{q}_1^2\hat{U}\,|00\rangle-(\langle00|\,\hat{U}^+\hat{q}_1\hat{U}\,|00\rangle)^2\\&=\frac{\hbar}{2}\left[\frac{A^2}{m_1\omega_1}+\frac{B^2}{m_2\omega_2}\right],\end{aligned}\tag{6.1.41}$$

$$\left\langle(\Delta q_2)^2\right\rangle=\langle00|\,\hat{U}^+\hat{q}_2^2\hat{U}\,|00\rangle-(\langle00|\,\hat{U}^+\hat{q}_2\hat{U}\,|00\rangle)^2$$

$$= \frac{\hbar}{2}\left[\frac{C^2}{m_1\omega_1} + \frac{D^2}{m_2\omega_2}\right], \tag{6.1.42}$$

$$\left\langle(\Delta p_1)^2\right\rangle = \langle 00|\,\hat{U}^+\hat{p}_1^2\hat{U}\,|00\rangle - (\langle 00|\,\hat{U}^+\hat{p}_1\hat{U}\,|00\rangle)^2$$

$$= \frac{\hbar}{2}[m_1\omega_1 D^2 + m_2\omega_2 C^2], \tag{6.1.43}$$

$$\left\langle(\Delta p_2)^2\right\rangle = \langle 00|\,\hat{U}^+\hat{p}_2^2\hat{U}\,|00\rangle - (\langle 00|\,\hat{U}^+\hat{p}_2\hat{U}\,|00\rangle)^2$$

$$= \frac{\hbar}{2}[m_1\omega_1 B^2 + m_2\omega_2 A^2]. \tag{6.1.44}$$

由式 (6.1.41)~ 式 (6.1.44) 可以看出, 介观电路各支路电荷及其共轭量的量子涨落是电路元件参量和互感量的函数, 由于电感 L 和互感 M 的耦合作用, 一个支路的电路元件参量对另一个支路的电荷及其共轭量的量子效应产生了调制作用.

6.1.2 考虑电荷离散性的介观电感耦合电路的量子化

在涉及介观电路量子化的问题中, 在研究电路中电荷和电流的量子涨落时，大部分工作都将电路中的电荷视为连续变量, 而未考虑电荷是离散性的 (亦即电荷是量子化的) 这一基本事实. 实际上, 微观粒子具有波粒二象性, 这就导致介观电路的量子涨落不仅来源于电子的波动性, 而且还与电荷的离散性密切相关. 因此, 在考虑电荷离散性的前提下如何将介观电路量子化就成了十分重要的问题. 我国物理学工作者李有泉教授及其合作者们首先注意到了这一点, 他们在考虑了电荷是离散性的前提下, 率先在国内外建立了介观 LC 电路的量子化理论 [3-5]. 下面就以介观电感耦合电路为例, 来具体介绍一下这种量子化方法.

考虑 6.1.1 节中图 6.1.1 所示的介观电感耦合电路. 其哈密顿算符由式 (6.1.7) 给出. 方便起见, 将式 (6.1.7) 给出的哈密顿算符写为

$$\hat{\mathscr{H}} = \frac{1}{2}\sum_{i=1}^{2}\left[\frac{\hat{p}_i^2}{g_i} + \frac{\hat{q}_i^2}{C_i}\right] - \frac{1}{g}\hat{p}_1\hat{p}_2, \tag{6.1.45}$$

式中

$$\frac{1}{g_1} = \frac{L_2 + L}{(L_1+L)(L_2+L)-(M-L)^2}, \tag{6.1.46}$$

$$\frac{1}{g_2} = \frac{L_1 + L}{(L_1+L)(L_2+L)-(M-L)^2}, \tag{6.1.47}$$

$$\frac{1}{g} = \frac{M - L}{(L_1+L)(L_2+L)-(M-L)^2}. \tag{6.1.48}$$

在将电荷 $\hat{q}_i(i=1,2)$ 视为连续的情况下, 其本征值显然是连续的, 若将其视为离散的, 按照文献 [3] 给出的量子化方案, 必须规定算符 $\hat{q}_i(i=1,2)$ 的本征值是分

立的, 即应满足

$$\hat{q}_1 |q\rangle_1 = mq_e |q\rangle_1, \quad \hat{q}_2 |q\rangle_2 = nq_e |q\rangle_2, \tag{6.1.49}$$

式中, m、n 为整数 ($m,n \in \mathbf{Z}$); q_e 是基本电荷量，即 $q_e = 1.602 \times 10^{-19}\mathrm{C}$; $|q\rangle_1$、$|q\rangle_2$ 分别为 $\hat{q}_1$、$\hat{q}_2$ 的电荷本征态. 由于规定 $\hat{q}_i$ 的本征值是分立的, 则它的本征态亦是分立的, 显然, 可以用整数来标记, 即

$$\hat{q}_1 |m\rangle_1 = mq_e |m\rangle_1, \quad \hat{q}_2 |n\rangle_2 = nq_e |n\rangle_2. \tag{6.1.50}$$

因而 (与文献 [3]~[5] 相类似), 可引入两个最小的平移算符

$$\hat{Q}_1 = \exp(\mathrm{i}q_e\hat{p}_1/\hbar), \quad \hat{Q}_2 = \exp(\mathrm{i}q_e\hat{p}_2/\hbar). \tag{6.1.51}$$

显然, 它们满足下面的对易关系式:

$$[\hat{q}_1, \hat{Q}_1] = -q_e\hat{Q}_1, \quad [\hat{q}_1, \hat{Q}_1^+] = q_e\hat{Q}_1^+, \quad \hat{Q}_1^+\hat{Q}_1 = \hat{Q}_1\hat{Q}_1^+ = 1, \tag{6.1.52}$$

$$[\hat{q}_2, \hat{Q}_2] = -q_e\hat{Q}_2, \quad [\hat{q}_2, \hat{Q}_2^+] = q_e\hat{Q}_2^+, \quad \hat{Q}_2^+\hat{Q}_2 = \hat{Q}_2\hat{Q}_2^+ = 1, \tag{6.1.53}$$

这些关系完全决定了整个 Fock 空间的结构. 由 (6.1.51)、(6.1.52) 两式可以得到

$$\hat{Q}_i^+ |n\rangle = \mathrm{e}^{\mathrm{i}\alpha_{n+1}} |n+1\rangle \quad (i=1,2), \tag{6.1.54}$$

$$\hat{Q}_i |n\rangle = \mathrm{e}^{-\mathrm{i}\alpha_n} |n-1\rangle \quad (i=1,2), \tag{6.1.55}$$

式中, α_n 是未确定的相因子. 显然 $\hat{Q}_i^+$ 和 $\hat{Q}_i (i=1,2)$ 分别为电荷的升、降算符, 它们在电荷算符的对角表象中的矩阵元分别为

$$(\hat{Q}_i^+)_{mn} = \mathrm{e}^{\mathrm{i}\alpha_{n+1}}\delta_{m,n+1}, \quad (\hat{Q}_i)_{mn} = \mathrm{e}^{-\mathrm{i}\alpha_n}\delta_{m,n-1} \quad (i=1,2). \tag{6.1.56}$$

当然, 这里的 Fock 空间不同于 Heisenberg-Weyl 代数的 Fock 空间, 因为这里的取值范围是整数集, 即 m 和 n 为可正可负的整数，而对于简谐振子情况下的 n 只能取非负整数, 也就是说这里无基态而言, 且其完备性为: $\sum\limits_{m\in\mathbf{Z}} |m\rangle\langle m| = 1$, $\sum\limits_{n\in\mathbf{Z}} |n\rangle\langle n| = 1$, 正交归一性为: $\langle n \mid m\rangle = \delta_{nm}$. 故电荷本征态的内积可以表示为 [3]

$$\langle\varphi \mid \psi\rangle = \sum_{n\in\mathbf{Z}} \langle\varphi \mid n\rangle\langle n \mid \psi\rangle = \sum_{n\in\mathbf{Z}} \varphi^*(n)\psi(n). \tag{6.1.57}$$

相应地, 可以求出 $\hat{p}_i$ 的本征态和本征值. 显然, 对于一个算符函数 $f(\hat{p}_i)$, 若 $\hat{p}_i |p_i\rangle = p_i |p_i\rangle$, 则有 $f(\hat{p}_i)|p_i\rangle = f(p_i)|p_i\rangle$. 假设 $|p_i\rangle = \sum\limits_{n\in z} c_n(p_i)|n\rangle$, 利用 $\hat{Q}_i |p_i\rangle = \mathrm{e}^{\frac{\mathrm{i}q_e p_i}{\hbar}} |p_i\rangle$ 可得到 $\dfrac{c_{n+1}}{c_n} = \exp\left(\mathrm{i}\dfrac{q_e p_i}{\hbar} + \mathrm{i}\alpha_{n+1}\right)$, 则相应的解为

$$|p_i\rangle = \sum_{n\in z} \kappa_n \mathrm{e}^{\mathrm{i}\frac{nq_e p_i}{\hbar}} |n\rangle, \tag{6.1.58}$$

式中, $n>0$ 时, $\kappa_n=\mathrm{e}^{\mathrm{i}\sum\limits_{j=1}^{n}\alpha_j}$, $\kappa_{-n}=\mathrm{e}^{-\mathrm{i}\sum\limits_{j=0}^{n-1}\alpha_{-j}}$, 显然 $|p_i+\hbar(2\pi/q_{\mathrm{e}})\rangle=|p_i\rangle$, $\hat{p}_i$ 的本征值呈现周期性.

另外, 因为电荷的谱是分立的, 且在电荷表象中的内积式 (6.1.57) 是求和形式而不是积分形式, 即由求和代替了积分. 于是, 可定义右的和左的离散微分算符 $\nabla_{q_{\mathrm{e}}}$ 和 $\bar{\nabla}_{q_{\mathrm{e}}}$ [3]:

$$\nabla_{q_{\mathrm{e}}}f(n)=\frac{f(n+1)-f(n)}{q_{\mathrm{e}}},\quad \bar{\nabla}_{q_{\mathrm{e}}}f(n)=\frac{f(n)-f(n-1)}{q_{\mathrm{e}}}. \tag{6.1.59}$$

这可以理解为离散定积分的逆运算, 按照内积的定义式 (6.1.57), 有

$$\int_{x_i}^{x_f}f(x)\mathrm{d}x=\sum_{n=n_i}^{n_f}q_{\mathrm{e}}f(nq_{\mathrm{e}})=\begin{cases}\hat{Q}_iF(x_f)-F(x_j), & \text{若 } \nabla_{q_{\mathrm{e}}}F=f,\\ F(x_f)-\hat{Q}_i^{+}F(x_j), & \text{若 } \bar{\nabla}_{q_{\mathrm{e}}}F=f.\end{cases} \tag{6.1.60}$$

显然, 如果 $q_{\mathrm{e}}\to0$, 上式定义的微积分就是通常的微积分. 离散微分算符的形式式 (6.1.59) 可以用式 (6.1.51) 所定义的最小平移算符表示为

$$\nabla_{q_{\mathrm{e}}}^{(1)}=(\hat{Q}_1-1)/q_{\mathrm{e}},\quad \bar{\nabla}_{q_{\mathrm{e}}}^{(1)}=(1-\hat{Q}_1^{+})/q_{\mathrm{e}}, \tag{6.1.61}$$

$$\nabla_{q_{\mathrm{e}}}^{(2)}=(\hat{Q}_2-1)/q_{\mathrm{e}},\quad \bar{\nabla}_{q_{\mathrm{e}}}^{(2)}=(1-\hat{Q}_2^{+})/q_{\mathrm{e}}, \tag{6.1.62}$$

显然, $\nabla_{q_{\mathrm{e}}}^{(1)+}=-\bar{\nabla}_{q_{\mathrm{e}}}^{(1)}$, $\nabla_{q_{\mathrm{e}}}^{(2)+}=-\bar{\nabla}_{q_{\mathrm{e}}}^{(2)}$. 于是, 当 $q_{\mathrm{e}}\to0$ 时, 可写出两个重要的自伴随算符, 即 “动量” 算符

$$\begin{aligned}\hat{p}_1&=\frac{\hbar}{2\mathrm{i}q_{\mathrm{e}}}(2\mathrm{i}q_{\mathrm{e}}\hat{p}_1/\hbar)\approx\frac{\hbar}{2\mathrm{i}q_{\mathrm{e}}}\left\{2\mathrm{i}\left[\left(\frac{q_{\mathrm{e}}\hat{p}_1}{\hbar}\right)-\frac{(q_{\mathrm{e}}\hat{p}_1/\hbar)^3}{3!}+\cdots\right]\right\}\\&=\frac{\hbar}{2\mathrm{i}q_{\mathrm{e}}}\left[2\mathrm{i}\sin\left(\frac{q_{\mathrm{e}}\hat{p}_1}{\hbar}\right)\right]=\frac{\hbar}{2\mathrm{i}q_{\mathrm{e}}}(\hat{Q}_1-\hat{Q}_1^{+})\\&=\frac{\hbar}{2\mathrm{i}}[\nabla_{q_{\mathrm{e}}}^{(1)}+\bar{\nabla}_{q_{\mathrm{e}}}^{(1)}],\end{aligned} \tag{6.1.63}$$

$$\hat{p}_2=\frac{\hbar}{2\mathrm{i}q_{\mathrm{e}}}(\hat{Q}_2-\hat{Q}_2^{+})=\frac{\hbar}{2\mathrm{i}}[\nabla_{q_{\mathrm{e}}}^{(2)}+\bar{\nabla}_{q_{\mathrm{e}}}^{(2)}], \tag{6.1.64}$$

和广义动能算符

$$\begin{aligned}\mathscr{T}^{(1)}&=\frac{\hat{p}_1^2}{2m_1}=-\frac{\hbar^2}{2m_1q_{\mathrm{e}}^2}\left\{2\left[1-\left(\frac{q_{\mathrm{e}}\hat{p}_1}{\hbar}\right)^2/2!\right]-2\right\}\\&\approx-\frac{\hbar^2}{2m_1q_{\mathrm{e}}^2}\left\{2\left[1-\left(\frac{q_{\mathrm{e}}\hat{p}_1}{\hbar}\right)^2/2!+\left(\frac{q_{\mathrm{e}}\hat{p}_1}{\hbar}\right)^4/4!-\cdots\right]-2\right\}\end{aligned}$$

$$
\begin{aligned}
&= -\frac{\hbar^2}{2m_1 q_e^2}\left[2\cos\left(\frac{q_e\hat{p}_1}{\hbar}\right)-2\right] = -\frac{h^2}{2m_1 q_e^2}\left(\hat{Q}_1+\hat{Q}_1^+-2\right) \\
&= -\frac{\hbar^2}{2m_1 q_e}[\nabla_{q_e}^{(1)}-\bar{\nabla}_{q_e}^{(1)}],
\end{aligned} \tag{6.1.65}
$$

$$
\hat{\mathscr{T}}^{(2)} = -\frac{\hbar^2}{2m_2 q_e}[\nabla_{q_e}^{(2)}-\bar{\nabla}_{q_e}^{(2)}]. \tag{6.1.66}
$$

于是, 就实现了对该介观电感耦合电路的量子化, 则与式 (6.1.45) 给出的哈密顿算符相关的薛定谔方程可写为下面的有限微分形式:

$$
\frac{1}{2}\sum_{i=1}^{2}\left[-\frac{\hbar^2}{g_i q_e}(\nabla_{q_e}^{(i)}-\bar{\nabla}_{q_e}^{(i)})+\frac{\hat{q}_i^2}{C_i}\right]+\frac{\hbar^2}{4g}\prod_{i=1,2}[\nabla_{q_e}^{(i)}+\bar{\nabla}_{q_e}^{(i)}]\left|\psi\right\rangle = E\left|\psi\right\rangle. \tag{6.1.67}
$$

上面的微分方程中含有耦合项, 求解起来相当困难, 但引入式 (6.1.8) 所给出的幺正变换算符 $\hat{U}$ 使 $\mathscr{H}$ 对角化后, 将使问题大大简化. 变换算符 $\hat{U}$ 中 A、B、C 和 D 的取值同 (6.1.10) 和 (6.1.11) 两式, φ 的取值满足

$$
\varphi = \arctan\frac{2g_1 g_2\sqrt{C_1 C_2}}{g(g_1 C_1 - g_2 C_2)}. \tag{6.1.68}
$$

将 $\hat{U}^{-1}$ 作用到式 (6.1.67) 的左侧, 并利用 $\hat{U}\hat{U}^{-1}=\hat{U}^{-1}\hat{U}=1$, 可得

$$
\hat{U}^{-1}\left\{\frac{1}{2}\sum_{i=1}^{2}\left[-\frac{\hbar^2}{g_i q_e}(\nabla_{q_e}^{(i)}-\bar{\nabla}_{q_e}^{(i)})+\frac{\hat{q}_i^2}{C_i}\right]+\frac{\hbar^2}{4g}\prod_{i=1,2}[\nabla_{q_e}^{(i)}+\bar{\nabla}_{q_e}^{(i)}]\right\}\times\hat{U}\hat{U}^{-1}\left|\psi\right\rangle = E\hat{U}^{-1}\left|\psi\right\rangle, \tag{6.1.69}
$$

经过变换可得

$$
\left(\mathscr{H}_1'\left|\tilde{\psi}^{(1)}\right\rangle\right)\otimes\left(\mathscr{H}_2'\left|\tilde{\psi}^{(2)}\right\rangle\right) = \left(E_1\left|\tilde{\psi}^{(1)}\right\rangle\right)\otimes\left(E_2\left|\tilde{\psi}^{(2)}\right\rangle\right), \tag{6.1.70}
$$

即变换后的本征态和本征值分别为

$$
\left|\tilde{\psi}\right\rangle = \hat{U}^{-1}\left|\psi\right\rangle = \left|\tilde{\psi}^{(1)}\right\rangle\otimes\left|\tilde{\psi}^{(2)}\right\rangle, \quad E = E_1+E_2, \tag{6.1.71}
$$

相应的两个薛定谔方程分别为

$$
\left\{-\frac{\hbar^2}{2m_1 q_e}[\nabla_{q_e}^{(1)}-\bar{\nabla}_{q_e}^{(1)}]+\frac{1}{2}k_1\hat{q}_1^2\right\}\left|\psi^{(1)}\right\rangle = E_1\left|\psi^{(1)}\right\rangle, \tag{6.1.72}
$$

$$
\left\{-\frac{\hbar^2}{2m_2 q_e}[\nabla_{q_e}^{(2)}-\bar{\nabla}_{q_e}^{(2)}]+\frac{1}{2}k_2\hat{q}_2^2\right\}\left|\psi^{(2)}\right\rangle = E_2\left|\psi^{(2)}\right\rangle, \tag{6.1.73}
$$

式中

$$
\frac{1}{m_1} = \frac{D^2}{g_1}+\frac{B^2}{g_2}+\frac{2BD}{g}, \quad \frac{1}{m_2} = \frac{C^2}{g_1}+\frac{A^2}{g_2}+\frac{2AC}{g}, \tag{6.1.74}
$$

$$k_1 = \frac{A^2}{C_1} + \frac{C^2}{C_2}, \quad k_2 = \frac{B^2}{C_1} + \frac{D^2}{C_2}. \tag{6.1.75}$$

为了求解 (6.1.72) 和 (6.1.73) 两式给出的薛定谔方程, 考虑动量 p 表象, 在该表象中, 动量算符 $\hat{p}_i$ 是对角化的. 式 (6.1.58) 给出的动量本征态的正交关系为

$$\langle p_i | p_i' \rangle = \frac{2\pi}{q_e \hbar} \sum_{n \in \mathbf{Z}} \delta \left[p_i - p_i' + n \left(\frac{2\pi}{q_e} \right) \hbar \right] \quad (i = 1, 2). \tag{6.1.76}$$

相应地, 其完备性关系为

$$\frac{2\pi}{q_e \hbar} \int_{-\hbar(\pi/q_e)}^{\hbar(\pi/q_e)} \frac{\mathrm{d}p_i}{\hbar} |p_i\rangle \langle p_i| = \sum_{n \in \mathbf{Z}} |n\rangle \langle n| = 1 \quad (i = 1, 2). \tag{6.1.77}$$

波函数 $|\psi^{(i)}\rangle$ 在电荷 q_i 表象和动量 p_i 表象之间的变换由下式给出:

$$\left\langle n \middle| \psi^{(i)} \right\rangle = \left(\frac{q_e}{2\pi\hbar} \right) \int_{-\hbar(\pi/q_e)}^{\hbar(\pi/q_e)} \mathrm{d}p_i \left\langle p_i \middle| \psi^{(i)} \right\rangle \mathrm{e}^{-\mathrm{i}nq_e p_i/\hbar}. \tag{6.1.78}$$

在动量 p_i 表象下, 存在下面的关系:

$$\begin{aligned} \langle p_i' | \nabla_{q_e}^{(i)} - \bar{\nabla}_{q_e}^{(i)} | p_i \rangle &= \langle p_i' | \frac{1}{q_e} (\hat{Q}_i + \hat{Q}_i^+ - 2) | p_i \rangle \\ &= \frac{4\pi\hbar}{q_e^2} \left[\cos\left(\frac{q_e}{\hbar} p_i \right) - 1 \right] \delta(p_i - p_i') \quad (i = 1, 2), \end{aligned} \tag{6.1.79}$$

$$\langle p_i' | \hat{q}_i^2 | p \rangle = -\frac{2\pi\hbar^3}{q_e} \frac{\partial^2}{\partial p_i^2} \delta(p_i - p_i') \quad (i = 1, 2). \tag{6.1.80}$$

于是, 方程 (6.1.72) 和 (6.1.73) 在动量表象中分别转化为 $\tilde{\psi}^{(i)}(p_i) \equiv \langle p | \psi \rangle$ 的微分方程

$$\left\{ -\frac{\hbar^2}{m_1 q_e^2} \left[\cos\left(\frac{q_e}{\hbar} p_1 \right) - 1 \right] - \frac{k_1 \hbar^2}{2} \frac{\partial^2}{\partial p_1^2} \right\} \tilde{\psi}^{(1)}(p_1) = E^{(1)} \tilde{\psi}^{(1)}(p_1), \tag{6.1.81}$$

$$\left\{ -\frac{\hbar^2}{m_2 q_e^2} \left[\cos\left(\frac{q_e}{\hbar} p_2 \right) - 1 \right] - \frac{k_2 \hbar^2}{2} \frac{\partial^2}{\partial p_2^2} \right\} \tilde{\psi}^{(2)}(p_2) = E^{(2)} \tilde{\psi}^{(2)}(p_2), \tag{6.1.82}$$

以上两方程便是著名的 Mathieu 方程 [6,7], 其解分别为

$$\tilde{\psi}_{l_1}^{(1)+}(p_1) = ce_{l_1}(z_1, \xi_1), \quad \tilde{\psi}_{l_2}^{(2)+}(p_2) = ce_{l_2}(z_2, \xi_2), \tag{6.1.83}$$

或

$$\tilde{\psi}_{l_1+1}^{(1)-}(p_1) = se_{l_1+1}(z_1, \xi_1), \quad \tilde{\psi}_{l_2+1}^{(2)-}(p_2) = se_{l_2+1}(z_2, \xi_2), \tag{6.1.84}$$

式中, “+” 和 “−” 分别对应于偶宇称解和奇宇称解; $\xi_i = \left(\frac{2\hbar}{q_e^2} \right)^2 \frac{1}{k_i m_i}$, $z_i = \frac{\pi}{2} -$

$\dfrac{q_e}{2\hbar}p_i$, $l_1, l_2 = 0, 1, 2, \cdots$; $ce(z_i, \xi_i)$ 和 $se(z_i, \xi_i)$ 是周期性马丢函数, 它们分别有无穷多个不同时为零的本征值 $\{a_{l_i}\}$ 和 $\{b_{l_i+1}\}$,$E = E^{(1)} + E^{(2)}$. 利用马丢方程的本征值可以表示出体系的能量

$$E_{l_i}^{(i)+} = \frac{q_e^2}{8}k_i a_{l_i}(\xi_i) + \frac{\hbar^2}{q_e^2 m_i}, \quad E_{l_i+1}^{(i)-} = \frac{q_e^2}{8}k_i b_{l_i+1}(\xi_i) + \frac{\hbar^2}{q_e^2 m_i}. \tag{6.1.85}$$

用迭代法可以求出式 (6.1.85) 所给能谱的近似值, 马丢方程的本征值是连续分数形式, 不能写成简单形式. 经计算, 其结果分别为

$$E_0^{(i)^+} = \frac{\hbar^2}{q_e^2 m_i}\left(1 - \frac{\hbar^2}{q_e^4 m_i k_i} + \cdots\right), \tag{6.1.86}$$

$$E_1^{(i)^-} = \frac{q_e^2 k_i}{8} + \frac{\hbar^2}{q_e^2 m_i}\left(\frac{1}{2} - \frac{1}{4}\frac{\hbar^2}{q_e^4 m_i k_i} + \cdots\right), \tag{6.1.87}$$

$$E_1^{(i)^+} = \frac{q_e^2 k_i}{8} + \frac{\hbar^2}{q_e^2 m_i}\left(\frac{3}{2} - \frac{1}{4}\frac{\hbar^2}{q_e^4 m_i k_i} + \cdots\right), \tag{6.1.88}$$

$$E_2^{(i)^-} = \frac{q_e^2 k_i}{2} + \frac{\hbar^2}{q_e^2 m_i}\left(1 - \frac{1}{6}\frac{\hbar^2}{q_e^4 m_i k_i} + \cdots\right), \tag{6.1.89}$$

$$\tilde{E}_2^{(i)^+} = \frac{q_e^2 k_i}{2} + \frac{\hbar^2}{q_e^2 m_i}\left(1 + \frac{5}{6}\frac{\hbar^2}{q_e^4 m_i k_i} + \cdots\right), \tag{6.1.90}$$

$$\tilde{E}_n^{(i)^-} = \tilde{E}_n^{(i)^+} = \frac{(nq_e)^2 k_i}{8} + \frac{\hbar^2}{q_e^2 m_i}\left(1 + \frac{1}{n^2 - 1}\frac{\hbar^2}{q_e^4 m_i k_i} + \cdots\right) \quad (n \geqslant 3). \tag{6.1.91}$$

显然, 对于 $n \geqslant 3$ 的激发态, 奇宇称解和偶宇称解所对应的能级是简并的. 在 6.1.1 节中将电荷视为连续变量, 而没有考虑电荷是量子化的这一基本事实, 而在这里考虑了电荷的离散性, 从而实现了电路的量子化, 并求出了体系的波函数及其能谱.

6.2 用广义 Hellmann-Feynman 定理讨论介观电路的热效应

6.2.1 Hellmann-Feynman 定理

讨论量子体系的能量本征值问题的定理有很多, 其中应用最广泛的是 Hellmann-Feynman 定理 [8,9](以下简称 H-F 定理). 该定理的内容涉及能量本征值及各种力学量平均值随参数变化的规律, 若体系的能量本征值求出, 借助于 H-F 定理就可以获取有关力学量平均值的大量信息, 而不必再利用波函数去进行繁琐的计算. 下面简要介绍文献 [8], [9] 提出的 H-F 定理.

设体系的 Hamilton 算符 $\hat{\mathscr{H}}$ 中含有某参量 λ, $E_n(\lambda)$ 为 $\hat{\mathscr{H}}$ 的本征值, 相应的归一化本征态矢 (描写束缚态) 为 $|\psi_n\rangle$ (n 为一组量子数), 即满足下面的本征值方程:

$$\hat{\mathscr{H}} |\psi_n\rangle = E_n(\lambda) |\psi_n\rangle, \tag{6.2.1}$$

将上式两边对参量 λ 取导数, 有

$$\left(\frac{\partial \hat{\mathscr{H}}}{\partial \lambda}\right) |\psi_n\rangle + \hat{\mathscr{H}} \frac{\partial}{\partial \lambda} |\psi_n\rangle = \left(\frac{\partial E_n(\lambda)}{\partial \lambda}\right) |\psi_n\rangle + E_n(\lambda) \frac{\partial}{\partial \lambda} |\psi_n\rangle. \tag{6.2.2}$$

将上式两边左乘 $\langle\psi_n|$ 取标积可得

$$\langle\psi_n| \frac{\partial \hat{\mathscr{H}}}{\partial \lambda} |\psi_n\rangle + \langle\psi_n| \hat{\mathscr{H}} \frac{\partial}{\partial \lambda} |\psi_n\rangle = \left(\frac{\partial E_n(\lambda)}{\partial \lambda}\right) \langle\psi_n| \psi_n\rangle + E_n(\lambda) \langle\psi_n| \frac{\partial}{\partial \lambda} |\psi_n\rangle, \tag{6.2.3}$$

利用 $\hat{\mathscr{H}}$ 的厄米性

$$\langle\psi_n| \hat{\mathscr{H}} \frac{\partial}{\partial \lambda} |\psi_n\rangle = \langle\psi_n| \hat{\mathscr{H}}^{+} \frac{\partial}{\partial \lambda} |\psi_n\rangle = E_n \langle\psi_n| \frac{\partial}{\partial \lambda} |\psi_n\rangle, \tag{6.2.4}$$

以及 $|\psi_n\rangle$ 的归一化可得

$$\langle\psi_n| \frac{\partial \hat{\mathscr{H}}}{\partial \lambda} |\psi_n\rangle = \frac{\partial E_n(\lambda)}{\partial \lambda}, \tag{6.2.5}$$

此即 H-F 定理. 下面通过一个例子来说明这一定理的应用: 对于一维谐振子, 它的 Hamilton 算符为

$$\hat{\mathscr{H}} = \frac{\hat{p}^2}{2m} + \frac{1}{2} m\omega^2 \hat{x}^2, \tag{6.2.6}$$

其本征值是已知的, 为

$$E_n = \left(n + \frac{1}{2}\right) \hbar\omega, \tag{6.2.7}$$

把 ω 视为参数, 则有

$$\frac{\partial \hat{\mathscr{H}}}{\partial \omega} = m\omega \hat{x}^2. \tag{6.2.8}$$

依据 H-F 定理可得

$$m\omega \langle\psi_n| \hat{x}^2 |\psi_n\rangle = \langle\psi_n| \frac{\partial \hat{\mathscr{H}}}{\partial \omega} |\psi_n\rangle = \left(n + \frac{1}{2}\right) \hbar, \tag{6.2.9}$$

因此

$$\langle\psi_n| \hat{\mathscr{V}} |\psi_n\rangle = \frac{1}{2} m\omega^2 \langle\psi_n| \hat{x}^2 |\psi_n\rangle = \frac{1}{2} \left(n + \frac{1}{2}\right) \hbar\omega = \frac{1}{2} E_n, \tag{6.2.10}$$

再利用

$$\langle\psi_n|\hat{\mathscr{V}}|\psi_n\rangle+\langle\psi_n|\hat{\mathscr{T}}|\psi_n\rangle=E_n, \tag{6.2.11}$$

则可求出

$$\langle\psi_n|\hat{\mathscr{V}}|\psi_n\rangle=\langle\psi_n|\hat{\mathscr{T}}|\psi_n\rangle=\frac{1}{2}E_n. \tag{6.2.12}$$

6.2.2　广义 Hellmann-Feynman 定理

对某一体系, 由 H-F 定理求某一力学量算符的期望值, 是出于体系的量子态为纯态的考虑. 而当体系的量子态为混合态时, 把 H-F 定理推广到混合态的情形是非常有必要的. 混合态的状态可用密度算符 ρ 来描述, 即

$$\rho=\sum_n \mathrm{e}^{-\beta\mathscr{H}_n}|\psi_n\rangle\langle\psi_n|, \tag{6.2.13}$$

式中, $\beta=\frac{1}{kT}$, k 为玻尔兹曼常量, T 为温度. 则能量的平均值 $\left\langle\hat{\mathscr{H}}(\lambda)\right\rangle$ 为

$$\begin{gathered}\left\langle\hat{\mathscr{H}}(\lambda)\right\rangle_{\mathrm{e}}=\frac{\mathrm{Tr}\rho[\hat{\mathscr{H}}(\lambda)]}{Z(\lambda)}=\frac{1}{Z(\lambda)}\sum_n \mathrm{e}^{-\beta E_n(\lambda)}E_n(\lambda)=\bar{E}(\lambda),\\ Z(\lambda)=\mathrm{Tr}(\rho).\end{gathered} \tag{6.2.14}$$

将上式中的能量平均值 $\bar{E}(\lambda)$ 对 λ 求偏导, 得

$$\begin{aligned}\frac{\partial\overline{E}(\lambda)}{\partial\lambda}&=\frac{1}{Z^2(\lambda)}\left\{Z(\lambda)\sum_n \mathrm{e}^{-\beta E_n(\lambda)}[-\beta E_n(\lambda)+1]\frac{\partial E_n(\lambda)}{\partial\lambda}\right.\\&\quad\left.-\left[\sum_n \mathrm{e}^{-\beta E_n(\lambda)}E_n(\lambda)\right]\left[\sum_n \mathrm{e}^{-\beta E_n(\lambda)}\frac{\partial E_n(\lambda)}{\partial\lambda}(-\beta)\right]\right\},\\&=\frac{1}{Z(\lambda)}\left\{\sum_n \mathrm{e}^{-\beta E_n(\lambda)}[-\beta E_n(\lambda)+\beta\bar{E}(\lambda)+1]\frac{\partial E_n(\lambda)}{\partial\lambda}\right\}.\end{aligned} \tag{6.2.15}$$

把式 (6.2.14) 代入式 (6.2.15) 得

$$\frac{\partial\left\langle\hat{\mathscr{H}}(\lambda)\right\rangle_{\mathrm{e}}}{\partial\lambda}=\frac{\partial\overline{E}(\lambda)}{\partial\lambda}=\left\langle[1+\beta\bar{E}(\lambda)-\beta\hat{\mathscr{H}}(\lambda)]\frac{\partial\hat{\mathscr{H}}(\lambda)}{\partial\lambda}\right\rangle_{\mathrm{e}}, \tag{6.2.16}$$

此即系综平均意义下的广义 Hellmann-Feynman 定理 (GHFT)[10]. 若 β 与 $\hat{\mathscr{H}}(\lambda)$ 无关, 则式 (6.2.16) 可简化为

$$\frac{\partial\bar{E}(\lambda)}{\partial\lambda}=\left(1+\beta\frac{\partial}{\partial\beta}\right)\left\langle\frac{\partial\hat{\mathscr{H}}(\lambda)}{\partial\lambda}\right\rangle_{\mathrm{e}}=\frac{\partial}{\partial\beta}\left[\beta\left\langle\frac{\partial\hat{\mathscr{H}}(\lambda)}{\partial\lambda}\right\rangle_{\mathrm{e}}\right], \tag{6.2.17}$$

由此可以得到 GHFT 的积分形式:

$$\beta\left\langle\frac{\partial\hat{\mathscr{H}}(\lambda)}{\partial\lambda}\right\rangle=\frac{\partial}{\partial\lambda}\int \mathrm{d}\beta\bar{E}. \tag{6.2.18}$$

6.2.3 含有复杂耦合的介观 *RLC* 电路的热效应

考虑如图 6.2.1 所示的包含复杂耦合的介观 RLC 电路. 其中 R_l、L_l 和 C_l 分别为第 $l(l=1,2)$ 个支路的电阻、电感和电容, L_{c} 和 C_{c} 分别为耦合电感和电容. 如果把支路电容器一极板上的净电荷量 q_l 视为广义坐标, 则系统的拉格朗日 (Lagrange) 函数为

$$\mathscr{L}=\sum_{l=1}^{2}\left(\frac{1}{2}L_l\dot{q}_l^2-\dot{q}_l^2R_lt-\frac{q_l^2}{2C_l}\right)+\frac{1}{2}L_{\mathrm{c}}(\dot{q}_1-\dot{q}_2)^2+M\dot{q}_1\dot{q}_2-\frac{1}{2C_{\mathrm{c}}}(q_1-q_2)^2. \tag{6.2.19}$$

注意, 这里的计时起点 $t=0$, 计时间隔非常短暂, 故可以认为电流在该间隔内是恒定的. 相应的广义动量分别为

$$p_1\equiv\frac{\partial\mathscr{L}}{\partial\dot{q}_1}=(L_1+L_{\mathrm{c}}-2R_1t)\dot{q}_1+(M-L_{\mathrm{c}})\dot{q}_2, \tag{6.2.20}$$

$$p_2\equiv\frac{\partial\mathscr{L}}{\partial\dot{q}_2}=(L_2+L_{\mathrm{c}}-2R_2t)\dot{q}_2+(M-L_{\mathrm{c}})\dot{q}_1, \tag{6.2.21}$$

以上两式意味着 p_l 与 $q_l(l=1,2)$ 是一对正则共轭变量, 则系统的哈密顿量为

$$\begin{aligned}\mathscr{H}&=\sum_{l=1}^{2}p_l\dot{q}_l-\mathscr{L}\\&=\frac{1}{2}\lambda_1p_1^2+\frac{1}{2}\lambda_2p_2^2-\lambda_3p_1p_2+\frac{1}{2}\lambda_4q_1^2+\frac{1}{2}\lambda_5q_2^2-\lambda_6q_1q_2.\end{aligned} \tag{6.2.22}$$

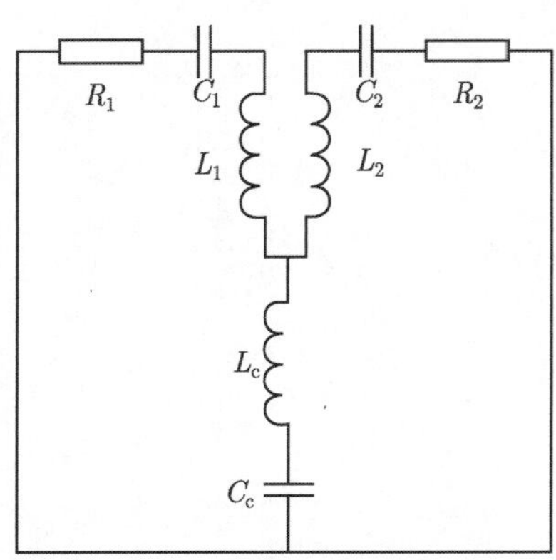

图 6.2.1 含有复杂耦合的介观 RLC 电路

依照狄拉克的正则量子化方法, 在上式中加入量子条件: $[\hat{q}_l, \hat{p}_k] = \delta_{lk}\mathrm{i}\hbar(l, k = 1, 2)$, 可得系统的哈密顿算符, 即

$$\hat{\mathscr{H}} = \frac{1}{2}\lambda_1\hat{p}_1^2 + \frac{1}{2}\lambda_2\hat{p}_2^2 - \lambda_3\hat{p}_1\hat{p}_2 + \frac{1}{2}\lambda_4\hat{q}_1^2 + \frac{1}{2}\lambda_5\hat{q}_2^2 - \lambda_6\hat{q}_1\hat{q}_2, \tag{6.2.23}$$

式中

$$\lambda_1 = \frac{1}{(L_1 + L_\mathrm{c} - 2R_1 t)\gamma}, \quad \lambda_2 = \frac{1}{(L_2 + L_\mathrm{c} - 2R_2 t)\gamma}, \quad \lambda_3 = \prod_{l=1}^{2}\frac{M - L_\mathrm{c}}{(L_l + L_\mathrm{c} - 2R_l t)\gamma},$$

$$\lambda_4 = \frac{1}{C_1} + \frac{1}{C_\mathrm{c}}, \quad \lambda_5 = \frac{1}{C_2} + \frac{1}{C_\mathrm{c}}, \quad \lambda_6 = \frac{1}{C_\mathrm{c}}, \tag{6.2.24}$$

$$\gamma = 1 - \frac{(M - L)^2}{(L_1 + L_\mathrm{c} - 2R_1 t)(L_2 + L_\mathrm{c} - 2R_2 t)}.$$

由于存在耗散, 系统为开放系统, 要与周围环境发生能量交换, 其哈密顿算符必然随时间演化, 这一点由 (6.2.23) 和 (6.2.24) 两式可以明显看出, 相应的本征态和本征值也此时刻异于彼时刻. 对于此类开放系统, 只能讨论其瞬时本征态和本征值. 下面借助于 GHFT 讨论该开放系统在有限温度下的热效应.

为了能够用 GHFT 求出系统的力学量算符在有限温度下的热效应, 引入 (6.1.15)、(6.1.16) 两式所给出的幺正变换, 只不过这里选择

$$A = (\mu/\alpha)^{\frac{1}{4}}\cos\frac{\varphi}{2}, \quad B = -(\mu/\alpha)^{\frac{1}{4}}\sin\frac{\varphi}{2}, \tag{6.2.25}$$

$$F = (\alpha/\mu)^{\frac{1}{4}}\sin\frac{\varphi}{2}, \quad D = (\alpha/\mu)^{\frac{1}{4}}\cos\frac{\varphi}{2}, \tag{6.2.26}$$

$$\varphi = \arctan\frac{2\lambda_3\sqrt{\alpha\mu}}{\lambda_2\mu - \lambda_1\alpha}, \tag{6.2.27}$$

式中, $\alpha = \lambda_2\lambda_6 + \lambda_3\lambda_4$; $\mu = \lambda_1\lambda_6 + \lambda_3\lambda_5$. 用 (6.1.15)、(6.1.16) 两式所给幺正关系, 可以得到对角化的哈密顿算符:

$$\begin{aligned}\hat{\mathscr{H}}' = \hat{U}^{-1}\hat{\mathscr{H}}\hat{U} &= \left(\frac{1}{2m_1}\hat{p}_1^2 + \frac{1}{2}m_1\omega_1^2\hat{q}_1^2\right) + \left(\frac{1}{2m_2}\hat{p}_2^2 + \frac{1}{2}m_2\omega_2^2\hat{q}_2^2\right)\\ &\equiv \hat{\mathscr{H}}_1' + \hat{\mathscr{H}}_2',\end{aligned} \tag{6.2.28}$$

式中

$$\frac{1}{m_1} = \lambda_1 D^2 + \lambda_2 B^2 + 2\lambda_3 BD, \quad \frac{1}{m_2} = \lambda_1 F^2 + \lambda_2 A^2 + 2\lambda_3 AF, \tag{6.2.29}$$

$$\omega_1^2 = \frac{1}{m_1}(\lambda_4 A^2 + \lambda_5 F^2 - 2\lambda_6 AF), \quad \omega_2^2 = \frac{1}{m_2}(\lambda_4 B^2 + \lambda_5 D^2 - 2\lambda_6 BD). \tag{6.2.30}$$

借助幺正算符 $\hat{U}$, 可以得到耦合体系能量的系综平均值

$$\left\langle \hat{\mathscr{H}} \right\rangle_{\mathrm{e}} = \frac{\sum\limits_n \langle \Theta_n | \mathrm{e}^{-\beta \hat{\mathscr{H}}} \hat{\mathscr{H}} | \Theta_n \rangle}{\sum\limits_n \langle \Theta_n | \mathrm{e}^{-\beta \hat{\mathscr{H}}} | \Theta_n \rangle} = \frac{\sum\limits_n \langle \Theta_n | \hat{U}\hat{U}^{-1} \mathrm{e}^{-\beta \hat{\mathscr{H}}} \hat{U}\hat{U}^{-1} \hat{\mathscr{H}} \hat{U}\hat{U}^{-1} | \Theta_n \rangle}{\sum\limits_n \langle \Theta_n | \hat{U}\hat{U}^{-1} \mathrm{e}^{-\beta \hat{\mathscr{H}}} \hat{U}\hat{U}^{-1} | \Theta_n \rangle}$$
$$= \left\langle \hat{\mathscr{H}}_1' \right\rangle_{\mathrm{e}} + \left\langle \hat{\mathscr{H}}_2' \right\rangle_{\mathrm{e}}, \tag{6.2.31}$$

上式意味着幺正变换并不改变系统能量的系综平均. 由 $\hat{\mathscr{H}}_1'$ 和 $\hat{\mathscr{H}}_2'$ 所描述的等效子系统的能量系综平均分别为

$$\left\langle \hat{\mathscr{H}}_1' \right\rangle_{\mathrm{e}} = \frac{\mathrm{Tr}[\mathrm{e}^{-\beta \hat{\mathscr{H}}_1'} \hat{\mathscr{H}}_1']}{\mathrm{Tr}\mathrm{e}^{-\beta \hat{\mathscr{H}}_1'}} = \frac{\hbar\omega_1}{2} \coth \frac{\beta\hbar\omega_1}{2}, \tag{6.2.32}$$

$$\left\langle \hat{\mathscr{H}}_2' \right\rangle_{\mathrm{e}} = \frac{\mathrm{Tr}[\mathrm{e}^{-\beta \hat{\mathscr{H}}_2'} \hat{\mathscr{H}}_2']}{\mathrm{Tr}\mathrm{e}^{-\beta \hat{\mathscr{H}}_2'}} = \frac{\hbar\omega_2}{2} \coth \frac{\beta\hbar\omega_2}{2}. \tag{6.2.33}$$

把 (6.2.32)、(6.3.33) 两式代入式 (6.2.31) 得

$$\bar{E} = \left\langle \hat{\mathscr{H}} \right\rangle_{\mathrm{e}} = \frac{\sum\limits_n \langle \Theta_n | \mathrm{e}^{-\beta \hat{\mathscr{H}}} \hat{\mathscr{H}} | \Theta_n \rangle}{\sum\limits_n \langle \Theta_n | \mathrm{e}^{-\beta \hat{\mathscr{H}}} | \Theta_n \rangle}$$
$$= \frac{\hbar\omega_1}{2} \coth \frac{\beta\hbar\omega_1}{2} + \frac{\hbar\omega_2}{2} \coth \frac{\beta\hbar\omega_2}{2}. \tag{6.2.34}$$

下面利用 GHFT 来讨论耦合系统的热效应. 若把 λ_1 看成一个参量, 由 GHFT 可得

$$\beta \left\langle \frac{\partial \hat{\mathscr{H}}}{\partial \lambda_1} \right\rangle = \frac{1}{2} \beta \left\langle \hat{p}_1^2 \right\rangle = \frac{\partial}{\partial \lambda_1} \int \mathrm{d}\beta \bar{E}, \tag{6.2.35}$$

结合上式及考虑到 $\langle \hat{p}_1 \rangle_{\mathrm{e}} = 0$, 可得 $\hat{p}_1$ 的量子涨落为

$$\left\langle (\Delta \hat{p}_1)^2 \right\rangle_{\mathrm{e}} = \left\langle \hat{p}_1^2 \right\rangle_{\mathrm{e}} = \frac{2\partial}{\beta \partial \lambda_1} \int \mathrm{d}\beta \bar{E}$$
$$= \sum_{l,j=1(l\neq j)}^{2} \coth\left(\frac{\beta\hbar\omega_l}{2}\right) \left\{ \frac{m_l \omega_l \hbar}{2} \left[\left(1 - \frac{\lambda_1\lambda_6}{2\mu}\right) (D^2)^{j-1} (F^2)^{l-1} \right.\right.$$
$$\left. + \frac{\lambda_2\lambda_6}{2\mu} (B^2)^{j-1} (A^2)^{l-1} + (-1)^l \eta_1 \xi_1 \right] + \frac{\hbar}{2 m_l \omega_l} \left[\frac{\lambda_4\lambda_6}{2\mu} (A^2)^{j-1} (B^2)^{l-1} \right.$$
$$\left.\left. - \frac{\lambda_5\lambda_6}{2\mu} (F^2)^{j-1} (D^2)^{l-1} + (-1)^j \eta_1 \xi_2 \right] \right\}, \tag{6.2.36}$$

式中

$$\begin{aligned}\eta_1 &= \frac{\sin(2\varphi)}{2}\left(\frac{\lambda_6}{2\mu}+\frac{\lambda_4}{\lambda_2\lambda_5-\lambda_1\lambda_4}\right),\\ \xi_1 &= \lambda_1 DF+\lambda_2 AB+\lambda_3\cos\varphi,\\ \xi_2 &= \lambda_4 AB+\lambda_5 DF-\lambda_6\cos\varphi.\end{aligned}\tag{6.2.37}$$

考虑到 $\langle\hat{q}_1\rangle_{\mathrm{e}}=\langle\hat{p}_2\rangle_{\mathrm{e}}=\langle\hat{q}_2\rangle_{\mathrm{e}}=0$, 类似地, 可得到

$$\begin{aligned}\left\langle(\Delta\hat{p}_2)^2\right\rangle_{\mathrm{e}} &= \left\langle\hat{p}_2^2\right\rangle_{\mathrm{e}}=\frac{2\partial}{\beta\partial\lambda_2}\int \mathrm{d}\beta\bar{E}\\ &= \sum_{l,j=1(l\neq j)}^{2}\coth\left(\frac{\beta\hbar\omega_l}{2}\right)\left\{\frac{m_l\omega_l\hbar}{2}\left[\left(1-\frac{\lambda_2\lambda_6}{2\alpha}\right)(B^2)^{j-1}(A^2)^{l-1}\right.\right.\\ &\quad\left.+\frac{\lambda_1\lambda_6}{2\alpha}(D^2)^{j-1}(F^2)^{l-1}+(-1)^l\eta_2\xi_1\right]+\frac{\hbar}{2m_l\omega_l}\left[\frac{\lambda_5\lambda_6}{2\alpha}(F^2)^{j-1}(D^2)^{l-1}\right.\\ &\quad\left.\left.-\frac{\lambda_4\lambda_5}{2\alpha}(A^2)^{j-1}(B^2)^{l-1}+(-1)^j\eta_2\xi_2\right]\right\},\end{aligned}\tag{6.2.38}$$

$$\begin{aligned}\left\langle(\Delta\hat{q}_1)^2\right\rangle_{\mathrm{e}} &= \left\langle\hat{q}_1^2\right\rangle_{\mathrm{e}}=\frac{2\partial}{\beta\partial\lambda_1}\int \mathrm{d}\beta\bar{E}\\ &= \sum_{l,j=1(l\neq j)}^{2}\coth\left(\frac{\beta\hbar\omega_l}{2}\right)\left\{\frac{\hbar}{2m_l\omega_l}\left[\left(1-\frac{\lambda_3\lambda_4}{2\alpha}\right)(A^2)^{j-1}(B^2)^{l-1}\right.\right.\\ &\quad\left.+\frac{\lambda_3\lambda_5}{2\alpha}(F^2)^{j-1}(D^2)^{l-1}+(-1)^j\eta_3\xi_2\right]+\frac{m_l\omega_l\hbar}{2}\left[\frac{\lambda_1\lambda_3}{2\alpha}(D^2)^{j-1}(F^2)^{l-1}\right.\\ &\quad\left.\left.-\frac{\lambda_2\lambda_3}{2\alpha}(B^2)^{j-1}(A^2)^{l-1}+(-1)^l\eta_3\xi_1\right]\right\},\end{aligned}\tag{6.2.39}$$

$$\begin{aligned}\left\langle(\Delta\hat{q}_2)^2\right\rangle_{\mathrm{e}} &= \left\langle\hat{q}_2^2\right\rangle_{\mathrm{e}}=\frac{2\partial}{\beta\partial\lambda_2}\int \mathrm{d}\beta\bar{E}\\ &= \sum_{l,j=1(l\neq j)}^{2}\coth\left(\frac{\beta\hbar\omega_l}{2}\right)\left\{\frac{\hbar}{2m_l\omega_l}\left[\left(1-\frac{\lambda_3\lambda_5}{2\mu}\right)(F^2)^{j-1}(D^2)^{l-1}\right.\right.\\ &\quad\left.+\frac{\lambda_3\lambda_4}{2\mu}(A^2)^{j-1}(B^2)^{l-1}+(-1)^j\eta_4\xi_2\right]+\frac{m_l\omega_l\hbar}{2}\left[\frac{\lambda_2\lambda_3}{2\mu}(B^2)^{j-1}(A^2)^{l-1}\right.\\ &\quad\left.\left.-\frac{\lambda_1\lambda_3}{2\mu}(D^2)^{j-1}(F^2)^{l-1}+(-1)^l\eta_4\xi_1\right]\right\},\end{aligned}\tag{6.2.40}$$

式中

$$\begin{aligned}\eta_2 &= \frac{\sin(2\varphi)}{2}\left(\frac{\lambda_6}{2\alpha}+\frac{\lambda_5}{\lambda_1\lambda_4-\lambda_2\lambda_5}\right),\\ \eta_3 &= \frac{\sin(2\varphi)}{2}\left(\frac{\lambda_3}{2\alpha}+\frac{\lambda_1}{\lambda_2\lambda_5-\lambda_1\lambda_4}\right),\\ \eta_4 &= \frac{\sin(2\varphi)}{2}\left(\frac{\lambda_3}{2\mu}+\frac{\lambda_2}{\lambda_1\lambda_4-\lambda_2\lambda_5}\right).\end{aligned} \tag{6.2.41}$$

由以上几式可以看出，温度对介观电路各支路电容器一极板上净电荷量及相应共轭变量量子涨落的影响. 另外, 在分析一些复杂系统的热效应方面, 与通常的热场动力学方法 [11] 相比, GHFT 方法显得更方便、更简洁, 因为在整个问题的处理过程中, 没有引入新的自由度. 相信 GHFT 在分析介观电路的热效应方面将扮演重要角色.

6.2.4 含有复杂耦合的介观 LC 电路的热效应

本部分将继续借助 GHFT 来讨论介观电路的热效应, 这里选用另外一种方法 [12]. 方便起见, 令图 6.2.1 所示的介观电路中的电阻 $R_i = 0(i = 1,2)$. 从形式上看, 其哈密顿算符与式 (6.2.23) 所给出的相同, 即

$$\mathscr{H} = \frac{1}{2}\lambda_1\hat{p}_1^2+\frac{1}{2}\lambda_2\hat{p}_2^2-\lambda_3\hat{p}_1\hat{p}_2+\frac{1}{2}\lambda_4\hat{q}_1^2+\frac{1}{2}\lambda_5\hat{q}_2^2-\lambda_6\hat{q}_1\hat{q}_2, \tag{6.2.42}$$

式中

$$\begin{aligned}\lambda_1 = \frac{1}{(L_1+L_{\rm c})\gamma},\quad \lambda_2 &= \frac{1}{(L_2+L_{\rm c})\gamma},\quad \lambda_3 = \prod_{l=1}^{2}\frac{M-L_{\rm c}}{(L_l+L_{\rm c})\gamma},\\ \lambda_4 = \frac{1}{C_1}+\frac{1}{C_{\rm c}},\quad \lambda_5 &= \frac{1}{C_2}+\frac{1}{C_{\rm c}},\quad \lambda_6 = \frac{1}{C_{\rm c}},\\ \gamma &= 1-\frac{(M-L)^2}{(L_1+L_{\rm c})(L_2+L_{\rm c})}.\end{aligned} \tag{6.2.43}$$

针对式 (6.2.42) 所给出的哈密顿算符, 引入如下玻色算符:

$$\left\{\begin{aligned}\hat{b}_1 &= \frac{1}{\sqrt{2\hbar}}\left[\left(\frac{\lambda_4}{\lambda_1}\right)^{\frac{1}{4}}\hat{q}_1+{\rm i}\left(\frac{\lambda_1}{\lambda_4}\right)^{\frac{1}{4}}\hat{p}_1\right],\\ \hat{b}_1^+ &= \frac{1}{\sqrt{2\hbar}}\left[\left(\frac{\lambda_4}{\lambda_1}\right)^{\frac{1}{4}}\hat{q}_1-{\rm i}\left(\frac{\lambda_1}{\lambda_4}\right)^{\frac{1}{4}}\hat{p}_1\right],\end{aligned}\right. \tag{6.2.44}$$

$$\left\{\begin{aligned}\hat{b}_2 &= \frac{1}{\sqrt{2\hbar}}\left[\left(\frac{\lambda_5}{\lambda_2}\right)^{\frac{1}{4}}\hat{q}_2+{\rm i}\left(\frac{\lambda_2}{\lambda_5}\right)^{\frac{1}{4}}\hat{p}_2\right],\\ \hat{b}_2^+ &= \frac{1}{\sqrt{2\hbar}}\left[\left(\frac{\lambda_5}{\lambda_2}\right)^{\frac{1}{4}}\hat{q}_2-{\rm i}\left(\frac{\lambda_2}{\lambda_5}\right)^{\frac{1}{4}}\hat{p}_2\right].\end{aligned}\right. \tag{6.2.45}$$

于是, 式 (6.2.42) 变为

$$\hat{\mathscr{H}} = \sum_{i=1,2} \omega_i' \left(\hat{b}_i^+ \hat{b}_i + \frac{1}{2} \right) + g_1 (\hat{b}_1^+ \hat{b}_2 + \hat{b}_1 \hat{b}_2^+) + g_2 (\hat{b}_1^+ \hat{b}_2^+ + \hat{b}_1 \hat{b}_2), \tag{6.2.46}$$

式中

$$[\hat{b}_l, \hat{b}_{l'}^+] = \delta_{ll'}, \quad [\hat{b}_1, \hat{b}_2^+] = [\hat{b}_1^+, \hat{b}_2] = [\hat{b}_1, \hat{b}_2] = [\hat{b}_1^+, \hat{b}_2^+] = 0, \tag{6.2.47}$$

$$\omega_1' = \hbar\sqrt{\lambda_1\lambda_4}, \quad \omega_2' = \hbar\sqrt{\lambda_2\lambda_5},$$

$$\begin{cases} g_1 = -\dfrac{\hbar}{2}\left(\lambda_3\sqrt{\dfrac{\lambda_4\lambda_5}{\lambda_1\lambda_2}} + \lambda_6\sqrt{\dfrac{\lambda_1\lambda_2}{\lambda_4\lambda_5}}\right), \\ g_2 = \dfrac{\hbar}{2}\left(\lambda_3\sqrt{\dfrac{\lambda_4\lambda_5}{\lambda_1\lambda_2}} - \lambda_6\sqrt{\dfrac{\lambda_1\lambda_2}{\lambda_4\lambda_5}}\right). \end{cases} \tag{6.2.48}$$

式 (6.2.46) 所给出的哈密顿算符与描述双光子过程的哈密顿算符在形式上极为相似. 它包括四项: 前两项描述的是自由光场过程, 后两项描述的是相互作用过程, 其中, $g_1(\hat{b}_1^+\hat{b}_2 + \hat{b}_1\hat{b}_2^+)$ 代表实光子过程, 而 $g_2(\hat{b}_1^+\hat{b}_2^+ + \hat{b}_1\hat{b}_2)$ 则代表了虚光子过程. 因此, 可以通过与量子光学中的双光子过程相模拟, 对这一包含复杂耦合的介观电路系统展开研究.

下面借助 GHFT 定理来计算系统能量的系综平均值 $\left\langle \hat{\mathscr{H}} \right\rangle_{\mathrm{e}}$. 由于 $\left\langle \hat{\mathscr{H}} \right\rangle_{\mathrm{e}}$ 依赖于 ω_1'、ω_2'、g_1 与 g_2, 把式 (6.2.46) 代入式 (6.2.17) 可得

$$\frac{\partial \left\langle \hat{\mathscr{H}} \right\rangle_{\mathrm{e}}}{\partial \omega_1'} = \left\langle \left(1 + \beta \left\langle \hat{\mathscr{H}} \right\rangle_{\mathrm{e}} - \beta \hat{\mathscr{H}}\right) \left(\hat{b}_1^+ \hat{b}_1 + \frac{1}{2}\right) \right\rangle_{\mathrm{e}}, \tag{6.2.49}$$

$$\frac{\partial \left\langle \hat{\mathscr{H}} \right\rangle_{\mathrm{e}}}{\partial \omega_2'} = \left\langle \left(1 + \beta \left\langle \hat{\mathscr{H}} \right\rangle_{\mathrm{e}} - \beta \hat{\mathscr{H}}\right) \left(\hat{b}_2^+ \hat{b}_2 + \frac{1}{2}\right) \right\rangle_{\mathrm{e}}, \tag{6.2.50}$$

$$\frac{\partial \left\langle \hat{\mathscr{H}} \right\rangle_{\mathrm{e}}}{\partial g_1} = \left\langle \left(1 + \beta \left\langle \hat{\mathscr{H}} \right\rangle_{\mathrm{e}} - \beta \hat{\mathscr{H}}\right) (\hat{b}_1^+ \hat{b}_2 + \hat{b}_1 \hat{b}_2^+) \right\rangle_{\mathrm{e}}, \tag{6.2.51}$$

$$\frac{\partial \left\langle \hat{\mathscr{H}} \right\rangle_{\mathrm{e}}}{\partial g_2} = \left\langle \left(1 + \beta \left\langle \hat{\mathscr{H}} \right\rangle_{\mathrm{e}} - \beta \hat{\mathscr{H}}\right) (\hat{b}_1^+ \hat{b}_2^+ + \hat{b}_1 \hat{b}_2) \right\rangle_{\mathrm{e}}. \tag{6.2.52}$$

为了解出 $\left\langle \hat{\mathscr{H}} \right\rangle_{\mathrm{e}}$, 最好能够找到一个算符 $\hat{\Lambda}$, 以便 $[\hat{\Lambda}, \hat{\mathscr{H}}]$ 中出现四项: $\hat{b}_1^+\hat{b}_1$、$\hat{b}_2^+\hat{b}_2$、$(\hat{b}_1^+\hat{b}_2 + \hat{b}_1\hat{b}_2^+)$ 与 $(\hat{b}_1^+\hat{b}_2^+ + \hat{b}_1\hat{b}_2)$. 对比下面的两个对易关系:

$$\left[\frac{g_2}{2}\left(\frac{\hat{b}_1^2 - \hat{b}_1^{+^2}}{\omega_1'} - \frac{\hat{b}_2^2 - \hat{b}_2^{+^2}}{\omega_2'}\right), \hat{\mathscr{H}}\right] = g_2(\hat{b}_1^2 + \hat{b}_1^{+^2} - \hat{b}_2^2 - b_2^+) + g_2\left(\frac{1}{\omega_1'} - \frac{1}{\omega_2'}\right)$$
$$\times [g_1(\hat{b}_1^+\hat{b}_2^+ + \hat{b}_1\hat{b}_2) + g_2(\hat{b}_1^+\hat{b}_2 + \hat{b}_1\hat{b}_2^+)], \tag{6.2.53}$$

$$[\hat{b}_1^+\hat{b}_2 - \hat{b}_1\hat{b}_2^+, \hat{\mathscr{H}}] = 2g_1(\hat{b}_1^+\hat{b}_1 - \hat{b}_2^+\hat{b}_2) - (\omega_1' - \omega_2')(\hat{b}_1^+\hat{b}_2 + \hat{b}_2^+\hat{b}_1) + g_2(\hat{b}_1^{+^2} + \hat{b}_1^2 - \hat{b}_2^2 - \hat{b}_2^{+^2}), \tag{6.2.54}$$

可得

$$[\hat{\Lambda}, \hat{\mathscr{H}}] = 2g_1(\hat{b}_1^+\hat{b}_1 - \hat{b}_2^+\hat{b}_2) - \left(\omega_1' - \omega_2' + \frac{g_2^2}{\omega_1'} - \frac{g_2^2}{\omega_2'}\right)(\hat{b}_1^+\hat{b}_2 + \hat{b}_1\hat{b}_2^+) - g_1g_2\left(\frac{1}{\omega_1'} - \frac{1}{\omega_2'}\right)(\hat{b}_1^+\hat{b}_2^+ + \hat{b}_1\hat{b}_2), \tag{6.2.55}$$

式中已定义

$$\hat{\Lambda} \equiv (\hat{b}_1^+\hat{b}_2 - \hat{b}_1\hat{b}_2^+) - \frac{g_2}{2}\left(\frac{\hat{b}_1^2 - \hat{b}_1^{+^2}}{\omega_1'} - \frac{\hat{b}_2^2 - \hat{b}_2^{+^2}}{\omega_2'}\right). \tag{6.2.56}$$

若 $|\Theta_n\rangle$ 为 $\hat{\mathscr{H}}$ 的本征态, 则下面的关系式容易得到

$$\langle\Theta_n|\,[\hat{\Lambda}, \hat{\mathscr{H}}]\,|\Theta_n\rangle = 0, \tag{6.2.57}$$

于是有

$$\begin{aligned}
&\left\langle\left(1 + \beta\left\langle\hat{\mathscr{H}}\right\rangle_{\mathrm{e}} - \beta\hat{\mathscr{H}}\right)[\hat{\Lambda}, \hat{\mathscr{H}}]\right\rangle_{\mathrm{e}} \\
&= \frac{1}{\mathrm{Tr}(\mathrm{e}^{-\beta\hat{\mathscr{H}}})}\mathrm{Tr}\left\{\mathrm{e}^{-\beta\hat{\mathscr{H}}}\left(1 + \beta\left\langle\hat{\mathscr{H}}\right\rangle_{\mathrm{e}} - \beta\hat{\mathscr{H}}\right)[\hat{\Lambda}, \hat{\mathscr{H}}]\right\} \\
&= \frac{1}{\mathrm{Tr}(\mathrm{e}^{-\beta\hat{\mathscr{H}}})}\sum_n \mathrm{e}^{-\beta E_n}\left(1 + \beta\left\langle\hat{\mathscr{H}}\right\rangle_{\mathrm{e}} - \beta E_n\right)\langle\Theta_n|\,[\hat{\Lambda}, \hat{\mathscr{H}}]\,|\Theta_n\rangle \\
&= \frac{1}{\mathrm{Tr}(\mathrm{e}^{-\beta\hat{\mathscr{H}}})}\sum_n \mathrm{e}^{-\beta E_n}(1 + \beta\left\langle\hat{\mathscr{H}}\right\rangle_{\mathrm{e}} - \beta E_n)\Bigg[2g_1\langle\Theta_n|\,(\hat{b}_1^+\hat{b}_1 - \hat{b}_2^+\hat{b}_2)\,|\Theta_n\rangle \\
&\quad - \left(\omega_1' - \omega_2' + \frac{g_2^2}{\omega_1'} - \frac{g_2^2}{\omega_2'}\right)\langle\Theta_n|\,(\hat{b}_1^+\hat{b}_2 + \hat{b}_1\hat{b}_2^+)\,|\Theta_n\rangle - g_1g_2 \times \left(\frac{1}{\omega_1'} - \frac{1}{\omega_2'}\right) \\
&\quad \times \langle\Theta_n|\,(\hat{b}_1^+\hat{b}_2^+ + \hat{b}_1\hat{b}_2)\,|\Theta_n\rangle\Bigg] = 0.
\end{aligned} \tag{6.2.58}$$

对比式 (6.2.58) 和式 (6.2.49)~式 (6.2.52) 可得

$$2g_1\left(\frac{\partial\left\langle\hat{\mathscr{H}}\right\rangle_{\mathrm{e}}}{\partial\omega_1'} - \frac{\partial\left\langle\hat{\mathscr{H}}\right\rangle_{\mathrm{e}}}{\partial\omega_2'}\right) - (\omega_1' - \omega_2')\left(1 - \frac{g_2^2}{\omega_1'\omega_2'}\right)\frac{\partial\left\langle\hat{\mathscr{H}}\right\rangle_{\mathrm{e}}}{\partial g_1} + \frac{g_1g_2(\omega_1' - \omega_2')}{\omega_1'\omega_2'}\frac{\partial\left\langle\hat{\mathscr{H}}\right\rangle_{\mathrm{e}}}{\partial g_2} = 0, \tag{6.2.59}$$

式 (6.2.59) 为 $\left\langle \hat{\mathscr{H}} \right\rangle_{\rm e}$ 的一阶偏微分方程, 这一方程可借助特征值法 [13] 求解, 相应的特征方程为

$$\frac{\mathrm{d}\omega_1'}{2g_1} = -\frac{\mathrm{d}\omega_2'}{2g_1} = -\frac{\mathrm{d}g_1}{(\omega_1'-\omega_2')\left(1-\dfrac{g_2^2}{\omega_1'\omega_2'}\right)} = \frac{\omega_1'\omega_2'\mathrm{d}g_2}{g_1g_2(\omega_1'-\omega_2')}, \tag{6.2.60}$$

由此可得到下面的三个特征方程

$$\mathrm{d}\omega_1' = -\mathrm{d}\omega_2', \quad g_1\mathrm{d}g_1 = \left(g_2 - \frac{\omega_1'\omega_2'}{g_2}\right)\mathrm{d}g_2, \tag{6.2.61}$$

$$\begin{aligned}\frac{\mathrm{d}\omega_2'}{2g_1} &= \frac{\mathrm{d}g_2}{g_1g_2(1/\omega_1' - 1/\omega_2')} \\ &= \frac{\omega_1'\mathrm{d}\omega_1' + \omega_2'\mathrm{d}\omega_2' + 2g_1\mathrm{d}g_1 - 2g_2\mathrm{d}g_2}{0}.\end{aligned} \tag{6.2.62}$$

由式 (6.2.62) 可得

$$\mathrm{d}(\omega_1'^2 + \omega_2'^2 + 2g_1^2 - 2g_2^2) = 0. \tag{6.2.63}$$

积分 (6.2.61) 和 (6.2.62) 两式所给的三个特征方程, 可以得到

$$\omega_1' + \omega_2' = c_1, \quad \omega_1'\omega_2'g_2^2 = c_2, \quad \omega_1'^2 + \omega_2'^2 + 2g_1^2 - 2g_2^2 = c_3', \tag{6.2.64}$$

式中, c_1、c_2、c_3' 为常量. 为方便起见, 假设 $c_3' = c_1^2 + 2c_3$, 以便

$$-\omega_1'\omega_2' + g_1^2 - g_2^2 = c_3. \tag{6.2.65}$$

依据特征值法, 方程 (6.2.59) 中 $\left\langle \hat{\mathscr{H}} \right\rangle_{\rm e}$ 的通解为

$$\left\langle \hat{\mathscr{H}} \right\rangle_{\rm e} = \mathscr{F}(c_1, c_2, c_3). \tag{6.2.66}$$

这里, $\mathscr{F}$ 为 c_1, c_2 和 c_3 的任意函数, 通常情况下, 它的具体形式依赖于 $\left\langle \hat{\mathscr{H}} \right\rangle_{\rm e}$ 的一阶偏微分方程的初始条件. 假设初始时 $g_2 \to 0$, 则可得到

$$\hat{\mathscr{H}} = \omega_1'\left(\hat{b}_1^+\hat{b}_1 + \frac{1}{2}\right) + \omega_2'\left(\hat{b}_2^+\hat{b}_2 + \frac{1}{2}\right) + g_1(\hat{b}_1^+\hat{b}_2 + \hat{b}_1\hat{b}_2^+), \tag{6.2.67}$$

$c_2 \to 0, c_3 \to -\omega_1'\omega_2' + g_1^2 \equiv c_{30}$. 引入如下的两个参量:

$$A' = \frac{c_1 + \sqrt{c_1^2 + 4c_{30}}}{2} = \frac{(\omega_1' + \omega_2') + \sqrt{(\omega_1' - \omega_2')^2 + 4g_1^2}}{2}, \tag{6.2.68}$$

$$B' = \frac{c_1 - \sqrt{c_1^2 + 4c_{30}}}{2} = \frac{(\omega_1' + \omega_2') - \sqrt{(\omega_1' - \omega_2')^2 + 4g_1^2}}{2}, \tag{6.2.69}$$

两参量满足关系式: $A'+B'=c_1$, $A'B'=-c_{30}$. 因此, 存在 $\left\langle\hat{\mathscr{H}}\right\rangle_{\mathrm{e}}\Big|_{g_2\to 0}=\mathscr{F}'(A',B')$. 另外, 令 $g_1\to 0$, 则有 $A'\to\omega_1'$, $B'\to\omega_2'$, 于是, $\hat{\mathscr{H}}\to\sum\limits_{i=1,2}\omega_i'\left(\hat{b}_i^+\hat{b}_i+\dfrac{1}{2}\right)$, 故有

$$\left\langle\hat{\mathscr{H}}\right\rangle_{\mathrm{e}}\Big|_{g_1\to 0,g_2\to 0}=\mathscr{F}'(\omega_1',\omega_2')=\mathscr{F}_1(\omega_1')+\mathscr{F}_2(\omega_2'),\tag{6.2.70}$$

式中, $\mathscr{F}_l'(\omega_l')(l=1,2)$ 为单个量子简谐振子的能量系综平均, 也就是

$$\begin{aligned}\mathscr{F}_l'(\omega_l')&=\frac{\mathrm{Tr}\left[\mathrm{e}^{-\beta\omega_l'\left(\hat{b}_l^+\hat{b}_l+\frac{1}{2}\right)}\omega_l'\left(\hat{b}_l^+\hat{b}_l+\dfrac{1}{2}\right)\right]}{\mathrm{Tr}\left[\mathrm{e}^{-\beta\omega_l'\left(\hat{b}_l^+\hat{b}_l+\frac{1}{2}\right)}\right]}=-\frac{\partial}{\partial\beta}\ln\left\{\mathrm{Tr}\left[\mathrm{e}^{-\beta\omega_l'\left(\hat{b}_l^+\hat{b}_l+\frac{1}{2}\right)}\right]\right\}\\&=\frac{1}{2}\omega_l'+\frac{\omega_l'}{\mathrm{e}^{\beta\omega_l'}-1}\quad(l=1,2),\end{aligned}\tag{6.2.71}$$

从而可推得

$$\begin{aligned}&\mathscr{F}_1'(A')=\frac{1}{2}A'+\frac{A'}{\mathrm{e}^{\beta A'}-1},\quad \mathscr{F}_1'(B')=\frac{1}{2}B'+\frac{B'}{\mathrm{e}^{\beta B'}-1},\\&\left\langle\hat{\mathscr{H}}\right\rangle_{\mathrm{e}}\Big|_{g_2\to 0}=\mathscr{F}'(A',B')=\mathscr{F}_1'(A')+\mathscr{F}_1'(B').\end{aligned}\tag{6.2.72}$$

为了决定 $\mathscr{F}$ 的形式, 引入以下两参量:

$$A=\frac{1}{\sqrt{2}}(c_1^2+2c_3+K)^{1/2},\quad B=\frac{1}{\sqrt{2}}(c_1^2+2c_3-K)^{1/2},\tag{6.2.73}$$

式中

$$\begin{aligned}K&\equiv\sqrt{c_1^4+4c_1^2c_3+16c_2}\\&=\sqrt{(\omega_1'^2-\omega_2'^2)^2+4g_1^2(\omega_1'+\omega_2')^2-4g_2^2(\omega_1'-\omega_2')^2}.\end{aligned}\tag{6.2.74}$$

当 $g_2\to 0$ 时, 下面的关系能够得到

$$A\to\frac{1}{2}(2c_1^2+4c_{30}+2c_1\sqrt{c_1^2+4c_{30}})^{1/2}=\frac{1}{2}(c_1+\sqrt{c_1^2+4c_{30}})=A',\tag{6.2.75}$$

$$B\to\frac{1}{2}(2c_1^2+4c_{30}-2c_1\sqrt{c_1^2+4c_{30}})^{1/2}=\frac{1}{2}(c_1-\sqrt{c_1^2+4c_{30}})=B'.\tag{6.2.76}$$

类似于式 (6.2.72), 耦合系统的能量系综平均值为

$$\left\langle\hat{\mathscr{H}}\right\rangle_{\mathrm{e}}\equiv\mathscr{F}(A,B)=\mathscr{F}_1(A)+\mathscr{F}_1(B)=\frac{1}{2}(A+B)+\frac{A}{\mathrm{e}^{\beta A}-1}+\frac{B}{\mathrm{e}^{\beta B}-1},\tag{6.2.77}$$

上式清楚地表明了温度的影响. 下面将讨论每一过程对系统能量系综平均的贡献, 由式 (6.2.18) 和式 (6.2.77) 可得

$$\begin{aligned}
\omega_1'\left\langle \hat{b}_1^+\hat{b}_1+\frac{1}{2}\right\rangle_{\mathrm{e}} &= \omega_1'\left\langle \frac{\partial\hat{\mathscr{H}}}{\partial\omega_1'}\right\rangle = \frac{\omega_1'\partial}{\beta\partial\omega_1'}\int \bar{E}\mathrm{d}\beta \\
&= \sum_{l,j=0,1(l\neq j)}\left\{\frac{1}{4A^lB^j}\omega_1'\coth\left(\frac{A^lB^j\beta}{2}\right)\left[\omega_1'+(-1)^j\right.\right. \\
&\quad \left.\left.\times\frac{1}{K}(c_1^2\omega_1'+2c_1c_3+4\omega_2'g_2^2)\right]\right\},
\end{aligned} \tag{6.2.78}$$

$$\begin{aligned}
\omega_2'\left\langle \hat{b}_2^+\hat{b}_2+\frac{1}{2}\right\rangle_{\mathrm{e}} &= \sum_{l,j=0,1(l\neq j)}\left\{\frac{1}{4A^lB^j}\omega_2'\coth\left(\frac{A^lB^j\beta}{2}\right)\left[\omega_2'+(-1)^j\right.\right. \\
&\quad \left.\left.\times\frac{1}{K}(c_1^2\omega_2'+2c_1c_3+4\omega_1'g_2^2)\right]\right\},
\end{aligned} \tag{6.2.79}$$

$$g_1\left\langle \hat{b}_1^+\hat{b}_2+\hat{b}_1\hat{b}_2^+\right\rangle_{\mathrm{e}} = \sum_{\substack{l,j=0,1\\(l\neq j)}}\left\{\frac{g_1^2}{2A^lB^j}\coth\left(\frac{A^lB^j\beta}{2}\right)\left[1+(-1)^j\frac{1}{K}c_1^2\right]\right\}, \tag{6.2.80}$$

$$\begin{aligned}
g_2\left\langle \hat{b}_1^+\hat{b}_2^++\hat{b}_1\hat{b}_2\right\rangle_{\mathrm{e}} &= \sum_{\substack{l,j=0,1\\l\neq j}}\left\{\frac{g_2^2}{2A^lB^j}\coth\left(\frac{A^lB^j\beta}{2}\right)\left[-1+(-1)^j\right.\right. \\
&\quad \left.\left.\times\frac{1}{K}(-c_1^2+4\omega_1'\omega_2')\right]\right\},
\end{aligned} \tag{6.2.81}$$

由以上可见, 借助 GHFT 并利用特征值法, 能够得到系统的能量系综平均值以及每个过程对能量系综平均值的贡献, 温度对能量系综平均值的影响显而易见. 可以相信, 上面所用到的方法以及得到的结论对分析介观电路将会有很大的帮助.

6.3 介观电路能级跃迁的选择定则

6.3.1 选择定则

一般来说，如果一个动力学系统不与外部环境发生相互作用, 其状态会保持恒久不变, 但这只是一种理想的情形. 对于任意的原子 (或人造原子) 系统, 由于不可避免地会受到外部电磁场的影响, 它不会长时间处于某一个定态, 而发生到另一个定态的跃迁. 对此类问题的处理可以采用微扰理论. 此时, 外部辐射场与原子 (或人造原子) 相互作用系统总的哈密顿算符为 $\hat{\mathscr{H}}=\hat{\mathscr{H}}_0+\hat{\mathscr{V}}$, $\hat{\mathscr{H}}_0$ 是原子 (或人造原子) 系统无微扰时的哈密顿算符, 不显含时间, $\hat{\mathscr{V}}$ 为微扰部分. 在原子 (或人造原子) 系

统与外部电磁场发生相互作用时, 起主要作用的是电磁场中的电场分量, 通常会略去磁场的影响, 再进一步假设辐射的各个谐分量的波长比原子 (或人造原子) 系统的尺度大, 则微扰能量就可以简单地表示成下面的标积:

$$\hat{\mathscr{V}} = (\hat{\boldsymbol{D}}, \boldsymbol{\varepsilon}), \tag{6.3.1}$$

式中, $\hat{\boldsymbol{D}}$ 是系统的总电位移矢量算符, 而 $\boldsymbol{\varepsilon}$ 是入射辐射的电场, 并假定 $\boldsymbol{\varepsilon}$ 为给定的随时间变化的函数. 为了简单起见, 假设入射光为平面线偏振光, 其电场矢量在一定方向上, 并假设 $\hat{D}$ 沿此方向, 则式 (6.3.1) 就简化为普通乘积

$$\hat{\mathscr{V}} = \varepsilon \hat{D}, \tag{6.3.2}$$

式中, ε 是矢量 $\boldsymbol{E}$ 的模. $\hat{\mathscr{V}}$ 的矩阵元为

$$\langle a''|\,\hat{\mathscr{V}}\,|a'\rangle = \langle a''|\,\hat{D}\,|a'\rangle\,\varepsilon, \tag{6.3.3}$$

式中, $|a'\rangle$ 与 $|a''\rangle$ 为与原子系统相联系的两个定态, 矩阵元 $\langle a''|\,\hat{D}\,|a'\rangle$ 与时刻 t 无关. 当 $a' \neq a''$ 时, 在时间 $\Delta t = t - t_0$ 内, 由态 $|a'\rangle$ 到态 $|a''\rangle$ 的跃迁概率为

$$\begin{aligned} P(a', a'') &= \hbar^{-2}\left|\int_{t_0}^{t} \langle a''|\,\hat{\mathscr{V}}^{*}(t')\,|a'\rangle\,\mathrm{d}t'\right|^2 \\ &= \hbar^{-2}\left|\int_{t_0}^{t} \langle a''|\,\mathrm{e}^{\mathrm{i}\mathscr{H}_0''(t'-t_0)/\hbar}\hat{\mathscr{V}}(t')\mathrm{e}^{-\mathrm{i}\mathscr{H}_0'(t'-t_0)/\hbar}\,|a'\rangle\,\mathrm{d}t'\right|^2 \\ &= \hbar^{-2}\left|\langle a''|\,\hat{D}\,|a'\rangle\right|^2 \left|\int_{t_0}^{t} \mathrm{e}^{\mathrm{i}(E_0''-E_0')(t'-t_0)/\hbar}\varepsilon(t')\mathrm{d}t'\right|^2, \end{aligned} \tag{6.3.4}$$

式中, $\hat{\mathscr{V}}^{*}(t') = \mathrm{e}^{\mathrm{i}\hat{\mathscr{H}}_0''(t'-t_0)/\hbar}\hat{\mathscr{V}}(t')\mathrm{e}^{-\mathrm{i}\hat{\mathscr{H}}_0'(t'-t_0)/\hbar}$ 代表对 $\hat{\mathscr{V}}(t')$ 的幺正变换. 由式 (6.3.4) 可以看出, 在以系统的定态态矢为基矢的海森伯表象中, 如果系统的总电位移 $\hat{\boldsymbol{D}}$ 的矩阵中有关这两个态的矩阵元为零, 那么, 即使有外部电磁辐射的影响, 这两个定态之间也不可能出现跃迁, 这一点是高度精确的. 这一规则便称为系统各能级之间发生跃迁的选择定则 (selection rules)[14].

6.3.2 电容耦合介观 LC 电路能级跃迁的选择定则

实际的介观电路系统总是不可避免地要受到外部电磁辐射的影响, 从而导致系统所处的状态发生变化, 系统在从一个状态变化到另一个状态时, 并不是任意的, 而是遵循上面提到的能级跃迁的选择定则. 下面以图 6.3.1 所示电容耦合介观 LC 电路为例来介绍介观电路能级跃迁选择定则的推导方法 [15]. 电路各元件参量如图所示, 图中 $L_j(j=1,2)$ 是第 j 个电感的自感系数, C_c 为耦合电容, C_j 是第 j 个电容器的电容. 这里, 假定该电路是由瞬时脉冲电源所激发的, 激发后, 去掉电源. 如果把第 j 个支路的电荷 q_j 视作广义坐标, 则系统的拉格朗日函数为

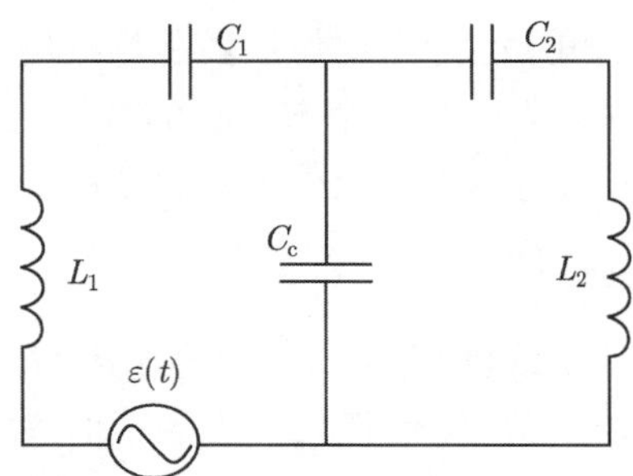

图 6.3.1 电容耦合介观 LC 电路

$$\mathscr{L}=\sum_{j=1}^{2}\left[\frac{1}{2}L_j\dot{q}_j^2-\frac{(C_c+C_j)q_j^2}{2C_cC_j}\right]+\frac{q_1q_2}{C_c}, \tag{6.3.5}$$

相应的广义动量分别为

$$p_1\equiv\frac{\partial\mathscr{L}}{\partial\dot{q}_1}=L_1\dot{q}_1,\quad p_2\equiv\frac{\partial\mathscr{L}}{\partial\dot{q}_2}=L_2\dot{q}_2. \tag{6.3.6}$$

容易看出, $p_j(j=1,2)$ 是穿过第 j 个线圈的自感磁通量. 于是, 借助于正则量子化方法, 可以得到系统的哈密顿算符

$$\hat{\mathscr{H}}=\sum_{j=1}^{2}\left[\frac{\hat{p}_j^2}{2m_j}+\frac{1}{2}m_j\omega_j^2\hat{q}_j^2\right]-\frac{\hat{q}_1\hat{q}_2}{C_c}, \tag{6.3.7}$$

式中, $m_j=L_j$, $\omega_j=\sqrt{\dfrac{C_j+C_c}{L_jC_jC_c}}$, 相应的量子化条件为 $[\hat{q}_j,\hat{p}_l]=\mathrm{i}\hbar\delta_{jl}$.

为了将 $\hat{\mathscr{H}}$ 对角化, 引入下面的变换算符 [2]:

$$\hat{U}\equiv\iint_{-\infty}^{+\infty}\mathrm{d}q_1\mathrm{d}q_2\left|\begin{pmatrix}AB\\CD\end{pmatrix}\begin{pmatrix}q_1\\q_2\end{pmatrix}\right\rangle\left\langle\begin{matrix}q_1\\q_2\end{matrix}\right|, \tag{6.3.8}$$

式中, $AD-BC=1$, A、B、C 和 D 均为实数; $\left|\begin{pmatrix}q_1\\q_2\end{pmatrix}\right\rangle=|q_1\rangle|q_2\rangle$, $|q_j\rangle$ 为坐标本征态, 它在 Fock 表象中表示为

$$|q_j\rangle=\left(\frac{m_j\omega_j}{\pi\hbar}\right)^{1/4}\exp\left\{-\frac{m_j\omega_j}{2\hbar}q_j^2+\sqrt{\frac{2m_j\omega_j}{\hbar}}q_j\hat{a}_j^+-\frac{\hat{a}_j^{+2}}{2}\right\}|0\rangle, \tag{6.3.9}$$

这里选取

$$A=(L_2/L_1)^{\frac{1}{4}}\cos\frac{\varphi}{2},\quad B=-(L_2/L_1)^{\frac{1}{4}}\sin\frac{\varphi}{2}, \tag{6.3.10}$$

$$C=(L_1/L_2)^{\frac{1}{4}}\sin\frac{\varphi}{2},\quad D=(L_1/L_2)^{\frac{1}{4}}\cos\frac{\varphi}{2},\tag{6.3.11}$$

$$\tan\varphi=2\sqrt{L_1L_2}\left[L_1\left(1+\frac{C_{\rm c}}{C_2}\right)-L_2\left(1+\frac{C_{\rm c}}{C_1}\right)\right]^{-1}.\tag{6.3.12}$$

由式 (6.3.8) 可以得到下面的变换关系:

$$\hat{U}^{-1}\hat{q}_1\hat{U}=A\hat{q}_1+B\hat{q}_2,\quad \hat{U}^{-1}\hat{q}_2\hat{U}=C\hat{q}_1+D\hat{q}_2,\tag{6.3.13}$$

$$\hat{U}^{-1}\hat{p}_1\hat{U}=D\hat{p}_1-C\hat{p}_2,\quad \hat{U}^{-1}\hat{p}_2\hat{U}=-B\hat{p}_1+A\hat{p}_2.\tag{6.3.14}$$

于是有

$$\mathscr{H}'=\hat{U}^{-1}\mathscr{H}\hat{U}=\sum_{j=1}^{2}\left(\frac{\hat{p}_j^2}{2m'_j}+\frac{1}{2}m'_j\omega_j'^2\hat{q}_j^2\right),\tag{6.3.15}$$

式中

$$m_1'=m_2'=\sqrt{L_1L_2},\tag{6.3.16}$$

$$\omega_1'^2=\frac{1}{\sqrt{L_1L_2}}\left[m_1\omega_1^2A^2+m_2\omega_2^2C^2-\frac{AC}{C_{\rm c}}\right],\tag{6.3.17}$$

$$\omega_2'^2=\frac{1}{\sqrt{L_1L_2}}\left[m_1\omega_1^2B^2+m_2\omega_2^2D^2-\frac{BD}{C_{\rm c}}\right].\tag{6.3.18}$$

基于对易关系 $[\hat{q}_j,\hat{p}_j]={\rm i}\hbar$ 构造下面两个玻色算符:

$$\hat{a}_j=\sqrt{\frac{m_j'\omega_j'}{2\hbar}}\left[\hat{q}_j+\frac{\rm i}{m_j'\omega_j'}\hat{p}_j\right],\quad \hat{a}_j^+=\sqrt{\frac{m_j'\omega_j'}{2\hbar}}\left[\hat{q}_j-\frac{\rm i}{m_j'\omega_j'}\hat{p}_j\right],\tag{6.3.19}$$

二者满足以下关系:

$$[\hat{a}_j,\hat{a}_l^+]=\delta_{jl},\quad [\hat{a}_j,\hat{a}_l]=[\hat{a}_j^+,\hat{a}_l^+]=0.\tag{6.3.20}$$

将式 (6.3.19) 代入式 (6.3.15) 可得

$$\hat{\mathscr{H}}'=\hbar\omega_1'\left(\hat{a}_1^+\hat{a}_1+\frac{1}{2}\right)+\hbar\omega_2'\left(\hat{a}_2^+\hat{a}_2+\frac{1}{2}\right)\equiv\hat{\mathscr{H}}_1'+\hat{\mathscr{H}}_2'.\tag{6.3.21}$$

上式表明, 量子化的电容耦合介观 LC 电路系统, 在幺正变换后, 等效为两个独立的量子力学简谐振子, 其相应的状态可以看成两个无耦合辐射场态. 当系统受到外部干扰 (如外电场辐照) 时, 会从一个状态变化到另一个状态, 即发生能级跃迁. 下面借助 2.5 节提到的不变本征算符法来获得系统能级跃迁所遵循的选择定则.

先推导系统的不变本征算符. 由下面的对易关系:

$$[\hat{a}_1,\hat{\mathscr{H}}']=[\hat{a}_1,\hat{\mathscr{H}}_1']=\hbar\omega_1'\hat{a}_1,\quad [\hat{a}_1^+,\hat{\mathscr{H}}']=[\hat{a}_1^+,\hat{\mathscr{H}}_1']=-\hbar\omega_1'\hat{a}_1^+,\tag{6.3.22}$$

$$[\hat{a}_2, \hat{\mathscr{H}}'] = [\hat{a}_2, \hat{\mathscr{H}}_2'] = \hbar\omega_2'\hat{a}_2, \quad [\hat{a}_2^+, \hat{\mathscr{H}}'] = [\hat{a}_2^+, \hat{\mathscr{H}}_2'] = -\hbar\omega_2'\hat{a}_2^+, \tag{6.3.23}$$

可以看出系统的不变本征算符为

$$\hat{O}_{\rm e1} = \hat{a}_1, \quad \hat{O}_{\rm e1}' = \hat{a}_1^+, \quad \hat{O}_{\rm e2} = \hat{a}_2, \quad \hat{O}_{\rm e2}' = \hat{a}_2^+, \tag{6.3.24}$$

它们满足下面的关系:

$$\left(\mathrm{i}\hbar\frac{\mathrm{d}}{\mathrm{d}t}\right)^2 \hat{a}_1 = [[\hat{a}_1, \hat{\mathscr{H}}'], \hat{\mathscr{H}}'] = \hbar^2\omega_1'^2\hat{a}_1, \tag{6.3.25}$$

$$\left(\mathrm{i}\hbar\frac{\mathrm{d}}{\mathrm{d}t}\right)^2 \hat{a}_1^+ = [[\hat{a}_1^+, \hat{\mathscr{H}}'], \hat{\mathscr{H}}'] = \hbar^2\omega_1'^2\hat{a}_1^+ \tag{6.3.26}$$

$$\left(\mathrm{i}\hbar\frac{\mathrm{d}}{\mathrm{d}t}\right)^2 \hat{a}_2 = [[\hat{a}_2, \hat{\mathscr{H}}'], \hat{\mathscr{H}}'] = \hbar^2\omega_2'^2\hat{a}_2, \tag{6.3.27}$$

$$\left(\mathrm{i}\hbar\frac{\mathrm{d}}{\mathrm{d}t}\right)^2 \hat{a}_2^+ = [[\hat{a}_2^+, \hat{\mathscr{H}}'], \hat{\mathscr{H}}'] = \hbar^2\omega_2'^2\hat{a}_2^+. \tag{6.3.28}$$

假定 $|c\rangle$ 和 $|b\rangle$ 是哈密顿算符 $\hat{\mathscr{H}}'$ 的两个任意本征态, 本征值分别为 E_c 和 E_b, 由以上四式可得

$$[(E_b - E_c)^2 - \hbar^2\omega_1'^2]\langle c|\,\hat{a}_1\,|b\rangle = 0, \tag{6.3.29}$$

$$[(E_b - E_c)^2 - \hbar^2\omega_1'^2]\langle c|\,\hat{a}_1^+\,|b\rangle = 0, \tag{6.3.30}$$

$$[(E_b - E_c)^2 - \hbar^2\omega_2'^2]\langle c|\,\hat{a}_2\,|b\rangle = 0, \tag{6.3.31}$$

$$[(E_b - E_c)^2 - \hbar^2\omega_2'^2]\left\langle c\left|\hat{a}_2^+\right.\,|b\right\rangle = 0. \tag{6.3.32}$$

由式 (6.3.29)~式 (6.3.32) 可构造以下两式:

$$[(E_b - E_c)^2 - \hbar^2\omega_1'^2]\langle c|\,\hat{\boldsymbol{D}}_1\,|b\rangle = 0, \tag{6.3.33}$$

$$[(E_b - E_c)^2 - \hbar^2\omega_2'^2]\langle c|\,\hat{\boldsymbol{D}}_2\,|b\rangle = 0, \tag{6.3.34}$$

式中

$$\hat{\boldsymbol{D}}_i = \varepsilon_i\hat{\boldsymbol{E}}_i = \mathrm{i}\varepsilon_i\left(\frac{\hbar\omega_i'}{2\varepsilon_i}\right)^{1/2}[\hat{a}_i\boldsymbol{u}_i(\boldsymbol{r}_i)\mathrm{e}^{-\mathrm{i}\omega_i't} - \hat{a}_i^+\boldsymbol{u}_i^*(\boldsymbol{r}_i)\mathrm{e}^{\mathrm{i}\omega_i't}] \quad (i = 1, 2) \tag{6.3.35}$$

是相应于哈密顿算符 $\hat{\mathscr{H}}_i(i = 1, 2)$ 的辐射场的电位移矢量算符 [16], $\boldsymbol{u}_i$ 是矢量模函数, 对应频率为 ω_i', 介电常数为 ε_i. 由 6.3.1 节提到的能级跃迁的选择定则可知, 若关于辐射场的电位移矢量算符 $\hat{\boldsymbol{D}}_i(i = 1, 2)$ 的矩阵元 $\langle c|\,\hat{\boldsymbol{D}}_i\,|b\rangle = 0$, 则任意两态 $|b\rangle$

与 $|c\rangle$ 之间是不可能发生跃迁的; 若两态 $|b\rangle$ 与 $|c\rangle$ 之间能够发生跃迁, 则 $\langle c|\hat{\boldsymbol{D}}_i|b\rangle$ 一定不等于 0, 由 (6.3.33)、(6.3.34) 两式可得

$$E_b - E_c = \pm\hbar\omega_j' \quad (i=1,2), \tag{6.3.36}$$

也就是说, 能级跃迁仅仅发生在能级差满足式 (6.3.36) 的两态之间. 由于幺正变换并不改变系统的本征值, 所以式 (6.3.36) 也给出了与 $\hat{\mathscr{H}}$ 相对应的两态: $|\psi_1\rangle = U|b\rangle$ 与 $|\psi_2\rangle = U|c\rangle$ 之间发生能级跃迁的选择定则. 当跃迁发生时, 系统将吸收或放出一个角频率为 ω_1' 或者 ω_2' 的光子.

参 考 文 献

[1] 梁宝龙, 王继锁, 孟祥国. 有互感的电感耦合介观电路的量子化及其量子效应. 量子电子学报, 2007, 24: 485.

[2] 范洪义. 量子力学表象与变换论: 狄拉克符号法进展 (2 版). 合肥: 中国科学技术大学出版社, 2012.

[3] Li Y Q, Chen B. Quantum theory for mesoscopic electric circuits. Phys. Rev. B, 1996, 53: 4027.

[4] Li Y Q, Chen B. The quantization of mesoscopic electric circuit with the discre-teness of electron charge. Commun. Theor. Phys., 1998, 29: 139.

[5] 陈斌, 李有泉, 沙健, 等. 介观电路中电荷的量子效应. 物理学报, 1997, 46: 129.

[6] 王竹溪, 郭敦仁. 特殊函数概论. 北京: 科学出版社, 1965.

[7] Gradshteyn I S, Ryzhik I M. Table of Integrals, Series, and Products(corrected and enlarged edition). Academic, 1980.

[8] Feynman R P. Forces in molecules. Phys. Rev., 1939, 56: 340.

[9] Hellmann H. A new approximation method in the problem of many electrons. J. Chem. Phys., 1935, 3: 61.

[10] Fan H Y, Chen B Z. Generalized Feynman-Hellmann theorem for ensemble average values. Phys. Lett. A, 1995, 203: 95.

[11] Takahashi Y, Umezawa H. Collective phenomena. Int. J. Mod. Phys., 1975, 2: 55.

[12] Liang B L, Wang J S, Meng X G. Thermal effect for the mesoscopic *LC* circuits including complicated coupling by virtue of GHFT. Int. J. Theor. Phys., 2009, 48: 2319.

[13] Orszag M. Quantum Optics. Berlin: Springer , 2000.

[14] Dirac P A M. 喀兴林校. 量子力学原理 (第 4 版). 陈咸亨译. 北京: 科学出版社, 1979.

[15] Liang B L, Wang J S, Meng X G. Selection rules of energy-level transition for the capacitance coupling *LC* mesoscopic circuit by using invariant eigen-operator method. Int. J. Theor. Phys., 2010, 49: 2313.

[16] Walls D F, Milburn G J. Quantum Optics. Berlin: Springer, 1994.

第 7 章　含约瑟夫森结介观电路的量子化与量子计算

量子计算与量子信息是量子物理学和计算机科学、信息科学相结合的新兴交叉学科, 自从 20 世纪 80 年代发展起来以后, 已取得了不少令人鼓舞的成绩 [1−14]. 其核心是将信息储存在一些通常与可控制的双态量子系统 (如光子、原子、人工原子等) 的量子状态相应的参量上, 并在保持这些量子态相干性的前提下, 以某种方式使其发生相互作用, 从而完成科学计算、信息处理和量子模拟等, 这些双态量子系统被称为量子比特. 量子计算与量子信息之所以备受人们关注, 是因为 [15]: 其一, 同经典比特相比, 量子比特能够呈指数倍地提高信息的储存量. 一个经典比特的状态可能是 0 或 1, 对应于某个电路的低电平或高电平状态. 而 1 个量子比特是某个两能级量子系统的量子状态, 比如, 若某个电子的自旋本征值分别为 $-\hbar/2$、$\hbar/2$ 的两个量子态写作 $|0\rangle$、$|1\rangle$, 则 $|0\rangle$ 和 $|1\rangle$ 的叠加态 $\alpha|0\rangle+\beta|1\rangle$ 也为电子的某个量子态, 亦为量子比特的某个状态, 式中系数 α 和 β 为复数, 信息就储存在两个系数中. 于是, 1 个量子比特储存的信息至少是 1 个经典比特的 2 倍. 如果有 2 个经典比特就只有 2 个比特储存信息, 而对于 2 个量子比特, 它们的状态在某一时刻可以写作 $\alpha_{00}|00\rangle+\alpha_{01}|01\rangle+\alpha_{10}|10\rangle+\alpha_{11}|11\rangle$, 现在就有 4 个系数储存信息, 由此可见, 量子比特能够呈指数倍地提高信息的储存量. 其二, 量子比特是量子态的叠加态, 对量子比特的一次操作可同时作用到多个量子态上, 所以, 量子计算的并行能力很强. 基于这一点, 人们可以设计出一些算法呈指数倍地提高计算速度, 使得量子计算机可以有效地完成某些在经典计算机上根本做不到的任务, 这是迄今为止量子计算最引人入胜的发现. 其三, 人们相信量子计算机最终可以在现实中实现, 否则, 该领域就只是引起数学上的好奇心而已. 综上可知, 寻找合适的量子系统实现量子比特是问题的关键, 从理论上讲, 任何能够实现双态的量子系统都可以用作量子比特, 但适用的量子比特必须满足以下 5 个条件: 易于初始化, 易于调控, 信息易于读出, 易于和其他量子比特耦合, 保持相位相干的时间长. 实验上, 量子光学系统 [4]、分子核磁共振 [8]、离子阱 [10] 等已被提出用于实现量子比特. 这些系统虽然具有较高的量子相干性, 但是不易于集成而形成大规模电路. 随着纳米技术和平版印刷术的发展, 集成技术得到了极大提高, 使得固态量子计算方案成为人们关注的焦点. 而作为宏观系统却呈现量子效应的超导约瑟夫森结, 除了具备以上 5 个条件以外还有以下优点: 广泛的设计和加工的自由度, 即易于集成, 可实现大规模化; 器件的小尺度和超导性, 使得由环境导致的耗散和噪声能有效地被压制, 从而展现出好的量子

相干性; 一些参量可在比较大的范围内连续可调, 可对其进行有效调控. 所以, 基于约瑟夫森结的量子计算方案也就顺理成章地成为固态量子计算方案的主要候选者. 当然, 要想使量子计算机最终能在固态体系中得以实现, 除了超导约瑟夫森结, 还离不开诸如由电容、电感和电阻等电子元件组成的电路体系. 因此, 考虑含有超导约瑟夫森结在内的介观电路体系, 并研究它们的一些量子效应, 具有重要的理论意义和实践指导价值.

本章内容主要分为四节: 7.1 节介绍由约瑟夫森结实现的三类超导量子比特: 电荷量子比特、磁通量子比特以及相位量子比特; 7.2 节介绍包含约瑟夫森结介观电路的库珀对数–相差量子化方案; 7.3 节介绍存在于耦合两电荷量子比特体系中的量子纠缠现象, 探讨外加调控磁通对量子纠缠现象的影响; 7.4 节讨论受外界环境影响的磁通量子比特的退相干机制.

7.1 由约瑟夫森结实现的三类超导量子比特

针对不同的宏观变量, 一般可以将超导量子比特分为 3 类: 超导电荷量子比特、超导磁通量子比特和超导相位量子比特. 下面详细介绍这三类量子比特的基本工作原理.

7.1.1 超导电荷量子比特

在低电容约瑟夫森结中, 结上储存的电荷能远大于约瑟夫森耦合能:$E_c \gg E_{j0}$, 利用此类约瑟夫森结可实现电荷量子比特 (charge qubit, CQ). CQ 最简单的结构 [16,17] 如图 7.1.1 所示, 由一约瑟夫森结通过一门电容 C_{g} 与门电压 V_{g} 相连接实现, C_{j} 为结等效电容. 约瑟夫森结下极板被结电容 C_{j} 和耦合电容 C_{g} 与外界隔开, 只能通过结两极板间的超导隧道与外界交换库珀对 (Cooper-pairs), 这一部分称为库珀对岛 (Cooper-pairs island). 下面借助正则量子化方法给出该 CQ 体系的哈密顿算符. 如果约瑟夫森结的超导能隙较大, 甚至比结上电荷能还要大, 那么, 低温下准粒子的隧穿就被压制, 仅有库珀对相干隧穿. 若选结两极板上超导态波函数的相位差 φ 作为广义坐标, 由式 (1.2.19) 可得体系的广义势能为

$$\mathscr{V} = E_{\mathrm{j0}}(1 - \cos\varphi), \tag{7.1.1}$$

式中, $E_{\mathrm{j0}} = \dfrac{\hbar I_{\mathrm{c}}}{2e}$ 为结耦合能, I_{c} 为结临界电流. 结上储存的电荷能与广义速度 $\dot{\varphi}$ 直接相关, 为广义动能

$$\mathscr{T} = \frac{1}{2}C_{\mathrm{g}}u_{\mathrm{g}}^2 + \frac{1}{2}C_{\mathrm{j}}u_{\mathrm{j}}^2. \tag{7.1.2}$$

在图 7.1.1 所示电路中取 A、B 两个节点, 两节点间电压满足关系式: $u_{\mathrm{j}} =$

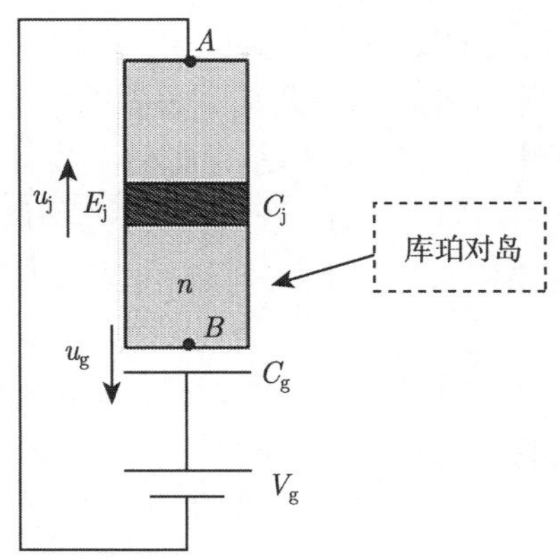

图 7.1.1　最简单的单电荷量子比特结构示意图

$V_g + u_g$, 再结合式 (1.2.2), 可把式 (7.1.2) 表示为

$$\mathscr{T} = \frac{1}{2}C_g\left(\frac{\hbar}{2e}\dot{\varphi} - V_g\right)^2 + \frac{1}{2}C_j\left(\frac{\hbar}{2e}\dot{\varphi}\right)^2. \tag{7.1.3}$$

则体系的拉格朗日函数为

$$\mathscr{L} = \mathscr{T} - \mathscr{V} = \frac{1}{2}(C_j + C_g)\left(\frac{\hbar}{2e}\dot{\varphi}\right)^2 - \frac{\hbar}{2e}C_g V_g\dot{\varphi} + \frac{1}{2}C_g V_g^2. \tag{7.1.4}$$

分析岛上节点 B, 容易得到: $u_jC_j + u_gC_g - 2ne = 0$, 于是可得

$$2ne = u_jC_j + u_gC_g = \frac{\hbar}{2e}(C_j + C_g)\dot{\varphi} + 2eN_g, \tag{7.1.5}$$

式中, n 为岛上的净库珀对数; $n_g = -\dfrac{C_gV_g}{2e}$ 为门电荷数. 与 φ 正则共轭的广义动量为

$$p \equiv \frac{\partial\mathscr{L}}{\partial\dot{\phi}} = \frac{\hbar}{2e}\left[\frac{\hbar}{2e}(C_j + C_g)\dot{\varphi} + 2eN_g\right] = n\hbar, \tag{7.1.6}$$

式 (7.1.6) 表明, 体系的广义动量 p 取值并不连续, 它与岛上的净库珀对数 n 成正比. 于是, 可得到体系的经典哈密顿量

$$\mathscr{H} = -\mathscr{L} + p\dot{\varphi} = 4E_c(n - n_g)^2 - E_{j0}\cos\varphi + E_{j0} - \frac{1}{2C_g}(2en_g)^2, \tag{7.1.7}$$

式中, $E_c \equiv e^2/[2(C_g + C_j)]$ 为库珀对岛上单电子等效电荷能. 根据正则量子化方法, 在式 (7.1.7) 中加入量子化条件: $[\hat{\varphi}, \hat{n}] = \mathrm{i}$, 便可得到体系的哈密顿算符

$$\hat{\mathscr{H}} = 4E_c(\hat{n} - n_g)^2 - E_{j0}\cos\hat{\varphi}, \tag{7.1.8}$$

注意, 式中已省略了仅仅引起能级平移的常数项: $E_{\text{j0}} - \dfrac{1}{2C_{\text{g}}}(2eN_{\text{g}})^2$. 由于 $E_{\text{c}} \gg E_{\text{j0}}$, 由岛上的净库珀对数 n 标志的电荷态 $|n\rangle$ 便形成了一组完备的基矢, 满足: $\hat{n}\,|n\rangle = n\,|n\rangle$. $\hat{\mathscr{H}}$ 在基矢集 $\{|n\rangle\}$ 构成的矢量空间中的形式是什么样的呢? 下面推导哈密顿算符的电荷态 $|n\rangle$ 表示. 对易关系式: $[\hat{n},\hat{\varphi}] = -\mathrm{i}$, 意味着存在算符公式 $[\hat{n}, f(\hat{\varphi})] = -\mathrm{i}\dfrac{\partial f(\hat{\varphi})}{\partial \hat{\varphi}}$, 于是有

$$[\hat{n}, \mathrm{e}^{\mathrm{i}\hat{\varphi}}] = \mathrm{e}^{\mathrm{i}\hat{\varphi}}. \tag{7.1.9}$$

将式 (7.1.9) 的左右两侧同时作用到电荷态 $|n\rangle$ 上

$$\mathrm{e}^{\mathrm{i}\hat{\varphi}}\,|n\rangle = [\hat{n}, \mathrm{e}^{\mathrm{i}\hat{\varphi}}]\,|n\rangle = \hat{n}\mathrm{e}^{\mathrm{i}\hat{\varphi}}\,|n\rangle - \mathrm{e}^{\mathrm{i}\hat{\varphi}}\hat{n}\,|n\rangle = \hat{n}\mathrm{e}^{\mathrm{i}\hat{\varphi}}\,|n\rangle - n\mathrm{e}^{\mathrm{i}\hat{\varphi}}\,|n\rangle, \tag{7.1.10}$$

可得

$$\hat{n}\mathrm{e}^{\mathrm{i}\hat{\varphi}}\,|n\rangle = (n+1)\mathrm{e}^{\mathrm{i}\hat{\varphi}}\,|n\rangle. \tag{7.1.11}$$

显然, $|n\rangle$ 为 $\hat{n}$ 的一个本征态矢, 则 $\mathrm{e}^{\mathrm{i}\hat{\varphi}}\,|n\rangle$ 亦为 $\hat{n}$ 的一个本征态矢; n 为 $\hat{n}$ 的一个本征值, 则 $n+1$ 亦为 $\hat{n}$ 的一个本征值. 由以上分析得到

$$\mathrm{e}^{\mathrm{i}\hat{\varphi}}\,|n\rangle = |n+1\rangle. \tag{7.1.12}$$

对式 (7.1.12) 利用完备性关系: $\sum\limits_n |n\rangle\langle n| = 1$, 可导出

$$\mathrm{e}^{\mathrm{i}\hat{\varphi}} = \sum_n |n+1\rangle\langle n|. \tag{7.1.13}$$

其复共轭为

$$\mathrm{e}^{-\mathrm{i}\hat{\varphi}} = \sum_n |n\rangle\langle n+1|. \tag{7.1.14}$$

由以上两式可得

$$\cos\hat{\varphi} = \frac{1}{2}(\mathrm{e}^{\mathrm{i}\hat{\varphi}} + \mathrm{e}^{-\mathrm{i}\hat{\varphi}}) = \frac{1}{2}\sum_n \Big(|n+1\rangle\langle n| + |n\rangle\langle n+1|\Big). \tag{7.1.15}$$

于是, 在完备基矢组下, 可把式 (7.1.8) 表示为

$$\hat{\mathscr{H}} = \sum_n \left[4E_{\text{c}}(n-n_{\text{g}})^2\,|n\rangle\langle n| - \frac{1}{2}E_{\text{j0}}(|n\rangle\langle n+1| + |n+1\rangle\langle n|)\right]. \tag{7.1.16}$$

由于 $E_{\text{c}} \gg E_{\text{j0}}$, 从式 (7.1.16) 可以明显地看出, 对于门电荷数 n_{g} 的大多数值, 体系的能级值都是由体系哈密顿算符的电荷能部分来支配的. 若不考虑约瑟夫森结两极板之间库珀对的相干隧穿, 当 $n_{\text{g}} = \dfrac{2n+1}{2}$(即取半整数) 时, 两个毗邻态 $|n\rangle$

和 $|n+1\rangle$ 的电荷态能级发生简并. 比如, $V_{\mathrm{g}}=-\dfrac{e}{C_{\mathrm{g}}}$ 时 $n_{\mathrm{g}}=\dfrac{1}{2}$, 由 $n_{\mathrm{g}}=\dfrac{2n+1}{2}$, 可知 $n=0$, 则 $|0\rangle$ 和 $|1\rangle$ 的能级发生简并, 如图 7.1.2 虚线所示, 相应的电压 V_{g} 称为简并点电压. 从这个意义上讲, 门电压 V_{g} 可用作控制参量. 而库珀对相干隧穿的存在, 使电荷态 $|n\rangle$ 和 $|n+1\rangle$ 产生了强烈地耦合 (如图 7.1.2 实线所示), 这为该体系能够实现量子比特提供了潜在的可能性. 假设门电荷数 n_{g} 接近简并点 1/2, 并且假设温度 T 较低以至于 $k_{\mathrm{B}}T\ll E_{\mathrm{c}}$, 在此情形下, 仅有 $|0\rangle$ 和 $|1\rangle$ 两个电荷态, 其他具有较高能量的电荷态均可被忽略, 这就是所谓的双态近似. 下面, 在双态近似下导出体系的能量本征值和本征态. 双态近似下, 式 (7.1.16) 变为

$$\hat{\mathscr{H}}=4E_{\mathrm{c}}\Big[n_{\mathrm{g}}^{2}\left|0\right\rangle\left\langle 0\right|+(1-n_{\mathrm{g}})^{2}\left|1\right\rangle\left\langle 1\right|\Big]-\frac{1}{2}E_{\mathrm{j0}}\Big(\left|0\right\rangle\left\langle 1\right|+\left|1\right\rangle\left\langle 0\right|\Big). \tag{7.1.17}$$

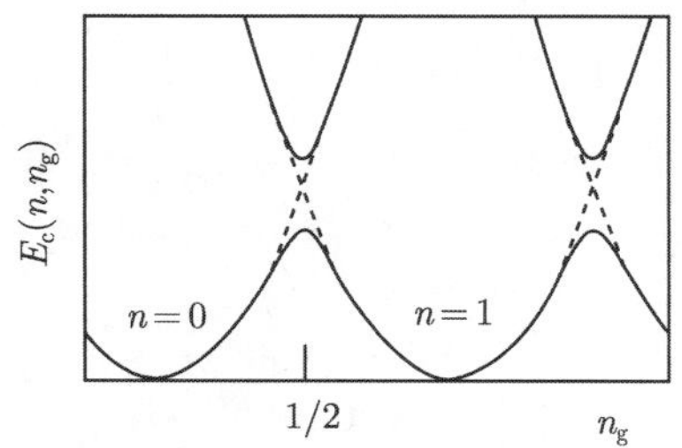

图 7.1.2 对于不同 n, 库珀对岛上的电荷能 E_{c} 随门电荷数 n_{g} 的变化关系曲线 (取自文献 [17])

为了保持线性代数矩阵元素指标的一致性, 同时, 考虑到量子计算与量子信息领域内的通用性, 对于以上用于实现量子比特的双态系统, 令: $|0\rangle\equiv\begin{pmatrix}1\\0\end{pmatrix}$, $|1\rangle\equiv\begin{pmatrix}0\\1\end{pmatrix}$. 于是, 式 (7.1.17) 可用 Pauli 矩阵标记为

$$\hat{\mathscr{H}}=-\frac{1}{2}B_{z}\hat{\sigma}_{z}-\frac{1}{2}B_{x}\hat{\sigma}_{x}, \tag{7.1.18}$$

式中, $\sigma_i(i=x,y,z)$ 为 Pauli 矩阵, $B_z\equiv 4E_{\mathrm{c}}(1-2n_{\mathrm{g}})$, $B_x\equiv E_{\mathrm{j0}}$. 由式 (7.1.18) 可以看出, 量子双态系统能够被等效地看成处于外磁场中的自旋为 $-\dfrac{1}{2}$ 的粒子. 这里, 等效 “磁场” 的 z 分量受门电压 V_{g} 的控制, 而其 x 分量则受约瑟夫森耦合能 E_{j0} 的控制. $\hat{\mathscr{H}}$ 的归一化本征态为

$$|\psi_1\rangle=\frac{B_z+\sqrt{B_z^2+B_x^2}}{\sqrt{(B_z+\sqrt{B_z^2+B_x^2})^2+B_x^2}}\,|0\rangle+\frac{B_x}{\sqrt{(B_z+\sqrt{B_z^2+B_x^2})^2+B_x^2}}\,|1\rangle, \tag{7.1.19}$$

$$|\psi_2\rangle = \frac{B_z - \sqrt{B_z^2 + B_x^2}}{\sqrt{(B_z - \sqrt{B_z^2 + B_x^2})^2 + B_x^2}} |0\rangle + \frac{B_x}{\sqrt{(B_z - \sqrt{B_z^2 + B_x^2})^2 + B_x^2}} |1\rangle, \quad (7.1.20)$$

相应的本征值分别为

$$E_1 = -\frac{1}{2}\sqrt{B_z^2 + B_x^2}, \quad E_2 = \frac{1}{2}\sqrt{B_z^2 + B_x^2}. \quad (7.1.21)$$

综上可见, 库珀对岛这个双态系统可用作量子比特, 由于其选用电荷自由度 (即库珀对岛上的库珀对数目 n) 作为量子比特的特征参量, 其量子态为电荷态 $|0\rangle$ 和 $|1\rangle$ 叠加而形成的量子态 $|\psi_1\rangle$ 或 $|\psi_2\rangle$, 故又称该类量子比特为电荷量子比特.

量子比特所要承载的信息实际上存在于式 (7.1.19) 或式 (7.1.20) 的叠加系数中, 对于上述最简单的电荷量子比特体系, 由于其叠加系数中没有可供随意调控的参量, 无法根据实际问题的需要对其进行初始化, 向其写入信息. 为了解决这一问题, Makhlin 等对图 7.1.1 所示的最简单的电荷量子比特结构进行了改进, 提出了一种新的设计方案 [5], 用对称嵌入两个约瑟夫森结的超导量子干涉仪 (superconducting quantum interference device, SQUID) 代替单个约瑟夫森结来实现电荷量子比特 (图 7.1.3). 穿过 SQUID 的外部磁通量 Φ_x 可用作控制参量, 通过调节 Φ_x 可以改变量子比特的状态, 从而实现对量子比特的调控. 这一量子比特的本征态和本征值将在后面的章节中给出. 超导电荷量子比特的主要优点是它对周围环境的磁场涨落不敏感. 主要缺点有两个: 一是周围环境的电荷涨落对它的相干性影响非常大; 二是由于它要求约瑟夫森结的尺寸很小, 因此对微加工技术的要求较高 [15].

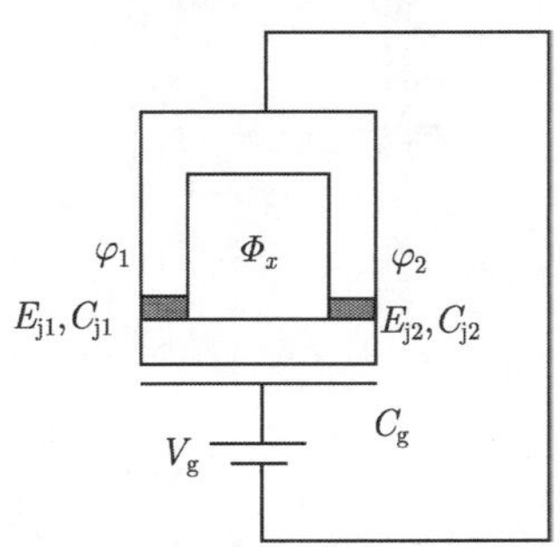

图 7.1.3 SQUID 电荷量子比特结构示意图

7.1.2 超导磁通量子比特

把一个约瑟夫森结的两端用一根超导线连接起来, 就得到包含一个约瑟夫森结的超导环, 叫做射频超导量子干涉仪 (RF SQUID)[15,18−20], 如图 7.1.4 所示. 若 $E_{j0} \gg E_c$, 则穿过环的磁通量是好量子数, 可以作为表征量子比特状态的特征参量, 此类量子比特称为磁通量子比特 (flux qubit). 图 7.1.4 所示结构为最简单的磁通量子比特, 当垂直于超导环面对其施加一个很弱的磁场时, 超导环中会感应出超电流, 相应的自感磁通为 Φ_{L}, 则总磁通 $\Phi = \Phi_{\mathrm{e}} + \Phi_{\mathrm{L}}$, Φ_{e} 可以看成是一个偏置参量. 磁场会沿环的环绕方向产生矢势 $\mathscr{A}$, 由 Ginzburg-Landau 方程 [21] 知, $\mathscr{A}$ 沿环产生一相位差:

$$\varphi_{(\mathrm{H})} = \frac{2e}{\hbar}\int_{\mathrm{path}} \mathscr{A} \cdot \mathrm{d}\boldsymbol{l}, \tag{7.1.22}$$

式中积分路径 "path" 存在于超导体的内部且从结的一极板到另一极板, 结两极板间的路径对相位积分的贡献较小, 可以忽略. 于是, 上式积分的结果为

$$\varphi_{(\mathrm{H})} = \frac{2e}{\hbar}\int_{\mathrm{path}} \mathscr{A} \cdot \mathrm{d}\boldsymbol{l} = \frac{2e}{\hbar}\Phi = 2\pi\frac{\Phi}{\Phi_0}, \tag{7.1.23}$$

式中, $\Phi_0 = \dfrac{h}{2e} \approx 2.0678 \times 10^{-15}\mathrm{Wb}$ 为磁通量子. 受环内超导序参量单值性的影响, 磁场沿环产生的这一相位差 $\varphi_{(\mathrm{H})}$ 与结两极板间相位差 φ 应满足下面关系:

$$\varphi = \varphi_{(\mathrm{H})} + 2\pi m = 2\pi\frac{\Phi}{\Phi_0} + 2\pi m \quad (m\text{为整数}). \tag{7.1.24}$$

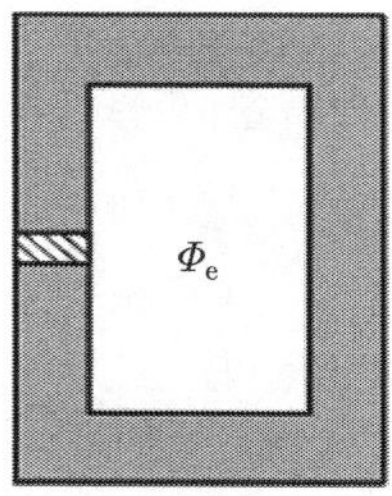

图 7.1.4　最简单的磁通量子比特结构示意图

若视 Φ 为广义坐标, 借助正则量子化方法, 易于得到该孤立体系的哈密顿算符为

$$\begin{aligned}\hat{\mathscr{H}} &= -E_{\mathrm{j}0}\cos\left(2\pi\frac{\hat{\Phi}}{\Phi_0}\right) + E_L\left(\frac{\hat{\Phi}-\Phi_{\mathrm{e}}}{\Phi_0}\right)^2 + \frac{\hat{Q}^2}{2C_{\mathrm{j}}} \\ &= U_0\left\{-\beta_{\mathrm{L}}\cos\left(2\pi\frac{\hat{\Phi}}{\Phi_0}\right) + \frac{1}{2}\left[\frac{2\pi(\hat{\Phi}-\Phi_{\mathrm{e}})}{\Phi_0}\right]^2\right\} + \frac{\hat{Q}^2}{2C_{\mathrm{j}}},\end{aligned} \tag{7.1.25}$$

式中, $\hat{Q}$ 为结一极板上的电荷算符, 与磁通算符 $\hat{\Phi}$ 正则共轭, 二者满足对易关系: $[\hat{\Phi}, \hat{Q}] = \mathrm{i}\hbar$; $E_{\mathrm{L}} = \dfrac{\Phi_0^2}{2L}$ 为超导环的感应能, L 为超导环的自感系数; $E_{\mathrm{j}0}$ 为结耦合能,

C_{j0} 为结电容; $U_0 \equiv \Phi_0^2/(4\pi^2 L)$, $\beta_L \equiv E_{j0}/(\Phi_0^2/4\pi^2 L)$. 式 (7.1.25) 中, 体系的势能项

$$U = -E_{j0}\cos\left(2\pi\frac{\Phi}{\Phi_0}\right) + E_L\left(\frac{\Phi-\Phi_e}{\Phi_0}\right)^2 \tag{7.1.26}$$

是超导环的结耦合能与自感磁能两项的和. 与自感磁能相应的函数曲线为抛物线, 与结耦合能相应的函数曲线为正弦函数曲线, 而与两函数的叠加函数相应的曲线为一系列的势阱, 这些势阱对应系统一系列的亚稳态, 称为亚稳态磁通态 (fluxoid state). 势阱最低点对应的 Φ 值由下式决定:

$$0 = \frac{dU}{d\Phi} = \frac{2\pi E_{j0}}{\Phi_0}\sin\left(2\pi\frac{\Phi}{\Phi_0}\right) + \frac{2E_L}{\Phi_0^2}(\Phi-\Phi_e), \tag{7.1.27}$$

而 U 的极小值则要求 Φ 满足

$$\frac{d^2U}{d\Phi^2} = -\left(\frac{2\pi}{\Phi_0}\right)^2 E_{j0}\cos\left(2\pi\frac{\Phi}{\Phi_0}\right) + \frac{2E_L}{\Phi_0^2} > 0. \tag{7.1.28}$$

方程 (7.1.27) 的解由曲线$y_1 = \frac{2\pi E_{j0}}{\Phi_0}\sin\left(2\pi\frac{\Phi}{\Phi_0}\right)$ 与直线 $y_2 = \frac{2E_L}{\Phi_0^2}(\Phi-\Phi_e)$ 的交点来决定, 这些交点对应的 Φ 值满足式 (7.1.24) 的关系. 于是, 这些亚稳态磁通态可以用 m 来标识, 记作 $|m\rangle$, 整理式 (7.1.27) 可得

$$\Phi = \Phi_e - \frac{\pi E_{j0}\Phi_0}{E_L}\sin\left(2\pi\frac{\Phi}{\Phi_0}\right). \tag{7.1.29}$$

显然, 与 (7.1.28) 和 (7.1.29) 两式相应的亚稳态解决定了磁通态 $|m\rangle$ 的具体形式. Φ 的大量的稳态解依赖于参量 L 与 E_{j0} 的具体值, 即取决于所选定的具体超导环和结的参量值.

如果所选超导环的自感系数 L 较大, 以使得 $\beta_L > 1$, 并且调整外加偏置磁通 $\Phi_e \approx \Phi_0/2$, 则势能曲线在 $\Phi = \Phi_0/2$ 附近形成一双势阱, 如图 7.1.5(a)~(c) 所示, 这里选取 $E_{j0} = 76\text{K}$, $E_L = 645\text{K}$[7]. 当偏置磁通 $\Phi_e \approx \Phi_0/2$ 时, 势函数在 $\Phi = \Phi_0/2$ 附近存在两个明显极小值点, 从图线上看, 在 $\Phi = \Phi_0/2$ 附近存在两个明显的双势阱, 左侧势阱对应于磁通态 $|L\rangle$, 而右侧势阱对应于 $|R\rangle$. 双势阱的深度随着 Φ_e 的取值不同而相应改变, 当 Φ_e 略小于 $\Phi_0/2$ 时, 左侧势阱深, 而右侧势阱浅; 当 Φ_e 略大于 $\Phi_0/2$ 时, 情况恰好相反; 当 $\Phi_e = \Phi_0/2$ 时, 两势阱对称分布. 也就是说, 要想使势阱左右倾斜, 可以通过调节外加磁通 Φ_e 来实现, 这就充分体现了 Φ_e 的偏置功能. 由以上分析可得, 超导环作为变量 Φ 的动力学可以形象描述为 "质量" 为 C_{j0}、"动能" 为 $Q^2/(2C_{j0})$ 的粒子在一维双势阱中运动. 从经典意义上来讲, 粒子不是在左边势阱就是在右边势阱, 粒子要想由一个势阱进入另一个势阱必然要越过两势阱中间的势垒区. 但实际上, 粒子的运动遵循量子力学的规律, 其在每个势阱中的能级

是量子化的, 当两势阱间的势垒高度有限时, 粒子会隧穿势垒在高低能级之间发生跃迁, 而不必越过势垒. 调节 $\Phi_x \approx \Phi_0/2$, 低温下, 两势阱中仅有两个最低能量磁通态 $|0L\rangle$ 和 $|0R\rangle$ 扮演重要角色, 其他高能量的磁通态可以忽略 [17], 为了方便起见, 仍用 $|L\rangle$ 和 $|R\rangle$ 表示这两个态, 此即为双态量子系统. 如果不考虑粒子在两势阱之间的相干隧穿, 当 $\Phi_x = \Phi_0/2$ 时, 磁通态 $|L\rangle$ 和 $|R\rangle$ 的能级在 $\Phi = \Phi_0/2$ 点发生简并. 相干隧穿提升了简并, 使得体系在简并点的能量本征态变为磁通态 $|L\rangle$ 和 $|R\rangle$ 的对称和反对称叠加, 即 $(|L\rangle + |R\rangle)/\sqrt{2}$ 和 $(|L\rangle - |R\rangle)/\sqrt{2}$.[7]

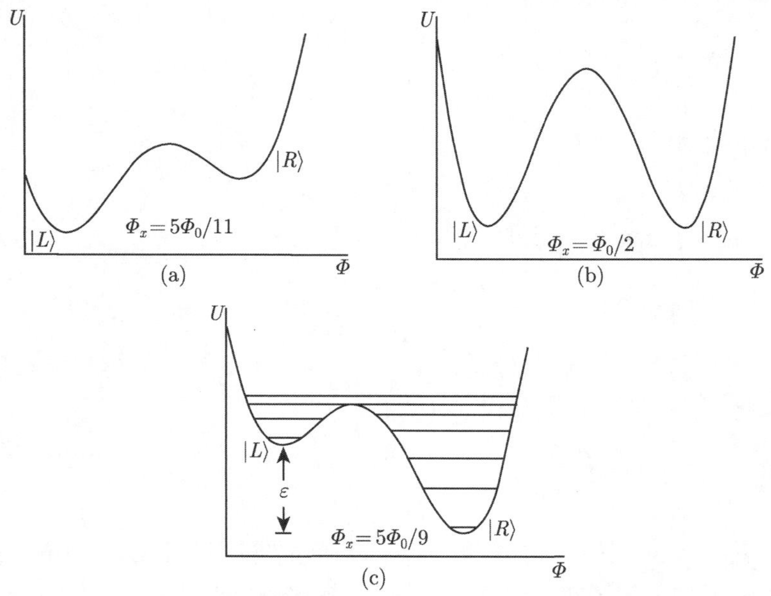

图 7.1.5　超导环势函数 U 随穿过环的磁通量 Φ 的变化关系曲线

现在, 回到式 (7.1.25) 的能量算符 $\hat{\mathscr{H}}$. 在上面的双态近似下, 令 $|L\rangle \equiv \begin{pmatrix} 1 \\ 0 \end{pmatrix}$, $|R\rangle \equiv \begin{pmatrix} 0 \\ 1 \end{pmatrix}$, 式 (7.1.25) 可以表示为下面的形式 [17]:

$$\hat{\mathscr{H}} = -\frac{1}{2}\varepsilon\hat{\sigma}_z - \frac{1}{2}\Delta\hat{\sigma}_x, \tag{7.1.30}$$

式中, $\sigma_i(i = x,y,z)$ 为 Pauli 矩阵, σ_z 的本征值为 $+1(-1)$ 的本征态分别相应于粒子被定域于左 (右) 势阱中, 对角元中 $\varepsilon(\Phi_{\mathrm{e}}) = 4\pi\sqrt{6(\beta_L - 1)}E_{\mathrm{j0}}(\Phi_{\mathrm{e}}/\Phi_0 - 1/2)$ 为不考虑隧穿时粒子在两势阱中的基态能级差, 在这里充当偏置参量; 非对角元项 Δ 描述两势阱之间的隧穿强度, 它不仅依赖于势垒高度, 还与结耦合能 E_{j0} 密切相关. 式 (7.1.30) 的本征态在形式上类似于 (7.1.19)、(7.1.20) 两式, 这里就不再写出. 本征态的系数中都含有调控参量 Φ_x, 通过改变 Φ_x 即可实现对磁通量子比特的调控.

考虑到 Δ 与 $E_{\mathrm{j}0}$ 有关系, 如果将图 7.1.4 中的约瑟夫森结换成如图 7.1.6 所示的 dc SQUID, 并在其中偏置外部磁通 $\tilde{\Phi}_{\mathrm{e}}$, $E_{\mathrm{j}0}$ 的改变可以通过调节 $\tilde{\Phi}_{\mathrm{e}}$ 来实现, 则改变 $\tilde{\Phi}_{\mathrm{e}}$ 便可实现对 Δ 的调控. 要实现对以上两种类型磁通量子比特的较好调控, 要求约瑟夫森结具有较高的临界电流 I_{c} 及较大的自感系数 L. 但是较高的临界电流要求相对较大的结面积, 而较大的结面积又会导致大的结电容, 从而压制隧穿. 而要想得到大的自感系数, 需要将 SQUID 环的尺寸做得较大, 这就导致系统对外部的磁噪声较为敏感. 为了克服以上困难, 三约瑟夫森结和多约瑟夫森结磁通量子比特结构被提出 [23]. 超导磁通量子比特的优点 [15]: 没有引线和测量仪器相连, 人们更容易将其和环境隔离开来, 得到较长的相干时间; 超导磁通量子比特对基片上电荷涨落不敏感; 很容易通过电感将多个磁通量子比特互相耦合起来形成大规模电路. 其最大的缺点是它对磁涨落非常敏感.

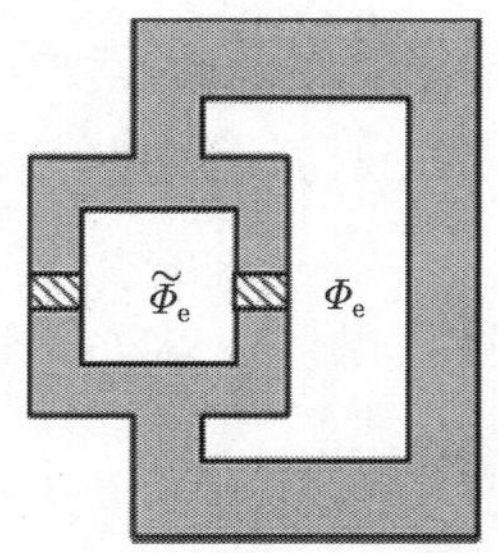

图 7.1.6 改进的磁通量子比特结构示意图

7.1.3 超导相位量子比特

在超导量子比特中, 结构最为简单的当属相位量子比特 (phase qubit)[15,24−26], 它是由电流 I_{b} 偏置的单个约瑟夫森结构成的, 如图 7.1.7 所示. 类似于 7.1.1 和 7.1.2 两节的量子化方法, 可以导出这一体系的哈密顿算符

$$\mathscr{H} = \frac{\hat{Q}^2}{2C} - \frac{I_{\mathrm{c}}\Phi_0}{2\pi}\cos\hat{\varphi} - \frac{I_{\mathrm{b}}\Phi_0}{2\pi}\hat{\varphi}, \tag{7.1.31}$$

式中, C 为结电容; $\hat{Q}$ 为结某一极板上的电荷算符; $\hat{\varphi}$ 为结两极板间超导相差算符; I_{c} 为结临界电流, $I_{\mathrm{b}}(\leqslant I_{\mathrm{c}})$ 为偏置电流, $\Phi_0 = \dfrac{h}{2e}$ 为磁通量子. 体系的动力学机制可以通过分析式 (7.1.31) 的势能项:

$$U = -\frac{I_{\mathrm{c}}\Phi_0}{2\pi}\cos\varphi - \frac{I_{\mathrm{b}}\Phi_0}{2\pi}\varphi \tag{7.1.32}$$

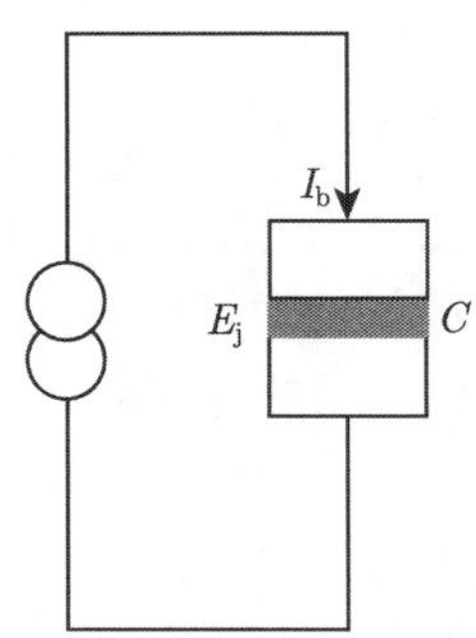

图 7.1.7　相位量子比特结构示意图

获得. 取式 (7.1.32) 中的结临界电流 $I_c = 30.572\mu A$[27], 将不同偏置电流 I_b 下的势能 U 随相位差 φ 的变化关系曲线做出, 如图 7.1.8(a) 所示, 可以看出, 势能曲线形如倾斜的洗衣板 (washboard)[15,22], 其倾斜度可以通过调节偏置电流 I_b 来改变. 可见, 电流偏置下的约瑟夫森结中库珀对的运动可等效为一质量为 C、动能为 $\dfrac{Q^2}{2C}$ 的粒子在洗衣板势上的运动. 当 $I_b < I_c$ 时, 洗衣板势存在一系列亚稳态的势阱, 势能在阱底处取得极小值, 粒子陷于某一势阱中以某一频率来回振荡; 当 $I_b \geqslant I_c$ 时, 极小值消失, 势阱不再存在, 粒子停止振荡行为, 向一个方向运动. 下面将重点讨论 I_b 无限接近于 I_c 并且 $\varphi \approx \pi/2$ 条件下势能曲线的变化趋势及粒子的动力学行为, 在此条件下, 可将势能 U 展开为小量 $(\varphi - \pi/2)$ 的级数, 即

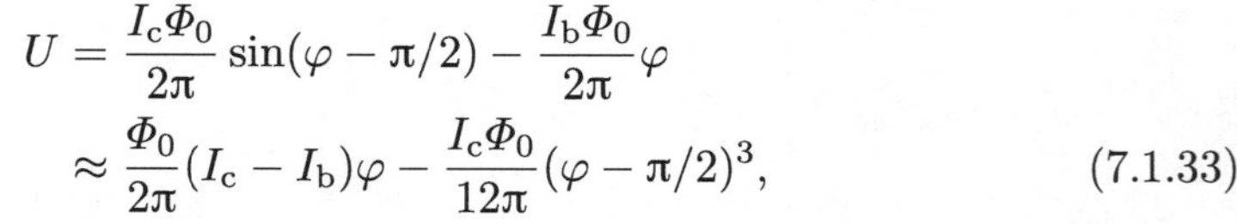

$$U = \frac{I_c\Phi_0}{2\pi}\sin(\varphi - \pi/2) - \frac{I_b\Phi_0}{2\pi}\varphi$$
$$\approx \frac{\Phi_0}{2\pi}(I_c - I_b)\varphi - \frac{I_c\Phi_0}{12\pi}(\varphi - \pi/2)^3, \tag{7.1.33}$$

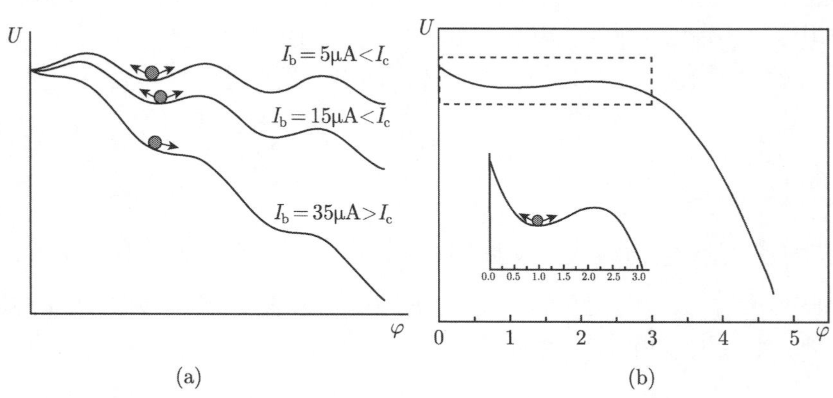

图 7.1.8　相位量子比特势能 U 随相位差 φ 变化关系曲线

结临界电流 $I_c = 30.572\mu A$

式中已忽略了常数项 $\dfrac{I_c\Phi_0}{4}$ 及三次幂以上的无穷小量. U 随 φ 变化关系曲线如图 7.1.8(b) 所示, 整个势能曲线仅有一个势阱, 其右侧势垒的高度 ΔU 可以通过下面的方法求出, 即

$$\frac{\mathrm{d}U}{\mathrm{d}\varphi}=\frac{\Phi_0}{2\pi}(I_c-I_b)-\frac{I_c\Phi_0}{4\pi}(\varphi-\pi/2)^2=0, \tag{7.1.34}$$

上式的解为: $\phi_1=\dfrac{\pi}{2}-\sqrt{2(1-I_b/I_c)}$ 相应于势阱底部, $\phi_2=\dfrac{\pi}{2}+\sqrt{2(1-I_b/I_c)}$ 相应于势垒顶部, 则

$$\Delta U=U(\varphi_2)-U(\varphi_1)=\frac{2\sqrt{2}}{3}\frac{I_c\Phi_0}{\pi}\left(1-\frac{I_b}{I_c}\right)^{\frac{3}{2}}. \tag{7.1.35}$$

粒子被陷入势阱中在势能极小值附近以所谓的等离子频率 (plasma frequency)[22,28]

$$\omega_p=\sqrt{\frac{2\pi I_c}{C\Phi_0}}\left[1-\left(\frac{I_b}{I_c}\right)^2\right]^{1/4}=\omega_{j0}\left[1-\left(\frac{I_b}{I_c}\right)^2\right]^{1/4} \tag{7.1.36}$$

作等离子振荡, 式中 $\omega_{j0}=\sqrt{\dfrac{2\pi I_c}{C\Phi_0}}$ 为结的本征等离子频率. 于是, 依据经典统计方法可以算出, 温度为 T 时, 粒子越过势垒的逃逸率为

$$\frac{1}{\tau}=\left(\frac{\omega_p}{2\pi}\right)\exp\left(-\frac{\Delta U}{k_BT}\right), \tag{7.1.37}$$

式中, τ 为结处于亚稳态的平均寿命; k_B 为玻尔兹曼常量. 从量子力学角度看, 在绝对零度下, 尽管没有热激发, 但库珀对仍旧可以借助量子隧穿过程通过势垒. 势阱中存在非简并的量子化能级, 与两个最低能级对应的量子态可用作量子比特, 两量子态之间的跃迁频率 $\omega_{01}=0.95\omega_p$[22]. 在双态近似下, 式 (7.1.31) 可用泡利矩阵表示为 [22]

$$\hat{\mathscr{H}}=\frac{\hbar\omega_{10}}{2}\hat{\sigma}_z+\sqrt{\frac{\hbar}{2\omega_{10}C}}\Delta I(\hat{\sigma}_x+\chi\hat{\sigma}_z), \tag{7.1.38}$$

式中, $\Delta I=I_b-I_c$; $\chi=\sqrt{\dfrac{\hbar\omega_{10}}{3\Delta U}}$. 同前面提到的两种量子比特相比, 该种量子比特的哈密顿算符无法分解成为如式 (7.1.18) 及式 (7.1.30) 所给的 NMR 类型. 但是, 一个正弦形的偏置电流信号: $\Delta I(t)\sim\sin(\omega_{10}t)$ 能产生 $\hat{\sigma}_x$ 旋转, 而一个低频信号能产生 $\hat{\sigma}_z$ 类型的操作 [28].

超导相位量子比特的优点是: 结构简单, 对磁涨落和电荷涨落不敏感; 缺点是: 它有引线直接连接到测量仪器上, 需要特别的电路设计才能使它和环境隔离开来, 而且 $1/f$ 噪声对相位量子比特的相干时间影响较大 [15].

7.2　含约瑟夫森结介观电路库珀对数–相差量子化

对于含约瑟夫结介观电路的量子化, 除了第 2 章介绍的通用的正则量子化方法, 还可以借助文献 [29], [30] 构造的连续变量纠缠态表象形式地将双模非线性玻色算符引入此类电路的量子化中去. 这一量子化方法的引入是源自费恩曼解释约瑟夫森效应的一个简洁易懂、形式优美的陈述 [31]: "电子的行为, 是以这种或那种的方式成对地表现的, 我们可以把这些 '对' 想象为粒子, 于是就可以谈及 '对' 的波函数" "一个束缚对行为宛如一个玻色子" "既然电子对是玻色子, 当它们中有许多处在一个给定的态时, 其他对就会有很大的机会也趋于这个态. 于是, 几乎所有的对会精确地 '锁' 在同一个最低能量的态上 ······" "我们可以预期所有的对在同一个态上运动". 于是, 人们就可以把低温下由两个动量相反、自旋指向相反的电子 (费米子) 构成的对 —— 库珀对近似地视为一个凝聚体, 其行为宛如玻色凝聚, 并可采用波函数来描述. 当把库珀对近似地看成玻色子时, 就可以引入由玻色子产生、湮灭算符构成的相算符, 并借助量子力学连续变量纠缠态表象对含约瑟夫森结介观电路量子化. 本节将分两小节介绍这一方法.

7.2.1　电容耦合双超导电荷量子比特体系的库珀对数–相差量子化

考虑如图 7.2.1 所示电容耦合双超导电荷量子比特体系 [32], 由一电容 C_c 将两个量子比特耦合起来. 对于每个单电荷量子比特结构, 库珀对岛 (图中虚线包围部分) 由一门电容 $C_{gi}(i=1, 2)$ 与一门电压 V_{gi}(被用作外部控制参数) 相连. 如第 1 章所讲, 单个约瑟夫森结是由两个约瑟夫森方程 (电流方程和结感应电压方程) 来描述的, 即

$$I_i = I_c \sin\varphi_i \quad (i=1,2), \tag{7.2.1}$$

$$\dot{\varphi}_i = \frac{2eu_i}{\hbar}, \tag{7.2.2}$$

式中, $I_c = 2eE_j/\hbar$ 为结临界电流; u_i 为第 i 个结两极板间的电位差; φ_i 为第 i 个结两极板上库珀对波函数间的相位差.

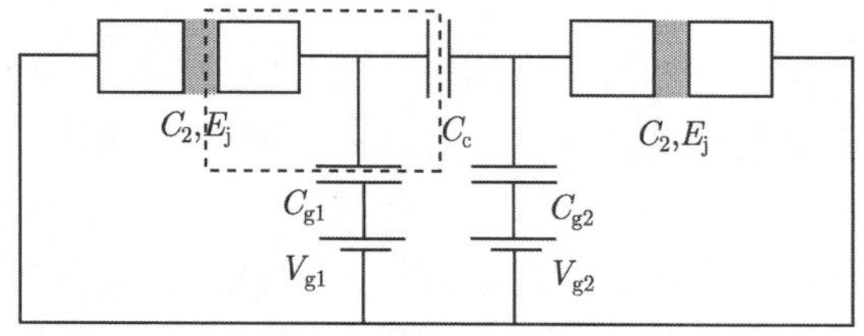

图 7.2.1　电容耦合双超导电荷量子比特示意图

1. **体系的经典哈密量**

在左侧库珀对岛上选一节点, 借助节点分析法容易得到下面两个电压关系式:

$$u_{gi} = u_i - V_{gi}, \quad u_c = u_1 - u_2, \tag{7.2.3}$$

式中, u_{gi} 为第 i 个门电容两端的电压; u_c 为耦合电容两端的电压. 若把 φ_i 视为广义坐标, 则借助式 (7.2.1)~ 式 (7.2.3), 可以写出体系的拉格朗日函数:

$$\begin{aligned}\mathscr{L} = \mathscr{T} - \mathscr{V} &= \sum_{i=1}^{2}\left(\frac{1}{2}C_i u_i^2 + \frac{1}{2}C_{gi}u_{gi}^2\right) + \frac{1}{2}C_c u_c^2 - \sum_{i=1}^{2}E_j(1-\cos\varphi_i)\\ &= \sum_{i=1}^{2}\left[\frac{1}{2}C_{\Sigma i}\left(\frac{\hbar}{2e}\right)^2\dot{\varphi}_i^2 + \hbar N_{gi}\dot{\varphi}_i + \frac{2N_{gi}^2e^2}{C_{gi}} - E_j(1-\cos\varphi_i)\right]\\ &\quad - C_c\left(\frac{\hbar}{2e}\right)^2\dot{\varphi}_1\dot{\varphi}_2,\end{aligned} \tag{7.2.4}$$

式中已假设两个约瑟夫森结完全相同, $C_{\Sigma i} = C_i + C_c + C_{gi}$, $N_{gi} = -\dfrac{C_{gi}V_{gi}}{2e}$ 为门电荷数, 通常选作控制参量, 当 $N_{gi} = \dfrac{1}{2}$ 时, 库珀对岛能被看成一个宏观的双态量子系统, 可用作量子比特. 库珀对通过超导隧道可以隧穿到库珀对岛上, 第一个岛上的净电荷量 $2en_1$ 由该岛上的净库珀对数决定. 对岛上的某个节点, 由于其呈现电中性, 存在关系式:

$$\begin{aligned}2en_1 &= u_{g1}C_{g1} + u_c C_c + u_1 C_1\\ &= C_{g1}\frac{\hbar}{2e}\dot{\varphi}_1 + C_c\frac{\hbar}{2e}(\dot{\varphi}_1 - \dot{\varphi}_2) + C_1\frac{\hbar}{2e}\dot{\varphi}_1 + 2eN_{g1}\\ &= \frac{\hbar}{2e}(C_{\Sigma 1}\dot{\varphi}_1 - C_c\dot{\varphi}_2) + 2eN_{g1},\end{aligned} \tag{7.2.5}$$

对于第二个岛上某个节点, 同理可得

$$\begin{aligned}2en_2 &= u_{g2}C_{g1} - u_c C_c + u_2 C_2\\ &= \frac{\hbar}{2e}(C_{\Sigma 2}\dot{\varphi}_2 - C_c\dot{\varphi}_1) + 2eN_{g2}.\end{aligned} \tag{7.2.6}$$

由 (7.2.4)~(7.2.6) 三式可得分别与 φ_1 和 φ_2 正则共轭的广义动量:

$$p_1 = \frac{\partial \mathscr{L}}{\partial \dot{\varphi}_1} = \frac{\hbar}{2e}\left[\frac{\hbar}{2e}(C_{\Sigma 1}\dot{\varphi}_1 - C_c\dot{\varphi}_2) + 2N_{g1}e\right] = n_1\hbar, \tag{7.2.7}$$

$$p_2 = \frac{\partial \mathscr{L}}{\partial \dot{\varphi}_2} = \frac{\hbar}{2e}\left[\frac{\hbar}{2e}(C_{\Sigma 2}\dot{\varphi}_2 - C_c\dot{\varphi}_1) + 2N_{g2}e\right] = n_2\hbar. \tag{7.2.8}$$

由以上两式不难看到, 广义动量 p_i 与岛上净库珀对数 n_i 成正比, 这一点暗示了对体系实行库珀对数–相差量子化的可能性. (7.2.7) 和 (7.2.8) 两式的变换式为

$$\dot{\varphi}_1=\left(\frac{2e}{\hbar}\right)^2\frac{C_{\Sigma 2}(n_1-N_{\mathrm{g}1})\hbar+C_{\mathrm{c}}(n_2-N_{\mathrm{g}2})\hbar}{C_{\Sigma 1}C_{\Sigma 2}-C_{\mathrm{c}}^2}, \tag{7.2.9}$$

$$\dot{\varphi}_2=\left(\frac{2e}{\hbar}\right)^2\frac{C_{\Sigma 1}(n_2-N_{\mathrm{g}2})\hbar+C_{\mathrm{c}}(n_1-N_{\mathrm{g}1})\hbar}{C_{\Sigma 1}C_{\Sigma 2}-C_{\mathrm{c}}^2}. \tag{7.2.10}$$

于是, 可得体系的经典哈密顿量

$$\mathscr{H}=p_1\dot{\varphi}_1+p_2\dot{\varphi}_2-\mathscr{L}\equiv\mathscr{H}_1+\mathscr{H}_2+\mathscr{H}_{\mathrm{int}}, \tag{7.2.11}$$

式中

$$\mathscr{H}_i=4E_{\mathrm{c}}^{(i)}(n_i-N_{\mathrm{g}i})^2+E_{\mathrm{j}}(1-\cos\varphi_i)-2N_{\mathrm{g}i}^2e^2/C_{\mathrm{g}i} \tag{7.2.12}$$

为单量子比特的有效哈密顿量, 而

$$\mathscr{H}_{\mathrm{int}}=4E_{\mathrm{c,c}}(n_1-N_{\mathrm{g}1})(n_2-N_{\mathrm{g}2}) \tag{7.2.13}$$

为量子比特间有效相互作用哈密顿量, $E_{\mathrm{c}}^{(i)}=\dfrac{e^2}{2C_{\mathrm{eff}}^{(i)}}$ 为岛上等效单电子电荷能, $E_{\mathrm{c,c}}=\dfrac{e^2}{2C_{\mathrm{c,eff}}}$, $C_{\mathrm{eff}}^{(1)}=\dfrac{W}{C_{\Sigma 2}}$, $C_{\mathrm{eff}}^{(2)}=\dfrac{W}{C_{\Sigma 1}}$, $C_{\mathrm{c,eff}}=\dfrac{W}{C_c}$, $W\equiv C_{\Sigma 1}C_{\Sigma 2}-C_{\mathrm{c}}^2$,$E_{\mathrm{c}}^{(i)}=(2e)^2/(2C_{\mathrm{eff}}^{(i)})$.

2. 体系的库珀对数–相差量子化

基于费恩曼的假设 [31]: “一个束缚对行为宛如一个玻色子”, 自然, 会想到借助玻色算符模型将式 (7.2.11) 给出的哈密顿量子化. 在上一部分已提到对体系实行库珀对数–相差量子化的可能性, 因而, 针对净电荷量 $2en_i$ 可假设

$$n_i\to\hat{n}_i\equiv\hat{a}_i^+\hat{a}_i-\hat{b}_i^+\hat{b}_i \tag{7.2.14}$$

为每个岛上的库珀对数算符, $\hat{a}_i^+(\hat{a}_i)$ 为玻色正粒子数产生 (湮灭) 算符, $\hat{b}_i^+(\hat{b}_i)$ 为玻色反粒子数产生 (湮灭) 算符. 为了实施库珀对数–相差量子化, 引入纠缠态表象 $|\eta\rangle_i$[29,30]

$$|\eta\rangle_i=\exp\left[-\frac{1}{2}|\eta_i|^2+\eta_i\hat{a}_i^+-\eta_i^*\hat{b}_i^++\hat{a}_i^+\hat{b}_i^+\right]|00\rangle_i, \tag{7.2.15}$$

式中, $\eta_i=|\eta_i|\,\mathrm{e}^{\mathrm{i}\varphi_i}$, $|00\rangle_i$ 为两模真空态. $|\eta\rangle_i$ 态的建立是基于 Einstein、Podolsky 和 Rosen(EPR) 量子纠缠的概念. 利用玻色对易关系 $[\hat{a}_i,\hat{a}_i^+]=[\hat{b}_i,\hat{b}_i^+]=1$, 容易看出 $|\eta\rangle_i$ 满足下面的本征方程:

$$(\hat{a}_i-\hat{b}_i^+)|\eta\rangle_i=\eta_i|\eta\rangle_i,\quad(\hat{b}_i-\hat{a}_i^+)|\eta\rangle_i=-\eta_i^*|\eta\rangle_i, \tag{7.2.16}$$

$|\eta\rangle_i$ 满足完备性关系

$$\int \frac{\mathrm{d}^2\eta_i}{\pi} |\eta\rangle_{ii} \langle\eta| = 1. \tag{7.2.17}$$

构造如下的约瑟夫森结相位算符 [30]：

$$\mathrm{e}^{\mathrm{i}\hat{\varphi}_i} = \sqrt{\frac{\hat{a}_i - \hat{b}_i^+}{\hat{a}_i^+ - \hat{b}_i}}, \quad \mathrm{e}^{-\mathrm{i}\hat{\varphi}_i} = \sqrt{\frac{\hat{a}_i^+ - \hat{b}_i}{\hat{a}_i - \hat{b}_i^+}}, \quad \cos\hat{\varphi}_i = \frac{1}{2}(\mathrm{e}^{\mathrm{i}\hat{\varphi}_i} + \mathrm{e}^{-\mathrm{i}\hat{\varphi}_i}), \tag{7.2.18}$$

之所以称其为相位算符, 是因为在 $|\eta\rangle_i$ 表象中, $\mathrm{e}^{\mathrm{i}\hat{\varphi}_i}$ 表现出相的行为

$$\mathrm{e}^{\mathrm{i}\hat{\varphi}_i} |\eta\rangle_i = \mathrm{e}^{\mathrm{i}\varphi_i} |\eta\rangle_i, \quad \mathrm{e}^{-\mathrm{i}\hat{\varphi}_i} |\eta\rangle_i = \mathrm{e}^{-\mathrm{i}\varphi_i} |\eta\rangle_i. \tag{7.2.19}$$

注意到 $[\hat{a}_i^+ - \hat{b}_i, \hat{a}_i - \hat{b}_i^+] = 0$, 故 $\hat{a}_i^+ - \hat{b}_i$ 和 $\hat{a}_i - \hat{b}_i^+$ 能被放在同一 $\sqrt{}$, 从而可得 $\hat{\varphi}_i = \dfrac{1}{2\mathrm{i}} \ln \dfrac{\hat{a}_i - \hat{b}_i^+}{\hat{a}_i^+ - \hat{b}_i}$, $\hat{\varphi}_i |\eta\rangle_i = \varphi_i |\eta\rangle_i$. 借助 (7.2.18) 和 (7.2.19) 两式可导出

$$\begin{aligned} \hat{n}_i |\eta\rangle_i &\equiv (\hat{a}_i^+ \hat{a} - \hat{b}_i^+ \hat{b}_i) |\eta\rangle_i = [\hat{a}_i^+(\eta_i + \hat{b}_i^+) - \hat{b}_i^+(\hat{a}_i^+ - \eta_i^*)] |\eta\rangle_i \\ &= |\eta_i| (\hat{a}_i^+ e^{\mathrm{i}\varphi_i} + \hat{b}_i^+ e^{-\mathrm{i}\varphi_i}) |\eta\rangle_i = -\mathrm{i}\frac{\partial}{\partial\varphi_i} |\eta\rangle_i, \end{aligned} \tag{7.2.20}$$

于是有

$$\begin{aligned} &[\hat{\varphi}_i, \hat{n}_i] |\eta\rangle_i = \left[\varphi_i, -\mathrm{i}\frac{\partial}{\partial\varphi_i}\right] |\eta\rangle_i = \mathrm{i} |\eta\rangle_i \to [\hat{\varphi}_i, \hat{n}_i] = \mathrm{i}, \\ &[\cos\hat{\varphi}_i, \hat{n}_i] = -\mathrm{i}\sin\hat{\varphi}_i, \quad [\sin\hat{\varphi}_i, \hat{n}_i] = \mathrm{i}\cos\hat{\varphi}_i, \end{aligned} \tag{7.2.21}$$

这其中就体现了库珀对数–相差量子化的思想. 所以, 加入如上的量子化条件, 便实现了对 (7.2.11)~(7.2.13) 三式表示的经典哈密顿量的量子化, 即

$$\hat{\mathscr{H}} = \hat{\mathscr{H}}_1 + \hat{\mathscr{H}}_2 + \hat{\mathscr{H}}_{\text{int}}. \tag{7.2.22}$$

3. 算符约瑟夫森方程

利用海森伯方程, 由 (7.2.21) 和 (7.2.22) 两式可得

$$2e\frac{\mathrm{d}}{\mathrm{d}t}\hat{n}_i = \frac{2e}{\mathrm{i}\hbar}[\hat{n}_i, \hat{\mathscr{H}}] = \frac{2e}{\mathrm{i}\hbar}[\hat{n}_i, \hat{\mathscr{H}}_i + \hat{\mathscr{H}}_{\text{int}}] = -\frac{2eE_j}{\hbar}\sin\hat{\varphi}_i \equiv \hat{I}_i, \tag{7.2.23}$$

$$\frac{\mathrm{d}}{\mathrm{d}t}\hat{\varphi}_1 = \frac{1}{\hbar}\left[\frac{(2e)^2}{C_{\text{eff}}^{(1)}}(\hat{n}_1 - N_{\text{g}1}) + \frac{(2e)^2}{2C_{\text{c,eff}}}(\hat{n}_2 - N_{\text{g}2})\right] \equiv \frac{2e}{\hbar}\hat{U}_1. \tag{7.2.24}$$

将上式与式 (7.2.2) 给出的 $\dot{\varphi}_i = 2eu_i/\hbar$ 相比较可以得到第一个约瑟夫森结两端的有效压降为

$$\hat{U}_1 = \frac{2e}{C_{\text{eff}}^{(1)}}(\hat{n}_1 - N_{\text{g}1}) + \frac{2e}{2C_{\text{c,eff}}}(\hat{n}_2 - N_{\text{g}2})$$

$$= \frac{2e}{W}\left[C_{\Sigma 2}(\hat{n}_1 - N_{g1}) + \frac{C_c}{2}(\hat{n}_2 - N_{g2})\right], \tag{7.2.25}$$

由上式可以看出, 第一个约瑟夫森结两端的有效电压受到第二个岛上的净库珀对数的影响, 这种影响是与耦合电容项 C_c/W 成比例的. 这一点表明, 两个约瑟夫森结电路应该作为一个整体来考虑. 类似地, 还可以得到

$$\frac{d}{dt}\hat{\varphi}_2 = \frac{1}{\hbar}\left[\frac{(2e)^2}{C_{\text{eff}}^{(2)}}(\hat{n}_2 - N_{g2}) + \frac{(2e)^2}{2C_{\text{c,eff}}}(\hat{n}_1 - N_{g1})\right] \equiv \frac{2e}{\hbar}U_2, \tag{7.2.26}$$

$$\begin{aligned}\hat{U}_2 &= \frac{2e}{C_{\text{eff}}^{(2)}}(\hat{n}_2 - N_{g2}) + \frac{2e}{2C_{\text{c,eff}}}(\hat{n}_1 - N_{g1}) \\ &= \frac{2e}{W}\left[C_{\Sigma 1}(\hat{n}_2 - N_{g2}) + \frac{C_c}{2}(\hat{n}_1 - N_{g1})\right].\end{aligned} \tag{7.2.27}$$

于是, 在时间 Δt 内, 约瑟夫森流流过第一个约瑟夫森结时做功为

$$\hat{U}_1\hat{I}_1\Delta t = -\Delta t\frac{(2e)^2E_j}{\hbar W}\sin\hat{\varphi}_1\left[C_{\Sigma 2}(\hat{n}_1 - N_{g1}) + \frac{C_c}{2}(\hat{n}_2 - N_{g2})\right]. \tag{7.2.28}$$

下一部分将讨论加在第一个约瑟夫森结上的光辐照是如何影响第二个约瑟夫森结的.

4. 相位压缩

当给第一个约瑟夫森结加上外场 (如光辐照) 时, 参照式 (7.2.28) 可以把相应的相互作用哈密顿算符写为如下形式:

$$\hat{\mathscr{H}}' = -\frac{\lambda}{W}\sin\hat{\varphi}_1\left[C_{\Sigma 2}(\hat{n}_1 - N_{g1}) + \frac{C_c}{2}(\hat{n}_2 - N_{g2})\right], \tag{7.2.29}$$

式中, λ 为耦合常数, 耦合项 $\dfrac{(2e)^2E_j}{\hbar}$ 被吸入常数项 λ. 取相互作用绘景, 并利用这个绘景中的算符演化方程可得

$$\frac{d}{dt}\sin\hat{\varphi}_1 = \frac{1}{i\hbar}[\sin\hat{\varphi}_1, \hat{\mathscr{H}}'] = -\frac{\lambda C_{\Sigma 2}}{2\hbar W}\sin 2\hat{\varphi}_1, \tag{7.2.30}$$

$$\frac{d}{dt}\cos\hat{\varphi}_1 = \frac{1}{i\hbar}[\cos\hat{\varphi}_1, \hat{\mathscr{H}}'] = \frac{\lambda C_{\Sigma 2}}{\hbar W}\sin^2\hat{\varphi}_1. \tag{7.2.31}$$

由以上两式可以得到

$$\frac{d}{dt}\tan\frac{\hat{\varphi}_1}{2} = \frac{d}{dt}\left(\frac{1-\cos\hat{\varphi}_1}{\sin\hat{\varphi}_1}\right) = -\frac{\lambda C_{\Sigma 2}}{\hbar W}\tan\frac{\hat{\varphi}_1}{2}, \tag{7.2.32}$$

其解为

$$\tan\frac{\hat{\varphi}_1}{2} = \exp\left\{-\frac{\lambda C_{\Sigma 2}}{\hbar W}t\right\}\tan\frac{\hat{\varphi}_1(0)}{2}. \tag{7.2.33}$$

上式表明, $\tan\dfrac{\hat{\varphi}_1}{2}$ 有一个随塌缩因子 $\exp\left\{-\dfrac{\lambda C_{\Sigma 2}}{\hbar W}t\right\}$ 变化的压缩. 由于约瑟夫森流是由约瑟夫森结两端库珀对波函数的相位差所引起, 还考虑到电容 C_{c} 的耦合作用, 两约瑟夫森结电路应该看成一个整体, 所以 $\tan\dfrac{\hat{\varphi}_1}{2}$ 的压缩就必然伴随着两个库珀对岛上的净库珀对数的变化. 对第二个约瑟夫森结而言, 尽管它没有被直接辐照, 仍旧可以得到

$$\frac{\mathrm{d}}{\mathrm{d}t}\sin\hat{\varphi}_2=\frac{1}{\mathrm{i}\hbar}[\sin\hat{\varphi}_2,\mathscr{H}']=-\frac{\lambda C_{\mathrm{c}}}{2\hbar W}\sin\hat{\varphi}_1\cos\hat{\varphi}_2, \tag{7.2.34}$$

$$\frac{\mathrm{d}}{\mathrm{d}t}\hat{\varphi}_2=-\frac{\lambda}{\hbar W}\frac{C_{\mathrm{c}}}{2}\sin\hat{\varphi}_1, \tag{7.2.35}$$

上式表明第二个约瑟夫森结上的相位差算符 $\hat{\varphi}_2$ 受第一个结上的相位差算符 $\hat{\varphi}_1$ 的影响, $\hat{\varphi}_2$ 的时间演化与 $\sin\hat{\varphi}_1$ 是成比例的.

可以相信, 以上研究所采用的方法以及所得到的结论, 对于丰富约瑟夫森结的理论研究会具有一定的实际意义.

7.2.2 包含耦合约瑟夫森结的介观 *LC* 电路的修正约瑟夫森方程

1. 体系的经典哈密顿量

考虑如图 7.2.2 所示的包含两个耦合约瑟夫森结的介观 LC 电路 [33], 图中 S_1、S_2 和 S_3 为超导电极, S_2 足够薄, S_1、S_2 之间和 S_2、S_3 之间分别通过弱连接形成约瑟夫森结, C_l、L_l $(l=1, 2)$ 分别为电容和电感. 下面给出该电路体系的经典哈密顿量. 对于无耗散电感, 由法拉第电磁感应定律可得第 l 个电感两端的电压:

$$u_{\mathrm{L}l}=\dot{\varPhi}_l\quad(l=1,2), \tag{7.2.36}$$

式中, $\varPhi_l$ 为穿过第 l 个电感的自感磁通量. 对第 l 个单约瑟夫森结而言, 注意到结电流方程和电压方程

$$I_{\mathrm{j}l}=I_{\mathrm{c}l}\sin\varphi_{\mathrm{j}l}, \tag{7.2.37}$$

$$\dot{\varphi}_{\mathrm{j}l}=\frac{2eu_{\mathrm{j}l}}{\hbar}, \tag{7.2.38}$$

式中, $I_{\mathrm{c}l}=2eE_{\mathrm{j}l}/\hbar$ 为约瑟夫森结临界电流; $u_{\mathrm{j}l}$ 为约瑟夫森结两极板间的电压; $\varphi_{\mathrm{j}l}$ 为约夫森结两极板上库珀对波函数间的相位差. 由于超导电极 S_2 足够薄, 以至于电极 S_1 和 S_3 的库珀对波函数之间亦存在耦合. 基于这一考虑, 若把 φ_1、φ_2 和 $\varPhi_{\mathrm{L}l}$ 看成广义坐标, 则体系的广义势能为

$$\mathscr{V}=\sum_{l=1}^{2}\left[\frac{1}{2L_l}\varPhi_{\mathrm{L}l}^2+E_{\mathrm{j}l}(1-\cos\varphi_{\mathrm{j}l})\right]+E_{\mathrm{j}3}[1-\cos(\varphi_{\mathrm{j}1}+\varphi_{\mathrm{j}2})], \tag{7.2.39}$$

式中, E_{j1}、E_{j2} 和 E_{j3} 分别为超导电极 S_1 与 S_2、S_2 与 S_3 以及 S_1 与 S_3 之间的耦合能. 相应地, 体系的广义动能可写为

$$\mathscr{T}=\sum_{l=1}^{2}\left[\frac{1}{2}(C_l+C_{\mathrm{j}l})\left(\frac{\hbar}{2e}\right)^2\dot{\varphi}_{\mathrm{j}l}^2+\frac{1}{2}C_l\dot{\Phi}_{\mathrm{L}l}^2+\frac{\hbar}{2e}C_l\dot{\varphi}_{\mathrm{j}l}\dot{\Phi}_{\mathrm{L}l}\right]. \tag{7.2.40}$$

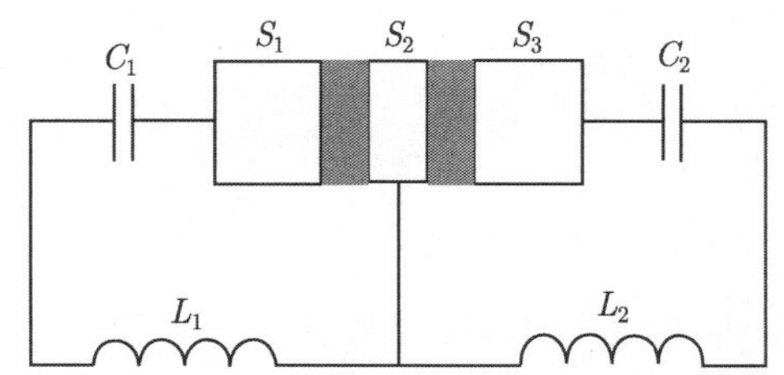

图 7.2.2　包含两个耦合约瑟夫森结的介观 LC 电路

因此, 体系的拉格朗日函数可写为

$$\mathscr{L}=\mathscr{T}-\mathscr{V}. \tag{7.2.41}$$

库珀对可分别通过相应约瑟夫森结隧穿到超导体 S_1 和 S_3 上, 其上的净电荷 $2en_1$、$2en_2$ 分别由净库珀对数 n_1、n_2 决定. 对超导体 S_l 上的某个节点存在:

$$2n_le=u_{\mathrm{j}l}C_{\mathrm{j}l}+u_{\mathrm{c}l}C_l=(C_l+C_{\mathrm{j}l})\frac{\hbar}{2e}\dot{\varphi}_{\mathrm{j}l}+C_l\dot{\Phi}_{\mathrm{L}l}\quad(l=1,3). \tag{7.2.42}$$

由 (7.2.41) 和 (7.2.42) 两式可得分别与 φ_l 和 $\Phi_{\mathrm{L}l}$ 正则共轭的广义动量:

$$p_{\mathrm{j}l}\equiv\frac{\partial\mathscr{L}}{\partial\dot{\varphi}_{\mathrm{j}l}}=\frac{\hbar}{2e}\left[(C_l+C_{\mathrm{j}l})\frac{\hbar}{2e}\dot{\varphi}_{\mathrm{j}l}+C_l\dot{\Phi}_{\mathrm{L}l}\right]=n_l\hbar, \tag{7.2.43}$$

$$p_{\mathrm{L}l}\equiv\frac{\partial\mathscr{L}}{\partial\dot{\Phi}_{\mathrm{L}l}}=C_{\mathrm{c}l}\dot{\Phi}_{\mathrm{L}l}+\frac{\hbar}{2e}C_{\mathrm{c}l}\dot{\varphi}_{\mathrm{j}l}. \tag{7.2.44}$$

于是, 可得体系的经典哈密顿量:

$$\mathscr{H}=\sum_{l=1}^{2}(p_{\mathrm{j}l}\dot{\varphi}_{\mathrm{j}l}+p_{\mathrm{L}l}\dot{\Phi}_{\mathrm{L}l})-\mathscr{L}\equiv\mathscr{H}_{\mathrm{j}}+\mathscr{H}_{\mathrm{L}}+\mathscr{H}_{\mathrm{int}}, \tag{7.2.45}$$

式中

$$\mathscr{H}_{\mathrm{j}}=\sum_{l=1}^{2}[E_{\mathrm{c}l}^{(j)}n_l^2+E_{\mathrm{j}l}(1-\cos\varphi_{\mathrm{j}l})]+E_{\mathrm{j}3}[1-\cos(\varphi_{\mathrm{j}1}+\varphi_{\mathrm{j}2})] \tag{7.2.46}$$

为两耦合约瑟夫森结的有效哈密顿量, 而

$$\mathscr{H}_{\mathrm{L}}=\sum_{l=1}^{2}\left(\frac{p_{\mathrm{L}l}^2}{2m_l}+\frac{1}{2L_l}\Phi_{\mathrm{L}l}^2\right) \tag{7.2.47}$$

为两 LC 的有效哈密顿量, 耦合项为

$$\mathscr{H}_{\mathrm{int}}=\sum_{l=1,2}\zeta_l n_l p_{\mathrm{L}l}, \tag{7.2.48}$$

式中, $E_{cl}^{(\mathrm{j})}=\dfrac{2e^2}{C_{\mathrm{j}l}}$, $\dfrac{1}{m_l}=\dfrac{C_{\mathrm{j}l}+C_l}{C_{\mathrm{j}l}C_l}$, $\zeta_l=-\dfrac{2e}{C_{\mathrm{j}l}}$.

2. 体系哈密顿量的玻色算符模型

单个介观 LC 串联电路可等效为一个一维量子简谐振子, 加入量子化条件 $[\hat{\Phi}_{\mathrm{L}l},\hat{p}_{\mathrm{L}l}]=\mathrm{i}\hbar$ 便可将式 (7.2.47) 给出的经典哈密顿量量子化, 即 $\hat{\mathscr{H}}_{\mathrm{L}}$. 引入如下的玻色算符:

$$\hat{c}_l^{+}=\frac{1}{\sqrt{2m_l\hbar\omega_l}}(m_l\omega_l\hat{\Phi}_{\mathrm{L}l}-\mathrm{i}\hat{p}_{\mathrm{L}l}),\quad \hat{c}_l=\frac{1}{\sqrt{2m_l\hbar\omega_l}}(m_l\omega_l\hat{\Phi}_{\mathrm{L}l}+\mathrm{i}\hat{p}_{\mathrm{L}l}), \tag{7.2.49}$$

可将 $\hat{\mathscr{H}}_{\mathrm{L}}$ 改写为

$$\hat{\mathscr{H}}_{\mathrm{L}}=\sum_{l=1}^{2}\hbar\omega_l\left(\hat{c}_l^{+}\hat{c}_l+\frac{1}{2}\right), \tag{7.2.50}$$

式中, $\omega_l=\sqrt{\dfrac{C_{\mathrm{j}l}+C_l}{L_lC_{\mathrm{j}l}C_l}}$ 是量子谐振子的特征频率; $\hat{c}_l^{+}$、$\hat{c}_l$ 满足对易关系: $[\hat{c}_l,\hat{c}_l^{+}]=1$.

另外, 利用类似于 7.2.1 小节中的库珀对数–相差量子化方法 (过程相似, 这里不再赘述), 加入如下的量子化条件:

$$[\hat{\varphi}_{\mathrm{j}l},\hat{n}_l]=\mathrm{i},\quad [\cos\hat{\varphi}_{\mathrm{j}l},\hat{n}_l]=-\mathrm{i}\sin\hat{\varphi}_{\mathrm{j}l},\quad [\sin\hat{\varphi}_{\mathrm{j}l},\hat{n}_l]=\mathrm{i}\cos\hat{\varphi}_{\mathrm{j}l}, \tag{7.2.51}$$

便将式 (7.2.46) 给出的哈密顿量量子化了, 即

$$\hat{\mathscr{H}}_{\mathrm{j}}=\sum_{l=1}^{2}[E_{cl}^{(\mathrm{j})}\hat{n}_l^2+E_{\mathrm{j}l}(1-\cos\hat{\varphi}_{\mathrm{j}l})]+E_{\mathrm{j}3}[1-\cos(\hat{\varphi}_{\mathrm{j}1}+\hat{\varphi}_{\mathrm{j}2})], \tag{7.2.52}$$

耦合项量子化为

$$\hat{\mathscr{H}}_{\mathrm{int}}=\sum_{l=1,2}\mathrm{i}\zeta_l\sqrt{m_l\hbar\omega_l/2}\,\hat{n}_l(\hat{c}_l^{+}-\hat{c}_l). \tag{7.2.53}$$

3. 修正算符约瑟夫森方程和量子控制

在海森伯绘景中, 由式 (7.2.51) 可推得每个约瑟夫森结的库珀对数算符方程:

$$\frac{\mathrm{d}}{\mathrm{d}t}\hat{n}_l = \frac{1}{\mathrm{i}\hbar}[\hat{n}_l, \mathscr{H}] = -\frac{E_{\mathrm{j}l}}{\hbar}\sin\hat{\varphi}_{\mathrm{j}l} - \frac{E_{\mathrm{j}_3}}{\hbar}\sin(\hat{\varphi}_{\mathrm{j}_1} + \hat{\varphi}_{\mathrm{j}2}) \quad (l=1,2), \tag{7.2.54}$$

进一步可得到约瑟夫森电流算符方程:

$$-\frac{\mathrm{d}}{\mathrm{d}t}\left\langle\hat{Q}_l\right\rangle = \frac{2eE_{\mathrm{j}l}}{\mathrm{i}\hbar}\left\langle\sin\hat{\varphi}_{\mathrm{j}l}\right\rangle + \frac{2eE_{\mathrm{j}3}}{\hbar}\left\langle\sin(\hat{\varphi}_{\mathrm{j}1} + \hat{\varphi}_{\mathrm{j}2})\right\rangle \equiv I_l,$$

$$\hat{Q}_l = 2e(\hat{a}_l^+\hat{a}_l - \hat{b}_l^+\hat{b}_l), \tag{7.2.55}$$

从上式可以看出, 由于两约瑟夫森结之间存在强的耦合作用, 电流算符方程明显有别于式 (7.2.37) 给出的单个约瑟夫森结电流算符方程. 类似地, 还可以求出每个约瑟夫森结的相差算符 $\hat{\varphi}_{\mathrm{j}l}$ 随时间的演化:

$$\begin{aligned}\frac{\mathrm{d}\hat{\varphi}_{\mathrm{j}l}}{\mathrm{d}t} &= \frac{1}{\mathrm{i}\hbar}[\hat{\varphi}_{\mathrm{j}l}, \hat{\mathscr{H}}_{\mathrm{j}} + \hat{\mathscr{H}}_{\mathrm{int}}] \\ &= \frac{1}{\mathrm{i}\hbar}E_{\mathrm{c}l}^{(\mathrm{j})}[\hat{\varphi}_{\mathrm{j}l}, \hat{n}_l^2] + \frac{1}{\mathrm{i}\hbar}\mathrm{i}\zeta_l\sqrt{m_l\hbar\omega_l/2}(\hat{c}_l^+ - \hat{c}_l)[\hat{\varphi}_{\mathrm{j}l}, \hat{n}_l] \\ &= \frac{1}{\hbar}[2E_{\mathrm{c}l}^{(j)}\hat{n}_l + \zeta_l\hat{p}_{\mathrm{L}l}] \\ &= \frac{2e}{\hbar(C_{\mathrm{j}l} + C_l)}\left(2e\hat{n}_l - C_l\frac{\mathrm{d}\hat{\Phi}_{\mathrm{L}l}}{\mathrm{d}t}\right),\end{aligned} \tag{7.2.56}$$

显然, 由于耦合作用的存在, 约瑟夫森结电压算符方程被修正了. 事实上, 这一点能够利用法拉第电磁感应定律推导电压算符方程来进一步确认, 即

$$\begin{aligned}\hat{u}_{\mathrm{L}l} &= \frac{\mathrm{d}\hat{\Phi}_{\mathrm{L}l}}{\mathrm{d}t} = \frac{1}{\mathrm{i}\hbar}[\hat{\Phi}_{\mathrm{L}l}, \hat{\mathscr{H}}_{\mathrm{j}} + \hat{\mathscr{H}}_{\mathrm{int}}] = \frac{1}{m_l}\hat{p}_{\mathrm{L}l} + \zeta_l\hat{n}_l \\ &= \frac{2e}{C_l}\hat{n}_l - \frac{\hbar}{2e}\left(1 + \frac{C_{\mathrm{j}l}}{C_l}\right)\frac{\mathrm{d}\hat{\varphi}_{\mathrm{j}l}}{\mathrm{d}t},\end{aligned} \tag{7.2.57}$$

(7.2.56) 与 (7.2.57) 两式是等价的, 这一点暗示 $\frac{\mathrm{d}\hat{\varphi}_{\mathrm{j}l}}{\mathrm{d}t}$ 与 $\frac{\mathrm{d}\hat{\Phi}_{\mathrm{L}l}}{\mathrm{d}t}$ 紧密关联, 或者可以说伴随着关于电感的法拉第算符方程被修正, 约瑟夫森结电流算符和电压算符方程也被修正了. 综合 (7.2.54) 与 (7.2.56) 两式可得

$$\frac{\mathrm{d}^2\hat{\varphi}_{\mathrm{j}l}}{\mathrm{d}t^2} = \frac{-2e}{\hbar(C_{\mathrm{j}l} + C_l)}\left\{\frac{2e}{\hbar}[E_{\mathrm{j}l}\sin\hat{\varphi}_{\mathrm{j}l} + E_{\mathrm{j}3}\sin(\hat{\varphi}_{\mathrm{j}1} + \hat{\varphi}_{\mathrm{j}2})] + C_l\frac{\mathrm{d}^2\hat{\Phi}_{\mathrm{L}l}}{\mathrm{d}t^2}\right\}. \tag{7.2.58}$$

由于第 l 个电感的贡献等价于偏置一控制门电压, 式 (7.2.58) 表明加在第 l 个约瑟夫森结上的电压的变化可以通过控制偏置在第 l 个电感和门电容 C_l 上的电压来实现.

4. 相差算符 $\hat{\varphi}_{\rm j1}$ 和 $\hat{\varphi}_{\rm j2}$ 之间的关系

本部分将讨论当外场作用到单个约瑟夫森结上时, 相差算符 $\hat{\varphi}_{\rm j1}$ 和 $\hat{\varphi}_{\rm j2}$ 的时间演化之间的关系. 假设当某一外场 (如光辐照) 作用到第一个约瑟夫森结上时, 通过将式 (7.2.56) 与式 (7.2.38) 对比可知第一个约瑟夫森结两极板之间的电压算符为

$$\hat{U}_{\rm j1}=\frac{1}{2e}[2E_{\rm c1}^{(\rm j)}\hat{n}_1+\zeta_1\hat{p}_{\rm L1}]. \tag{7.2.59}$$

所以, 在时间 Δt 内, 约瑟夫森流流过第一个结时做功为

$$\hat{U}_1\hat{I}_1\Delta t=-[2E_{\rm c1}^{(\rm j)}\hat{n}_1+\zeta_1\hat{p}_{\rm L1}]\left[\frac{E_{{\rm j}l}}{\hbar}\sin\hat{\phi}_{{\rm j}l}+\frac{E_{\rm j3}}{\hbar}\sin(\hat{\phi}_{\rm j1}+\hat{\phi}_{\rm j2})\right]\Delta t. \tag{7.2.60}$$

可参照这一算符的形式, 在相互作用绘景中, 写出相应的哈密顿算符

$$\mathscr{H}_1'=\frac{\lambda}{\hbar}[2E_{\rm c1}^{(\rm j)}\hat{n}_1+\zeta_1\hat{p}_{\rm L1}][E_{\rm j1}\sin\hat{\varphi}_{\rm j1}+E_{\rm j3}\sin(\hat{\varphi}_{\rm j1}+\hat{\varphi}_{\rm j2})], \tag{7.2.61}$$

式中, λ 为外场与约瑟夫森结之间的耦合常数. 根据这一绘景中的运动方程可推导得

$$\begin{aligned}\frac{\rm d}{{\rm d}t}\sin\hat{\varphi}_{\rm j1}&=\frac{1}{{\rm i}\hbar}[\sin\hat{\varphi}_{\rm j1},\mathscr{H}_1']\\&=\frac{2\lambda E_{\rm c1}^{(\rm j)}}{\hbar^2}[E_{\rm j1}\sin\hat{\varphi}_{\rm j1}+E_{\rm j3}\sin(\hat{\varphi}_{\rm j1}+\hat{\varphi}_{\rm j2})]\cos\hat{\varphi}_{\rm j1},\end{aligned} \tag{7.2.62}$$

$$\begin{aligned}\frac{\rm d}{{\rm d}t}\cos\hat{\varphi}_{\rm j1}&=\frac{1}{{\rm i}\hbar}[\cos\hat{\varphi}_{\rm j1},\mathscr{H}_1']\\&=-\frac{2\lambda E_{\rm c1}^{(\rm j)}}{\hbar^2}[E_{\rm j1}\sin\hat{\varphi}_{\rm j1}+E_{\rm j3}\sin(\hat{\varphi}_{\rm j1}+\hat{\varphi}_{\rm j2})]\sin\hat{\varphi}_{\rm j1}.\end{aligned} \tag{7.2.63}$$

然后得到

$$\begin{aligned}\frac{\rm d}{{\rm d}t}\tan\frac{\hat{\varphi}_{\rm j1}}{2}=\frac{\rm d}{{\rm d}t}\left(\frac{1-\cos\hat{\varphi}_{\rm j1}}{\sin\hat{\varphi}_{\rm j1}}\right)&=-\lambda_1E_{\rm j3}\sin\hat{\varphi}_{\rm j2}\tan^2\frac{\hat{\varphi}_{\rm j1}}{2}\\&\quad+2\lambda_1(E_{\rm j1}+E_{\rm j3}\cos\hat{\varphi}_{\rm j2})\tan\frac{\hat{\varphi}_{\rm j1}}{2}+\lambda_1E_{\rm j3}\sin\hat{\varphi}_{\rm j2},\end{aligned} \tag{7.2.64}$$

式中, 参量 $\lambda_1=\dfrac{\lambda E_{\rm c1}^{(\rm j)}}{\hbar^2}$, 若令 $y_1\equiv\tan\dfrac{\hat{\varphi}_{\rm j1}}{2}$, 式 (7.2.64) 给出的 $\hat{\varphi}_1$ 与 $\hat{\varphi}_2$ 之间的微分关系式从形式上看将会变得更为简洁, 即

$$\frac{{\rm d}y_1}{{\rm d}t}=-\lambda_1E_{\rm j3}\sin\hat{\varphi}_{\rm j2}y_1^2+2\lambda_1(E_{\rm j1}+E_{\rm j3}\cos\hat{\varphi}_{\rm j2})y_1+\lambda_1E_{\rm j3}\sin\hat{\varphi}_{\rm j2}. \tag{7.2.65}$$

上式表明, 第一个约瑟夫森结两极板间相差 $\hat{\varphi}_{\rm j1}$ 的时间演化除了受外场与约瑟夫森结之间的耦合因子 λ 影响, 还受到第二个约瑟夫森结两极板间相差 $\hat{\varphi}_{\rm j2}$ 的影响, 这一影响是由约瑟夫森结之间的耦合导致的.

对第二个约瑟夫森结而言, 在相互作用绘景中, 存在下面两个关系式:

$$\frac{\mathrm{d}}{\mathrm{d}t}\sin\hat{\varphi}_{\mathrm{j}2}=\frac{1}{\mathrm{i}\hbar}[\sin\hat{\varphi}_{\mathrm{j}2},\hat{\mathscr{H}}_1']=0,\quad \frac{\mathrm{d}}{\mathrm{d}t}\cos\hat{\varphi}_{\mathrm{j}2}=\frac{1}{\mathrm{i}\hbar}[\cos\hat{\varphi}_{\mathrm{j}2},\hat{\mathscr{H}}_1']=0, \tag{7.2.66}$$

这表明, 当外部能量仅仅作用到第一个约瑟夫森结上时, 第二个结两极板间的相差算符 $\hat{\varphi}_{\mathrm{j}2}$ 并不随时间演化. 经过简单的计算可以得到算符微分方程 (7.2.65) 的解, 它满足下面的关系式:

$$2Cy_1^2+By_1+A\tanh\frac{A}{2}t-[2Cy_1(0)+B]y_1(0)=0, \tag{7.2.67}$$

式中, $\hat{\varphi}_{\mathrm{j}1}(0)$ 为第一个结两极板间初始相差算符, 各参量取值如下:

$$\begin{aligned}A&=2\sqrt{E_{\mathrm{j}1}^2+E_{\mathrm{j}3}^2+2E_{\mathrm{j}1}E_{\mathrm{j}3}\cos\hat{\varphi}_{\mathrm{j}2}},\\B&=2(E_{\mathrm{j}1}+E_{\mathrm{j}3}\cos\hat{\varphi}_{\mathrm{j}2}),\\C&=-E_{\mathrm{j}3}\sin\hat{\varphi}_{\mathrm{j}2}.\end{aligned} \tag{7.2.68}$$

当外场仅作用到第二个约瑟夫森结上时, 类似地, 可以写出相互作用哈密顿算符

$$\hat{\mathscr{H}}_2'=\frac{\lambda'}{\hbar}(2E_{\mathrm{c}2}^{(\mathrm{j})}\hat{n}_2+\zeta_2\hat{p}_{\mathrm{L}2})[E_{\mathrm{j}2}\sin\hat{\varphi}_{\mathrm{j}2}+E_{\mathrm{j}3}\sin(\hat{\varphi}_{\mathrm{j}1}+\hat{\varphi}_{\mathrm{j}2})], \tag{7.2.69}$$

$\hat{\varphi}_{\mathrm{j}2}$ 的时间演化为

$$\frac{\mathrm{d}y_2}{\mathrm{d}t}=-\lambda_2E_{\mathrm{j}3}\sin\hat{\varphi}_{\mathrm{j}1}y_2^2+2\lambda_2(E_{j2}+E_{\mathrm{j}3}\cos\hat{\varphi}_{\mathrm{j}1})y_2+\lambda_2E_{\mathrm{j}3}\sin\hat{\varphi}_{\mathrm{j}1}, \tag{7.2.70}$$

式中, $\lambda_2=\dfrac{\lambda'E_{\mathrm{c}2}^{(\mathrm{j})}}{\hbar^2}$, $y_2\equiv\tan\dfrac{\hat{\varphi}_{\mathrm{j}2}}{2}$. 该式表明第二个约瑟夫森结的相差算符 $\hat{\varphi}_{\mathrm{j}2}$ 的时间演化受到第一个约瑟夫森结相差算符 $\hat{\varphi}_{\mathrm{j}1}$ 的影响. 由于 (7.2.70) 与 (7.2.65) 两式在形式上极为相似, 因而, 它的解与式 (7.2.67) 有相类似的表达.

另一方面, 由于两约瑟夫森结间存在耦合作用, 所以电感和约瑟夫森结应该被作为一个整体来看待, 也就是说, 对于电感, 尽管它没有直接受到光辐照, 感应电压算符方程仍旧可以得到

$$\begin{aligned}\hat{u}_{\mathrm{L}l}=\frac{\mathrm{d}\hat{\Phi}_{\mathrm{L}l}}{\mathrm{d}t}&=\frac{1}{\mathrm{i}\hbar}[\hat{\Phi}_{\mathrm{L}l},\hat{\mathscr{H}}_l']\\&=\frac{\zeta_l}{\hbar}[E_{\mathrm{j}l}\sin\hat{\varphi}_{\mathrm{j}l}+E_{\mathrm{j}3}\sin(\hat{\varphi}_{\mathrm{j}1}+\hat{\varphi}_{\mathrm{j}2})]\quad(l=1,2).\end{aligned} \tag{7.2.71}$$

7.3　电容耦合两电荷量子比特体系的量子化与量子计算

7.3.1　电容耦合两电荷量子比特体系的量子纠缠与拉比振荡

最简单的电荷量子比特如图 7.1.1 所示, 在 7.2.1 小节中借助量子力学连续变量纠缠态表象给出了这一体系的电容耦合形式 (图 7.2.1) 的量子化方案, 在本小节

中, 在双态近似的基础上导出该耦合体系的本征值和相应本征态, 并讨论体系中存在的量子纠缠现象.

1. 体系哈密顿算符的泡利矩阵形式

在式 (7.2.22) 给出的哈密顿算符 $\hat{\mathscr{H}}$ 中, 由于非线性算符 $\cos\hat{\varphi}_i$ 的存在, 要想精确求得 $\hat{\mathscr{H}}$ 的本征值和本征态几乎是不可能的. 但考虑到量子计算对双态系统的需要, 对体系作双态近似, 可求出 $\hat{\mathscr{H}}$ 的本征值和本征态的近似结果. 鉴于这一点, 假设所研究材料的超导能隙 Δ 比较大, 甚至比库珀对岛上的单电子电荷能 $E_{\mathrm{c}}^{(i)}=\dfrac{e^2}{2C_{\mathrm{eff}}^{(i)}}$ 还要大. 在这种情况下, 处于低温状态的准粒子隧穿被压制, 从而库珀对岛上达到一种没有准粒子被激发的状态 [17]. 同时, 假设 $E_{\mathrm{c}}^{(i)}\gg E_{\mathrm{j}}$. 在此条件下, 以两电荷量子比特库珀对岛上的净库珀对数 n 为参量的电荷态 $|n\rangle$ 形成了一组完备的基矢, 满足: $\hat{n}\,|n\rangle=n\,|n\rangle$.

电荷量子比特-1: 在 7.1.1 小节的双态近似下, $\cos\hat{\varphi}_1$ 可以表达成

$$\cos\hat{\varphi}_1=\frac{1}{2}\left(|0\rangle_{11}\langle 1|+|1\rangle_{11}\langle 0|\right)=\begin{pmatrix}0 & 1/2\\ 1/2 & 0\end{pmatrix}, \tag{7.3.1}$$

于是, 式 (7.2.22) 中算符 $\hat{\mathscr{H}}_1$ 可以表示成矩阵形式:

$$\hat{\mathscr{H}}_1=\begin{pmatrix}k_1 & k_2\\ k_2 & k_3\end{pmatrix}, \tag{7.3.2}$$

式中

$$\begin{aligned}
k_1&=4E_{\mathrm{c}}^{(1)}N_{\mathrm{g1}}^2+E_j-2N_{\mathrm{g1}}^2e^2/C_{\mathrm{g1}},\\
k_2&=-E_{\mathrm{j}}/2,\\
k_3&=4E_{\mathrm{c}}^{(1)}(1-N_{\mathrm{g1}})^2+E_{\mathrm{j}}-2N_{\mathrm{g1}}^2e^2/C_{\mathrm{g1}}.
\end{aligned} \tag{7.3.3}$$

$\hat{\mathscr{H}}_1$ 的本征值分别为

$$\begin{pmatrix}\lambda_1\\ \lambda'\end{pmatrix}=\begin{pmatrix}\dfrac{1}{2}\left[(k_1+k_3)+\sqrt{(k_1-k_3)^2+4k_2^2}\right]\\ \dfrac{1}{2}\left[(k_1+k_3)-\sqrt{(k_1-k_3)^2+4k_2^2}\right]\end{pmatrix}, \tag{7.3.4}$$

相应的本征态分别为

$$\begin{pmatrix}|-\rangle_1\\ |+\rangle_1\end{pmatrix}=\begin{pmatrix}\alpha_1\,|0\rangle_1-\beta_1\,|1\rangle_1\\ \alpha_1'\,|0\rangle_1+\beta_1'\,|1\rangle_1\end{pmatrix}, \tag{7.3.5}$$

式中, $\alpha_1^2 = 1 - \beta_1^2 = \dfrac{k_2^2}{[(\lambda_1 - k_1)^2 + k_2^2]}$, $\alpha_1'^2 = 1 - \beta_1'^2 = \dfrac{(\lambda_1' - k_3)^2}{[(\lambda_1' - k_3)^2 + k_2^2]}$. 算符 $\hat{\mathscr{H}_1}$ 能用泡利矩阵表示为

$$\hat{\mathscr{H}_1} = \varGamma_1 \hat{\sigma}_x^{(1)} + \varLambda_1 \hat{\sigma}_z^{(1)} + \varXi_1, \tag{7.3.6}$$

式中, $\varGamma_1 = -\dfrac{E_{\mathrm{j}}}{2}$,$\varLambda_1 = 2E_{\mathrm{c}}^{(1)}(2N_{\mathrm{g1}} - 1)$, $\varXi_1 = 2E_{\mathrm{c}}^{(1)} - 4E_{\mathrm{c}}^{(1)}N_{\mathrm{g1}} + 4E_{\mathrm{c}}^{(1)}N_{\mathrm{g1}}^2 + E_{\mathrm{j}} - \dfrac{2N_{\mathrm{g1}}^2 e^2}{C_{\mathrm{g1}}}$.

通过调节门电压 V_{g1}, 使 $N_{\mathrm{g1}} = 1/2$, 该种情况下, 算符 $\hat{\mathscr{H}_1}$ 的本征态取下面的简单形式:

$$|-\rangle_1 = \frac{|0\rangle_1 - |1\rangle_1}{\sqrt{2}}, \quad |+\rangle_1 = \frac{|0\rangle_1 + |1\rangle_1}{\sqrt{2}}, \tag{7.3.7}$$

$|-\rangle_1$、$|+\rangle_1$ 被称为计算基态 [34], 在量子计算与量子信息中经常被用到.

电荷量子比特-2: 类似于上面的方法可得电荷量子比特-2 的哈密顿算符 $\hat{\mathscr{H}_2}$ 的矩阵形式:

$$\hat{\mathscr{H}_2} = \begin{pmatrix} \eta_1 & \eta_2 \\ \eta_2 & \eta_3 \end{pmatrix}, \tag{7.3.8}$$

式中

$$\begin{aligned} \eta_1 &= 4E_{\mathrm{c}}^{(2)}N_{\mathrm{g2}}^2 + E_j - 2N_{\mathrm{g2}}^2 e^2/C_{\mathrm{g2}}, \\ \eta_2 &= -E_{\mathrm{j}}/2, \\ \eta_3 &= 4E_{\mathrm{c}}^{(2)}(1 - N_{\mathrm{g2}})^2 + E_{\mathrm{j}} - 2N_{\mathrm{g2}}^2 e^2/C_{\mathrm{g2}}. \end{aligned} \tag{7.3.9}$$

算符 $\hat{\mathscr{H}_2}$ 的本征值分别为

$$\begin{pmatrix} \lambda_2 \\ \lambda_2' \end{pmatrix} = \begin{pmatrix} \dfrac{1}{2}\left[(\eta_1 + \eta_3) + \sqrt{(\eta_1 - \eta_3)^2 + 4\eta_2^2}\right] \\ \dfrac{1}{2}\left[(\eta_1 + \eta_3) - \sqrt{(\eta_1 - \eta_3)^2 + 4\eta_2^2}\right] \end{pmatrix}, \tag{7.3.10}$$

相应的本征态分别为

$$\begin{pmatrix} |-\rangle_2 \\ |+\rangle_2 \end{pmatrix} = \begin{pmatrix} \alpha_2 |0\rangle_2 - \beta_2 |1\rangle_2 \\ \alpha_2' |0\rangle_2 + \beta_2' |1\rangle_2 \end{pmatrix}, \tag{7.3.11}$$

式中, $\alpha_2^2 = 1 - \beta_2^2 = \dfrac{k_2^2}{[(\lambda_2 - \eta_1)^2 + \eta_2^2]}$, $\alpha_2'^2 = 1 - \beta_2'^2 = \dfrac{(\lambda_2' - \eta_3)^2}{[(\lambda_2' - \eta_3)^2 + \eta_2^2]}$.

算符 $\hat{\mathscr{H}_2}$ 的泡利矩阵形式为

$$\hat{\mathscr{H}_2} = \varGamma_2 \hat{\sigma}_x^{(2)} + \varLambda_2 \hat{\sigma}_z^{(2)} + \varXi_2, \tag{7.3.12}$$

式中

$$\Gamma_2=-\frac{E_{\rm j}}{2},\quad \Lambda_2=2E_{\rm c}^{(2)}(2N_{\rm g2}-1),$$
$$\Xi_2=2E_{\rm c}^{(2)}-4E_{\rm c}^{(2)}N_{\rm g2}+4E_{\rm c}^{(2)}N_{\rm g2}^2+E_{\rm j}-\frac{2N_{\rm g2}^2e^2}{C_{\rm g2}}.$$

通过调节门电压 $V_{\rm g2}$, 使 $N_{\rm g2}=1/2$, 可得算符 $\hat{\mathscr{H}}_2$ 的本征态的简单形式:

$$|-\rangle_2=\frac{|0\rangle_2-|1\rangle_2}{\sqrt{2}},\quad |+\rangle_2=\frac{|0\rangle_2+|1\rangle_2}{\sqrt{2}}. \tag{7.3.13}$$

耦合项: 耦合项 $\hat{\mathscr{H}}_{\rm int}$ 的泡利矩阵形式为

$$\hat{\mathscr{H}}_{\rm int}=\Lambda_3^{(1)}\hat{\sigma}_z^{(1)}+\Lambda_3^{(2)}\hat{\sigma}_z^{(2)}+\Lambda_3\hat{\sigma}_z^{(1)}\hat{\sigma}_z^{(2)}+\Xi_3, \tag{7.3.14}$$

式中, $\Lambda_3^{(1)}=E_{\rm c,c}(2N_{\rm g2}-1)$, $\Lambda_3^{(2)}=E_{\rm c,c}(2N_{\rm g1}-1)$, $\Lambda_3=E_{\rm c,c}$, $\Xi_3=E_{\rm c,c}\prod\limits_{i=1,2}(2N_{{\rm g}i}-1)$.

把式 (7.3.6)、式 (7.3.12) 和式 (7.3.14) 代入式 (7.2.22), 可以得到体系哈密顿算符 $\hat{\mathscr{H}}$ 的泡利矩阵形式:

$$\begin{aligned}\hat{\mathscr{H}}=&\Gamma_1\hat{\sigma}_x^{(1)}+\Gamma_2\hat{\sigma}_x^{(2)}+(\Lambda_1+\Lambda_3^{(1)})\hat{\sigma}_z^{(1)}+(\Lambda_2+\Lambda_3^{(2)})\hat{\sigma}_z^{(2)}\\&+\Lambda_3\hat{\sigma}_z^{(1)}\hat{\sigma}_z^{(2)}+\Xi_1+\Xi_2+\Xi_3.\end{aligned} \tag{7.3.15}$$

值得注意的是, 用式 (7.3.15) 这种紧凑的形式, 能够非常方便地用量子信息的语言来描述体系状态的演化, 即由下面的幺正演化算符:

$$\hat{U}(\tau)=\exp(-{\rm i}\hat{\mathscr{H}}\tau/\hbar) \tag{7.3.16}$$

可以实现两比特门操作. 在 7.3.4 小节中, 将通过一个实例来说明如何由演化算符来实现两比特门操作.

考虑到 $N_{{\rm g}i}=1/2$(近简并点) 这个特殊情况, 体系的哈密顿算符 $\hat{\mathscr{H}}$ 的泡利矩阵形式简化为

$$\hat{\mathscr{H}}=-E_{\rm j}/2\hat{\sigma}_x^{(1)}-E_{\rm j}/2\hat{\sigma}_x^{(2)}+E_{\rm c,c}\hat{\sigma}_z^{(1)}\hat{\sigma}_z^{(2)}+\Xi_1+\Xi_2. \tag{7.3.17}$$

从上式可以看出, 量子双态系统可以看成自旋 $-1/2$ 的 “粒子”. 这里, 有效 “磁场” 为 $B_x^{(1)}=B_x^{(2)}=E_{\rm j}$, 粒子之间的交换能为 $E_{\rm c,c}$. 值得注意的是, 玻尔磁子 $\mu_{\rm B}$ 包含在 “磁场” $B_x^{(i)}$ 的定义中. 两电荷量子比特之间由于电容耦合的作用, 库仑相互作用力产生了 Ising 型耦合项 $\propto\sigma_z^{(1)}\sigma_z^{(2)}$[35], 这样一种耦合易于实现 CNOT 门.

2. 体系的本征态与纠缠

在 $N_{gi}=1/2$(近简并点) 的条件下, 作双态近似的两电荷量子比特的直积态: $|+\rangle_1|+\rangle_2$、$|+\rangle_1|-\rangle_2$、$|-\rangle_1|+\rangle_2$ 和 $|-\rangle_1|-\rangle_2$ 构成完备基矢组, 在这四个基矢构成的空间中, 体系哈密顿算符的矩阵形式为

$$\hat{\mathscr{H}}=\begin{pmatrix} E_0 & 0 & 0 & E_{\mathrm{c,c}} \\ 0 & E_1 & E_{\mathrm{c,c}} & 0 \\ 0 & E_{\mathrm{c,c}} & E_1 & 0 \\ E_{\mathrm{c,c}} & 0 & 0 & E_2 \end{pmatrix}, \tag{7.3.18}$$

式中, $E_0=E_{\mathrm{j}}+w$, $E_1=2E_{\mathrm{j}}+w$, $E_2=3E_{\mathrm{j}}+w$, $w=\sum\limits_{i=1,2}\left[E_{\mathrm{c}}^{(i)}-\dfrac{e^2}{2C_{\mathrm{g}i}}\right]$. 显然, $\hat{\mathscr{H}}$ 为描述耦合两能级系统的厄米矩阵, 其本征值分别为

$$\varepsilon_1=E_1-E_{\mathrm{c,c}},\quad \varepsilon_2=E_1+E_{\mathrm{c,c}}, \tag{7.3.19}$$

$$\begin{cases} \varepsilon_3=\dfrac{\left[E_0+E_2-\sqrt{(E_0-E_2)^2+4E_{\mathrm{c,c}}^2}\right]}{2}, \\ \varepsilon_4=\dfrac{\left[E_0+E_2+\sqrt{(E_0-E_2)^2+4E_{\mathrm{c,c}}^2}\right]}{2}, \end{cases} \tag{7.3.20}$$

相应的本征态分别为

$$|\psi_1\rangle=[|-\rangle_1|+\rangle_2-|+\rangle_1|-\rangle_2]/\sqrt{2}, \tag{7.3.21}$$

$$|\psi_2\rangle=[|-\rangle_1|+\rangle_2+|+\rangle_1|-\rangle_2]/\sqrt{2}, \tag{7.3.22}$$

$$|\psi_3\rangle=[|-\rangle_1|-\rangle_2-\gamma_3|+\rangle_1|+\rangle_2]/\sqrt{1+\gamma_3^2}, \tag{7.3.23}$$

$$|\psi_4\rangle=[|-\rangle_1|-\rangle_2-\gamma_4|+\rangle_1|+\rangle_2]/\sqrt{1+\gamma_4^2}, \tag{7.3.24}$$

式中, $\gamma_3=\dfrac{-E_0+E_2+\sqrt{(E_0-E_2)^2+4E_{\mathrm{c,c}}^2}}{2E_{\mathrm{c,c}}}$, $\gamma_4=\dfrac{-E_0+E_2-\sqrt{(E_0-E_2)^2+4E_{\mathrm{c,c}}^2}}{2E_{\mathrm{c,c}}}$.

由式 (7.3.21)~ 式 (7.3.24) 可以看出, 两电荷量子比特由于电容的耦合作用而纠缠起来. $|\psi_1\rangle$ 与 $|\psi_2\rangle$ 为 Bell 基类型的最大纠缠态, $|\psi_3\rangle$ 和 $|\psi_4\rangle$ 为一般纠缠态, 其具体形式分别取决于参量 γ_3 和 γ_4. 若 $t=0$ 时刻, 系统被制备在态 $|-\rangle_1|+\rangle_2$, 借助谱分解和算子函数 [34], 可以得到任意 $t>0$ 时刻体系的状态:

$$|\psi(t)\rangle=\exp(-\mathrm{i}\hat{\mathscr{H}}t/\hbar)|-\rangle_1|+\rangle_2=\left[\sum_{l=1}^{4}\mathrm{e}^{-\mathrm{i}\varepsilon_l t/\hbar}|\psi_l\rangle\langle\psi_l|\right]|-\rangle_1|+\rangle_2$$

$$= \frac{1}{2}\left[\sum_{l=1,2} \mathrm{e}^{-\mathrm{i}\varepsilon_l t/\hbar} |-\rangle_1 |+\rangle_2 - \sum_{l=1,2} (-1)^{l+1} \mathrm{e}^{-\mathrm{i}\varepsilon_l t/\hbar} |+\rangle_1 |-\rangle_2\right]. \quad (7.3.25)$$

上式表明, 体系随时间在状态 $|-\rangle_1 |+\rangle_2$ 和 $|+\rangle_1 |-\rangle_2$ 之间相干演化, 呈现出量子拉比振荡, 而这一点正是体系量子态存在量子纠缠的反映, 因而对拉比振荡的测量将会提供体系存在纠缠的直接证据. 在时刻 t, 电荷量子比特 -1 处于状态 $|-\rangle_1$ 的概率为

$$P_{11}(t) = \left|\frac{1}{2}(\mathrm{e}^{-\mathrm{i}\varepsilon_1 t/\hbar} + \mathrm{e}^{-\mathrm{i}\varepsilon_2 t/\hbar})\right|^2 = \frac{1}{2}[1 + \cos(2E_{\mathrm{c,c}} t/\hbar)], \quad (7.3.26)$$

式中, $P_{11}(t)$ 随时间 t 作周期性振荡, 振荡角频率为 $2E_{\mathrm{c,c}}/\hbar$, 显然, $P_{11}(t)$ 仅与两电荷量子比特间的耦合能 $E_{\mathrm{c,c}}$ 有关. 而若 $t=0$ 时刻, 系统被制备在态 $|-\rangle_1 |-\rangle_2$, 则 $t>0$ 时刻体系的状态为

$$|\psi(t)\rangle = \exp(-\mathrm{i}\hat{\mathscr{H}} t/\hbar) |-\rangle_1 |-\rangle_2 = \left[\sum_{l=1}^{4} \mathrm{e}^{-\mathrm{i}\varepsilon_l t/\hbar} |\psi_l\rangle \langle\psi_l|\right] |-\rangle_1 |-\rangle_2$$
$$= \sum_{l=3,4} \frac{1}{1+\gamma_l^2} \mathrm{e}^{-\mathrm{i}\varepsilon_l t/\hbar} |-\rangle_1 |-\rangle_2 - \sum_{l=3,4} \frac{\gamma_l}{1+\gamma_l^2} \mathrm{e}^{-\mathrm{i}\varepsilon_l t/\hbar} |+\rangle_1 |+\rangle_2. \quad (7.3.27)$$

由上式可以看出, 当初态为 $|-\rangle_1 |-\rangle_2$ 时, 体系随时间却是在状态 $|-\rangle_1 |-\rangle_2$ 和 $|+\rangle_1 |+\rangle_2$ 之间相干演化, 亦呈现出量子拉比振荡. 在时刻 t, 电荷量子比特 -1 处于状态 $|-\rangle_1$ 的概率为

$$P_{12}(t) = \left|\sum_{l=3,4} \frac{1}{1+\gamma_l^2} \mathrm{e}^{-\mathrm{i}\varepsilon_l t/\hbar}\right|^2$$
$$= \frac{1}{(1+\gamma_3^2)^2} + \frac{1}{(1+\gamma_4^2)^2} + \frac{2\cos\left[\sqrt{(E_0-E_2)^2 + 4E_{\mathrm{c,c}}^2}\, t/\hbar\right]}{(1+\gamma_3^2)(1+\gamma_4^2)}, \quad (7.3.28)$$

与式 (7.3.26) 中的 $P_{11}(t)$ 相比较可以发现, $P_{12}(t)$ 不仅受量子比特间耦合能 $E_{\mathrm{c,c}}$ 的影响, 还与约瑟夫森结两极板间耦合能 E_{j} 密切相关.

值得注意的是, 由于该种量子比特是由单个约瑟夫森结构成的, 没有加入合适的调控参量, 当结及各电路元件确定后, (7.3.5) 与 (7.3.11) 两式给出的单个量子比特的量子态也就完全确定了, 无法根据需要对量子态进行调控, 这就失去了量子比特作为信息载体的功能. 将单个约瑟夫森结换成 SQUID, 上面的问题便迎刃而解了.

7.3.2 电容耦合基于 SQUID 电荷量子比特体系的量子纠缠与控制

在图 7.1.1 中, 将单个约瑟夫森结换成超导量子干涉仪 (SQUID) 后, 电路如图 7.3.1 所示 [36]. 电路包含有三个基本部分: 两个基于 SQUID 的电荷量子比特结

构和一个耦合电容 $C_{\rm c}$. 对于每个 SQUID 电荷量子比特结构, 其超导岛通过两个完全相同的等效电容为 $C_{{\rm j}l}(l=1,2)$、约瑟夫森耦合能为 E_l^0 的约瑟夫森结与一 U 形超导体相连接, 经由一门电容 $C_{{\rm g}l}$ 耦合到一门电源 $V_{{\rm g}l}$ 上. 在 SQUID 环中施加外部磁场 (磁通量为 $\Phi_{xl}(l=1,2)$) 可实现对相应电荷量子比特的有效调控. 下面利用狄拉克的正则量子化方法对耦合体系实施量子化.

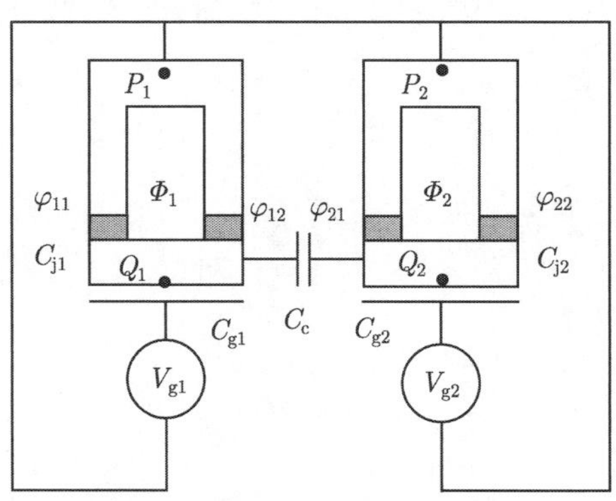

图 7.3.1　电容耦合含 SQUID 量子比特结构示意图

1. 体系的量子化

对于第 $l(l=1,2)$ 个 SQUID 环, 可以导出下面的关系:

$$\varphi_{l2}-\varphi_{l1}=\frac{2e}{\hbar}\oint\mathscr{A}_l\cdot{\rm d}\boldsymbol{s}=\frac{2e}{\hbar}\Phi_l, \tag{7.3.29}$$

式中, $\varphi_{lk}(k=1,2)$ 为第 k 个约瑟夫森结两极板超导态波函数间的相位差; $\mathscr{A}_l$ 为由穿过第 $l(l=1,2)$ 个 SQUID 环的磁通 Φ_l 感应出的矢势. 若把平均相差 $\varphi_l\equiv(\varphi_{l1}+\varphi_{l2})/2$(实际上为图中 P_l 与 Q_l 两点之间库珀对波函数的相位差 [31]) 视为广义坐标, 则体系的势能为

$$\mathscr{V}=\sum_{l=1}^{2}[2E_l^0-E_l^0(\cos\varphi_{l1}+\cos\varphi_{l2})]=\sum_{l=1}^{2}2E_l^0\left[1-\cos\left(\frac{e}{\hbar}\Phi_l\right)\cos\varphi_l\right], \tag{7.3.30}$$

式中, $E_l^0=\dfrac{I_{cl}\hbar}{2e}$ 为第 $l(l=1,2)$ 个 SQUID 环上的约瑟夫森结耦合能. 注意, 在式 (7.3.30) 中只考虑了穿过 SQIUD 环的磁通对约瑟夫森结间相位差的影响, 而忽略了自感磁能以及两 SQUID 环之间的互感磁能的影响. 而考虑自感和互感对整个体系量子态的影响这一工作将在后面完成. 与广义速度 $\dot{\varphi}_l$ 相应的体系的动能为

$$\mathscr{T}=\sum_{l=1}^{2}\left[\frac{1}{2}C_{\Sigma{\rm j}l}\left(\frac{\hbar}{2e}\right)\dot{\varphi}_l^2+N_{{\rm g}l}\hbar\dot{\varphi}_l+\frac{2N_{{\rm g}l}^2e^2}{C_{{\rm g}l}}\right]-C_{\rm c}\left(\frac{\hbar}{2e}\right)^2\dot{\varphi}_1\dot{\varphi}_2, \tag{7.3.31}$$

式中, $C_{\Sigma jl}=2C_{jl}+C_{gl}+C_c$ 为超导岛的有效电容, $N_{gl}=C_{gl}V_{gl}/(2e)$ 为门电荷数, 被用作控制参量. 体系的拉格朗日函数为

$$\mathscr{L}=\mathscr{T}-\mathscr{V}. \tag{7.3.32}$$

由此可以得到分别与 φ_1、φ_2 正则共轭的广义动量

$$p_1\equiv\frac{\partial\mathscr{L}}{\partial\dot{\varphi}_1}=\frac{\hbar}{2e}\left[\frac{\hbar}{2e}C_{\Sigma j1}\dot{\varphi}_1+2N_{g1}e-\frac{\hbar}{2e}C_c\dot{\varphi}_2\right], \tag{7.3.33}$$

$$p_2\equiv\frac{\partial\mathscr{L}}{\partial\dot{\varphi}_2}=\frac{\hbar}{2e}\left[\frac{\hbar}{2e}C_{\Sigma j2}\dot{\varphi}_2+2N_{g2}e-\frac{\hbar}{2e}C_c\dot{\varphi}_1\right]. \tag{7.3.34}$$

考虑到两侧超导岛上的净库珀对数 n_1 和 n_2 满足下面两个关系式:

$$2n_1e=\frac{\hbar}{2e}C_{\Sigma j1}\dot{\varphi}_1+2N_{g1}e-\frac{\hbar}{2e}C_c\dot{\varphi}_2, \tag{7.3.35}$$

$$2n_2e=\frac{\hbar}{2e}C_{\Sigma j2}\dot{\varphi}_2+2N_{g2}e-\frac{\hbar}{2e}C_c\dot{\varphi}_1, \tag{7.3.36}$$

式 (7.3.33) 和式 (7.3.34) 可改写为

$$p_1=\frac{\hbar}{2e}\left[\frac{\hbar}{2e}C_{\Sigma j1}\dot{\varphi}_1+2N_{g1}e-\frac{\hbar}{2e}C_c\dot{\varphi}_2\right]=n_1\hbar, \tag{7.3.37}$$

$$p_2=\frac{\hbar}{2e}\left[\frac{\hbar}{2e}C_{\Sigma j2}\dot{\varphi}_2+2N_{g2}e-\frac{\hbar}{2e}C_c\dot{\varphi}_1\right]=n_2\hbar, \tag{7.3.38}$$

由以上两式看出, 广义动量 p_l 是 $\hbar$ 的整数倍, 是量子化的. 利用 (7.3.32)、(7.3.37) 和 (7.2.38) 三式可得体系的经典哈密顿量:

$$\mathscr{H}=\sum_{l=1}^{2}p_l\dot{\phi}_l-\mathscr{L}=\sum_{l=1}^{2}\mathscr{H}_l+\mathscr{H}_{\rm int}, \tag{7.3.39}$$

式中

$$\mathscr{H}_l=4E_{cl}(n_l-N_{gl})^2+2E_l^0\left[1-\cos\left(\frac{e}{\hbar}\varPhi_l\right)\cos\varphi_l\right]-\frac{2N_{gl}^2e^2}{C_{gl}} \tag{7.3.40}$$

为第 $l(l=1,2)$ 个基于 SQUID 电荷量子比特体系的等效哈密顿量, 而

$$\mathscr{H}_{\rm int}=E_{c,c}(n_1-N_{g1})(n_2-N_{g2}) \tag{7.3.41}$$

为相互作用部分, 以上两式中的参量

$$E_{c1}=\frac{e^2C_{\Sigma j2}}{2(C_{\Sigma j1}C_{\Sigma j2}-C_c^2)},$$

$$E_{\text{c}2}=\frac{e^2C_{\Sigma\text{j}1}}{2(C_{\Sigma\text{j}1}C_{\Sigma\text{j}2}-C_{\text{c}}^2)},$$
$$E_{\text{c,c}}=\frac{4e^2C_{\text{c}}}{C_{\Sigma\text{j}1}C_{\Sigma\text{j}2}-C_{\text{c}}^2}. \tag{7.3.42}$$

这里, $E_{\text{c}l}$ 为第 $l(l=1,2)$ 个库珀对岛上的单电子等效电荷能; $E_{\text{c,c}}$ 为两超导库珀对岛上的单库珀对等效耦合能. 在式 (7.3.39) 中加入量子化条件

$$[\hat{\varphi}_l,\hat{n}_l]=\text{i} \tag{7.3.43}$$

即可将其量子化, 即

$$\hat{\mathscr{H}}=\sum_{l=1}^{2}\hat{\mathscr{H}}_l+\hat{\mathscr{H}}_{\text{int}}. \tag{7.3.44}$$

一般说来, 对于第 $l(l=1,2)$ 个 SQUID 环, 自感应该被考虑, 则环中电流算符满足下面关系:

$$\begin{aligned}\hat{I}_l&=I_{\text{c}l}\sin\hat{\varphi}_{l2}-I_{\text{c}l}\sin\hat{\varphi}_{l1}=2I_{\text{c}l}\cos\hat{\varphi}_l\sin\left(\frac{e}{\hbar}\varPhi_{xl}+\frac{e}{\hbar}L_l\hat{I}_l\right)\\&=2I_{\text{c}l}\cos\hat{\varphi}_l\left[\sin\left(\frac{e}{\hbar}\varPhi_{xl}\right)\cos\left(\frac{e}{\hbar}L_l\hat{I}_l\right)+\cos\left(\frac{e}{\hbar}\varPhi_{xl}\right)\sin\left(\frac{e}{\hbar}L_l\hat{I}_l\right)\right]\\&=2I_{\text{c}l}\cos\hat{\varphi}_l\left\{\sin\left(\frac{e}{\hbar}\varPhi_{xl}\right)\left[1-\frac{1}{2!}\left(\frac{e}{\hbar}L_l\hat{I}_l\right)^2+\frac{1}{4!}\left(\frac{e}{\hbar}L_l\hat{I}_l\right)^4-\cdots\right.\right.\\&\quad\left.+(-1)^m\frac{1}{(2m)!}\left(\frac{e}{\hbar}L_l\hat{I}_l\right)^{2m}\right]+\cos\left(\frac{e}{\hbar}\varPhi_{xl}\right)\left[\frac{e}{\hbar}L_l\hat{I}_l-\frac{1}{3!}\left(\frac{e}{\hbar}L_l\hat{I}_l\right)^3\right.\\&\quad\left.\left.+\frac{1}{5!}\left(\frac{e}{\hbar}L_l\hat{I}_l\right)^5-\cdots+(-1)^{m-1}\frac{1}{(2m-1)!}\left(\frac{e}{\hbar}L_l\hat{I}_l\right)^{2m-1}\right]\right\},\end{aligned} \tag{7.3.45}$$

式中, L_l 为第 l 个 SQUID 环的自感系数; $\varPhi_{xl}$ 为穿过环的外部磁通, 可作为控制参量. 式 (7.3.45) 暗示 $\hat{I}_l$ 为 $\cos\hat{\varphi}_l$ 的连续函数, 从而可以展开为 Taylor 级数:

$$\hat{I}_l=2I_{\text{c}l}\cos\hat{\varphi}_l\sum_{m=1}^{\infty}a_{lm}\cos^{m-1}\hat{\varphi}_l. \tag{7.3.46}$$

将式 (7.3.46) 代入式 (7.3.45) 并对比等式两边 $\cos^m\hat{\varphi}_l$ 项的系数可得到下面关系:

$$a_{l1}=\sin\left(\frac{e}{\hbar}\varPhi_{xl}\right),\quad a_{l2}=\frac{1}{2}\left(\frac{2I_{\text{c}l}eL_l}{\hbar}\right)\sin\left(\frac{e}{\hbar}\varPhi_{xl}\right),$$
$$a_{l3}=\left(\frac{2I_{\text{c}l}eL_l}{\hbar}\right)^2\sin\left(\frac{e}{\hbar}\varPhi_{xl}\right)\left[1-\frac{3}{2}\sin^2\left(\frac{e}{\hbar}\varPhi_{xl}\right)\right], \tag{7.3.47}$$

$$a_{l4}=\frac{1}{2}\left(\frac{2I_{cl}eL_l}{\hbar}\right)^3\sin\left(\frac{e}{\hbar}\Phi_{xl}\right)\left[1-\frac{8}{3}\sin^2\left(\frac{e}{\hbar}\Phi_{xl}\right)\right],$$
$$\cdots$$

在式 (7.3.44) 中,

$$E_l(\hat{\Phi}_l)\equiv 2E_l^0\cos\left(\frac{e}{\hbar}\hat{\Phi}_l\right)=2E_l^0\cos\left(\frac{e}{\hbar}\hat{\Phi}_{xl}+\frac{e}{\hbar}L_l\hat{I}_l\right), \tag{7.3.48}$$

可以类似于式 (7.3.45)的处理方法将其依 $\frac{e}{\hbar}L_l\hat{I}_l$ 作 Taylor 级数展开, 由于其形式与式 (7.3.45) 极为相似, 这里不再给出. 另外, 仔细观察 (7.3.45) 与 (7.3.48) 两式可以发现 $E_l(\hat{\Phi}_l)$ 亦为 $\cos\hat{\varphi}_l$ 的连续函数, 即

$$\begin{aligned}E_l(\hat{\Phi}_l)&=2E_l^0\sum_{m=0}^{\infty}b_{lm}\cos^m\hat{\varphi}_l\\&=2E_l^0(b_{l0}+b_{l1}\cos\hat{\varphi}_l+b_{l2}\cos^2\hat{\varphi}_l+b_{l3}\cos^3\hat{\varphi}_l+\cdots),\end{aligned} \tag{7.3.49}$$

式中的展开系数可用类似上面的方法处理得到, 如下:

$$\begin{aligned}&b_{l0}=\cos\left(\frac{e}{\hbar}\Phi_{xl}\right),\quad b_{l1}=-\frac{1}{2}\left(\frac{2I_{cl}eL_l}{\hbar}\right)\sin^2\left(\frac{e}{\hbar}\Phi_{xl}\right),\\&b_{l2}=-\frac{3}{2}\left(\frac{2I_{cl}eL_l}{\hbar}\right)^2\cos\left(\frac{e}{\hbar}\Phi_{xl}\right)\sin^2\left(\frac{e}{\hbar}\Phi_{xl}\right),\\&b_{l3}=-2\left(\frac{2I_{cl}eL_l}{\hbar}\right)^3\sin^2\left(\frac{e}{\hbar}\Phi_{xl}\right)\left[1-\frac{4}{3}\sin^2\left(\frac{e}{\hbar}\Phi_{xl}\right)\right],\end{aligned} \tag{7.3.50}$$
$$\cdots$$

于是, 可将式 (7.3.44) 中的 $\hat{\mathscr{H}}_l$ 改写为

$$\hat{\mathscr{H}}_l=4E_{cl}(\hat{n}_l-N_{gl})^2-2E_l^0\sum_{m=0}^{3}\left(b_{lm}\cos^{m+1}\hat{\varphi}_l-1\right)-\frac{2N_{gl}^2e^2}{C_{gl}}, \tag{7.3.51}$$

式中已考虑到实验上感兴趣的值 $\frac{2I_{cl}eL_l}{\hbar}\sim 10^{-3}$[37], 将 $E_l(\hat{\Phi}_l)=2E_l^0\sum_{m=0}^{\infty}b_{lm}\cos^m\hat{\varphi}_l$ 作了近似.

2. 体系的本征态和纠缠

由于体系为两个耦合的基于 SQUID 的电荷量子比特结构, 在双态近似下讨论该体系才具有一定的实际意义. 关于如何对其作双态近似, 在 7.1.1 小节中已经作了详细讨论, 这里不再赘述. 双态近似下, 两侧超导库珀对岛上只有两个最低能量电荷态: $|0\rangle_l$ 和 $|1\rangle_l$ 扮演重要角色, 而其他高能量的电荷态都可被忽略. 在以 $|0\rangle_l$ 和 $|1\rangle_l$ 为基矢的完备空间内, $\hat{\mathscr{H}}_l$ 的本征态为

$$|\pm\rangle_l=\frac{|0\rangle_l\pm|1\rangle_l}{\sqrt{2}}, \tag{7.3.52}$$

而在以 $|+\rangle_1|+\rangle_2$、$|+\rangle_1|-\rangle_2$、$|-\rangle_1|+\rangle_2$ 和 $|-\rangle_1|-\rangle_2$ 为基矢的完备空间内, 整个体系的哈密顿算符 $\hat{\mathscr{H}}$ 可以表示为下面的矩阵:

$$\hat{\mathscr{H}}=\begin{pmatrix}\alpha & 0 & 0 & \dfrac{E_{\mathrm{c,c}}}{2}\\ 0 & \beta & \dfrac{E_{\mathrm{c,c}}}{2} & 0\\ 0 & \dfrac{E_{\mathrm{c,c}}}{2} & \gamma & 0\\ \dfrac{E_{\mathrm{c,c}}}{2} & 0 & 0 & \zeta\end{pmatrix}, \tag{7.3.53}$$

式中

$$\alpha=\sum_{l=1}^{2}\left[E_{\mathrm{c}l}+\left(2E_l^0-\frac{e^2}{2C_{\mathrm{g}l}}\right)-\sum_{m=0}^{3}E_l^0\frac{b_{lm}}{2^m}\right], \tag{7.3.54}$$

$$\beta=\sum_{l=1}^{2}\left\{E_{\mathrm{c}l}+\left(2E_l^0-\frac{e^2}{2C_{\mathrm{g}l}}\right)-E_l^0\left[(-1)^{l+1}\left(b_{l0}+\frac{b_{l2}}{4}\right)+\frac{b_{l1}}{2}+\frac{b_{l3}}{8}\right]\right\}, \tag{7.3.55}$$

$$\gamma=\sum_{l=1}^{2}\left\{E_{\mathrm{c}l}+\left(2E_l^0-\frac{e^2}{2C_{\mathrm{g}l}}\right)-E_l^0\left[(-1)^{l}\left(b_{l0}+\frac{b_{l2}}{4}\right)+\frac{b_{l1}}{2}+\frac{b_{l3}}{8}\right]\right\}, \tag{7.3.56}$$

$$\zeta=\sum_{l=1}^{2}\left[E_{\mathrm{c}l}+\left(2E_l^0-\frac{e^2}{2C_{\mathrm{g}l}}\right)-\sum_{m=0}^{3}E_l^0(-1)^{m+1}\frac{b_{lm}}{2^m}\right]. \tag{7.3.57}$$

解定态薛定谔矩阵方程: $\hat{\mathscr{H}}|\psi\rangle=\varepsilon|\psi\rangle$, 可得体系的本征值分别为

$$\varepsilon_{1,2}=\frac{1}{2}\left[\beta+\gamma\mp\sqrt{(\beta-\gamma)^2+E_{\mathrm{c,c}}^2}\right], \tag{7.3.58}$$

$$\varepsilon_{3,4}=\frac{1}{2}\left[\alpha+\zeta\mp\sqrt{(\alpha-\zeta)^2+E_{\mathrm{c,c}}^2}\right], \tag{7.3.59}$$

相应的归一化本征态分别为

$$|\psi_1\rangle=[|-\rangle_1|+\rangle_2-\tau_1|+\rangle_1|-\rangle_2]/\sqrt{1+\tau_1^2}, \tag{7.3.60}$$

$$|\psi_2\rangle=[|-\rangle_1|+\rangle_2-\tau_2|+\rangle_1|-\rangle_2]/\sqrt{1+\tau_2^2}, \tag{7.3.61}$$

$$|\psi_3\rangle=[|-\rangle_1|-\rangle_2-\tau_3|+\rangle_1|+\rangle_2]/\sqrt{1+\tau_3^2}, \tag{7.3.62}$$

$$|\psi_4\rangle=[|-\rangle_1|-\rangle_2-\tau_4|+\rangle_1|-\rangle_2]/\sqrt{1+\tau_4^2}, \tag{7.3.63}$$

式中

$$\tau_{1,2}=\frac{-\beta+\gamma\pm\sqrt{(\beta-\gamma)^2+E_{\mathrm{c,c}}^2}}{E_{\mathrm{c,c}}}, \tag{7.3.64}$$

$$\tau_{3,4} = \frac{-\alpha + \zeta \pm \sqrt{(\alpha - \zeta)^2 + E_{\mathrm{c,c}}^2}}{E_{\mathrm{c,c}}}. \tag{7.3.65}$$

由式 (7.3.60)~ 式 (7.3.63) 可以清楚地看出, 体系的本征态为纠缠态, 特别地, 当 $\tau_m \to 1 (m = 1, 2, 3, 4)$ 时这些态退化到最大纠缠态, 即 Bell 态. 所以, 利用这一耦合介观电路体系可以制备量子纠缠态. 这意味着, 从理论上研究这些量子态的纠缠属性是非常有必要的. 由于拉比振荡是体系表现出纠缠特点的一个标志, 对它的测量将会提供体系存在纠缠的一个直接证据. 下面借助数值计算方法来研究体系存在的纠缠态.

3. 拉比振荡和量子纠缠

如果体系初始时被制备在量子态 $|-\rangle_1 |-\rangle_2$, 该态的时间演化态为

$$\begin{aligned} |\varPhi(t)\rangle &= \hat{U}(t) |-\rangle_1 |-\rangle_2 = \exp(-\mathrm{i}\hat{\mathscr{H}}t/\hbar) |-\rangle_1 |-\rangle_2 \\ &= \left[\sum_{m=1}^{4} \mathrm{e}^{-\mathrm{i}\varepsilon_m t/\hbar} |\psi_m\rangle \langle\psi_m|\right] |-\rangle_1 |-\rangle_2 \\ &= \frac{1}{\sqrt{1+\tau_3^2}} \exp(-\mathrm{i}\varepsilon_3 t/\hbar) |\psi_3\rangle + \frac{1}{\sqrt{1+\tau_4^2}} \exp(-\mathrm{i}\varepsilon_4 t/\hbar) |\psi_4\rangle . \end{aligned} \tag{7.3.66}$$

上式表明, 当体系初态为 $|-\rangle_1 |-\rangle_2$, 其时间演化态 $|\varPhi(t)\rangle$ 在 $|-\rangle_1 |-\rangle_2$ 和 $|+\rangle_1 |+\rangle_2$ 之间相干谐振, 作拉比振荡. 在某个特定时刻 t 发现量子比特 -1 处于态 $|-\rangle_1$ 的概率为

$$\begin{aligned} P_1(t) &= \left|{}_1\langle -|\,{}_2\langle -\,|\varPhi(t)\rangle\right|^2 \\ &= \frac{1}{(1+\tau_3^2)^2} + \frac{1}{(1+\tau_4^2)^2} + \frac{2}{(1+\tau_3^2)(1+\tau_4^2)} \cos\left[\frac{(\varepsilon_3 - \varepsilon_4)t}{\hbar}\right]. \end{aligned} \tag{7.3.67}$$

为了能够对 $P_1(t)$ 进行数值分析, 选择下面的介观参量: $C_{\mathrm{j1}} = C_{\mathrm{j2}} = 6 \times 10^{-16}\mathrm{F}$, $C_{\mathrm{g1}} = C_{\mathrm{g2}} = 6 \times 10^{-17}\mathrm{F}$, $C_{\mathrm{c}} = 3 \times 10^{-15}\mathrm{F}$, $L_1 = L_2 = 10\mathrm{nH}$, $E_1^0 = E_2^0 = 0.1\mathrm{k}(1\mathrm{k}{=}1.3788{\times}10^{-23}\mathrm{J})$, 这些介观参量值很容易在目前的实验技术条件下实现. 图 7.3.2(a)、(b) 给出了 $\varPhi_{x1}$ 与 $\varPhi_{x2}$ 取不同值时 $P_1(t)$ 随时间 t 变化关系曲线. 由于两 SQUID 环的自感较小, 穿过两环的自感磁通量近似等于相应环的经典磁通 $\varPhi_{x1}$ 与 $\varPhi_{x2}$. 由图 7.3.2 发现一个有趣的现象, 当 $\varPhi_{x1}$ 与 $\varPhi_{x2}$ 同时为磁通量子 $\varPhi_0$ 的奇数倍或偶数倍时, 能够清楚地观察到拉比振荡现象, 振荡周期 $T_{\mathrm{Rabi}} \approx 96\mathrm{ps}$, 峰–谷幅值 $A_{\mathrm{P-T}} < 0.4$; 而当 $\varPhi_{x1}$ 与 $\varPhi_{x2}$ 中, 一个为 $\varPhi_0$ 的奇数倍, 而另一个为 $\varPhi_0$ 的偶数倍时, 拉比振荡的周期 $T_{\mathrm{Rabi}}(\approx 157\mathrm{ps})$ 和峰–谷幅值 $A_{\mathrm{P-T}}(=1)$ 都变大了. 这一现象暗示, 当穿过一个 SQUID 环的外部磁通为磁通量子 $\varPhi_0$ 的奇数倍, 而穿过另一个环的外部磁通为磁通量子的偶数倍时, $|-\rangle_1 |-\rangle_2$ 和 $|+\rangle_1 |+\rangle_2$ 之间的纠缠要比穿过两

SQUID 环的外部磁通同时为磁通量子的奇数倍或者同时为磁通量子的偶数倍时二者之间的纠缠大得多. 因此, 可以推断利用穿过 SQUID 的外部磁通 $\Phi_{xl}(l=1,2)$ 可以调节两电荷量子比特之间的纠缠程度. 下面通过测量两比特之间的纠缠来验证这一推断.

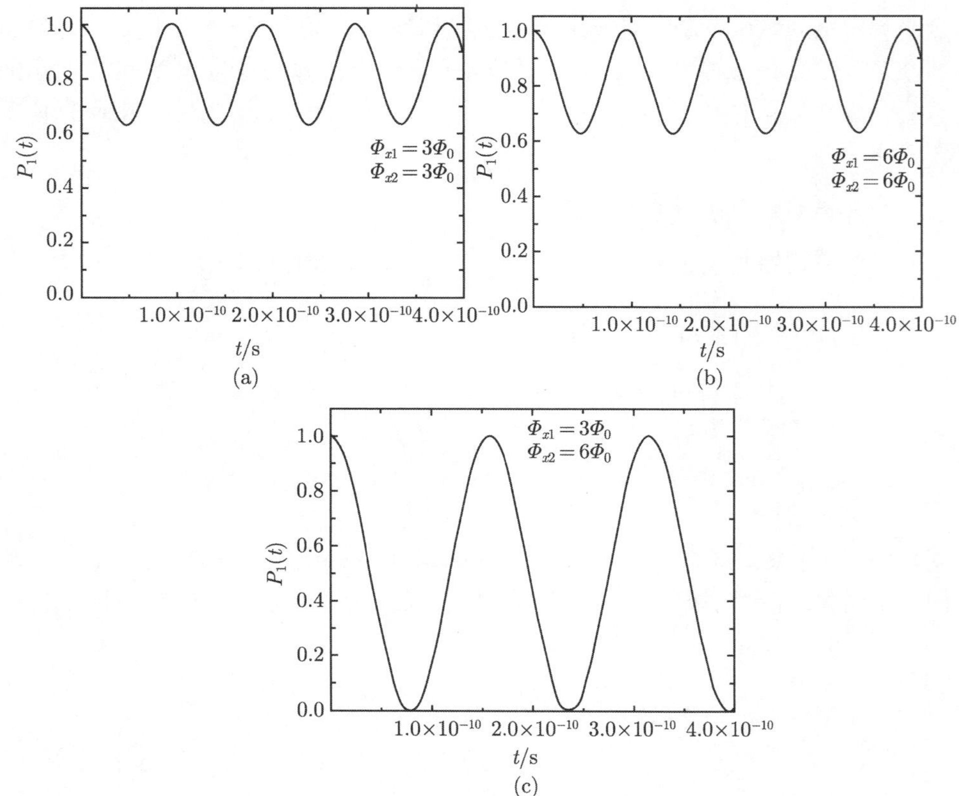

图 7.3.2　Φ_{x1} 与 Φ_{x2} 取不同值时 $P_1(t)$ 随时间 t 变化关系曲线

两耦合量子比特任意量子态的纠缠可以用共生纠缠度 (concurrence, 简写为 $\mathcal{C}$)[38] 来度量. 共生纠缠度的变化范围为 $0\sim1$(0 对应于量子态无纠缠, 1 对应于最大纠缠态). 对于归一化的量子纯态: $|\psi\rangle=a|11\rangle+b|01\rangle+c|10\rangle+d|00\rangle$, 共生纠缠度由下式给出:

$$\mathcal{C}(|\psi\rangle)=2|ad-bc|. \tag{7.3.68}$$

于是, 可得分别相应于式 (7.3.60)~ 式 (7.3.63) 所给量子态的共生纠缠度:

$$\begin{aligned}&\mathcal{C}_1(|\psi_1\rangle)=\frac{2|\tau_1|}{1+\tau_1^2},\quad \mathcal{C}_2(|\psi_2\rangle)=\frac{2|\tau_2|}{1+\tau_2^2},\\&\mathcal{C}_3(|\psi_3\rangle)=\frac{2|\tau_3|}{1+\tau_3^2},\quad \mathcal{C}_4(|\psi_4\rangle)=\frac{2|\tau_4|}{1+\tau_4^2}.\end{aligned} \tag{7.3.69}$$

图 7.3.3 给出了共生纠缠度 $\mathcal{C}_3$ 和 $\mathcal{C}_4$ 的等高线 (contour) 随 Φ_{x1} 与 Φ_{x2} 的变化关系图像. 注意: 图中深颜色的位置对应的等高线值小, 而浅颜色的位置对应的值大. 从图 7.3.2 中能够清晰地看出, $\mathcal{C}_3$ 和 $\mathcal{C}_4$ 的等高线展现出规律的分布, 即当穿过一个 SQUID 环的外部磁通为磁通量子 Φ_0 的奇数倍而穿过另一个环的外部磁通为磁通量子 Φ_0 的偶数倍时, 共生纠缠度 $\mathcal{C}_3$ 和 $\mathcal{C}_4$ 取较大值, 这暗示量子态 $|-\rangle_1|-\rangle_2$ 与 $|+\rangle_1|+\rangle_2$ 之间的纠缠非常完美. 而当穿过两个 SQUID 环的外部磁通皆为奇数倍或偶数倍磁通量子 Φ_0 时, 共生纠缠度取较小值, 这表明 $|-\rangle_1|-\rangle_2$ 与 $|+\rangle_1|+\rangle_2$ 之间的纠缠较弱. 这一现象恰好验证了上面的推断.

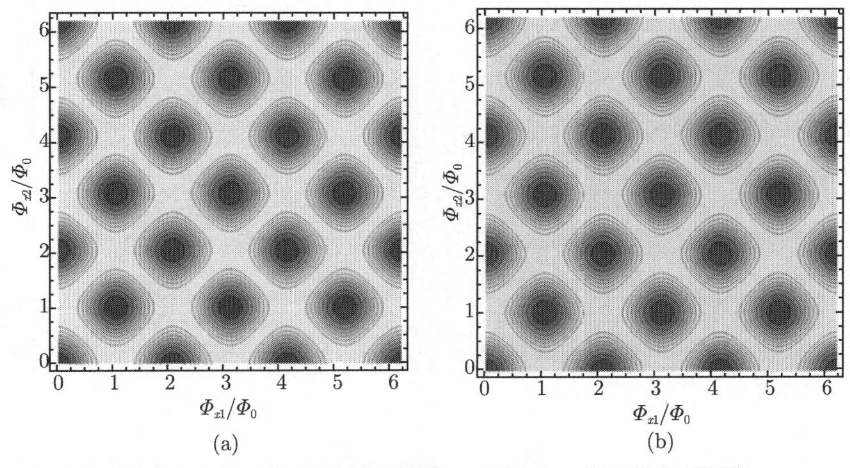

图 7.3.3　$\mathcal{C}_3$ 和 $\mathcal{C}_4$ 的等高线随 Φ_{x1} 与 Φ_{x2} 的变化关系图像

量子态 $|-\rangle_1|+\rangle_2$ 与 $|+\rangle_1|-\rangle_2$ 之间的纠缠又如何呢? 图 7.3.4 给出了共生纠缠度 $\mathcal{C}_1$ 和 $\mathcal{C}_2$ 的等高线随 Φ_{x1} 与 Φ_{x2} 的变化关系图像. 由图中可以看出, $|-\rangle_1|+\rangle_2$

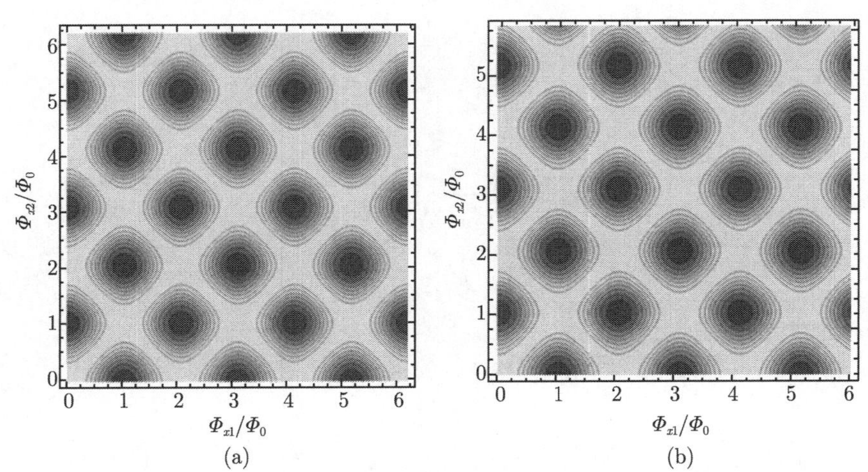

图 7.3.4　$\mathcal{C}_1$ 和 $\mathcal{C}_2$ 的等高线随 Φ_{x1} 与 Φ_{x2} 的变化关系图像

与 $|+\rangle_1|-\rangle_2$ 之间的纠缠随 $\varPhi_{x1}$ 与 $\varPhi_{x2}$ 变化的规律同 $|-\rangle_1|-\rangle_2$ 与 $|+\rangle_1|+\rangle_2$ 之间的纠缠随 $\varPhi_{x1}$ 与 $\varPhi_{x2}$ 变化的规律恰好相反. 也就是说, 当穿过两 SQUID 环的磁通量 $\varPhi_{x1}$ 和 $\varPhi_{x2}$ 都为奇数或都为偶数倍磁通量子 $\varPhi_0$ 时, $|-\rangle_1|+\rangle_2$ 与 $|+\rangle_1|-\rangle_2$ 之间的纠缠非常完美, 而当 $\varPhi_{x1}$ 和 $\varPhi_{x2}$ 中一个为奇数倍 $\varPhi_0$ 而另一个为偶数倍 $\varPhi_0$ 时, 两态之间的纠缠非常弱.

由以上分析可知, 借助穿过两 SQUID 环的外加磁通量可以调节两电荷量子比特之间的纠缠, 这一结论的得出可以为多量子比特之间纠缠的调控提供参考.

7.3.3 电容耦合 SQUID 电荷量子比特中自感与互感的角色

1. 体系的哈密顿算符

在 7.3.2 节中, 没有考虑图 7.3.1 中左右两 SQUID 环的自感磁能以及环与环之间的互感磁能对整个体系量子态的影响. 而当考虑这两种能量时, 式 (7.3.44) 给出的哈密顿量要修正为

$$\begin{aligned}\hat{\mathscr{H}} =& \left\{\sum_{l=1,2}\left[4E_{cl}(\hat{n}_l - N_{gl})^2 - 2E_l^0\cos\left(\frac{e}{\hbar}\hat{\varPhi}_l\right)\cos\hat{\varphi}_l\right] + \frac{1}{2}L_l\hat{I}_l^2\right\}\\ &+\left[M_{12}\hat{I}_1\hat{I}_2 + E_{\mathrm{c,c}}(\hat{n}_1 - N_{\mathrm{g}1})(\hat{n}_2 - N_{\mathrm{g}2})\right]\\ \equiv& \hat{\mathscr{H}}_l + \hat{\mathscr{H}}_{\mathrm{int}},\end{aligned} \tag{7.3.70}$$

式中已略去了仅仅引起能级平移的项: $2E_l^0 - \dfrac{2N_{\mathrm{g}l}^2e^2}{C_{\mathrm{g}l}}$, $l=1,2$ 分别相应于左边和右边的单量子比特结构, $\hat{\varPhi}_l$ 由下式给出:

$$\hat{\varPhi}_l = \varPhi_{xl} + L_l\hat{I}_l + M_{lk}\hat{I}_k, \tag{7.3.71}$$

式中, $l,k=1,2$ 且 $l\neq k$, $M_{12}=M_{21}$ 为左右两 SQUID 环之间的互感系数. 对于式 (7.3.70) 给出的哈密顿算符的处理, 可以参考文献 [37] 提出的方法. 左右两 SQUID 环中的环流为

$$\hat{I}_l = 2I_{cl}\cos\hat{\varphi}_l\sin\left(\frac{\pi\varPhi_{xl}}{\varPhi_0} + \frac{\pi L_l\hat{I}_l}{\varPhi_0} + \frac{\pi M_{lk}\hat{I}_k}{\varPhi_0}\right), \tag{7.3.72}$$

式中, $\varPhi_0 = \dfrac{h}{2e}$ 为磁通量子, 该式暗示 $\hat{I}_l$ 为 $\cos\hat{\varphi}_1$ 和 $\cos\hat{\varphi}_2$ 的连续函数, 可以展开为下面的级数:

$$\hat{I}_l = 2I_{cl}\cos\hat{\varphi}_l\sum_{m,n=0}^{\infty}a_{m+1,n}^{(l)}\cos^m\hat{\varphi}_l\cos^n\hat{\varphi}_k. \tag{7.3.73}$$

类似于式 (7.3.45) 对环中电流的处理方法, 可以把式 (7.3.72) 的右边展开为级数, 即

$$
\begin{aligned}
\hat{I}_l = 2I_{cl}\cos\hat{\varphi}_l\Bigg\{ & \sin\left(\frac{\pi\Phi_{xl}}{\Phi_0}\right)\left[\sum_{m'=0}^{\infty}\frac{(-1)^{m'}}{(2m')!}\left(\frac{\pi L_l\hat{I}_l}{\Phi_0}\right)^{2m'}\right. \\
& \times\sum_{n'=0}^{\infty}\frac{(-1)^{n'}}{(2n')!}\left(\frac{\pi M_{lk}\hat{I}_k}{\Phi_0}\right)^{2n'} - \sum_{m'=0}^{\infty}\frac{(-1)^{m'}}{(2m'+1)!}\left(\frac{\pi L_l\hat{I}_l}{\Phi_0}\right)^{2m'+1} \\
& \left.\times\sum_{n'=0}^{\infty}\frac{(-1)^{n'}}{(2n'+1)!}\left(\frac{\pi M_{lk}\hat{I}_k}{\Phi_0}\right)^{2n'+1}\right] + \cos\left(\frac{\pi\Phi_{xl}}{\Phi_0}\right) \\
& \times\left[\sum_{m'=0}^{\infty}\frac{(-1)^{m'}}{(2m'+1)!}\left(\frac{\pi L_l\hat{I}_l}{\Phi_0}\right)^{2m'+1}\times\sum_{n'=0}^{\infty}\frac{(-1)^{n'}}{(2n')!}\left(\frac{\pi M_{lk}\hat{I}_k}{\Phi_0}\right)^{2n'}\right. \\
& + \sum_{m'=0}^{\infty}\frac{(-1)^{m'}}{(2m')!}\left(\frac{\pi L_l\hat{I}_l}{\Phi_0}\right)^{2m'} \\
& \left.\left.\times\sum_{n'=0}^{\infty}\frac{(-1)^{n'}}{(2n'+1)!}\left(\frac{\pi M_{lk}\hat{I}_k}{\Phi_0}\right)^{2n'+1}\right]\right\} \quad (l,k=1,2\text{且}l\neq k).
\end{aligned} \tag{7.3.74}
$$

将式 (7.3.73) 代入上面的展开式中, 并对比 $\cos\hat{\varphi}_l$ 与 $\cos\hat{\varphi}_k$ 的系数可得式 (7.3.73) 中的展开系数 $a_{m,n}^{(l)}$:

$$
\begin{aligned}
a_{10}^{(l)} &= \sin\left(\frac{\pi\Phi_{xl}}{\Phi_0}\right), \\
a_{11}^{(l)} &= \frac{2\pi M_{lk}I_{ck}}{\Phi_0}\cos\left(\frac{\pi\Phi_{xl}}{\Phi_0}\right)\sin\left(\frac{\pi\Phi_{xk}}{\Phi_0}\right), \\
a_{20}^{(l)} &= \frac{2\pi L_l I_{cl}}{\Phi_0}\sin\left(\frac{\pi\Phi_{xl}}{\Phi_0}\right)\cos\left(\frac{\pi\Phi_{xl}}{\Phi_0}\right) \\
&\cdots\cdots
\end{aligned} \tag{7.3.75}
$$

式 (7.3.70) 中的有效约瑟夫森耦合能 $E_l(\hat{\Phi}_l) \equiv 2E_l^0\cos\left(\frac{\pi\hat{\Phi}_l}{\Phi_0}\right)$ 也能够展开为 Taylor 级数:

$$
E_l(\hat{\Phi}_l) = 2E_l^0\sum_{m,n=0}^{\infty} b_{mn}^{(l)}\cos^m\varphi_l\cos^n\varphi_k, \tag{7.3.76}
$$

式中的展开系数 $b_{mn}^{(l)}$ 利用与上面类似的方法同样可以得到

$$
\begin{aligned}
b_{00}^{(l)} &= \cos\left(\frac{\pi\Phi_{xl}}{\Phi_0}\right), \\
b_{10}^{(l)} &= -\frac{2\pi L_l I_{cl}}{\Phi_0}\sin^2\left(\frac{\pi\Phi_{xl}}{\Phi_0}\right), \\
b_{01}^{(l)} &= -\frac{2\pi M_{lk}I_{ck}}{\Phi_0}\sin\left(\frac{\pi\Phi_{xl}}{\Phi_0}\right)\sin\left(\frac{\pi\Phi_{xk}}{\Phi_0}\right), \\
&\cdots\cdots
\end{aligned} \tag{7.3.77}
$$

对两量子比特体系作双态近似, 在这种情况下, $\cos\varphi_l = \frac{1}{2}\sigma_x^{(l)}$, $\cos\varphi_k = \frac{1}{2}\sigma_x^{(k)}$, 于是, 可得式 (7.3.73) 的电流算符 $\hat{I}_l$ 的泡利矩阵形式:

$$\begin{aligned}
\hat{I}_l &= I_{\mathrm{c}l}\sigma_x^{(l)} \sum_{m,n=0}^{\infty} a_{m+1,n}^{(l)} \left[\frac{1}{2}\sigma_x^{(l)}\right]^m \left[\frac{1}{2}\sigma_x^{(k)}\right]^n \\
&= I_{\mathrm{c}l}\left\{ \sum_{i,j=0}^{\infty} \frac{a_{2i+1,2j}^{(l)}}{2^{2(i+j)}}[\sigma_x^{(l)}]^{2i+1}[\sigma_x^{(k)}]^{2j} + \sum_{i,j=0}^{\infty} \frac{a_{2i+2,2j+1}^{(l)}}{2^{2(i+j)+2}}[\sigma_x^{(l)}]^{2(i+1)}[\sigma_x^{(k)}]^{2j+1} \right.\\
&\quad \left. + \sum_{i,j=0}^{\infty} \frac{a_{2i+1,2j+1}^{(l)}}{2^{2(i+j)+1}}[\sigma_x^{(l)}]^{2i+1}[\sigma_x^{(k)}]^{2j+1} + \sum_{i,j=0}^{\infty} \frac{a_{2i+2,2j}^{(l)}}{2^{2(i+j)+1}}[\sigma_x^{(l)}]^{2(i+1)}[\sigma_x^{(k)}]^{2j} \right\} \\
&= I_{\mathrm{c}l}[\alpha_l\sigma_x^{(l)} + \beta_l\sigma_x^{(k)} + \gamma_l\sigma_x^{(l)}\sigma_x^{(k)} + \delta_l],
\end{aligned} \tag{7.3.78}$$

式中, $\alpha_l = \sum_{i,j=0}^{\infty} \frac{a_{2i+1,2j}^{(l)}}{2^{2(i+j)}}$, $\beta_l = \sum_{i,j=0}^{\infty} \frac{a_{2i+2,2j+1}^{(l)}}{2^{2(i+j)+2}}$, $\gamma_l = \sum_{i,j=0}^{\infty} \frac{a_{2i+1,2j+1}^{(l)}}{2^{2(i+j)+1}}$, $\delta_l = \sum_{i,j=0}^{\infty} \frac{a_{2i+2,2j}^{(l)}}{2^{2(i+j)+1}}$.

以及 $E_l(\hat{\Phi}_l)$ 的泡利矩阵形式:

$$E_l(\hat{\Phi}_l) = 2E_l^0[\alpha_l'\sigma_x^{(l)} + \beta_l'\sigma_x^{(k)} + \gamma_l'\sigma_x^{(l)}\sigma_x^{(k)} + \delta_l'], \tag{7.3.79}$$

式中, $\alpha_l' = \sum_{i,j=0}^{\infty} \frac{b_{2i+1,2j}^{(l)}}{2^{2(i+j)+1}}$, $\beta_l' = \sum_{i,j=0}^{\infty} \frac{b_{2i+1,2j}^{(l)}}{2^{2(i+j)+1}}$, $\gamma_l' = \sum_{i,j=0}^{\infty} \frac{a_{2i+1,2j+1}^{(l)}}{2^{2(i+j)+2}}$, $\delta_l' = \sum_{i,j=0}^{\infty} \frac{a_{2i,2j}^{(l)}}{2^{2(i+j)}}$.

则由 (7.3.70)、(7.3.78) 和 (7.3.79) 三式可得体系哈密顿算符在双态近似下的泡利矩阵形式:

$$\hat{\mathscr{H}} = \sum_{l=1}^{2}[\varepsilon_l\sigma_z^{(l)} - \varLambda_l\sigma_x^{(l)}] - \Xi_{12}\sigma_x^{(1)}\sigma_x^{(2)} + \varGamma_{12}\sigma_z^{(1)}\sigma_z^{(2)} + \delta, \tag{7.3.80}$$

式中

$$\varepsilon_1 = 2E_{\mathrm{c}1}(2N_{\mathrm{g}1} - 1) - \frac{E_{\mathrm{c,c}}}{4}(1 - 2N_{\mathrm{g}2}), \tag{7.3.81}$$

$$\varepsilon_2 = 2E_{\mathrm{c}2}(2N_{\mathrm{g}2} - 1) - \frac{E_{\mathrm{c,c}}}{4}(1 - 2N_{\mathrm{g}1}), \tag{7.3.82}$$

$$\begin{aligned}
\varLambda_1 &= (E_1^0\delta_1' + E_2^0\gamma_2') - L_1I_{\mathrm{c}1}^2(\alpha_1\delta_1 + \beta_1\gamma_1) - L_2I_{\mathrm{c}2}^2(\alpha_2\gamma_2 + \beta_2\delta_2) \\
&\quad + M_{12}I_{\mathrm{c}1}I_{\mathrm{c}2}(\alpha_1\delta_2 + \beta_1\gamma_2 + \alpha_2\gamma_1 + \beta_2\delta_1),
\end{aligned} \tag{7.3.83}$$

$$\begin{aligned}
\varLambda_2 &= (E_2^0\delta_2' + E_1^0\gamma_1') - L_2I_{\mathrm{c}2}^2(\alpha_2\delta_2 + \beta_2\gamma_2) - L_1I_{\mathrm{c}1}^2(\alpha_1\gamma_1 + \beta_1\delta_1) \\
&\quad + M_{12}I_{\mathrm{c}1}I_{\mathrm{c}2}(\alpha_1\gamma_2 + \beta_1\delta_2 + \beta_2\gamma_1 + \alpha_2\delta_1),
\end{aligned} \tag{7.3.84}$$

$$\Xi_{12} = (E_1^0\beta_1' + E_2^0\alpha_2') - L_1I_{\mathrm{c}1}^2(\alpha_1\beta_1 + \gamma_1\delta_1) - L_2I_{\mathrm{c}2}^2(\alpha_2\beta_2 + \gamma_2\delta_2)$$

$$- M_{12}I_{c1}I_{c2}(\alpha_1\alpha_2 + \beta_1\beta_2 + \gamma_1\delta_2 + \gamma_2\delta_1), \tag{7.3.85}$$

$$\Gamma_{12} = \frac{E_{c,c}}{4}, \tag{7.3.86}$$

$$\begin{aligned}\delta = &\sum_{l=1}^{2}\{2E_{c1}[N_{gl}^2 + (1-N_{gl})^2] - E_l^0\alpha_l' + \frac{1}{2}L_lI_{cl}^2(\alpha_l^2+\beta_l^2+\gamma_l^2+\delta_l^2)\} + M_{12}I_{c1}I_{c2}\\ &\times(\alpha_1\beta_2 + \alpha_2\beta_1 + \gamma_1\gamma_2 + \delta_1\delta_2) + \frac{1}{4}E_{c,c}(1-2N_{g1})(1-2N_{g2}),\end{aligned} \tag{7.3.87}$$

式中, δ 是一常数项, 由于它仅仅引起能级平移, 通常情况下可以被忽略.

2. 体系的本征态和量子纠缠

体系在作双态近似时, 是假设与两超导岛相应的电荷态 $|n\rangle_l\,(l=1,2)$ 只存在两个最低能量电荷态 $|0\rangle_l$ 和 $|1\rangle_l$, 而其他的具有较高能量的电荷态都被忽略掉了, 而这种情形是在调节控制参量门电压 V_{gl} 使得门电荷数 $N_{gl}=\frac{1}{2}$ 的条件下实现的. 当 $N_{gl}=\frac{1}{2}$ 时, $\varepsilon_1=\varepsilon_2=0$, 则式 (7.3.80) 的哈密顿算符简化为

$$\hat{\mathscr{H}} = \hat{\mathscr{H}}_1 + \hat{\mathscr{H}}_2 + \hat{\mathscr{H}}_{\text{int}}, \tag{7.3.88}$$

式中

$$\hat{\mathscr{H}}_1 = -\Lambda_1\sigma_x^{(1)}, \quad \hat{\mathscr{H}}_2 = -\Lambda_2\sigma_x^{(2)} \tag{7.3.89}$$

分别为两电荷量子比特在双态近似下的等效哈密顿算符, 而

$$\hat{\mathscr{H}}_{\text{int}} = -\Xi_{12}\sigma_x^{(1)}\sigma_x^{(2)} + \Gamma_{12}\sigma_z^{(1)}\sigma_z^{(2)} \tag{7.3.90}$$

为耦合项. 需要注意的是, 式 (7.3.88) 中已略去了常数项 δ. $\hat{\mathscr{H}}_l = -\Lambda_l\sigma_x^{(l)}(l=1,2)$ 本征值分别为

$$E_l^{(+)} = -\Lambda_l, \quad E_l^{(-)} = \Lambda_l, \tag{7.3.91}$$

相应的归一化本征态为

$$|+\rangle_l = \frac{1}{\sqrt{2}}(|0\rangle_l + |1\rangle_l), \quad |-\rangle_l = \frac{1}{\sqrt{2}}(|0\rangle_l - |1\rangle_l). \tag{7.3.92}$$

双态近似下, $|+\rangle_1|+\rangle_2$、$|+\rangle_1|-\rangle_2$、$|-\rangle_1|+\rangle_2$ 和 $|-\rangle_1|-\rangle_2$ 四直积态构成正交完备的基矢空间, 在该空间内体系的哈密顿算符可以写成如下矩阵的形式:

$$\hat{\mathscr{H}} = \begin{pmatrix} \zeta_1 & 0 & 0 & \Gamma_{12} \\ 0 & \zeta_2 & \Gamma_{12} & 0 \\ 0 & \Gamma_{12} & \zeta_3 & 0 \\ \Gamma_{12} & 0 & 0 & \zeta_4 \end{pmatrix}, \tag{7.3.93}$$

式中

$$\begin{aligned}&\zeta_1=-\Lambda_1-\Lambda_2-\Xi_{12},\quad \zeta_2=-\Lambda_1+\Lambda_2+\Xi_{12},\\&\zeta_3=\Lambda_1-\Lambda_2+\Xi_{12},\quad \zeta_4=\Lambda_1+\Lambda_2-\Xi_{12}.\end{aligned}\tag{7.3.94}$$

由式 (7.3.93), 解定态薛定谔方程: $\hat{\mathscr{H}}\left|\psi\right\rangle=E\left|\psi\right\rangle$, 可得体系的本征值为

$$E_{1,2}=\frac{1}{2}\left[\zeta_2+\zeta_3\mp\sqrt{(\zeta_2-\zeta_3)^2+4\Gamma_{12}^2}\right],\tag{7.3.95}$$

$$E_{3,4}=\frac{1}{2}\left[\zeta_1+\zeta_4\mp\sqrt{(\zeta_1-\zeta_4)^2+4\Gamma_{12}^2}\right].\tag{7.3.96}$$

相应的本征态为

$$\left|\psi_1\right\rangle=[\left|-\right\rangle_1\left|+\right\rangle_2-\tau_1\left|+\right\rangle_1\left|-\right\rangle_2]/\sqrt{1+\tau_1^2},\tag{7.3.97}$$

$$\left|\psi_2\right\rangle=[\left|-\right\rangle_1\left|+\right\rangle_2-\tau_2\left|+\right\rangle_1\left|-\right\rangle_2]/\sqrt{1+\tau_2^2},\tag{7.3.98}$$

$$\left|\psi_3\right\rangle=[\left|-\right\rangle_1\left|-\right\rangle_2-\tau_3\left|+\right\rangle_1\left|+\right\rangle_2]/\sqrt{1+\tau_3^2},\tag{7.3.99}$$

$$\left|\psi_4\right\rangle=[\left|-\right\rangle_1\left|-\right\rangle_2-\tau_4\left|+\right\rangle_1\left|+\right\rangle_2]/\sqrt{1+\tau_4^2},\tag{7.3.100}$$

式中

$$\tau_{1,2}=\frac{-\zeta_2+\zeta_3\pm\sqrt{(\zeta_2-\zeta_3)^2+4\Gamma_{12}^2}}{2\Gamma_{12}},\tag{7.3.101}$$

$$\tau_{3,4}=\frac{-\zeta_1+\zeta_4\pm\sqrt{(\zeta_1-\zeta_4)^2+4\Gamma_{12}^2}}{2\Gamma_{12}}.\tag{7.3.102}$$

显然, 式 (7.3.97)~ 式 (7.3.100) 所给量子态为纠缠态, 关于这些量子态的纠缠特性, 在 7.3.2 节中已有详细讨论, 就不再赘述, 这里重点探讨 SUQID 环的自感及两环之间的互感对体系量子纠缠态的影响. 体系量子态的时间演化由幺正算符

$$\hat{U}(t)=\exp(-\mathrm{i}\hat{\mathscr{H}}t/\hbar)\tag{7.3.103}$$

来实现. 若初始 $t=0$ 时刻, 体系被制备在态 $\left|-\right\rangle_1\left|-\right\rangle_2$, 则它的时间演化为

$$\begin{aligned}\left|\phi(t)\right\rangle&=\hat{U}(t)\left|-\right\rangle_1\left|-\right\rangle_2=\exp(-\mathrm{i}\hat{\mathscr{H}}t/\hbar)\left|-\right\rangle_1\left|-\right\rangle_2\\&=\frac{1}{\sqrt{1+\tau_3^2}}\exp(-\mathrm{i}E_3t/\hbar)\left|\psi_3\right\rangle+\frac{1}{\sqrt{1+\tau_4^2}}\exp(-\mathrm{i}E_4t/\hbar)\left|\psi_4\right\rangle.\end{aligned}\tag{7.3.104}$$

上式中 $\left|\psi_3\right\rangle$ 和 $\left|\psi_4\right\rangle$ 皆为纠缠态, 这就意味着, 由于两量子比特之间的电容及互感耦合, 随着时间的演化, 量子态 $\left|\phi(t)\right\rangle$ 在 $\left|-\right\rangle_1\left|-\right\rangle_2$ 和 $\left|+\right\rangle_1\left|+\right\rangle_2$ 之间相干谐振起来, 表现出拉比振荡现象. 一段时间 t 后, 发现量子比特 -1 处于量子态 $\left|-\right\rangle_1$ 的概率为

$$P(t)=\left|{}_1\left\langle-\right|{}_2\left\langle-\right|\phi(t)\rangle\right|^2$$

$$= \frac{1}{(1+\tau_3^2)^2} + \frac{1}{(1+\tau_4^2)^2} + \frac{1}{(1+\tau_3^2)(1+\tau_4^2)} \cos\left[\frac{(E_3-E_4)t}{\hbar}\right]. \tag{7.3.105}$$

将式 (7.3.88) 所给哈密顿算符的展开系数作二阶近似 [37], 可得

$$\begin{aligned}\Lambda_l = E_l^0 \cos\left(\frac{\pi\Phi_{xl}}{\Phi_0}\right)\left\{1 - \frac{5}{2}\left[\left(\frac{\pi L_l \hat{I}_{cl}}{\Phi_0}\right)^2 \sin^2\left(\frac{\pi\Phi_{xl}}{\Phi_0}\right) + \left(\frac{\pi M_{12} I_{ck}}{\Phi_0}\right)^2 \sin^2\left(\frac{\pi\Phi_{xk}}{\Phi_0}\right)\right.\right.\\ \left.\left. + \left(\frac{\pi M_{12}\hat{I}_{ck}}{\Phi_0}\right)\left(\frac{\pi L_k \hat{I}_{ck}}{\Phi_0}\right)\tan\left(\frac{\pi\Phi_{xl}}{\Phi_0}\right)\sin\left(\frac{2\pi\Phi_{xk}}{\Phi_0}\right)\right]\right\},\end{aligned} \tag{7.3.106}$$

$$\Xi_{12} = -3M_{12} I_{c1} I_{c2} \sin\left(\frac{\pi\Phi_{x1}}{\Phi_0}\right)\sin\left(\frac{\pi\Phi_{x2}}{\Phi_0}\right). \tag{7.3.107}$$

为了能够对 $P(t)$ 进行数值分析, 选择下面的介观参量: $C_{j1} = C_{j2} = 6\times10^{-16}\text{F}$, $C_{g1} = C_{g2} = 6\times10^{-17}\text{F}$, $C_c = 3\times10^{-15}\text{F}$, $L_1 = L_2 = 10\text{nH}$, $E_1^0 = E_2^0 = 0.1\text{k}$, 图 7.3.5(a) 和 (c) 给出了 Φ_{x1} 与 Φ_{x2} 取不同值时 $P(t)$ 随时间 t 和耦合系数 M_{12} 变化关系图像. 为了能够清晰地看出图 7.3.5 (a) 和 (c) 中 $P(t)$ 随时间 t 的演化规律受外加磁通量 Φ_{x1} 和 Φ_{x2} 的影响, 取互感耦合系数 $M_{12} = 0.2$ 作出图 7.3.5(b) 和 (d). 图 7.3.5(a) 和 (c) 表明, t 时刻发现量子比特-1 处于量子态 $|-\rangle_1$ 的概率 $P(t)$ 受两 SQUID 环之间的互感耦合系数 M_{12} 影响非常小. 但从图 7.3.5(b) 和 (d) 中却发现了一个有趣的现象, 当穿过两 SQUID 环的外部磁通量皆为磁通量子的偶数倍或者奇数倍时, $P(t)$ 随时间 t 的演化规律完全一致 (图 7.3.5 (b)). 但当穿过一个 SQUID 环的外部磁通量为偶数倍磁通量子而穿过另一个 SQUID 环的外部磁通量为奇数倍磁通量子时, 相对以上两种情形, $P(t)$ 随时间 t 的振荡频率变小, 周期变长, 这意味着体系在纠缠态 $|\psi_3\rangle$ 与 $|\psi_4\rangle$ 之间转换的周期变长.

下面借助共生纠缠度来探讨 Φ_{x1}、Φ_{x2} 以及 M_{12} 对体系纠缠态的影响. 对应于式 (7.3.97)~ 式 (7.3.100) 所给四个纠缠态的共生纠缠度分别为

$$\begin{aligned}\mathcal{C}_1(|\psi_1\rangle) = \frac{2|\tau_1|}{1+\tau_1^2}, \quad \mathcal{C}_2(|\psi_2\rangle) = \frac{2|\tau_2|}{1+\tau_2^2},\\ \mathcal{C}_3(|\psi_3\rangle) = \frac{2|\tau_3|}{1+\tau_3^2}, \quad \mathcal{C}_4(|\psi_4\rangle) = \frac{2|\tau_4|}{1+\tau_4^2}.\end{aligned} \tag{7.3.108}$$

选取前面所取的介观参量值, 作出共生纠缠度 $\mathcal{C}_1(|\psi_1\rangle)$ 随互感系数 M_{12} 和外加磁通量 Φ_{x1}、Φ_{x2} 变化关系图 (图 7.3.6(a)、(b) 和 (c)). 由图 7.3.6(a) 可以发现一个非常有趣的现象, 若两 SQUID 环之间的互感非常小, 小到可以忽略, 当穿过两 SQUID 环的外部磁通量 Φ_{x1}、Φ_{x2} 皆为磁通量子 Φ_0 的偶数倍或者奇数倍时, 量子态 $|-\rangle_1|+\rangle_2$ 与 $|+\rangle_1|-\rangle_2$ 之间的纠缠较强; 而当穿过一个环的外部磁通量为偶数倍磁通量子而穿过另一个环的外部磁通量为奇数倍磁通量子时, 量子态 $|-\rangle_1|+\rangle_2$ 与

$|+\rangle_1|-\rangle_2$ 之间的纠缠相对较弱. 而随着互感系数 M_{12} 的增大, 由图 7.3.6(b) 和 (c) 看出, 量子态 $|-\rangle_1|+\rangle_2$ 与 $|+\rangle_1|-\rangle_2$ 之间的纠缠变得越来越弱, 同时, 上面提到的量子纠缠随 Φ_{x1} 和 Φ_{x2} 的变化规律被完全破坏.

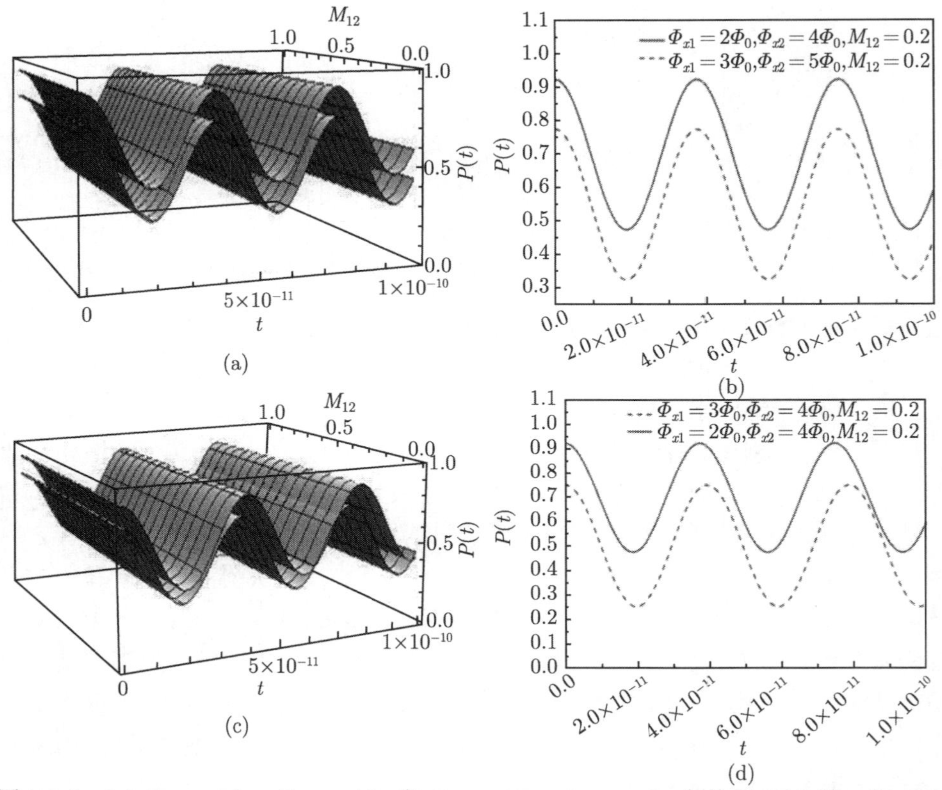

图 7.3.5　(a) $\Phi_{x1}=2\Phi_0$、$\Phi_{x2}=4\Phi_0$ 和 $\Phi_{x1}=3\Phi_0$、$\Phi_{x2}=5\Phi_0$ 条件下 $P(t)$ 随 t 和 M_{12} 变化关系图; (b) 图 (a) 在 $M_{12}=0.2$ 时 $P(t)$ 随 t 变化关系曲线; (c) $\Phi_{x1}=2\Phi_0$、$\Phi_{x2}=4\Phi_0$ 和 $\Phi_{x1}=3\Phi_0$、$\Phi_{x2}=4\Phi_0$ 条件下 $P(t)$ 随 t 和 M_{12} 变化关系图; (d) 图 (c) 在 $M_{12}=0.2$ 时 $P(t)$ 随 t 变化关系曲线

由于纠缠态 $|\psi_2\rangle$ 与 $|\psi_1\rangle$ 的形式相似, 它们的纠缠度随外部磁通量 Φ_{x1} 和 Φ_{x2} 以及互感系数 M_{12} 的变化应该呈现类似的规律, 这里不再讨论. 而量子态 $|-\rangle_1|-\rangle_2$ 与 $|+\rangle_1|+\rangle_2$ 之间的纠缠随 Φ_{x1} 和 Φ_{x2} 以及互感系数 M_{12} 的变化呈现什么样的规律呢? 同样选取上面的介观参量值, 做出共生纠缠度 $\mathcal{C}_3(|\psi_3\rangle)$ 随互感系数 M_{12} 和外加磁通量 Φ_{x1}、Φ_{x2} 变化关系图 (图 7.3.7(a)、(b) 和 (c)). 对比图 7.3.6 和图 7.3.7 可知, 同 $\mathcal{C}_1(|\psi_3\rangle)$ 随 Φ_{x1} 和 Φ_{x2} 的变化相比, $\mathcal{C}_3(|\psi_3\rangle)$ 随二者的变化呈现出截然不同的规律, 特别是在 $M_{12}=0$ 时更为清晰, 即当穿过两 SQUID 环的外部磁通量 Φ_{x1}、Φ_{x2} 皆为磁通量子 Φ_0 的偶数倍或者奇数倍时, 量子态 $|-\rangle_1|-\rangle_2$ 与 $|+\rangle_1|+\rangle_2$ 之间的纠缠较弱; 而当穿过一个环的外部磁通量为偶数倍磁通量子而穿过另一个环的外部磁

通量为奇数倍磁通量子时, 量子态 $|-\rangle_1|-\rangle_2$ 与 $|+\rangle_1|+\rangle_2$ 之间的纠缠相对较强. 但就两 SQUID 环之间的互感对量子态纠缠的破坏这一方面而言, 两者呈现相似的规律, 即随着互感系数的逐渐增加, 量子态的纠缠变得越来越弱, 在 $M_{12}=0$ 时纠缠随 Φ_{x1} 和 Φ_{x2} 的变化规律也被完全破坏. 实际上, 以上两种情形下存在的这种量子纠缠随互感耦合系数增加而变弱的现象易于理解, 互感系数的增大使得一 SQUID 环中的环流在另一 SQUID 环中感应出的电流变化较大, 从而导致库珀对进出约瑟夫森结超导隧道的可能性增加, 而使两超导岛上的净库珀对数发生明显变化, 最终影响了以净库珀对数为标志的电荷态 $|-\rangle_1|+\rangle_2$ 与 $|+\rangle_1|-\rangle_2$ 之间的纠缠.

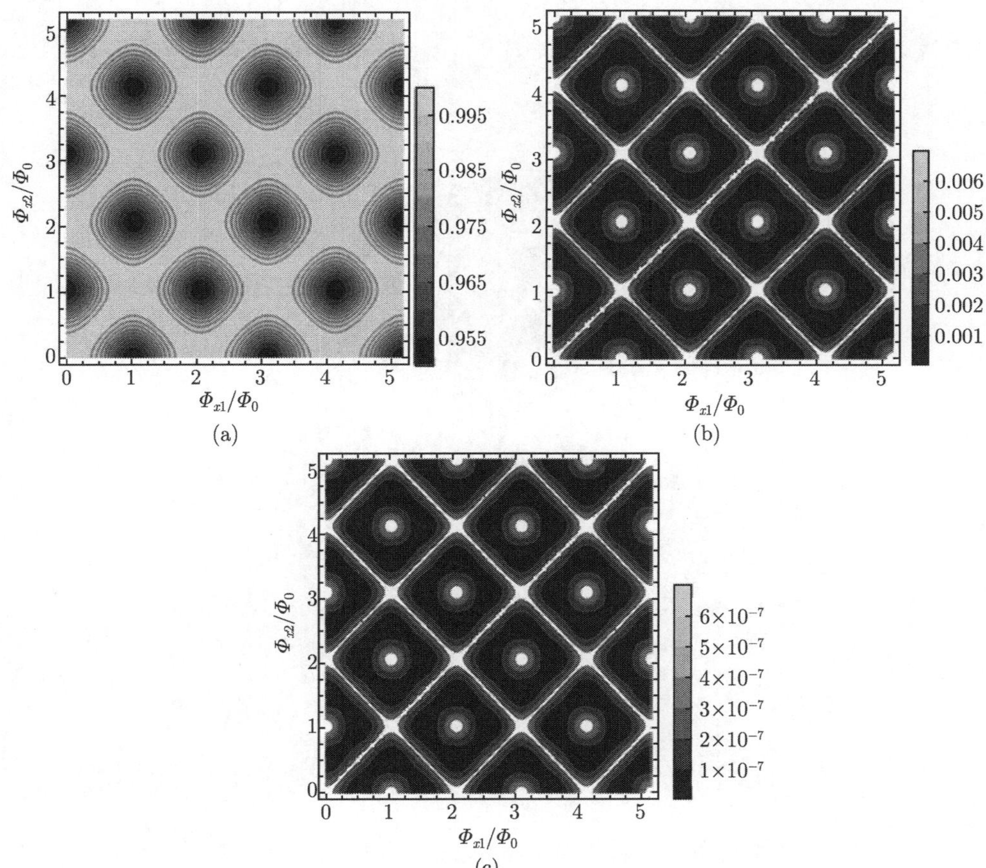

图 7.3.6 互感系数 M_{12} 取不同值时, 共生纠缠度 $\mathcal{C}_1(|\psi_1\rangle)$ 随 Φ_{x1} 和 Φ_{x2} 变化关系图

(a)$M_{12}=0$; (b)$M_{12}=10^{-5}$; (c)$M_{12}=10^{-3}$

以上研究结果表明, 在将多个含 SQUID 电荷量子比特集成在一起形成大规模电路时, 要尽量减小 SQUID 环之间的互感耦合系数, 以降低由于互感而对量子纠缠带来的破坏. 而在互感较弱的情况下, 可以通过调节各穿过 SQUID 环的外部磁

通量对量子态实施有效调控.

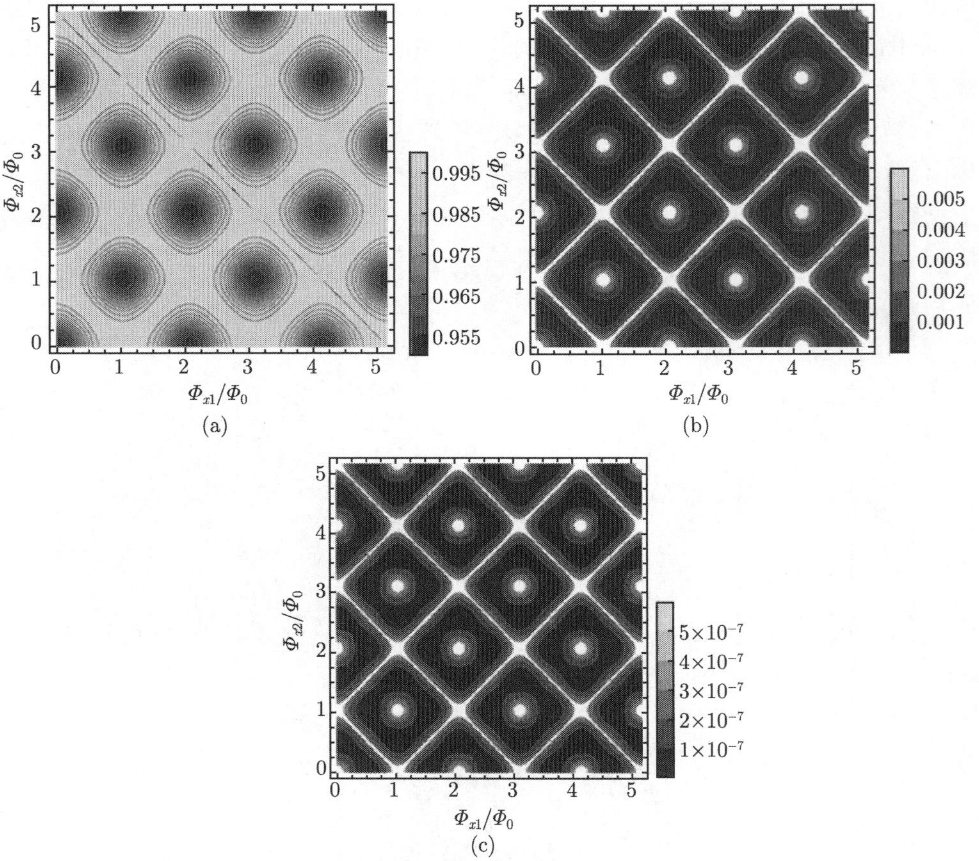

图 7.3.7 互感系数 M_{12} 取不同值时, 共生纠缠度 $\mathcal{C}_3(|\psi_3\rangle)$ 随 Φ_{x1} 和 Φ_{x2} 变化关系图

(a)$M_{12}=0$; (b)$M_{12}=10^{-5}$; (c)$M_{12}=10^{-3}$

7.4 分别与玻色库和自旋库耦合的磁通量子比特的退相干

迄今为止, 世界上还没有真正意义上的量子计算机. 但是, 世界各地的许多实验室正在以极大的热情追寻着这个梦想, 希望通过一代代科研工作者的不懈努力, 将来有一天能够制造出真正意义上的量子计算机来取代运算能力行将达到其经典极限的经典计算机. 而量子计算机优于经典计算机的一个重要特征是量子相干性. 但遗憾的是, 这一体现量子计算机巨大优势的特征恰好成了影响其发展、使人们无法在短期内制造出真实量子计算机的障碍. 这是因为, 在实际系统中作为基本信息载体的量子比特并不是一个孤立的系统, 在制备量子比特初始态、保存其中间态以

及读出其最终态的过程中, 量子比特要不可避免地与外部环境发生相互作用, 从而导致量子相干性的衰减, 即退相干. 量子比特从相干状态到失去相干性这段时间叫做"退相干时间", 如果退相干时间不能足够长, 就无法完成有效计算. 所以, 探索退相干机制, 以期延长退相干时间, 是这一领域必须要解决的重大课题.

目前, 已经提出的量子计算的物理实现方案包括: 谐振子系统、光子系统、原子与光学共振腔相互作用系统、冷阱束缚离子系统、量子点系统以及超导约瑟夫森结系统等. 在以上方案中, 由于具有易于集成可形成大规模电路的优点, 基于约瑟夫森结的固态方案被认为是实现真实量子计算机的最有希望的代表之一. 所以, 研究基于约瑟夫森结的量子比特的退相干是一项非常有意义的工作, 涉及这一课题的文献不少 [39−43].

对一个给定的量子系统, 若它与环境自由度的耦合足够弱, 就可以将环境等效为量子简谐振子场 [44], 或称为谐振子热库 (harmonic thermal bath). 在上面提到的涉及这一领域的工作中, 大多数是将环境看成玻色库 (boson bath), 而自旋库很少涉及. 本节将以单个磁通量子比特作为例子 [45], 通过分析它分别处在玻色库和自旋库中的密度矩阵的动力学演化, 来探讨这类量子比特退相干的机制.

1. 磁通量子比特与环境相互作用系统的哈密顿算符

图 7.1.4 所示最简单的磁通量子比特的哈密顿算符在双态近似下由式 (7.1.30) 给出. 该哈密顿算符描述的仅仅是一个孤立系统, 对任意的失谐参量 ε, 其动力学行为当然是平庸的. 但事实上, 孤立系统仅仅是一种理想模型, 任何实际的双态系统总是要受到周围环境的影响, 以至于其动力学行为或多或少地会受到影响. 从这个意义上讲, 环境库可被视为噪声源. 若耦合到磁通量子比特上的单个库自旋是弱的, 则库可以看成是玻色型的. 于是, 磁通量子比特与玻色库相互作用哈密顿算符能表示为下面的形式:

$$\hat{\mathscr{H}}_{\rm SB}=-\frac{1}{2}\varepsilon\hat{\sigma}_z-\frac{1}{2}\Delta\hat{\sigma}_x+\hat{\sigma}_z\sum_k(g_k\hat{a}_k^+ + g_k^*\hat{a}_k)+\sum_k\hbar\omega_k\hat{a}_k^+\hat{a}_k, \tag{7.4.1}$$

式中, $g_k(g_k^*)$ 为量子比特与库之间的耦合常数; $\hat{a}_k^+(\hat{a}_k)$ 为库的产生 (湮灭) 算符; ω_k 为库的第 k 模简谐角频率. 对于式 (7.4.1) 的第三项, 人们可能会提出这样一个问题: 为什么环境库仅仅耦合到量子比特的 $\hat{\sigma}_z$ 项, 而不是 $\hat{\sigma}_x$ 或者是 $\hat{\sigma}_y$ 项呢? 之所以如此, 主要是基于两个方面的考虑 [44]: 一方面, 在大多数实验中, 环境库对 $\hat{\sigma}_z$ 的值较为敏感; 另一方面, 在大多数涉及广义坐标的问题中, 隧穿发生在 WKB 近似下, 环境与 $\hat{\sigma}_x$ 或者 $\hat{\sigma}_y$ 项的耦合可以忽略.

按照通常的做法, 为了获取环境对量子比特影响的信息, 必须从整个系统的密度算符中提取出量子比特的约化密度算符, 得到约化密度算符所满足的微分方程, 即主方程. 但若想得到主方程的解, 必须知道耦合系数 g_k. 实际上, 在热平衡态下,

人们无须清楚知道 g_k 的详细信息, 由于所有影响可观察系统动力学的环境的特征都包含在谱密度函数 (spectral density function)

$$J_{\text{boson}}(\omega) \equiv \frac{\pi}{\hbar}\sum_k |g_k|^2\,\delta(\omega-\omega_k) \tag{7.4.2}$$

中, 式中 ω 为谐振子库的角频率, ω_k 为库的第 k 模的角频率. 这种谱函数在低频下展现出典型的幂律行为 [44]: $J(\omega)=A\omega^s$, $s=1$ 相应于"欧姆"型 (ohmic case); $s>1$ 相应于"超欧姆"型 (super-ohmic case); $0<s<1$ 相应于"亚欧姆"型 (subohmic case). 而人们感兴趣的是"欧姆"型, 因为这种情形更具有一般性. 在有限温度下, "欧姆"型谱密度函数 $J_{\text{boson}}(\omega)$ 取下面形式:

$$J_{\text{boson}}(\omega)=\frac{\pi\hbar}{2}\alpha\omega\exp\left(-\frac{\omega}{\omega_{\rm c}}\right), \tag{7.4.3}$$

式中, α 为无量纲耗散强度; $\omega_{\rm c}$ 为高频截断 (high-frequence cut-off). 若库模数量足够大, $J_{\text{boson}}(\omega)$ 可被看成 ω 的平滑函数, 则式 (7.4.2) 的求和可以用下面的积分代替:

$$J_{\text{boson}}(\omega)=\frac{\pi}{\hbar}\int_0^\infty N(\omega_k)\,|g(\omega_k)|^2\,\delta(\omega-\omega_k){\rm d}\omega_k=\frac{\pi}{\hbar}N(\omega)\,|g(\omega)|^2, \tag{7.4.4}$$

式中, $N(\omega)$ 为库模的态密度, 引入它的目的是将求和转化为积分. 由 (7.4.3) 和 (7.4.4) 两式可得

$$N(\omega)\,|g(\omega)|^2=\frac{\hbar^2}{2}\alpha\omega\exp\left(-\frac{\omega}{\omega_{\rm c}}\right), \tag{7.4.5}$$

这一关系式在下面的推导中会用到.

在上面的讨论中, 假设量子比特对单个库自旋的耦合是弱的, 从而可以把库看成玻色型的. 若量子比特对库的自旋自由度较为敏感, 则谱密度函数必须作相应的修正. 量子比特与自旋库相互作用的动力学机制在文献 [46] 中有详细论述, 这里就不再赘述, 这里仅给出与玻色库和自旋库相应的谱密度函数之间的关系式:

$$J_{\text{spin}}(\omega)=\tanh\left(\frac{\hbar\beta\omega}{2}\right)J_{\text{boson}}(\omega)=\frac{\pi\hbar}{2}\alpha\omega\exp\left(-\frac{\omega}{\omega_{\rm c}}\right)\tanh\left(\frac{\hbar\beta\omega}{2}\right), \tag{7.4.6}$$

式中, $\beta=1/(k_{\rm B}T)$, $k_{\rm B}$ 为玻尔兹曼常量, T 为系统的热力学温度. 图 7.4.1 给出了不同温度下 $J_{\text{spin}}(\omega)$ 和 $J_{\text{boson}}(\omega)$ 随 ω 的变化关系图像. 由图像可以看出, 在 $T=0{\rm K}$ 时两种类型的环境库对量子比特有相同的影响. 而在有限温度下, 同玻色库相比, 自旋库对量子比特的影响较小, 温度越高, 影响越小.

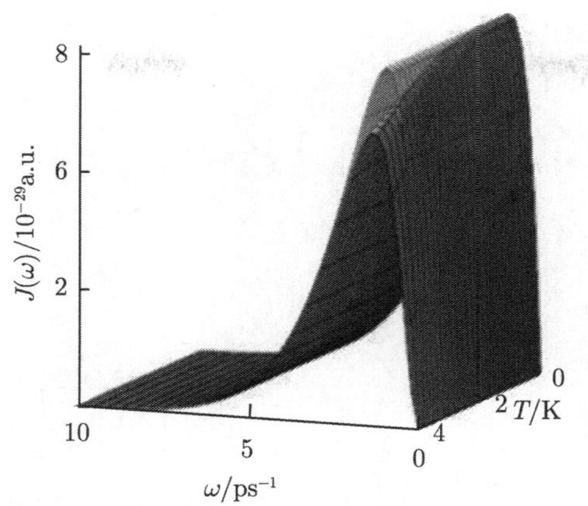

图 7.4.1 自旋库和玻色库的谱密度函数 $J(\omega)$ 随温度 T 和库频率 ω 的变化关系图像. 外层透明的图像相应玻色库. 这里, 选取截断频率 $\omega_{\mathrm{c}}=1\mathrm{ps}^{-1}$, 耗散强度 $\alpha=10^{-6}$

2. 磁通量子比特与环境相互作用系统的动力学分析

磁通量子比特的动力学可以通过分析约化密度算符

$$\rho(t)=\mathrm{Tr}_{\mathrm{B}}[\mathrm{e}^{-\mathrm{i}\hat{\mathscr{H}}_{\mathrm{SB}}t/\hbar}R(0)\mathrm{e}^{\mathrm{i}\hat{\mathscr{H}}_{\mathrm{SB}}t/\hbar}] \tag{7.4.7}$$

的时间演化 (计时起点 t_0 取为 0) 来获取, 其矩阵形式为

$$\tilde{\rho}(s'',s';t)=\mathrm{Tr}_{\mathrm{B}}\left\langle s''\right|\mathrm{e}^{-\mathrm{i}\hat{\mathscr{H}}_{\mathrm{SB}}t/\hbar}R(0)\mathrm{e}^{\mathrm{i}\hat{\mathscr{H}}_{\mathrm{SB}}t/\hbar}\left|s'\right\rangle, \tag{7.4.8}$$

式中, $R(0)$ 为量子比特–环境库相互作用系统的初始密度算符. 为了得到 $\tilde{\rho}(s'',s';t)$ 的解, 文献 [47] 建立了一种称为准绝热传播子路径积分 (the quasi-adiabatic propagator path integral, QUAPI) 方法, 这是一种最优的数值路径积分方法. 为叙述方便, 下面简要介绍 QUAPI 方法. 假设 $R(0)$ 取下面的形式:

$$R(0)=\rho(0)\otimes\rho_{\mathrm{B}}(0), \tag{7.4.9}$$

式中, $\rho(0)$ 和 $\rho_{\mathrm{B}}(0)$ 分别相应量子比特和环境库的密度算符. 在 QUAPI 方法中, $\tilde{\rho}(s'',s';t)$ 由下式给出:

$$\begin{aligned}&\tilde{\rho}(s'',s';t)\\=&\int\mathrm{d}s_0^+\int\mathrm{d}s_1^+\cdots\int\mathrm{d}s_{N-1}^+\int\mathrm{d}s_0^-\int\mathrm{d}s_1^-\cdots\\&\int\mathrm{d}s_{N-1}^-\left\langle s''\right|\exp\left(-\frac{\mathrm{i}\hat{\mathscr{H}}_0\Delta t}{\hbar}\right)\left|s_{N-1}^+\right\rangle\cdots\\&\times\left\langle s_1^+\right|\exp\left(\frac{-\mathrm{i}\hat{\mathscr{H}}_0\Delta t}{\hbar}\right)\left|s_0^+\right\rangle\left\langle s_0^+\right|\rho(0)\cdots\left|s_0^-\right\rangle\left\langle s_0^-\right|\exp\left(\frac{\mathrm{i}\hat{\mathscr{H}}_0\Delta t}{\hbar}\right)\left|s_1^-\right\rangle\cdots\end{aligned}$$

$$\times \langle s_{N-1}^{-} | \exp\left(\frac{\mathrm{i}\hat{\mathscr{H}}_0 \Delta t}{\hbar}\right) | s' \rangle \times \mathfrak{I}(s_0^+, s_1^+, \cdots, s_{N-1}^+, s'', s_0^-, \cdots, s_{N-1}^-, s'; \Delta t), \quad (7.4.10)$$

式中, $\hat{\mathscr{H}}_0$ 为参照哈密顿算符, 通常是系统坐标算符和相应动量算符的函数, $\mathfrak{I}(s_0^+, s_1^+, \cdots, s_{N-1}^+, s'', s_0^-, \cdots, s_{N-1}^-, s'; \Delta t)$ 被称为影响函数 (the influence function), 由下式给出:

$$\begin{aligned}&\mathfrak{I}(s_0^+, s_1^+, \cdots, s_{N-1}^+, s'', s_0^-, \cdots, s_{N-1}^-, s'; \Delta t) \\ \equiv & \mathrm{Tr_B}\left\{ \exp\left[\frac{-\mathrm{i}\hat{\mathscr{H}}'(s'')\Delta t}{2\hbar}\right] \exp\left[\frac{-\mathrm{i}\hat{\mathscr{H}}'(s_{N-1}^+)\Delta t}{\hbar}\right] \cdots \exp\left[\frac{-\mathrm{i}\hat{\mathscr{H}}'(s_0^+)\Delta t}{2\hbar}\right] \right. \\ & \left. \times \rho_{\mathrm{B}}(0) \exp\left[\frac{\mathrm{i}\hat{\mathscr{H}}'(s_0^-)\Delta t}{2\hbar}\right] \cdots \exp\left[\frac{\mathrm{i}\hat{\mathscr{H}}'(s_{N-1}^-)\Delta t}{\hbar}\right] \exp\left[\frac{\mathrm{i}\hat{\mathscr{H}}'(s')\Delta t}{2\hbar}\right] \right\}, \end{aligned} \quad (7.4.11)$$

式中, $\hat{\mathscr{H}}' = \hat{\mathscr{H}}_{\mathrm{SB}} - \hat{\mathscr{H}}_0$, $t = N\Delta t$(N 为偶数). 对于上面提到的磁通量子比特–环境相互作用系统, 令 $\hat{\mathscr{H}}_0 = -\frac{\varepsilon\hat{\sigma}_z}{2} - \frac{\Delta\hat{\sigma}_x}{2}$, 而且假设环境库初始时被制备在温度为 T 的热平衡态, 于是有 $\rho_{\mathrm{B}}(0) = \prod_k \frac{\mathrm{e}^{-\beta\hat{M}_k}}{\mathrm{Tr}_k(\mathrm{e}^{-\beta\hat{M}_k})}$, 其中 $\hat{M}_k = \hbar\omega_k\hat{a}_k^+\hat{a}_k$ 为库算符. 连续极限 (即 $\Delta t \to 0$、$N \to 0$ 的情形) 下的影响函数在文献 [48] 中已给出:

$$\begin{aligned}\mathfrak{I} = \exp\Bigg\{ & -\frac{1}{\hbar}\int_0^t \mathrm{d}t' \int_0^{t'} \mathrm{d}t''[s^+(t') - s^-(t')][\mathcal{L}(t'-t'')s^+(t'') - \mathcal{L}^*(t'-t'')s^-(t'')] \\ & -\frac{\mathrm{i}}{\hbar}\int_0^t \mathrm{d}t' \sum_k \mathcal{C}_k^2[s^+(t')^2 - s^-(t')^2] \Bigg\}, \end{aligned} \quad (7.4.12)$$

式中积分核 $\mathcal{L}(t)$ 为环境库响应函数 (response function), 由下式给出:

$$\mathcal{L}(t) = \frac{1}{\pi}\int_0^\infty \mathrm{d}\omega J(\omega)\left[\coth\left(\frac{\beta\hbar\omega}{2}\right)\cos(\omega t) - \mathrm{i}\sin(\omega t)\right], \quad (7.4.13)$$

时间记忆长度由响应函数 $\mathcal{L}(t)$ 估计. 响应函数中包含有许多量子比特–库相互作用系统动力学行为的有价值的信息, 通过分析该函数能使人们对系统的动力学行为有一定的认识. 不同温度下, 相应于玻色库和自旋库的响应函数 $\mathcal{L}(t)$ 的实部 $\mathrm{Re}[\mathcal{L}(t)]$ 和虚部 $\mathrm{Im}[\mathcal{L}(t)]$ 随时间演化如图 7.4.2 所示. 可以看出, 在绝对温度不为零的低温条件下, 两图都有一系列尖峰. 这一点通过分析 $\mathcal{L}(t)$ 按照 $\beta\hbar\omega$ 的 Taylor 级数展开式不难得到理解, 在该条件下, Taylor 级数展开式中包含许多洛伦兹 (Lorentz) 幂函数类型的项, 这些项的叠加导致了图上所看到的洛伦兹尖峰. 对于玻色库和自旋库, 记忆时间大约为 1×10^{-10}s, 在记忆时间内, 玻色库响应函数的实部 $\mathrm{Re}[\mathcal{L}(t)]$ 随

温度 T 变化而出现较为明显的变化, 而自旋库的变化却不显著. 而两库的响应函数的虚部 $\mathrm{Im}[\mathcal{L}(t)]$ 随温度 T 变化却呈现同上面完全相反的规律, 当 T 接近绝对温度 0K 时, 两者随时间的演化展现出几乎一致的规律. 以上变化规律的存在要归因于式 (7.4.13) 积分核中的谱密度函数 $J(\omega)$. 由此人们可以得出这样一个结论: 若环境库存在平滑连续谱, 则由库响应函数 $\mathcal{L}(t)$ 所导致的库和量子比特之间的非局域相互作用将在有限范围内变化, 所以, 对于玻色库和自旋库而言, 尽管存在有限的记忆时间, 量子体系所经历的动力学过程一般被认为是非马尔可夫型 (non-Markovian) 的.

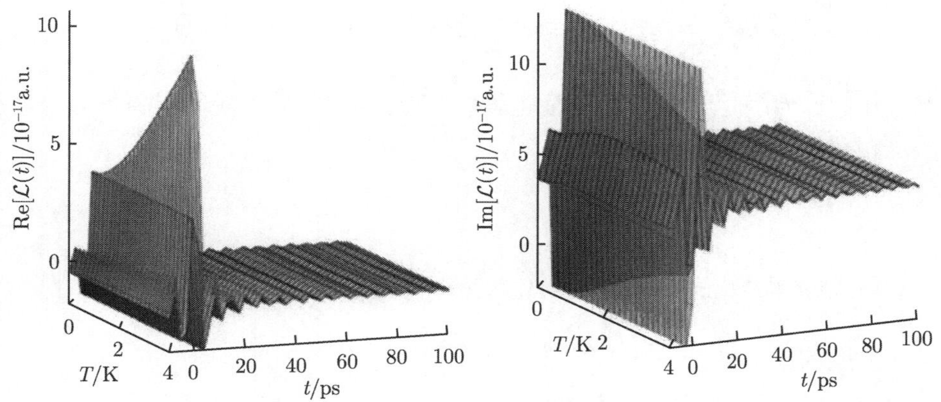

图 7.4.2 (a) 响应函数的实部 $\mathrm{Re}[\mathcal{L}(t)]$ 随温度 T 和时间 t 的变化关系图像; (b) 响应函数的虚部 $\mathrm{Im}[\mathcal{L}(t)]$ 随温度 T 和时间 t 的变化关系图像. 注意: 外层透明的相应于玻色库, 内层深颜色的相应于自旋库. 选取截断频率 $\omega_c = 1\mathrm{ps}^{-1}$, 耗散强度 $\alpha = 10^{-6}$

3. 磁通量子比特的退相干

与环境库的相互作用会导致磁通量子比特的退相干. 为了评估退相干对量子比特造成的影响, 通常情况下, 人们会通过测量和分析系统的信息熵 (entropy)[34]、偏差范数 (deviation norm)[49] 等手段来达到这一目的. 但实际上, 对于一个开放量子系统, 其退相干的程度还可以通过其约化密度矩阵非对角元项随时间演化的衰减来体现, 若非对角元衰减为零, 则说明量子系统受环境影响完全失去了相干性. 下面就通过考察密度矩阵非对角元项随时间演化的衰减程度来探讨磁通量子比特的退相干.

对 $\mathrm{e}^{-\mathrm{i}\hat{\mathscr{H}}_{\mathrm{SB}}t/\hbar}$ 项的处理可以应用文献 [50] 建立的近似方法. 下面简单介绍这一方法. 若一个系统的哈密顿算符可以写成: $\hat{\mathscr{H}} = \hat{\mathscr{H}}_1 + \hat{\mathscr{H}}_2 + \hat{\mathscr{H}}_3 + \cdots + \hat{\mathscr{H}}_N$, 且把系统的演化时间依 Δt(Δt 非常短) 为单元等分成无穷多份的做法是问题所允许的, 则存在下面的关系式:

$$(\mathrm{e}^{-\mathrm{i}\hat{\mathscr{H}}_1\Delta t/\hbar}\mathrm{e}^{-\mathrm{i}\hat{\mathscr{H}}_2\Delta t/\hbar}\cdots\mathrm{e}^{-\mathrm{i}\hat{\mathscr{H}}_N\Delta t/\hbar})(\mathrm{e}^{-\mathrm{i}\hat{\mathscr{H}}_N\Delta t/\hbar}\cdots\mathrm{e}^{-\mathrm{i}\hat{\mathscr{H}}_2\Delta t/\hbar}\mathrm{e}^{-\mathrm{i}\hat{\mathscr{H}}_1\Delta t/\hbar})$$

$$=\mathrm{e}^{-\mathrm{i}2(\hat{\mathscr{H}}_1+\hat{\mathscr{H}}_2+\cdots+\hat{\mathscr{H}}_N)\Delta t/\hbar+O[(\Delta t)^3]}, \tag{7.4.14}$$

式中, $O[(\Delta t)^3]$ 表示三阶以上无穷小量的和. 在本问题中, $\hat{\mathscr{H}}_{\mathrm{SB}}=\hat{\mathscr{H}}_0+\hat{\mathscr{H}}'$, 则由式 (7.4.14) 可得

$$(\mathrm{e}^{-\mathrm{i}\hat{\mathscr{H}}_0\Delta t/\hbar}\mathrm{e}^{-\mathrm{i}\hat{\mathscr{H}}'\Delta t/\hbar})(\mathrm{e}^{-\mathrm{i}\hat{\mathscr{H}}'\Delta t/\hbar}\mathrm{e}^{-\mathrm{i}\hat{\mathscr{H}}_0\Delta t/\hbar})=\mathrm{e}^{-\mathrm{i}2(\hat{\mathscr{H}}_0+\hat{\mathscr{H}}')\Delta t/\hbar+O[(\Delta t)^3]}, \tag{7.4.15}$$

略去三阶以上无穷小项 $O[(\Delta t)^3]$, 可得

$$\mathrm{e}^{-\mathrm{i}(\hat{\mathscr{H}}_0+\hat{\mathscr{H}}')\Delta t/\hbar}=\mathrm{e}^{-\mathrm{i}\hat{\mathscr{H}}_0\Delta t/(2\hbar)}\mathrm{e}^{-\mathrm{i}\hat{\mathscr{H}}'\Delta t/\hbar}\mathrm{e}^{-\mathrm{i}\hat{\mathscr{H}}_0\Delta t/(2\hbar)}, \tag{7.4.16}$$

这种方法被称为短时近似 [40]. 下面就来考察磁通量子比特在短时间隔 $\Delta t=t-t_0$ 内的退相干效应, 若取 $t_0=0$, 则有

$$\mathrm{e}^{-\mathrm{i}(\hat{\mathscr{H}}_0+\hat{\mathscr{H}}')t/\hbar}=\mathrm{e}^{-\mathrm{i}\hat{\mathscr{H}}_0 t/(2\hbar)}\mathrm{e}^{-\mathrm{i}\hat{\mathscr{H}}' t/\hbar}\mathrm{e}^{-\mathrm{i}\hat{\mathscr{H}}_0 t/(2\hbar)}. \tag{7.4.17}$$

利用式 (7.4.17), 式 (7.4.8) 的约化密度矩阵元可改写为

$$\begin{aligned}\tilde{\rho}_{mn}=&\operatorname{Tr}_{\mathrm{B}}\langle m|\,\mathrm{e}^{-\mathrm{i}\hat{\mathscr{H}}_0 t/(2\hbar)}\mathrm{e}^{-\mathrm{i}\hat{\mathscr{H}}' t/\hbar}\mathrm{e}^{-\mathrm{i}\hat{\mathscr{H}}_0 t/(2\hbar)}\rho(0)\\&\otimes\prod_k\frac{\mathrm{e}^{-\hbar\omega_k\beta\hat{a}_k^+\hat{a}_k}}{\operatorname{Tr}_k(\mathrm{e}^{-\hbar\omega_k\beta\hat{a}_k^+\hat{a}_k})}\mathrm{e}^{\mathrm{i}\hat{\mathscr{H}}_0 t/(2\hbar)}\mathrm{e}^{\mathrm{i}\hat{\mathscr{H}}' t/\hbar}\mathrm{e}^{\mathrm{i}\hat{\mathscr{H}}_0 t/(2\hbar)}\,|n\rangle\,.\end{aligned} \tag{7.4.18}$$

在上式中插入几个完备性关系可得

$$\begin{aligned}\tilde{\rho}_{mn}=&\operatorname{Tr}_{\mathrm{B}}\langle m|\,\mathrm{e}^{-\mathrm{i}\hat{\mathscr{H}}_0 t/(2\hbar)}\mathrm{e}^{-\mathrm{i}\hat{\mathscr{H}}' t/\hbar}\sum_\gamma|\gamma\rangle\,\langle\gamma|\mathrm{e}^{-\mathrm{i}\hat{\mathscr{H}}_0 t/(2\hbar)}\sum_p|p\rangle\,\langle p|\rho(0)\\&\otimes\prod_k\frac{\mathrm{e}^{-\hbar\omega_k\beta\hat{a}_k^+\hat{a}_k}}{\operatorname{Tr}_k(\mathrm{e}^{-\hbar\omega_k\beta\hat{a}_k^+\hat{a}_k})}\mathrm{e}^{\mathrm{i}\hat{\mathscr{H}}_0 t/(2\hbar)}\sum_q|q\rangle\,\langle q|\mathrm{e}^{\mathrm{i}\hat{\mathscr{H}}' t/\hbar}\sum_\delta|\delta\rangle\,\langle\delta|\mathrm{e}^{\mathrm{i}\hat{\mathscr{H}}_0 t/(2\hbar)}\,|n\rangle\\=&\sum_{\gamma pq\delta}\Big\{\mathrm{e}^{\mathrm{i}(E_q+E_n-E_m-E_p)t/(2\hbar)}\,\langle m|\,\gamma\rangle\,\langle\gamma|\,p\rangle\,\rho_{pq}(0)\,\langle q|\,\delta\rangle\,\langle\delta\,|n\rangle\\&\times\prod_k\operatorname{Tr}_k\Big[\mathrm{e}^{-\mathrm{i}(\hat{\mathscr{H}}_B+\lambda_k\hat{P}_k)t/\hbar}\frac{\mathrm{e}^{-\hbar\omega_k\beta\hat{a}_k^+\hat{a}_k}}{\operatorname{Tr}_k(\mathrm{e}^{-\hbar\omega_k\beta\hat{a}_k^+\hat{a}_k})}\mathrm{e}^{\mathrm{i}(\hat{\mathscr{H}}_B+\lambda_k\hat{P}_k)t/\hbar}\Big]\Big\}.\end{aligned} \tag{7.4.19}$$

式中, $\hat{P}_k=g_k\hat{a}_k^++g_k^*\hat{a}_k$; E_p、E_q、E_m 和 E_n 为 $\hat{\mathscr{H}}_0$ 的本征值, 相应的本征态分别为 $|p\rangle$、$|q\rangle$、$|m\rangle$ 和 $|n\rangle$; λ_γ 和 λ_δ 为 $\hat{\sigma}_z$ 的本征值. 借助矩阵迹的性质并利用类似于式 (7.4.17) 的短时近似变换, 可将式 (7.4.19) 中的约化密度矩阵项作如下处理:

$$\prod_k\operatorname{Tr}_k\left[\mathrm{e}^{-\mathrm{i}(\hat{\mathscr{H}}_B+\lambda_k\hat{P}_k)t/\hbar}\frac{\mathrm{e}^{-\hbar\omega_k\beta\hat{a}_k^+\hat{a}_k}}{\operatorname{Tr}_k(\mathrm{e}^{-\hbar\omega_k\beta\hat{a}_k^+\hat{a}_k})}\mathrm{e}^{\mathrm{i}(\hat{\mathscr{H}}_B+\lambda_k\hat{P}_k)t/\hbar}\right]$$

$$
\begin{aligned}
&=\prod_k \mathrm{Tr}_k\left[\frac{\mathrm{e}^{-\hbar\omega_k\beta\hat{a}_k^+\hat{a}_k}}{\mathrm{Tr}_k(\mathrm{e}^{-\hbar\omega_k\beta\hat{a}_k^+\hat{a}_k})}\mathrm{e}^{\mathrm{i}(\mathscr{H}_B+\lambda_k\hat{P}_k)t/\hbar}\mathrm{e}^{-\mathrm{i}(\mathscr{H}_B+\lambda_k\hat{P}_k)t/\hbar}\right]\\
&=\prod_k \mathrm{Tr}_k\Big[\frac{\mathrm{e}^{-\hbar\omega_k\beta\hat{a}_k^+\hat{a}_k}}{\mathrm{Tr}_k(\mathrm{e}^{-\hbar\omega_k\beta\hat{a}_k^+\hat{a}_k})}\mathrm{e}^{\mathrm{i}\mathscr{H}_Bt/(2\hbar)}\\
&\quad \mathrm{e}^{\mathrm{i}\lambda_k\hat{P}_Kt/\hbar}\mathrm{e}^{\mathrm{i}\hat{\mathscr{H}}_Bt/(2\hbar)}\mathrm{e}^{-\mathrm{i}\hat{\mathscr{H}}_Bt/(2\hbar)}\mathrm{e}^{-\mathrm{i}\lambda_k\hat{P}_kt/\hbar}\mathrm{e}^{-\mathrm{i}\hat{\mathscr{H}}_Bt/(2\hbar)}\Big]\\
&=\exp\left\{-\sum_k\frac{|g_k|^2}{\omega_k^2}\Big[2(\lambda_\gamma-\lambda_\delta)^2\sin^2\frac{\omega_kt}{2}\coth\frac{\hbar\beta\omega_k}{2}\right.\\
&\quad\left.+\mathrm{i}(\lambda_\gamma^2-\lambda_\delta^2)(\sin\omega_kt-\omega_kt)\Big]\right\},
\end{aligned}
\tag{7.4.20}
$$

需要注意的是, 上式最后一步的推导较为复杂, 这里直接借用了文献 [40] 的结果, 对过程感兴趣的读者可以查阅该文献. 将式 (7.4.20) 代入式 (7.4.19) 中, 可得

$$
\begin{aligned}
\tilde{\rho}_{mn}=\sum_{\gamma pq\delta}&\left\{\mathrm{e}^{\mathrm{i}(E_q+E_n-E_m-E_p)t/(2\hbar)}\langle m|\gamma\rangle\langle\gamma|p\rangle\langle q|\delta\rangle\langle\delta|n\rangle\right.\\
&\left.\times\rho_{pq}(0)\mathrm{e}^{-\frac{B^2(t)}{4}(\lambda_\gamma-\lambda_\delta)^2+\mathrm{i}C(t)(\lambda_\gamma^2-\lambda_\delta^2)}\right\},
\end{aligned}
\tag{7.4.21}
$$

式中

$$
B^2(t)=8\sum_k\frac{|g_k|^2}{(\hbar\omega_k)^2}\sin^2\frac{\omega_kt}{2}\coth\frac{\hbar\beta\omega_k}{2},
\tag{7.4.22}
$$

$$
C^2(t)=\sum_k\frac{|g_k|^2}{(\hbar\omega_k)^2}(\omega_kt-\sin\omega_kt).
\tag{7.4.23}
$$

当库模的数目趋于无穷时, 利用式 (7.4.5) 可以将 (7.4.22) 和 (7.4.23) 两式中的有限求和转变为无限积分:

$$
B^2(t)=4\int_0^\infty\mathrm{d}\omega\frac{\alpha}{\omega}\mathrm{e}^{-\omega/\omega_\mathrm{c}}\sin^2\frac{\omega t}{2}\coth\frac{\hbar\beta\omega}{2},
\tag{7.4.24}
$$

$$
C^2(t)=\int_0^\infty\mathrm{d}\omega\frac{\alpha}{2\omega}\mathrm{e}^{-\omega/\omega_\mathrm{c}}(\omega t-\sin\omega t).
\tag{7.4.25}
$$

对于自旋库, 利用式 (7.4.3)~ 式 (7.4.6) 可将上面两式修正为

$$
B^2(t)=4\int_0^\infty\mathrm{d}\omega\frac{\alpha}{\omega}\mathrm{e}^{-\omega/\omega_\mathrm{c}}\tanh\frac{\hbar\beta\omega}{2}\sin^2\frac{\omega t}{2}\coth\frac{\hbar\beta\omega}{2},
\tag{7.4.26}
$$

$$
C^2(t)=\int_0^\infty\mathrm{d}\omega\frac{\alpha}{2\omega}\mathrm{e}^{-\omega/\omega_\mathrm{c}}\tanh\frac{\hbar\beta\omega}{2}(\omega t-\sin\omega t).
\tag{7.4.27}
$$

由于磁通量子比特系统已作了双态近似, 所以其约化密度矩阵应该仅有四项, 可表示为下面形式:

$$
\tilde{\rho}(t)=\begin{pmatrix}\tilde{\rho}_{11}(t) & \tilde{\rho}_{12}(t)\\ \tilde{\rho}_{21}(t) & \tilde{\rho}_{22}(t)\end{pmatrix},
\tag{7.4.28}
$$

式中

$$\begin{aligned}\tilde{\rho}_{21}^{*}(t)=\tilde{\rho}_{12}(t)&\\=&\frac{\Delta^2\mathrm{e}^{\mathrm{i}(E_2-E_1)t/(2\hbar)}}{(\eta_1\eta_2)^{1/2}}\left(\frac{\mu_1^4}{\eta_1^2}-\frac{\Delta^2\mu_1^2}{\eta_1^2}+\frac{\mu_1^4}{\eta_2^2}-\frac{\Delta^2\mu_2^2}{\eta_2^2}\right)[\mathrm{e}^{-B^2(t)}-1]\\&-\frac{\Delta^4\mathrm{e}^{\mathrm{i}(E_2-E_1)t/\hbar}}{(\eta_1\eta_2)^{3/2}}\times[\mathrm{e}^{-B^2(t)}(\mu_1^2+\mu_2^2)+2\Delta^2]\\&+\frac{2\Delta^6}{(\eta_1\eta_2)^{3/2}}[\mathrm{e}^{-B^2(t)}-1],\end{aligned}\tag{7.4.29}$$

式中, $\eta_1=(\varepsilon+\sqrt{\varepsilon^2+\Delta^2})^2+\Delta^2$, $\eta_2=(\varepsilon-\sqrt{\varepsilon^2+\Delta^2})^2+\Delta^2$, 并且已经假设磁通量子比特初始态 $\rho(0)=|0\rangle\langle0|$. 需要说明的是, 在式 (7.4.26) 的系统的约化密度矩阵中, 仅给出了非对角元项的表达式, 没有推导对角元项, 除了考虑到整个推导过程相当复杂、费时费力的因素外, 更为重要的是系统的退相干效应主要由非对角元项, 即所谓的干涉项来体现. 调节外加磁通 $\Phi_x=\dfrac{\Phi_0}{2}$使失谐参量 $\varepsilon=0$, 此时, 磁通量子比特的势函数存在简并的对称双势阱, 量子比特的两个最低能态为定域于每个势阱中的两个磁通态的对称和反对称叠加 [22]. 因此, 讨论 $\varepsilon=0$ 条件下量子比特的退相干问题具有一定的理论价值. 图 7.4.3 给出了分别与玻色库和自旋库相耦合的磁通量子比特系统约化密度矩阵的非对角元 $\tilde{\rho}_{12}(t)$ 的模随时间 t 的演化关系曲线. 设定 $\Delta=1.3788\times10^{-24}\mathrm{J}$[7], $E_{\mathrm{j}}=1.05255\times10^{21}\mathrm{J}$[17]. 图线清晰地表明, 由于和环境的耦合, 磁通量子比特的稳定相干受到了破坏, 而出现了一种有趣的现象 —— 相干性表现出谐振. 对于量子比特而言, 其稳定相干性对于信息的处理和

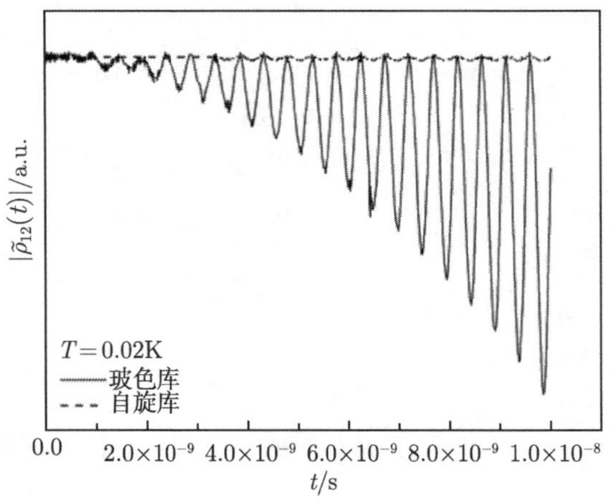

图 7.4.3　相应于玻色库和自旋库的约化密度矩阵非对角元项 $\tilde{\rho}_{12}(t)$ 的模 $|\tilde{\rho}_{12}(t)|$ 随时间 t 的演化关系曲线

存储是至关重要的，而相干谐振现象的出现恰好意味着量子比特相干性受到破坏. 相应于玻色库的 $|\tilde{\rho}_{12}(t)| \sim t$ 曲线随时间演化表现出剧烈的振荡行为，而自旋库的 $|\tilde{\rho}_{12}(t)| \sim t$ 曲线则变化较为平缓. 这一变化规律恰好与两种类型库的谱密度以及响应函数的变化规律一致.

参 考 文 献

[1] Srivastava Y, Widom A. Quantum electrodynamic processes in electrical engineering circuit. Phys. Rep., 1987, 148(1): 1-65.

[2] Devoret M H, Esteve D, Grabert H, et al. Effect of the electromagnetic environment on the coulomb blockade in ultrasmall tunnel junctions. Phys. Rev. Lett., 1990, 64(15): 1824-1827.

[3] Buot F A. Mesoscopic physics and nanoelectronics: Nanoscience and nanotechnology. Phys. Rep., 1993, 234: 73-174.

[4] Turchette Q A, Hood C J, Lange W, et al. Measurement of conditional phase shifts for quantum logic. Phys. Rev. Lett., 1995, 75(25): 4710-4713.

[5] Makhlin Y, Scöhon G, Shnirman A. Josephson-junction qubits with controlled couplings. Nature, 1999, 398: 305-307.

[6] Orlando T P, Mooij J E, Tian L, et al. Superconducting persistent-current qubit. Phys. Rev. B, 1999, 60(22): 15398-15413.

[7] Friedman J R, Patel V, Chen W, et al. Quantum superposition of distinct macroscopic states. Nature, 2000, 406: 43-46.

[8] Vandersypen L M K, Steffen M, Breyta G, et al. Experimental realization of Shor's quantum factoring algorithm using nuclear magnetic resonance. Nature, 2001, 414: 883-887.

[9] Yu Y, Han S, Chu X, et al. Coherent temporal oscillations of macroscopic quantum states in a Josephson junction. Science, 2002, 296: 889-892.

[10] Gulde S, Riebe M, Lancaster G P T, et al. Implementation of the Deutsch-Jozsa algorithm on an ion-trap quantum computer. Nature, 2003, 421: 48-50.

[11] Berkley A J, Xu H, Ramos R C, et al. Entangled macroscopic quantum states in two superconducting qubits. Science, 2003, 300: 1548-1550.

[12] Majer J B, Paauw F G, ter Haar A C J, et al. Spectroscopy on two coupled superconducting flux qubits. Phys. Rev. Lett., 2005, 94: 090501.

[13] Niskanen A O, Harrabi K, Yoshihara F, et al. Quantum coherent tunable coupling of superconducting qubits. Science, 2007, 316: 723-726.

[14] Yamamoto T, Watanabe M, You J Q, et al. Spectroscopy of superconducting charge qubits coupled by a Josephson inductance. Phys. Rev. B, 2008, 77: 064505.

[15] 于扬. 约瑟夫森器件中的宏观量子现象及超导量子计算. 物理, 2005, 34(8): 578-582.

[16] Srivastava Y, Widom A. Quantum electrodynamic processes in electrical engineering circuits. Phys. Rep., 1987, 148: 1-65.

[17] Makhlin Y, Schön G, Shnirman A. Quantum-state engineering with Josephson-junction devices. Rev. Mod. Phys., 2001, 73(2): 357-400.

[18] Goldman A M, Kreisman P J, Scalapino D J. Metastable current-carrying states of weakly coupled superconductors. Phys. Rev. Lett., 1965, 15(11): 495-499.

[19] Caldeira A O, Leggett A J. Quantum tunneling in a dissipative system. Ann. Phys., 1983, 149: 374-456.

[20] 毛广丰, 于扬. 基于约瑟夫森结器件的超导量子比特. 物理学进展, 2007, 26(1): 34-42.

[21] 黄昆. 固体物理学. 北京: 高等教育出版社, 1988.

[22] Devoret M H, Wallraff A, Martinis J M. Superconducting qubits: A short review. arXiv:cond-mat/0411174 v1, 2004.

[23] Mooij J E, Orlando T P, Levitov L, et al. Josephson persistent-current qubit. Science, 1999, 285: 1036-1039.

[24] Martinis J M, Nam S, Aumentado J, et al. Decoherence of a superconducting qubit due to bias noise. Phys. Rev. B, 2003, 67: 094510.

[25] Zagoskin A M, Ashhab S, Johansson J R, et al. Quantum two-level systems in Josephson junctions as naturally formed qubits. Phys. Rev. Lett., 2006, 97: 077001.

[26] Martinis J M, Devoret M H, Clarke J. Experimental tests for the quantum behavior of a macroscopic degree of freedom: The phase difference across a Josephson junction. Phys. Rev. B, 1987, 35(10): 4682-4698.

[27] Martinis J M, Devoret M H, Clarke J. Energy-level quantization in the zero-voltage state of a current-biased Josephson junction. Phys. Rev. Lett., 1985, 55(15): 1543-1546.

[28] Steffen M, Martinis J M, Chuang I L. Accurate control of Josephson phase qubits. Phys. Rev. B, 2003, 68: 224518.

[29] Fan H Y, Klauder J R. Eigenvectors of two particles' relative position and total momentum. Phys. Rev. A, 1994, 49(2): 704-707.

[30] 范洪义. 量子力学纠缠态表象及应用. 上海: 上海交通大学出版社, 2004.

[31] Feynman R P, Leighton R B, Sands M. The Feynman Lectures on Physics (Vol. III). New York: Addison-Wesley, 1965.

[32] Liang B L, Wang J S, Fan H Y. Cooper-pair number-phase quantization analysis in double-Josephson-junction mesoscopic circuit coupled by a capacitor. Chin. Phys. B, 2008, 17(2): 697-701.

[33] Meng X G, Wang J S, Liang B L. Modified Josephson equations for the mesoscopic *LC* circuit including two coupled Josephson junctions. J. Phys. A, 2008, 41(23): 235208.

[34] Nielsen M A, Chuang I L. Quantum Computation and Quantum Information. Cambridge: Cambridge University Press, 2000.

[35] Burkard G, Loss D, Divincenzo D P, et al. Physical optimization of quantum error correction circuits. Phys. Rev. B, 1999, 60: 11404-11416.

[36] Liang B L, Wang J S, Meng X G, et al. Quantum entanglement and control in a capacitively coupled SQUID-based charge qubit. Chin. Phys. B, 2010, 19(1): 010315.

[37] You J Q, Lam C H, Zheng H Z. Superconducting charge qubits: The roles of self and mutual inductances. Phys. Rev. B, 2001, 63: 180501.

[38] Kim M D, Cho S Y. Entanglement and Bell states in superconducting flux qubits. Phys. Rev. B, 2007, 75: 134514.

[39] Liang X T, Xiong Y J. Short-time decoherence of Josephson charge qubits. Physica B: Condensed Matter, 2005, 362: 243-248.

[40] Privman V. Initial decoherence of open quantum systems. J. Stat. Phys., 2003, 110: 957-970.

[41] Liang X T. Non-Markovian dynamics and phonon decoherence of a double quantum dot charge qubit. Phys. Rev. B, 2005, 72: 245328.

[42] Yoshihara F, Nakamura Y, Tsai J S. Correlated flux noise and decoherence in two inductively coupled flux qubits. Phys. Rev. B, 2010, 81: 132502.

[43] Catelani G, Nigg S E, Girvin S M, et al. Decoherence of superconducting qubits caused by quasiparticle tunneling. Phys. Rev. B, 2012, 86: 184514.

[44] Leggett A J, Chakravarty S, Dorsey A T, et al. Dynamics of the dissipative two-state system. Rev. Mod. Phys., 1987, 59(1): 1-85.

[45] Liang B L, Wang J S, Meng X G, et al. Decoherence dynamics of a flux qubit respectively coupled to a boson bath and a spin bath. Int. J. Mod. Phys. B, 2013, 27(24): 1350134.

[46] Weiss U. Quantum Dissipative System. Singapore: World Scientific, 1999.

[47] Makarov D E, Makri N. Path integrals for dissipative systems by tensor multiplication. Condensed phase quantum dynamics for arbitrarily long time. Chem. Phys. Lett., 1994, 221: 482-491.

[48] Feynman R P, Vernon F L. The theory of a general quantum system interacting with a linear dissipative system. Ann. Phys., 1963, 24: 118-173.

[49] Fedichkin L, Fedorov A, Privman V. Measures of decoherence. Proc. SPIE, 2003, 5105: 243-254.

[50] Sornborger A T, Stewart E D. Higher-order methods for simulations on quantum computers. Phys. Rev. A, 1999, 60(3): 1050-2947.

第 8 章　光场的非经典效应及常见非经典态

近年来, 伴随着量子信息科学的发展, 光场非经典态的理论研究及实验产生备受关注 [1−15], 因此, 理论上构造并在实验上产生具有新的非经典特性的量子态成为量子光学领域重要的研究课题. 与量子态相关的研究工作之所以备受关注, 主要原因有三个: 首先, 态矢 (或波函数) 完全描述一个微观体系的量子态, 当态矢 (或波函数) 确定以后, 任何时刻, 不但该体系的空间位置概率分布确定了, 而且关于体系的所有力学量 (包括速度、动量、角动量、能量等) 的概率分布也都确定了. 其次, 表象 (representation) 理论的发展需要构造各种新的量子态以便发现新的有价值的表象. 在希尔伯特空间 (Hilbert space) 中, 用狄拉克符号 $|\psi\rangle$ 表示某微观体系在该空间的态矢量, 另有算符 $\hat{A}$ 和矢量 $|\varphi\rangle$, 三者之间存在关系 $|\varphi\rangle = \hat{A}|\psi\rangle$, 这种表示方法尽管简洁明确, 适用于理论推导, 但是过于抽象, 不够具体. 为此, 狄拉克引入了表象概念, 即在希尔伯特空间中选定一组完备的基矢, 将态矢量和力学量算符向这组基矢进行投影分解, 得到具体的表示形式, 波函数便是抽象空间中的态矢量在某个具体表象中的表示. 针对不同的问题选取适当的表象进行求解可以达到事半功倍的效果, 而新表象的缺乏也使得对量子力学中某些问题的探讨变得异常困难. 所以, 构造新型的量子态以发现新的有价值的表象, 成为量子光学中的一个重要研究课题. 最后, 在量子光学和量子信息中, 光场的非经典特性一直以来很受关注, 因而, 在理论上构造并设法在实验中产生具有非经典特性的新型光场量子态成为量子光学中的又一个重要研究课题.

构造新型量子态的理论方案有很多, 其中最常见的理论方案有两种: 一是利用量子力学中的态叠加原理来构造新型量子态. 比如, 薛定谔猫态, 就是由两个或者多个截然不同的量子态的线性叠加所组成的新的叠加态. 二是将某个算符作用到一个已知参考态上来获取一个新的量子态. 比如, 人们所熟知的相干态就是通过将平移算符作用到真空态上产生的. 但新构造的量子态具有什么样的非经典特性? 与这些新量子态相应的矢量组是否具有完备性, 能否构成新的表象? 探讨这两个问题成为该领域研究课题的中心任务.

本章内容分为三节: 8.1 节介绍几种常见的光场非经典效应; 8.2 节介绍几种常见的非经典态并给出新型量子态的构造及研究方法.

8.1 光场非经典效应

光的量子理论的诞生应追溯到 Planck-Einstein 时代, 但直到 1960 年激光器问世前, 在光学研究上并没有更多的新现象、新概念出现. 20 世纪 60 年代初, 激光器的问世完全改变了这个局面, 迎来了量子光学蓬勃发展的新时代 [16,17]. 1997 年度的诺贝尔物理学奖授予激光冷却原子的发明者朱棣文等 [18,19], 是这一领域当时发展情景的标志. 当今, 量子光学的研究已触及量子力学本身许多基本问题, 其中所用到的一些基本原理和基本方法对量子计算与量子信息的迅速发展起到了极大的促进作用, 所以它的进展就更加引人注目.

由于光场从本质上讲属于量子光场, 所以应该具有某些纯属于量子特征的性质, 这些性质是经典理论所无法解释的, 谓之非经典效应. 目前, 实验上已经证实量子光场主要存在三种类型的非经典效应, 即压缩效应 (squeezed effect)、亚泊松分布 (sub-Poisson distribution) 和反聚束效应 (antibunching effect)[20].

8.1.1 压缩效应

压缩效应是光场典型的非经典效应. 在量子力学中, 光场的每一个模式都可以等效为一个量子简谐振子, 于是, 一个单模量子化光场的电场强度算符可表示为 [21]

$$\hat{E}(\boldsymbol{r},t)=\mathrm{i}\sqrt{\frac{\hbar\omega}{2\varepsilon_0 V}}\boldsymbol{e}_k\left\{\hat{a}\exp[\mathrm{i}(\boldsymbol{k}\cdot\boldsymbol{r}-\omega t)]-\hat{a}^+\exp[-\mathrm{i}(\boldsymbol{k}\cdot\boldsymbol{r}-\omega t)]\right\}, \tag{8.1.1}$$

式中, ω 为单模光场的频率; ε_0 为真空介电常量; V 为腔体的体积, 这里假设光场被限定于体积为 V 的腔体中; $\boldsymbol{e}_k$ 为光场的极化单位矢量, 描述光场的偏振方向, 其与波矢 $\boldsymbol{k}$ 正交; $\hat{a}^+(\hat{a})$ 为光场的产生 (湮灭) 算符, 满足对易关系: $[\hat{a},\hat{a}^+]=1$. 需要注意的是, 鉴于光场与原子发生相互作用时电场分量扮演重要角色, 这里就不再讨论其磁场分量部分.

用 $\hat{q}$ 和 $\hat{p}$ 分别表示单模谐振子场的坐标算符和动量算符, 其与 $\hat{a}^+$ 和 $\hat{a}$ 有如下确定关系:

$$\hat{q}=\sqrt{\frac{\hbar}{2m\omega}}(\hat{a}^++\hat{a}),\quad \hat{p}=\mathrm{i}\sqrt{\frac{m\omega\hbar}{2}}(\hat{a}^+-\hat{a}), \tag{8.1.2}$$

式中, m 为 "谐振子" 质量; ω 为相应单模光场的频率. 为了描述光场的压缩程度, 引入厄米算符 $\hat{X}$ 和 $\hat{Y}$, 其满足 [21,22]

$$\hat{X}_1\equiv\sqrt{\frac{m\omega}{2\hbar}}\hat{q}=\frac{\hat{a}+\hat{a}^+}{2},\quad \hat{X}_2\equiv\sqrt{\frac{1}{2m\omega\hbar}}\hat{p}=\frac{\hat{a}-\hat{a}^+}{2\mathrm{i}}. \tag{8.1.3}$$

可见, $\hat{X}_1$ 和 $\hat{X}_2$ 为一对相位正交算符. 利用 $\hat{X}_1$ 和 $\hat{X}_2$ 可将式 (8.1.1) 所给的电场强

度算符 $\hat{E}(\boldsymbol{r},t)$ 重写为

$$\hat{E}(\boldsymbol{r},t)=-2\sqrt{\frac{\hbar\omega}{2\varepsilon_0 V}}\boldsymbol{e}_k[\hat{X}_1\sin(\boldsymbol{k}\cdot\boldsymbol{r}-\omega t)+\hat{X}_2\cos(\boldsymbol{k}\cdot\boldsymbol{r}-\omega t)], \tag{8.1.4}$$

由此可知, $\hat{X}_1$ 和 $\hat{X}_2$ 为电场强度算符 $\hat{E}(\boldsymbol{r},t)$ 中两个相位正交的振幅算符, 二者满足对易关系

$$[\hat{X}_1,\hat{X}_2]=\frac{\mathrm{i}}{2}. \tag{8.1.5}$$

按照海森伯不确定原理, 由式 (8.1.3) 可得 $\hat{X}_1$ 和 $\hat{X}_2$ 的量子均方涨落之积, 即不确定关系,

$$(\Delta X_1)^2(\Delta X_2)^2\geqslant\frac{1}{16}, \tag{8.1.6}$$

式中

$$(\Delta X_l)^2=\left\langle\hat{X}_l^2\right\rangle-\left\langle\hat{X}_l\right\rangle^2\quad(l=1,2). \tag{8.1.7}$$

若光场处于相干态 $|\alpha\rangle$, 由式 (8.1.3) 容易得到 $\hat{X}_1$ 和 $\hat{X}_2$ 的量子均方涨落值

$$\begin{aligned}(\Delta X_1)^2&=\left\langle\hat{X}_1^2\right\rangle-\left\langle\hat{X}_1\right\rangle^2=\langle\alpha|\left(\frac{\hat{a}+\hat{a}^+}{2}\right)^2|\alpha\rangle-\langle\alpha|\frac{\hat{a}+\hat{a}^+}{2}|\alpha\rangle^2\\&=\frac{\langle\alpha|\hat{a}^2+\hat{a}^{+2}+2\hat{a}^+\hat{a}+1|\alpha\rangle}{4}-\frac{\langle\alpha|\hat{a}+\hat{a}^+|\alpha\rangle^2}{4}\\&=\frac{(\alpha^2+\alpha^{*2}+2\alpha^*\alpha+1)}{4}-\frac{(\alpha+\alpha^*)^2}{4}=\frac{1}{4},\end{aligned} \tag{8.1.8}$$

$$(\Delta X_2)^2=\left\langle\hat{X}_2^2\right\rangle-\left\langle\hat{X}_2\right\rangle^2=\langle\alpha|(\frac{\hat{a}-\hat{a}^+}{2\mathrm{i}})^2|\alpha\rangle-\langle\alpha|\frac{\hat{a}-\hat{a}^+}{2\mathrm{i}}|\alpha\rangle^2=\frac{1}{4}. \tag{8.1.9}$$

可见, 相干态为光场振幅算符 $\hat{X}_1$ 和 $\hat{X}_2$ 的最小不确定态, 在该态下算符 $\hat{X}_1$ 和 $\hat{X}_2$ 的量子均方涨落相同, 其值与相干态的本征值 α 无关, 这就意味着光场振幅算符对任何相干态的量子均方涨落都相同. 这一点易于理解, 真空态光场下振幅算符 $\hat{X}_1$ 和 $\hat{X}_2$ 存在起伏, 而相干态是通过对真空态作了一个平移操作而实现的, 即 $|\alpha\rangle=\hat{D}(\alpha)|0\rangle$, 而在平移操作过程中, 光场振幅算符的量子涨落保持不变.

若存在一光场, 其某一相位正交算符分量的均方量子涨落满足

$$(\Delta X_l)^2<\frac{1}{4}, \tag{8.1.10}$$

则为了满足式 (8.1.6) 的不确定关系, 其另一正交分量的均方量子涨落必大于 $1/4$. 这就是说, 在该光场中, 某一正交分量的均方量子涨落可以小于相干态 $|\alpha\rangle$ 中相应分量的量子涨落, 这种减小是以光场的另一正交分量的量子涨落大于其在相干态中的量子涨落为代价的, 这种效应被称为压缩效应, 相应的量子态即为光场的压缩态.

文献 [22] 将压缩概念进行了推广, 引入与式 (8.1.3) 不同的光场的另一对正交算符, 即

$$\hat{Y}_1=\frac{\hat{a}\mathrm{e}^{-\mathrm{i}\varphi}+\hat{a}^{+}\mathrm{e}^{\mathrm{i}\varphi}}{2},\quad \hat{Y}_2=\frac{\hat{a}\mathrm{e}^{-\mathrm{i}\varphi}-\hat{a}^{+}\mathrm{e}^{\mathrm{i}\varphi}}{2\mathrm{i}}. \tag{8.1.11}$$

对于任意 φ 角, $\hat{Y}_1$ 和 $\hat{Y}_2$ 都满足对易关系:

$$[\hat{Y}_1,\hat{Y}_2]=\frac{\mathrm{i}}{2} \tag{8.1.12}$$

及不确定关系

$$\left\langle(\Delta Y_1)^2\right\rangle\left\langle(\Delta Y_2)^2\right\rangle\geqslant\frac{1}{16}. \tag{8.1.13}$$

容易导出

$$\begin{aligned}\left\langle(\Delta Y_l)^2\right\rangle=&\frac{(-1)^{l+1}}{4}\left\{\left[\left\langle\hat{a}^2\right\rangle-\langle\hat{a}\rangle^2\right]\mathrm{e}^{-2\phi\mathrm{i}}+\left[\left\langle\hat{a}^{+2}\right\rangle-\left\langle\hat{a}^{+}\right\rangle^2\right]\mathrm{e}^{2\phi\mathrm{i}}\right.\\&\left.+2(-1)^l\left\langle\hat{a}^{+}\right\rangle\langle\hat{a}\rangle+(-1)^{l+1}\left[2\left\langle\hat{a}^{+}\hat{a}\right\rangle+1\right]\right\}\quad(l=1,2).\end{aligned} \tag{8.1.14}$$

若存在某一光场, 使得 $\left\langle(\Delta Y_l)^2\right\rangle$ 对所有 $\varphi(\varphi\in[0,2\pi])$ 取极小值 $\left\langle(\Delta\hat{Y}_l)^2\right\rangle_{\min}<1/4$ ($l=1$ 或者 2), 就表示光场具有压缩效应, 为非经典光场. 如果采用正规乘积形式, 可定义描述光场压缩程度的公式为 [22]

$$S_{\mathrm{opt}}\equiv\left\langle:(\Delta\hat{Y}_l)^2:\right\rangle=\left\langle(\Delta\hat{Y}_l)^2\right\rangle-\frac{1}{4}. \tag{8.1.15}$$

当 S_{opt} 在范围 $[-1/4,0)$ 内取值时, 表示光场有压缩效应. 特别地, 当 $S_{\mathrm{opt}}=-1/4$ 时, 光场的压缩效应最强. 若对任意的 $\hat{Y}_l$, 皆有 $S_{\mathrm{opt}}\geqslant 0$, 表示光场无压缩效应.

光场的压缩效应是通过比相干态还要低的噪声分量来体现光场非经典特性的, 这对于揭示光场的物理本质具有重要意义. 另外, 具有这一量子效应的压缩态光场被广泛应用于诸多领域, 比如, 高保真度的量子通信、超低噪声的光通信、量子非破坏性测量和光学精密测量等领域 [23,24].

8.1.2 亚泊松分布

相干态光场的光子数分布呈现泊松统计分布 (Poisson statistical distribution), Mandel 为了表征光场的光子数分布偏离泊松分布的程度, 率先引入了 Q 参量, 其定义为 [25]

$$Q=\frac{\left\langle\hat{a}^{+2}\hat{a}^2\right\rangle}{\left\langle\hat{a}^{+}\hat{a}\right\rangle}-\left\langle\hat{a}^{+}\hat{a}\right\rangle. \tag{8.1.16}$$

当 $Q=0$ 时, 该种类型光场的光子数分布为泊松分布; 当 $Q>0$ 时, 光子数分布比泊松分布要宽, 称为超泊松分布; 而当 $Q<0$ 时, 光子数分布比泊松分布更

窄, 称为亚泊松分布, 具有该种分布的光场被称为非经典光场, 其光子数涨落小于平均光子数. 亚泊松光场所揭示出的这种特殊的光子统计性质, 不仅进一步深化了人们对光的量子本质的认识, 具有重要的理论价值; 还由于这种光场光子数涨落极低, 而在光通信、引力波探测、超弱信号检测以及生命系统的超弱光子辐射等研究领域显示出了十分广阔的应用前景.

由式 (8.1.16) 可知, 对于所有粒子数态 $|n\rangle$, $Q=-1$, 可见粒子数态的非经典性质最显著. 但需要注意的是, 光子数分布呈现亚泊松分布 ($Q<0$) 只是光场是否具有非经典性质的一个充分而非必要条件, 即使光场呈现超泊松分布 ($Q>0$), 光场仍旧可能具有非经典性.

8.1.3　反聚束效应

利用光子复合计数技术可以测量光场的二阶相干度 $g^{(2)}$, 其定义为 [21]

$$g^{(2)}(\tau)=\frac{\left\langle :\hat{I}(t)\hat{I}(t+\tau):\right\rangle}{\left\langle \hat{I}(t)\right\rangle\left\langle \hat{I}(t+\tau)\right\rangle}, \tag{8.1.17}$$

式中, $\hat{I}$ 为光场强度算符; “: :” 代表正规排序; τ 为两束光的时空延迟. 比如, 对于频率为 ω 的单模光场, 其二阶相干度可由式 (8.1.17) 获得

$$g^{(2)}(\tau)=\frac{\langle\hat{a}^{+}(t)\hat{a}^{+}(t+\tau)\hat{a}(t+\tau)\hat{a}(t)\rangle}{\langle\hat{a}^{+}(t)\hat{a}(t)\rangle\langle\hat{a}^{+}(t+\tau)\hat{a}(t+\tau)\rangle}, \tag{8.1.18}$$

一般情况下, 它描述的是不同时刻 t 和 $t+\tau$, 空间某点处的单模光场的强度相干程度. 而对于频率分别为 ω_1 和 ω_2 的双模光场, 二阶相干度则为

$$g_{12}^{(2)}(\tau)=\frac{\left\langle\hat{a}_1^{+}(t)\hat{a}_2^{+}(t+\tau)\hat{a}_2(t+\tau)\hat{a}_1(t)\right\rangle}{\left\langle\hat{a}_1^{+}(t)\hat{a}_1(t)\right\rangle\left\langle\hat{a}_2^{+}(t+\tau)\hat{a}_2(t+\tau)\right\rangle}, \tag{8.1.19}$$

显然, $g_{12}^{(2)}(\tau)$ 为模间相干度, 它描述的是光场空间某点处双模光场的第一模 (由算符 $\hat{a}_1^{+}$ 和 $\hat{a}_1$ 描述) 与另一模 (由算符 $\hat{a}_2^{+}$ 和 $\hat{a}_2$ 描述) 的光场强度相干程度. 若 $g_{12}^{(2)}(\tau)>1$, 表明光场中的光子趋于成对出现, 该现象称为光子的聚束 (群聚) 效应, 这是一种经典效应. 混沌光场 (即热光场) 具有聚束效应. 若 $g_{12}^{(2)}(\tau)=1$, 表明光场中光子分布呈现随机现象, 无聚束效应. 相干态光场无聚束效应. 若 $g_{12}^{(2)}(\tau)<1$, 表明光场中的光子彼此有着某种排斥作用, 两光子同时到达空间某点的概率变小, 该现象称为反聚束效应. 这是一种非经典效应, 它是光的量子本质的反映. 对这一非经典效应的理解可以借助 HBT 实验 [21]. 另外, 理论研究表明, 对于单模光场在瞬态过程中, 其反聚束效应和亚泊松分布是等价的 [20,26].

综上所述, 如果一个光场具有压缩效应、亚泊松分布或者反聚束效应等, 则称该种类型光场为非经典光场, 否则为经典光场. 但是, 一般情况下, 一个非经典光场是不可能同时具有以上全部非经典效应的.

8.2 常见非经典态

前面讲到, 人们从理论上构造新型量子态的动机, 一方面是为了考察光场可能展现出的非经典特性, 并为实验上产生这种量子态提供指导; 另一方面, 可以发现一些新的有价值的表象来丰富量子光学中的表象理论. 新型量子态的构造是基于一些常见量子态的, 这些量子态主要有: 光场粒子数算符 $\hat{N}=\hat{a}^{+}\hat{a}$ 的本征态 —— 粒子数态、光场湮灭算符 $\hat{a}$ 的本征态 —— 相干态、与光场压缩算符直接相关的压缩态和描述光场的混合态 —— 热态. 依这些量子态为参考态进行相应的操作可以获取大量新的量子态. 下面就简要回顾上面提到的几种常见量子态以及近些年来人们基于这几种量子态所构造的一些新型量子态.

8.2.1 粒子数态

对于频率为ω的一维线性量子简谐振子光场, 其能量算符为$\mathscr{H}=\hbar\omega\left(\hat{a}^{+}\hat{a}+\dfrac{1}{2}\right)$, 式中 $\hat{N}\equiv\hat{a}^{+}\hat{a}$ 为粒子数算符. 粒子数态又称为 Fock 态, 为 $\hat{N}$ 的本征态, 即满足本征方程

$$\hat{N}\left|n\right\rangle=\hat{a}^{+}\hat{a}\left|n\right\rangle=n\left|n\right\rangle, \tag{8.2.1}$$

$$\mathscr{H}\left|n\right\rangle=\hbar\omega\left(\hat{a}^{+}\hat{a}+\frac{1}{2}\right)\left|n\right\rangle=\hbar\omega\left(n+\frac{1}{2}\right)\left|n\right\rangle=E_{n}\left|n\right\rangle. \tag{8.2.2}$$

当 $n=0$ 时, 称系统处于真空态 (基态), 此时体系仍有零点能 $\hbar\omega$.

算符 $\hat{a}^{+}$ 和 $\hat{a}$ 满足方程

$$\hat{a}^{+}\left|n\right\rangle=\sqrt{n+1}\left|n+1\right\rangle,\quad \hat{a}\left|n\right\rangle=\sqrt{n}\left|n-1\right\rangle. \tag{8.2.3}$$

上面两式表明, 算符 $\hat{a}^{+}$ 的作用是使系统由具有 n 个光子的量子态 $|n\rangle$ 转化为具有 $n+1$ 个光子的量子态 $|n+1\rangle$, 所以称 $\hat{a}^{+}$ 为光子的产生算符. 相反, 算符 $\hat{a}$ 的作用是使系统由具有 n 个光子的量子态 $|n\rangle$ 转化为具有 $n-1$ 个光子的量子态 $|n-1\rangle$, 故称 $\hat{a}$ 为光子的湮灭算符. 所以, 采用粒子数态描述光场时, 可以明显地揭示出光场粒子性. 利用产生算符 $\hat{a}^{+}$ 可以把粒子数态 $|n\rangle$ 表示为

$$\left|n\right\rangle=\frac{\hat{a}^{+n}}{\sqrt{n!}}\left|0\right\rangle. \tag{8.2.4}$$

粒子数态 $|n\rangle$ 之间满足正交归一关系

$$\left\langle n\left|m\right.\right\rangle=\delta_{nm}. \tag{8.2.5}$$

$|n\rangle$ 的集合 $\{|n\rangle\}$ 满足完备性关系

$$\sum_{n=0}^{\infty} |n\rangle \langle n| = I, \tag{8.2.6}$$

这意味着 $\{|n\rangle\}$ 在 Hilbert 空间中构成一个正交完备的表象. 利用这个表象, 可将描述光场的一般量子态 $|\Phi\rangle$ 展开为

$$|\Phi\rangle = \sum_{n} |n\rangle \langle n| \Phi\rangle = \sum_{n} \langle n| \Phi\rangle |n\rangle = \sum_{n} C_n |n\rangle, \tag{8.2.7}$$

式中, C_n 为展开系数, 其模方 $|C_n|^2 = |\langle n| \Phi\rangle|^2$ 表示光场处于粒子数态 $|n\rangle$ 的概率.

8.2.2 相干态

在量子光场中, 光子数 n 对应光场的强度, 反映的是光的粒子性, 而相位决定光场的状态, 反映的是光的波动性, 两者不可能同时具有确定的值. 在用粒子数态 $|n\rangle$ 描述的单模光场中, 光子数 n 有确定值, 而相位则不确定. 而用相干态描述光场时, 相位有近似确定的值, 而光子数则具有较大的不确定度. 相干态是由 Glauber 等系统地建立起来的 [27−29]. 理论上把相干态定义为非厄米算符 $\hat{a}$ 的本征态矢:

$$\hat{a}\,|\alpha\rangle = \alpha\,|\alpha\rangle\,, \tag{8.2.8}$$

式中, 由于 $\hat{a}$ 为非厄米算符, 故 α 为复数.

1. 相干态 $|\alpha\rangle$ 的表示

在完备基矢集 $\{|n\rangle\}$ 下, 可把相干态 $|\alpha\rangle$ 表示为

$$|\alpha\rangle = \sum_{n} |n\rangle \langle n\,|\alpha\rangle = \sum_{n} C_n(\alpha)\,|n\rangle, \tag{8.2.9}$$

式中, 系数 $C_n(\alpha) = \langle n\,|\alpha\rangle$ 为 $|n\rangle$ 和 $|\alpha\rangle$ 之间的变换函数, 其模方 $|C_n(\alpha)|^2$ 对应在相干态光场中处于 n 个频率为 ω 的光子数态 $|n\rangle$ 的概率. 系数 $C_n(\alpha)$ 的确定需要用到递推法, 如下:

$$\hat{a}\,|\alpha\rangle = \alpha\,|\alpha\rangle = \sum_{n=1}^{\infty} C_n(\alpha)\sqrt{n}\,|n-1\rangle = \sum_{n=0}^{\infty} \alpha C_n(\alpha)\,|n\rangle. \tag{8.2.10}$$

需要注意的是, 上式中第一个求和当 $n=0$ 时量子态 $|-1\rangle$ 并不存在, 所以该求和是从 $n=1$ 开始的, 对该求和作代换 $n \to n+1$, 可得

$$\sum_{n=0}^{\infty} C_{n+1}(\alpha)\sqrt{n+1}\,|n\rangle = \sum_{n=0}^{\infty} \alpha C_n(\alpha)\,|n\rangle, \tag{8.2.11}$$

将上式左乘 $\langle m|$, 并利用粒子数态的正交归一关系 $\langle m \mid n\rangle = \delta_{mn}$, 可得递推关系:

$$C_{n+1}(\alpha)\sqrt{n+1} = \alpha C_n(\alpha). \tag{8.2.12}$$

显然,

$$C_1(\alpha) = \alpha C_0/\sqrt{1}, \tag{8.2.13}$$

$$C_2(\alpha) = \alpha^2 C_0/\sqrt{2!}, \tag{8.2.14}$$

$$C_3(\alpha) = \alpha^3 C_0/\sqrt{3!}. \tag{8.2.15}$$

可见

$$C_n(\alpha) = \alpha^n C_0/\sqrt{n!}. \tag{8.2.16}$$

把式 (8.2.16) 代入式 (8.2.9), 则有

$$|\alpha\rangle = C_0 \sum_{n=0}^{\infty} \frac{\alpha^n}{\sqrt{n!}} |n\rangle. \tag{8.2.17}$$

由量子态函数的归一化条件可以确定 C_0, 即

$$\begin{aligned}\langle\alpha\,|\alpha\rangle = 1 &= |C_0|^2 \sum_{n=0}^{\infty}\sum_{m=0}^{\infty} \frac{\alpha^{*n}}{\sqrt{m!}}\frac{\alpha^n}{\sqrt{n!}}\langle m\,|n\rangle \\ &= |C_0|^2 \sum_{n=0}^{\alpha} \frac{|\alpha|^{2n}}{n!} = |C_0|^2 \exp(|\alpha|^2),\end{aligned} \tag{8.2.18}$$

于是

$$C_0 = \exp(-|\alpha|^2/2), \tag{8.2.19}$$

将式 (8.2.19) 代入式 (8.2.17), 即可得到相干态 $|\alpha\rangle$ 的表达式

$$|\alpha\rangle = \exp(-|\alpha|^2/2) \sum_{n=0}^{\infty} \frac{\alpha^n}{\sqrt{n!}} |n\rangle. \tag{8.2.20}$$

注意到

$$|n\rangle = \frac{\hat{a}^{+^n}}{\sqrt{n!}} |0\rangle\,, \tag{8.2.21}$$

相干态亦可表示为

$$\begin{aligned}|\alpha\rangle &= \exp(-|\alpha|^2/2) \sum_{n=0}^{\infty} \frac{(\alpha\hat{a}^+)^n}{n!} |0\rangle \\ &= \exp(-|\alpha|^2/2) \exp(\alpha\hat{a}^+) |0\rangle\,.\end{aligned} \tag{8.2.22}$$

引进平移算符

$$\hat{D}(\alpha)=\exp(\alpha\hat{a}^{+}-\alpha^{*}\hat{a}), \tag{8.2.23}$$

并利用算符关系式:$e^{\hat{A}+\hat{B}}=e^{\hat{A}}e^{\hat{B}}e^{-[\hat{A},\hat{B}]/2}$, 可得

$$\hat{D}(\alpha)\left|0\right\rangle=\exp(\alpha\hat{a}^{+}-\alpha^{*}\hat{a})\left|0\right\rangle=\exp(-\left|\alpha\right|^{2}/2)\exp(\alpha\hat{a}^{+})\left|0\right\rangle, \tag{8.2.24}$$

可见, 相干态亦可认为是真空态 $|0\rangle$ 的平移态.

2. 相干态 $|\alpha\rangle$ 的性质

不具备正交性. 证明如下:

$$\begin{aligned}\langle\beta|\,\alpha\rangle&=\exp\left[-\frac{1}{2}(|\alpha|^{2}+|\beta|^{2})\right]\sum_{m=0}^{\infty}\sum_{n=0}^{\infty}\frac{\beta^{*^{m}}}{\sqrt{m!}}\frac{\alpha^{n}}{\sqrt{n!}}\langle m\,|n\rangle\\&=\exp\left[-\frac{1}{2}(|\alpha|^{2}+|\beta|^{2})\right]\sum_{n=0}^{\infty}\frac{(\alpha\beta^{*})^{n}}{n!}\\&=\exp\left[-\frac{1}{2}(|\alpha|^{2}+|\beta|^{2})+\alpha\beta^{*}\right].\end{aligned} \tag{8.2.25}$$

当 $\alpha=\beta$ 时, 有 $\langle\alpha|\,\alpha\rangle=1$; 但当 $\alpha\neq\beta$ 时, $|\langle\beta|\,\alpha\rangle|^{2}=\exp[-\left|\alpha-\beta\right|^{2}]\neq0$. 可见, 相干态不具有正交性.

具备超完备性. 证明如下:

$$\begin{aligned}\int|\alpha\rangle\,\langle\alpha|\,\frac{d^{2}\alpha}{\pi}&=\sum_{n=0}^{\infty}\sum_{m=0}^{\infty}|n\rangle\,\langle m|\,\frac{1}{\pi\sqrt{n!m!}}\int\exp(-\left|\alpha\right|^{2})\alpha^{*m}\alpha^{n}d^{2}\alpha\\&=\sum_{n=0}^{\infty}\sum_{m=0}^{\infty}|n\rangle\,\langle m|\,\frac{1}{\pi\sqrt{n!m!}}\int e^{-r^{2}}r^{m+n+1}dr\int e^{i(n-m)}d\theta\\&=\sum_{n=0}^{\infty}\sum_{m=0}^{\infty}|n\rangle\,\langle m|\,\frac{1}{\pi\sqrt{n!m!}}\int2\pi e^{-r^{2}}r^{m+n+1}\delta_{n,m}dr\\&=\sum_{n=0}^{\infty}|n\rangle\,\langle n|\,\frac{1}{n!}\int e^{-\xi}\xi^{n}d\xi\\&=\sum_{n=0}^{\infty}|n\rangle\,\langle n|\,\frac{1}{n!}n!=\hat{I}.\end{aligned} \tag{8.2.26}$$

式中, $\hat{I}$ 为单位算符, 这就证明了相干态满足超完备性. 值得注意的是, 式 (8.2.26) 的积分遍及整个复平面, $\alpha=x+iy=re^{i\theta}$, $d^{2}\alpha=dxdy=rdrd\theta$, $\xi=r^{2}$.

相干态为最小不确定态. 在相干态中, 坐标算符和动量算符的量子涨落分别为

$$\left\langle(\Delta\hat{q})^{2}\right\rangle=\left\langle\hat{q}^{2}\right\rangle-\left\langle\hat{q}\right\rangle^{2}=\langle\alpha|\,\frac{\hbar}{2m\omega}(\hat{a}^{+}+\hat{a})^{2}\,|\alpha\rangle-\frac{\hbar}{2m\omega}\,\langle\alpha|\,(\hat{a}^{+}+\hat{a})\,|\alpha\rangle^{2}$$

$$
\begin{aligned}
&= \frac{\hbar}{2m\omega}\langle\alpha|\,\hat{a}^{+2}+2\hat{a}^{+}\hat{a}+1+\hat{a}^{2}\,|\alpha\rangle-\frac{\hbar}{2m\omega}\langle\alpha|\,(\hat{a}^{+}+\hat{a})\,|\alpha\rangle^{2}\\
&= \frac{\hbar}{2m\omega}\langle\alpha|\,\alpha^{*2}+2\alpha^{*}\alpha+1+\alpha^{2}\,|\alpha\rangle-\frac{\hbar}{2m\omega}\langle\alpha|\,(\alpha^{*}+\alpha)\,|\alpha\rangle^{2}\\
&= \frac{\hbar}{2m\omega},
\end{aligned}
\tag{8.2.27}
$$

$$
\left\langle(\Delta\hat{p})^{2}\right\rangle=\left\langle\hat{p}^{2}\right\rangle-\left\langle\hat{p}\right\rangle^{2}=\frac{m\omega\hbar}{2}. \tag{8.2.28}
$$

由此可得

$$
\langle\Delta q\rangle\,\langle\Delta p\rangle=\frac{\hbar}{2}. \tag{8.2.29}
$$

式 (8.2.29) 表明, 在相干态中, 动量算符和坐标算符所满足的不确定关系取得最小值, 显然, 相干态为最小不确定态. 由于不确定关系划分了经典理论和量子理论的界限, 可见, 相干态是在量子理论范围内最大限度接近于经典的量子态. 正是由于相干态具有以上性质, 对于相干态的理论与应用研究引起了人们的极大关注 [1,30,31].

8.2.3 *f*-谐振子非线性相干态

f-谐振子的湮灭和产生算符分别定义为 [7,32,33]

$$
\hat{A}=\hat{a}f(\hat{n})=f(\hat{n}+1)\hat{a}, \tag{8.2.30}
$$

$$
\hat{A}^{+}=f^{+}(\hat{n})\hat{a}^{+}=\hat{a}^{+}f^{+}(\hat{n}+1), \tag{8.2.31}
$$

式中, $\hat{a}$ 为量子简谐振子的湮灭算符; f 为厄米数算符 $\hat{n}=\hat{a}^{+}\hat{a}$ 的算符函数, 且有

$$
[\hat{n},\hat{A}]=-\hat{A},\quad [\hat{n},\hat{A}^{+}]=\hat{A}^{+}. \tag{8.2.32}
$$

利用关系式 [7]

$$
\hat{A}=\sum_{n=0}^{\infty}\sqrt{n}f(n)\,|n-1\rangle\,\langle n|,\quad \hat{A}^{+}=\sum_{n=0}^{\infty}\sqrt{n}f^{*}(n)\,|n\rangle\,\langle n-1|, \tag{8.2.33}
$$

容易得到

$$
[\hat{A},\hat{A}^{+}]=(n+1)f^{2}(n+1)-nf^{2}(n), \tag{8.2.34}
$$

这里选取 f 为非负的实函数并且取 $f^{+}(n)=f(n)$.

f-谐振子非线性相干态 (简称 f- 相干态)$|\alpha,f\rangle$ 定义为算符 $\hat{A}$ 的本征态, 即

$$
\hat{A}\,|\alpha,f\rangle=\alpha\,|\alpha,f\rangle\,. \tag{8.2.35}
$$

式中, α 为复参数; 在粒子数表象 (Fock 空间) 中, $|\alpha,f\rangle$ 表示为

$$
|\alpha,f\rangle=C_{f}\sum_{n=0}^{\infty}\frac{\alpha^{n}}{\sqrt{n!}f(n)!}\,|n\rangle, \tag{8.2.36}
$$

式中, C_f 为归一化系数, 表示为

$$C_f = \left\{ \sum_{n=0}^{\infty} \frac{|\alpha|^{2n}}{n![f(n)!]^2} \right\}^{-1/2} = [e_f(|\alpha|^2)]^{-1/2}, \tag{8.2.37}$$

$$f(n)! = f(n)f(n-1)\cdots f(1)f(0), \quad f(0) = 1. \tag{8.2.38}$$

显然, 若选取不同的函数 $f(n)$, 将得到不同形式的 f-谐振子非线性相干态.

2000 年, Roy 等 [34,35] 引入了 f-谐振子的一种新的湮灭和产生算符:

$$\hat{B} = \hat{a}\frac{1}{f(\hat{N})}, \quad \hat{B}^+ = \frac{1}{f(\hat{N})}\hat{a}^+, \tag{8.2.39}$$

式中, $\hat{N} = \hat{a}^+\hat{a}$ 为粒子数算符. 容易证明, 算符 $\hat{A}$ 和 $\hat{B}$ 满足下面的对易关系:

$$[\hat{A}, \hat{B}^+] = [\hat{B}, \hat{A}^+] = 1. \tag{8.2.40}$$

与 f-谐振子非线性相干态 $|\alpha, f\rangle$ 的定义相类似, 他们定义了另外一种非线性相干态 $|\beta, f\rangle$, 即湮灭算符 $\hat{B}$ 的本征态, 在粒子数表象中, $|\beta, f\rangle$ 表示为

$$|\beta, f\rangle = N_f \sum_{n=0}^{\infty} \frac{\beta^n f(n)!}{\sqrt{n!}} |n\rangle, \tag{8.2.41}$$

$$N_f = \left\{ \sum_{n=0}^{\infty} \frac{|\beta|^{2n} [f(n)!]^2}{n!} \right\}^{-1/2}, \tag{8.2.42}$$

式中, β 为复参数. $|\beta, f\rangle$ 又称为 Roy- 型非线性相干态 (Roy-type nonlinear coherent states).

8.2.4 奇偶非线性相干态

与通常的奇偶相干态的定义相类似, 按照 Mancini[36] 的定义, 奇 (偶) 非线性相干态是 f-谐振子非线性相干态 $|\alpha, f\rangle$ 的反对称 (对称) 组合:

$$|\alpha, f\rangle_{\mp} = N_{\mp}(|\alpha, f\rangle \mp |-\alpha, f\rangle), \tag{8.2.43}$$

式中, “−” 号对应奇非线性相干态; “+” 号对应偶非线性相干态 (下同); $N_{\mp}$ 为归一化系数. 利用归一化条件 $_{\mp}\langle \alpha, f/\alpha, f\rangle_{\mp} = 1$, 可以得归一化系数为

$$N_{\mp} = \left\{ 2 \mp 2C_f^2 \sum_{n=0}^{\infty} \frac{(-|\alpha|^2)^n}{n![f(n)!]^2} \right\}^{-1/2}. \tag{8.2.44}$$

易于证明, 由式 (8.2.43) 所定义的这两个态为算符 $\hat{A}^2$ 的两个正交归一本征态, 即

$$\hat{A}^2 |\alpha, f\rangle_{\mp} = \alpha^2 |\alpha, f\rangle_{\mp}. \tag{8.2.45}$$

在粒子数表象中, 可将奇偶非线性相干态表示成为 [36]

$$|\alpha, f\rangle_{\mp} = N_{\mp} C_f \sum_{n=0}^{\infty} \frac{\alpha^n \mp (-\alpha)^n}{\sqrt{n!} f(n)!} |n\rangle, \tag{8.2.46}$$

式中, C_f 由式 (8.2.37) 定义.

8.2.5 压缩态

一般地, 在某个量子态光场中, 若描述光场的两相位正交分量算符中某一个分量的量子涨落小于相干态中相应分量的量子涨落, 则这种量子态就被称为光场的压缩态. 理论上, 压缩态可以由压缩算符 $\hat{S}(\xi)$ 和平移算符 $\hat{D}(\alpha)$ 连续作用在真空态上产生.

文献 [37] 借助坐标本征态 $|q\rangle$ 导出了单模压缩算符的具体形式. 如下:

$$\begin{aligned}
S_1(\mu) &\equiv \int_{-\infty}^{+\infty} \frac{\mathrm{d}q}{\sqrt{\mu}} \left| \frac{q}{\mu} \right\rangle \langle q| \\
&= \int_{-\infty}^{+\infty} \frac{\mathrm{d}q}{\sqrt{\pi\mu}} \exp\left(-\frac{q^2}{2\mu^2} + \sqrt{2}\frac{q}{\mu}\hat{a}^+ - \frac{1}{2}\hat{a}^{+2} \right) |0\rangle \langle 0| \\
&\quad \times \exp\left(-\frac{q^2}{2} + \sqrt{2}q\hat{a} - \frac{1}{2}\hat{a}^2 \right) \\
&= \int_{-\infty}^{+\infty} \frac{\mathrm{d}q}{\sqrt{\pi\mu}} \exp\left(-\frac{q^2}{2\mu^2} + \sqrt{2}\frac{q}{\mu}\hat{a}^+ - \frac{1}{2}\hat{a}^{+2} \right) \times : \mathrm{e}^{-\hat{a}^+\hat{a}} : \\
&\quad \times \exp\left(-\frac{q^2}{2} + \sqrt{2}q\hat{a} - \frac{1}{2}\hat{a}^2 \right) \\
&= \int_{-\infty}^{+\infty} \frac{\mathrm{d}q}{\sqrt{\pi\mu}} : \exp\left[-\frac{q^2}{2}\left(1 + \frac{1}{\mu^2}\right) + \sqrt{2}q\left(\frac{\hat{a}^+}{\mu} + \hat{a}\right) - \frac{1}{2}\left(\hat{a} + \hat{a}^+\right)^2 \right] :,
\end{aligned} \tag{8.2.47}$$

为简便起见, 式中已令 $\hbar = m = \omega = 1$(自然单位). 将 $\hat{a}$、$\hat{a}^+$ 视为参数, 借助 IWOP 技术对式 (8.2.47) 积分, 可得到

$$S_1(\mu) = \mathrm{sech}^{1/2}\lambda : \exp\left[-\frac{\hat{a}^{+2}}{2}\tanh\lambda + (\mathrm{sech}\lambda - 1)\hat{a}^+\hat{a} + \frac{\hat{a}^2}{2}\tanh\lambda \right] :, \tag{8.2.48}$$

式中, $\mathrm{e}^{\lambda} = \mu$, $\mathrm{sech}\lambda = \dfrac{2\mu}{1+\mu^2}$, $\tanh\lambda = \dfrac{\mu^2 - 1}{\mu^2 + 1}$. 在式 (8.2.48) 的积分结果中, 含有符号 “: :”. 要想去掉 “: :”, 引入下面的算符恒等式:

$$\mathrm{e}^{\lambda\hat{a}^+\hat{a}} = \sum_{n=0}^{\infty} \mathrm{e}^{\lambda\hat{a}^+\hat{a}} |n\rangle \langle n| = \sum_{n=0}^{\infty} \mathrm{e}^{\lambda n} \frac{\hat{a}^{+n}}{\sqrt{n!}} |0\rangle \langle 0| \frac{\hat{a}^n}{\sqrt{n!}}$$

$$= \sum_{n=0}^{\infty} : \frac{1}{n!}(\mathrm{e}^{\lambda}\hat{a}^{+}\hat{a})^{n}\mathrm{e}^{-\hat{a}^{+}\hat{a}} :=: \exp[(\mathrm{e}^{\lambda}-1)\hat{a}^{+}\hat{a}] :, \tag{8.2.49}$$

利用式 (8.2.49), 可去掉式 (8.2.48) 等号右边的 “: :” 号, 如下:

$$\hat{S}_1(\mu) = \exp\left(-\frac{\hat{a}^{+2}}{2}\tanh\lambda\right)\exp\left[\left(\hat{a}^{+}\hat{a}+\frac{1}{2}\right)\ln\mathrm{sech}\lambda\right]\times\exp\left(\frac{\hat{a}^{2}}{2}\tanh\lambda\right), \tag{8.2.50}$$

此即单模压缩算符. 显然, 压缩算符 $\hat{S}_1(\mu)$ 具有幺正性, 即

$$\hat{S}_1^{+}(\mu) = \hat{S}_1^{-1}(\mu). \tag{8.2.51}$$

将 $\hat{S}_1(\mu)$ 作用于真空态 $|0\rangle$, 即可得到单模压缩真空态, 即

$$\hat{S}_1(\mu)\,|0\rangle = \mathrm{sech}^{1/2}\lambda\exp\left(-\frac{\hat{a}^{+2}}{2}\tanh\lambda\right)|0\rangle\,. \tag{8.2.52}$$

将压缩算符 $\hat{S}_1(\mu)$ 和平移算符 $\hat{D}(\alpha)$ 同时作用于 $|0\rangle$ 即可得到单模压缩相干态, 即

$$\begin{aligned}\hat{S}_1(\mu)\hat{D}(\alpha)\,|0\rangle &= \hat{S}_1(\mu)\,|\alpha\rangle \\ &= \exp\left(-\frac{\hat{a}^{+2}}{2}\tanh\lambda\right)\exp\left[\left(\hat{a}^{+}\hat{a}+\frac{1}{2}\right)\ln\mathrm{sech}\lambda\right] \\ &\quad\times\exp\left(\frac{\hat{a}^{2}}{2}\tanh\lambda\right)\exp[\alpha\hat{a}^{+}-\alpha^{*}\hat{a}]\,|0\rangle\,,\end{aligned} \tag{8.2.53}$$

对比 (8.2.52) 和 (8.2.53) 两式可知, 压缩真空态是压缩相干态在平移参量 $\alpha=0$ 时的特例.

8.2.6　热态

以上介绍的几种常见量子态皆是纯态, 它们都可以用希尔伯特空间的一个矢量来描写的, 相应态矢量由光场的量子性质完全确定. 而对于处于混沌态的光场, 由于其内部信息并不完全为人所知, 也就无法像纯态光场那样可以使用纯态矢量来描写, 只能采用密度算符, 即

$$\rho = \sum_i P_i\,|\psi_i\rangle\,\langle\psi_i|\,, \tag{8.2.54}$$

式中, $|\psi_i\rangle$ 为归一化的纯态矢量; P_i 为光场处于纯态 $|\psi_i\rangle$ 的概率, 具有经典统计性质.

单模热态光场为处于混沌态的光场, 可由一处于热平衡态的单模腔体产生, 腔体辐射的光子处于粒子数态矢集 $\{|n\rangle\}$ 的概率满足玻尔兹曼分布, 即

$$P_n = \frac{\exp[-n\hbar\omega/(k_{\mathrm{B}}T)]}{\sum\limits_{n}^{\infty}\exp[-n\hbar\omega/(k_{\mathrm{B}}T)]} = \left[1-\exp\left(-\frac{\hbar\omega}{k_{\mathrm{B}}T}\right)\right]\exp\left(\frac{-n\hbar\omega}{k_{\mathrm{B}}T}\right), \tag{8.2.55}$$

式中, T 为腔体的热平衡温度; k_B 为玻尔兹曼常量; ω 单模腔体辐射的光子的频率. 则热态光场的密度算符为

$$\begin{aligned}\rho_{\mathrm{th}} &= \sum_n^{\infty}\left[1-\exp\left(-\frac{\hbar\omega}{k_\mathrm{B}T}\right)\right]\exp\left(\frac{-n\hbar\omega}{k_\mathrm{B}T}\right)|n\rangle\langle n| \\ &= \left[1-\exp\left(-\frac{\hbar\omega}{k_\mathrm{B}T}\right)\right]\sum_n^{\infty}\exp\left(\frac{-\hbar\omega}{k_\mathrm{B}T}\hat{a}^+\hat{a}\right)|n\rangle\langle n| \\ &= \left[1-\exp\left(-\frac{\hbar\omega}{k_\mathrm{B}T}\right)\right]\exp\left(\frac{-\hbar\omega}{k_\mathrm{B}T}\hat{a}^+\hat{a}\right),\end{aligned} \tag{8.2.56}$$

式中利用了完备性关系:$\sum_n^{\infty}|n\rangle\langle n|=1$.

8.2.7 新型量子态的构造及研究方法

前面提到从理论上构造新型量子态并对它的性质展开研究这一领域备受关注, 纵观相关研究工作, 可以将这一领域的理论研究思路总结如下: 首先, 根据研究问题的需要在已知量子态上进行操作, 如压缩、平移、增减光子等操作; 其次, 验证新构造量子态的完备性或超完备性, 若满足完备性或超完备性关系, 则新构造的量子态矢集可以作为一个新的表象; 再次, 借助 Q 函数、P 函数、Wigner 函数或者光学 Tomogram 来讨论所构造量子态的特性; 最后, 探索新构造量子态的实验产生方案.

参 考 文 献

[1] Klauder J R, Skagerstam B S. Coherent States—Applications in Physics and Mathematical Physics. Singapore: World Scientific, 1985.

[2] 范洪义. 相干态及其若干应用. 物理学进展, 1987, 7(2): 215-246.

[3] Xia Y J, Guo G C. Nonclassical properties of even and odd coherent states. Phys. Lett. A, 1989, 136(6): 281-283.

[4] Sun J Z, Wang J S, Wang C K. Orthonormalized eigenstates of cubic and higher-powers of the annihilation operator. Phys. Rev. A, 1991, 44(5): 3369-3372.

[5] Sun J Z, Wang J S, Wang C K. Generation of orthonormalized eigenstates of the operator a^k(for $k\geqslant 3$) from coherent states and their higher-order squeezing. Phys. Rev. A, 1992, 46(3): 1700-1702.

[6] Sun J Z, Wang J S. Modification of the completeness relation of the eigenstates of the operator a^k. Phys. Rev. A, 1995, 52(3): 2483-2484.

[7] Man'ko V I, Marmo G, Sudarshan E C G, et al. f-oscillators and nonlinear coherent states. Physica Scripta, 1997, 55(5): 528~541.

[8] Roy B, Roy P. Phase distribution of nonlinear coherent states. J. Opt. B: Quantum Semiclass. Opt., 1999, 1(3): 341-344.

[9] Kis Z, Vogel W, Davidovich L. Nonlinear coherent states of trapped-atom motion. Phys. Rev., 2001, 64(3): 033401.

[10] Wang J S, Feng J, Zhan M S. Quantum statistical properties of orthonormalized eigenstates of the operator $(\hat{a}f(\hat{n}))^k$. J. Phys. B: At. Mol. Opt. Phys., 2002, 35(11): 2411-2421.

[11] Wang J S, Feng J, Gao Y F, et al. New even and odd nonlinear coherent states and their nonclassical properties. Int. J. Theor. Phys., 2003, 42(1): 89-98.

[12] Wang J S, Liu T K, Feng J, et al. Quantum statistical properties of k-quantum nonlinear coherent states. Commun. Theor. Phys., 2004, 42(3): 419-424.

[13] Wang J S, Meng X G. The nonlinear squeezed one-photon states and their nonclassical properties. Chin. Phys., 2007, 16(8): 2422-2427.

[14] Meng X G, Wang J S, Liang B L. A new finite-dimensional pair coherent state studied by virtue of the entangled state representation and its statistical behavior. Opt. Commun., 2010, 283: 4025-4031.

[15] Meng X G, Wang J S, Zhang X Y, et al. New parameterized entangled state representation and its applications. J. Phys. B, 2011, 44(16): 165506/1-6.

[16] Knight P L, Allen L. Concepts of Quantum Optics. Oxford: Pergamon Press, 1983.

[17] Scully M O, Zubairy M S. Quantum Optics. New York: Cambridge University Press, 1997.

[18] Chu S, Hallberg L, Bjorkholm J E, et al. Three-dimensional viscous confinement and cooling of atoms by resonance radiation pressure. Phys. Rev. Lett., 1985, 55(1): 48-51.

[19] Chu S, Bjorkholm J E, Ashkin A. Experimental observation of optically trapped atoms. Phys. Rev. Lett., 1986, 57(3): 314-317.

[20] 郭光灿, 王善祥, 范洪义. 光场的非经典效应及其相互关系. 量子电子学报, 1987, 4(1): 1-7.

[21] 彭金生, 李高翔. 近代量子光学导论. 北京: 科学出版社, 1996.

[22] Orszag M. Quantum Opitcs. Berlin Heidelberg: Springer-Verlag, 2008.

[23] Pezzé L, Smerzi A. Entanglement, nonlinear dynamics, and the Heisenberg limit. Phys. Rev. Lett., 2009, 102(10): 100401.

[24] Pezzé L, Smerzi A. Phase sensitivity of a Mach-Zehnder interferometer. Phys. Rev. A, 2006, 73(1): 011801.

[25] Mandel L. Sub-Poissonian photon statistics in resonance fluorescence. Opt. Lett., 1979, 4(7): 205-207.

[26] Teich M C, Saleh B E A, Stoler D. Antibunching in the Franck-Hertz experiment. Opt. Commun., 1983, 46(3,4): 244-248.

[27] Glauber R J. The quantum theory of optical coherence. Phys. Rev., 1963, 130(6): 2529-2539.

[28] Glauber R J. Coherent and incoherent states of the radiation field. Phys. Rev., 1963, 131(6): 2766-2788.

[29] Glauber R J, Sudarshan E C G. Fundamentals of Quantum Optics. New York: Benjamin, 1968.

[30] Perelomov A M. Generalized Coherent States and Their Applications. Berlin: Springer, 1986.

[31] Zhang W M, Feng D H, Gilmore R. Coherent states: Theory and some applications. Rev. Mod. Phys., 1990, 62(4):867-927.

[32] Mancini S. Even and odd nonlinear coherent states. Phys. Lett. A, 1997, 233: 291-296.

[33] Sivakumar S. Even and odd nonlinear coherent states. Phys. Lett. A, 1998, 250: 257-262.

[34] Roy B, Roy P. New of nonlinear coherent states and some of their nonclassical properties. J. Opt. B: Quantum Semiclass. Opt., 2000, 2(1): 65-68.

[35] Roy B, Roy P. Phase properties of a new nonlinear coherent state. J. Opt. B: Quantum Semiclass. Opt., 2000, 2(4): 505-509.

[36] Mancini S. Even and odd nonlinear coherent states. Phys. Lett. A, 1997, 233(4-6): 291-296.

[37] 范洪义. 量子力学表象与变换论. 上海: 上海科学技术出版社, 1997.

附录　常用特殊公式

以下给出的是本书所涉及的研究工作中经常用到的特殊公式, 这些公式大部分取自于文献 [范洪义. 量子力学表象与变换论. 上海: 上海科学技术出版社, 1997], 因推导过程稍显繁杂, 这里略去过程仅给出结论, 以方便查阅使用.

1. 积分:

$$I=\int_{-\infty}^{\infty}\exp(-x^2)\mathrm{d}x=\sqrt{\pi};\quad I=\int_{0}^{\infty}\exp(-x^2)\mathrm{d}x=\frac{\sqrt{\pi}}{2}.$$

2. 积分:

$$\begin{aligned}&\Gamma(n)=\int_0^\infty \mathrm{e}^{-x}x^{n-1}\mathrm{d}x=(n-1)\Gamma(n-1),\\&\Gamma(1)=\int_0^\infty \mathrm{e}^{-x}\mathrm{d}x=1,\\&\Gamma\left(\frac{1}{2}\right)=\int_0^\infty \mathrm{e}^{-x}x^{-\frac{1}{2}}\mathrm{d}x=\sqrt{\pi},\end{aligned}$$

当 n 为正整数时

$$\Gamma(n)=(n-1)!,\quad \Gamma\left(n+\frac{1}{2}\right)=\left(n-\frac{1}{2}\right)\left(n-\frac{3}{2}\right)\cdots\frac{1}{2}\cdot\sqrt{\pi}.$$

3. 积分:

$$\begin{aligned}&I(n)=\int_0^\infty\exp(-\alpha x^2)x^n\mathrm{d}x=-\frac{\partial}{\partial\alpha}I(n-2)\ (n\text{是零或正整数}),\\&I(0)=\frac{\sqrt{\pi}}{2\alpha^{1/2}},\quad I(1)=\frac{1}{2\alpha},\quad I(2)=\frac{\sqrt{\pi}}{4\alpha^{3/2}},\\&I(3)=\frac{1}{2\alpha^2},\quad I(4)=\frac{3\sqrt{\pi}}{8\alpha^{5/2}},\quad I(5)=\frac{1}{\alpha^3}.\end{aligned}$$

4. 级数展开:

$$\frac{x^{n-1}}{\mathrm{e}^x-1}=\sum_{k=1}^{\infty}x^{n-1}\mathrm{e}^{-kx},\quad \frac{x}{\mathrm{e}^x+1}=\sum_{k=1}^{\infty}(-1)^{k-1}x\mathrm{e}^{-kx}.$$

5. Glauber 公式:

$$\mathrm{e}^{\hat{A}+\hat{B}}=\mathrm{e}^{\hat{A}}\mathrm{e}^{\hat{B}}\mathrm{e}^{-\hat{C}/2}=\mathrm{e}^{\hat{B}}\mathrm{e}^{\hat{A}}\mathrm{e}^{\hat{C}/2},\text{式中}\hat{C}=[\hat{A},\ \hat{B}].$$

6. 算符公式:

$$e^{\hat{A}}\hat{B}e^{-\hat{A}}=\hat{B}+[\hat{A},\ \hat{B}]+\frac{1}{2!}[\hat{A},\ [\hat{A},\ \hat{B}]]+\frac{1}{3!}[\hat{A},[\hat{A},\ [\hat{A},\ \hat{B}]]]+\cdots.$$

7. 单下标厄米多项式:

$$H_n(q)=e^{q^2/2}\left(q-\frac{d}{dq}\right)^n e^{-q^2/2}$$

或

$$H_n(q)=e^{q^2}\left(-\frac{d}{dq}\right)^n e^{-q^2}=\sum_{k=0}^{[n/2]}\frac{(-)^k n!}{k!(n-2k)!}(2q)^{n-2k},$$

式中 $\left[\frac{n}{2}\right]$ 为不大于 $\frac{n}{2}$ 的最大整数.

单下标厄米多项式的母函数公式:

$$\sum_{n=0}^{\infty}\frac{H_n(q)}{n!}t^n=\exp(2qt-t^2);$$

单下标厄米多项式积分公式:

$$\int_{-\infty}^{\infty}dxe^{-\frac{(x-y)^2}{2f}}H_n(x)=(2\pi f)^{1/2}(1-2f)^{n/2}H_n[y(1-2f)^{-1/2}];$$

单下标厄米多项式公式:

$$2^{n/2}H_n\left(\sqrt{2}x\right)=\sum_{r=0}^{n}\begin{pmatrix}n\\r\end{pmatrix}H_r(x)H_{n-r}(x).$$

单下标算符厄米多项式的母函数公式:

$$\sum_{n=0}^{\infty}\frac{H_n(\hat{q})}{n!}t^n=\sum_{n=0}^{\infty}\frac{(2t)^n:\hat{q}^n:}{n!}=:e^{2t\hat{q}}:=\exp(2\hat{q}t-t^2);$$

双下标厄米多项式:

$$H_{m,n}(\zeta,\zeta^*)=\sum_{l=0}^{\min(m,n)}\frac{m!n!}{l!(m-l)!(n-l)!}(-1)^l\zeta^{m-l}\zeta^{*^{n-l}};$$

双下标厄米多项式的生成函数:

$$\sum_{m,n=0}^{\infty}\frac{t^m t'^n}{m!n!}H_{m,n}(\zeta,\zeta^*)=\exp(-tt'+t\zeta+t'\zeta^*);$$

则有 $H_{m,n}(\zeta,\zeta^*)=\dfrac{\partial^{n+m}}{\partial t^m\partial t'^n}\exp(-tt'+t\zeta+t'\zeta^*)|_{t=t'=0}$.

双变量厄米多项式:

$$H_{n,n'}(x,y)=\sum_{l=0}\frac{(-1)^l n!n'!}{l!(n-l)!(n'-l)!}x^{n-l}y^{n'-l}.$$

8. 单模真空态投影算符的正规乘积形式:

$$|0\rangle\langle 0|=:\mathrm{e}^{-\hat{a}^+\hat{a}}:;$$

双模真空态投影算符的正规乘积形式:

$$|00\rangle\langle 00|=:\mathrm{e}^{(-\hat{a}_1^+\hat{a}_1-\hat{a}_2^+\hat{a}_2)}:.$$

9. 算符公式:

$$\begin{aligned}\mathrm{e}^{\lambda\hat{a}^+\hat{a}}&=\sum_{n=0}^{\infty}\mathrm{e}^{\lambda n}|n\rangle\langle n|=\sum_{n=0}^{\infty}\mathrm{e}^{\lambda n}\frac{\hat{a}^{+n}}{\sqrt{n!}}|0\rangle\langle 0|\frac{\hat{a}^n}{\sqrt{n!}}\\&=\sum_{n=0}^{\infty}:\frac{1}{n!}(\mathrm{e}^{\lambda}\hat{a}^+\hat{a})^n\mathrm{e}^{-\hat{a}^+\hat{a}}:=:\exp[(\mathrm{e}^{\lambda}-1)\hat{a}^+\hat{a}]:.\end{aligned}$$

10. 算符公式:

$$\mathrm{e}^{g\hat{a}^{+2}}\hat{a}=(\hat{a}-2g\hat{a}^+)\mathrm{e}^{g\hat{a}^{+2}},\quad \mathrm{e}^{g\hat{a}^{+2}}\hat{a}^2=(\hat{a}^2+4g^2\hat{a}^{+2}-4g\hat{a}^+\hat{a}-2g)\mathrm{e}^{g\hat{a}^{+2}}.$$

11. 湮灭算符和产生算符乘积的正规序编序公式:

$$\begin{aligned}\hat{a}^n\hat{a}^{+m}&=\int\frac{\mathrm{d}^2z}{\pi}z^n z^{*m}:\exp(-|z|^2+z\hat{a}^++z^*\hat{a}-\hat{a}^+\hat{a}):\\&=\sum_{l=0}^{\min(n,m)}\frac{m!n!\hat{a}^{+(m-l)}\hat{a}^{n-l}}{l!(m-l)!(n-l)!};\end{aligned}$$

湮灭算符和产生算符的 e 指数函数乘积正规序编序公式:

$$\begin{aligned}\mathrm{e}^{f\hat{a}^2}\mathrm{e}^{g\hat{a}^{+2}}&=\int\frac{\mathrm{d}^2z}{\pi}\mathrm{e}^{fz^2}|z\rangle\langle z|\mathrm{e}^{gz^{*2}}\\&=\int\frac{\mathrm{d}^2z}{\pi}:\exp(-|z|^2+z\hat{a}^++z^*\hat{a}+fz^2+gz^{*2}-\hat{a}^+\hat{a}):\\&=\frac{1}{\sqrt{1-4fg}}\exp[g\hat{a}^{+2}/(1-4fg)]\\&\quad\times\exp[-\hat{a}^+\hat{a}\ln(1-4fg)]\exp[f\hat{a}^2/(1-4fg)],\end{aligned}$$

此式积分的收敛条件: $\mathrm{Re}(\zeta+f+g)<0$, $\mathrm{Re}\left(\dfrac{\zeta^2-4fg}{\zeta+f+g}\right)<0$ 中使 $\zeta=-1$.

12. 算符公式:

$$\mathrm{e}^{\lambda}\sum_{l=0}^{\infty}\frac{(1-\mathrm{e}^{\lambda})^l}{l!}\hat{a}^l\hat{a}^{+l}=\mathrm{e}^{\lambda}\int\frac{\mathrm{d}^2z}{\pi}:\exp(-\mathrm{e}^{\lambda}|z|^2+z\hat{a}^++z^*\hat{a}-\hat{a}^+\hat{a}):$$
$$=:\exp[(\mathrm{e}^{-\lambda}-1)\hat{a}^+\hat{a}]:=\mathrm{e}^{-\lambda\hat{a}^+\hat{a}}.$$

13. 积分公式:

$$\int\frac{\mathrm{d}^2z}{\pi}\mathrm{e}^{\zeta|z|^2+\xi z+\eta z^*+fz^2+gz^{*2}}=\frac{1}{\sqrt{\zeta^2-4fg}}\mathrm{e}^{\frac{-\zeta\xi\eta+\xi^2g+\eta^2f}{\zeta^2-4fg}},$$

其收敛条件是: $\mathrm{Re}(\zeta+f+g)<0, \mathrm{Re}\left(\dfrac{\zeta^2-4fg}{\zeta+f+g}\right)<0$

或者 $\mathrm{Re}(\zeta-f-g)<0$, $\mathrm{Re}\left(\dfrac{\zeta^2-4fg}{\zeta-f-g}\right)<0$;

$$\int\frac{\mathrm{d}^2z}{\pi}f(z^*)\mathrm{e}^{\zeta|z|^2+cz}=-\frac{1}{\zeta}f\left(-\frac{c}{\zeta}\right),\ \mathrm{Re}\zeta<0,$$
$$\int\frac{\mathrm{d}^2z}{\pi}z^mz^{*n}\mathrm{e}^{\zeta|z|^2}=\delta_{m,n}m!(-1)^{m+n}\zeta^{-(m+1)},\ \mathrm{Re}\zeta<0.$$

14. 算符公式:

$$\begin{aligned}\mathrm{e}^{\lambda\hat{a}^{+2}\hat{a}}&=\int\frac{\mathrm{d}^2z}{\pi}\mathrm{e}^{\lambda\hat{a}^{+2}\hat{a}}\mathrm{e}^{z\hat{a}^+}\mathrm{e}^{-\lambda\hat{a}^{+2}\hat{a}}|0\rangle\langle z|\,\mathrm{e}^{-\frac{|z|^2}{2}}\\&=\int\frac{\mathrm{d}^2z}{\pi}:\exp[-|z|^2+z\hat{a}^+(1+\lambda\hat{a}^++\cdots+\lambda^n\hat{a}^{+n}\cdots)+z^*\hat{a}-\hat{a}^+\hat{a}]:\\&=:\exp[\lambda\hat{a}^+\hat{a}(1+\lambda\hat{a}^++\cdots+\lambda^n\hat{a}^{+n}+\cdots):;\end{aligned}$$

$$\begin{aligned}\hat{a}^n\mathrm{e}^{v\hat{a}^{+2}}&=\int\frac{\mathrm{d}^2z}{\pi}z^n|z\rangle\langle z|\,\mathrm{e}^{v\hat{a}^{*2}}\\&=\int\frac{\mathrm{d}^2z}{\pi}:\exp(-|z|^2+z\hat{a}^++z^*\hat{a}+vz^{*2}-\hat{a}^+\hat{a})z^n:\\&=\mathrm{e}^{v\hat{a}^{+2}}\sum_{k=0}^{[n/2]}\frac{n!v^k}{k!(n-2k)!}:(2v\hat{a}^++\hat{a})^{n-2k}:;\end{aligned}$$

$$\begin{aligned}\hat{a}^mD(\alpha)\hat{a}^{+n}&=\int\frac{\mathrm{d}^2z}{\pi}(\alpha+z)^m|\alpha+z\rangle\langle z|\,z^{*n}\mathrm{e}^{\frac{1}{2}(z^*\alpha-z\alpha^*)}\\&=\int\frac{\mathrm{d}^2z}{\pi}\sum_{l=0}^{m}\begin{pmatrix}m\\l\end{pmatrix}z^l\alpha^{m-l}z^{*n}:\mathrm{e}^{-|z|^2+z(\hat{a}^+-\alpha^*)+z^*\hat{a}+\alpha\hat{a}^+-\frac{1}{2}|\alpha|^2-\hat{a}^+\hat{a}}:\\&=\sum_{l=0}^{m}\begin{pmatrix}m\\l\end{pmatrix}\alpha^{m-l}:\mathrm{e}^{-\frac{1}{2}|\alpha|^2}\times\sum_{k=0}^{\min(l,n)}\frac{l!n!\,(\hat{a}^+-\alpha^*)^{n-k}\,\hat{a}^{l-k}}{k!(l-k)!(n-k)!}\mathrm{e}^{\alpha\hat{a}^+-\alpha^*\hat{a}}:;\end{aligned}$$

式中, $\begin{pmatrix} m \\ l \end{pmatrix} = \dfrac{m!}{(m-l)!l!}$.

15. 拉盖尔多项式的级数展开:

$$L_n^{\rho}(x) = \sum_{l=0}^{n} (-1)^l \begin{pmatrix} n+\rho \\ n-l \end{pmatrix} \frac{x^l}{l!};$$

伴随拉盖尔多项式的级数展开:

$$L_n^{(\rho)}(x) = \sum_{k=0}^{n} \begin{pmatrix} n+\rho \\ n-k \end{pmatrix} \frac{1}{k!}(-x)^k;$$

其母函数:

$$(1+\beta)^m \mathrm{e}^{-\beta x} = \sum_{n=0}^{\infty} L_n^{(m-n)}(x)\beta^n.$$

16. 泊松积分公式:

$$\begin{aligned} &\int_0^{2\pi}\int_0^{\pi} f(m\sin\theta\cos\phi + n\sin\theta\sin\phi + k\cos\theta)\sin\theta\mathrm{d}\theta\mathrm{d}\phi \\ =&2\pi\int_{-1}^{1} f(\mu\sqrt{m^2+n^2+k^2})\mathrm{d}\mu, \quad m^2+n^2+k^2>0. \end{aligned}$$

索　引

其他

《现代物理基础丛书》已出版书目

（按出版时间排序）

1. 现代声学理论基础	马大猷 著	2004.03
2. 物理学家用微分几何（第二版）	侯伯元，侯伯宇 著	2004.08
3. 数学物理方程及其近似方法	程建春 编著	2004.08
4. 计算物理学	马文淦 编著	2005.05
5. 相互作用的规范理论（第二版）	戴元本 著	2005.07
6. 理论力学	张建树，等 编著	2005.08
7. 微分几何入门与广义相对论（上册·第二版）	梁灿彬，周彬 著	2006.01
8. 物理学中的群论（第二版）	马中骐 著	2006.02
9. 辐射和光场的量子统计	曹昌祺 著	2006.03
10. 实验物理中的概率和统计（第二版）	朱永生 著	2006.04
11. 声学理论与工程应用	何 琳 等 编著	2006.05
12. 高等原子分子物理学（第二版）	徐克尊 著	2006.08
13. 大气声学（第二版）	杨训仁，陈宇 著	2007.06
14. 输运理论（第二版）	黄祖洽 著	2008.01
15. 量子统计力学（第二版）	张先蔚 编著	2008.02
16. 凝聚态物理的格林函数理论	王怀玉 著	2008.05
17. 激光光散射谱学	张明生 著	2008.05
18. 量子非阿贝尔规范场论	曹昌祺 著	2008.07
19. 狭义相对论（第二版）	刘 辽 等 编著	2008.07
20. 经典黑洞与量子黑洞	王永久 著	2008.08
21. 路径积分与量子物理导引	侯伯元 等 著	2008.09
22. 量子光学导论	谭维翰 著	2009.01
23. 全息干涉计量——原理和方法	熊秉衡，李俊昌 编著	2009.01
24. 实验数据多元统计分析	朱永生 编著	2009.02
25. 微分几何入门与广义相对论(中册·第二版)	梁灿彬，周彬 著	2009.03
26. 中子引发轻核反应的统计理论	张竞上 著	2009.03

27. 工程电磁理论	张善杰 著	2009.08
28. 微分几何入门与广义相对论(下册·第二版)	梁灿彬, 周彬 著	2009.08
29. 经典电动力学	曹昌祺 著	2009.08
30. 经典宇宙和量子宇宙	王永久 著	2010.04
31. 高等结构动力学(第二版)	李东旭 著	2010.09
32. 粉末衍射法测定晶体结构(第二版·上、下册)	梁敬魁 编著	2011.03
33. 量子计算与量子信息原理	Giuliano Benenti 等 著	
——第一卷：基本概念	王文阁, 李保文 译	2011.03
34. 近代晶体学(第二版)	张克从 著	2011.05
35. 引力理论(上、下册)	王永久 著	2011.06
36. 低温等离子体	B. M. 弗尔曼, И. M. 扎什京 编著	
——等离子体的产生、工艺、问题及前景	邱励俭 译	2011.06
37. 量子物理新进展	梁九卿，韦联福 著	2011.08
38. 电磁波理论	葛德彪，魏 兵 著	2011.08
39. 激光光谱学	W. 戴姆特瑞德 著	
——第1卷：基础理论	姬 扬 译	2012.02
40. 激光光谱学	W. 戴姆特瑞德 著	
——第2卷：实验技术	姬 扬 译	2012.03
41. 量子光学导论(第二版)	谭维翰 著	2012.05
42. 中子衍射技术及其应用	姜传海, 杨传铮 编著	2012.06
43. 凝聚态、电磁学和引力中的多值场论	H. 克莱纳特 著	
	姜 颖 译	2012.06
44. 反常统计动力学导论	包景东 著	2012.06
45. 实验数据分析(上册)	朱永生 著	2012.06
46. 实验数据分析(下册)	朱永生 著	2012.06
47. 有机固体物理	解士杰, 等 著	2012.09
48. 磁性物理	金汉民 著	2013.01
49. 自旋电子学	翟宏如, 等 编著	2013.01
50. 同步辐射光源及其应用(上册)	麦振洪, 等 著	2013.03
51. 同步辐射光源及其应用(下册)	麦振洪, 等 著	2013.03

52. 高等量子力学	汪克林　著	2013.03
53. 量子多体理论与运动模式动力学	王顺金　著	2013.03
54. 薄膜生长（第二版）	吴自勤，等　著	2013.03
55. 物理学中的数学方法	王怀玉　著	2013.03
56. 物理学前沿——问题与基础	王顺金　著	2013.06
57. 弯曲时空量子场论与量子宇宙学	刘　辽，黄超光　著	2013.10
58. 经典电动力学	张锡珍，张焕乔　著	2013.10
59. 内应力衍射分析	姜传海，杨传铮　编著	2013.11
60. 宇宙学基本原理	龚云贵　著	2013.11
61. B 介子物理学	肖振军　著	2013.11
62. 量子场论与重整化导论	石康杰，等　编著	2014.06
63. 粒子物理导论	杜东生，杨茂志　著	2015.01
64. 固体量子场论	史俊杰，等　著	2015.03
65. 物理学中的群论（第三版）——有限群篇	马中骐　著	2015.03
66. 中子引发轻核反应的统计理论（第二版）	张竞上　著	2015.03
67. 自旋玻璃与消息传递	周海军　著	2015.06
68. 粒子物理学导论	肖振军，吕才典　著	2015.07
69. 量子系统的辛算法	丁培柱　编著	2015.07
70. 原子分子光电离物理及实验	汪正民　著	2015.08
71. 量子场论	李灵峰　著	2015.09
72. 原子核结构	张锡珍，张焕乔　著	2015.10
73. 物理学中的群论（第三版）——李代数篇	马中骐　著	2015.10
74. 量子场论导论	姜志进　编著	2015.12
75. 高能物理实验统计分析	朱永生　著	2016.01
76. 数学物理方程及其近似方法	程建春　著	2016.06
77. 电弧等离子体炬	M. F. 朱可夫 等 编著 陈明周，邱励俭 译	2016.06
78. 现代宇宙学	Scott Dodelson　著 张同杰，于浩然　译	2016.08
79. 现代电磁理论基础	王长清，李明之　著	2017.03

80. 非平衡态热力学　　翟玉春　编著　　2017.04

81. 论理原子结构　　朱颀人　著　　2017.04

82. 粒子物理导论（第二版）　　杜东生，杨茂志　著　　2017.06

83. 正电子散射物理　　吴奕初，蒋中英，郁伟中　编著　　2017.09

84. 量子光场的性质与应用　　孟祥国，王继锁　著　　2017.12

85. 介观电路的量子理论与量子计算　　梁宝龙，王继锁　著　　2018.06